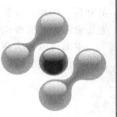

"十三五"职业教育国家规划教材

工业分析技术

GONGYE FENXI JISHU

吴良彪　主　编
乔南宁　代学玉　副主编

化学工业出版社
·北京·

本书以案例教学为主，在考虑理论知识的同时，注重实用性，体现教学与实践的结合。

全书共分十章，系统地介绍了试样的采集和制备、锅炉水和污水分析、气体分析、催化剂分析、添加剂分析、高分子材料分析、煤质分析、钢铁分析、肥料分析等内容。为培养学生理论能力和实践能力打好基础。

本书可以作为高职高专院校工业分析专业或应用化学专业工业分析方向的教材，也可以作为石油化工、有机化工、无机化工等相关专业以及从事分析工作人员的参考书。

图书在版编目（CIP）数据

工业分析技术/吴良彪主编. —北京：化学工业出版社，2018.1（2023.2重印）

ISBN 978-7-122-31213-6

Ⅰ.①工⋯　Ⅱ.①吴⋯　Ⅲ.①工业分析　Ⅳ.①TB4

中国版本图书馆 CIP 数据核字（2017）第 309232 号

责任编辑：蔡洪伟　　　　　　　　　文字编辑：陈　雨
责任校对：宋　夏　　　　　　　　　装帧设计：王晓宇

出版发行：化学工业出版社（北京市东城区青年湖南街 13 号　邮政编码 100011）
印　　装：北京捷迅佳彩印刷有限公司
787mm×1092mm　1/16　印张 18¾　字数 495 千字　2023 年 2 月北京第 1 版第 4 次印刷

购书咨询：010-64518888　　　　　　　　售后服务：010-64518899
网　　址：http://www.cip.com.cn
凡购买本书，如有缺损质量问题，本社销售中心负责调换。

定　价：39.00 元　　　　　　　　　　　　　　　　　　版权所有　违者必究

前言

工业分析技术课是理工科院校工业分析专业的专业课，是在工业生产中的具体应用，内容涉及的工业领域十分广泛。该课程在很多院校都有开设，以适应工业生产飞速发展对人才知识结构的要求。

工业分析技术是在分析化学基本理论和基本操作技能的基础上，针对工业生产中的资源开发利用、原材料选择加工、生产过程控制、产品质量检验和环境监测等一系列分析测定过程而设置的一门内容广泛、实用性很强的课程。

本教材是针对分析专业而编写的，编者根据多年的教学经验，为适应教学的需要，在内容上主要以学生就业时常涉及的工厂检测项目为主，一改普通工业分析教材特色不突出的不足，编写的内容做了针对性的筛选，主体以案例教学为主，突出理论与实践的有机结合。本书内容包括：试样的采取与制备、水质分析、污水分析、工业气体分析、催化剂分析、添加剂分析、高分子材料分析、煤质分析、钢铁分析、肥料分析等。其中水分析部分，一改以往教材的体系，改成了两部分，一部分是锅炉水分析，一部分是污水分析，更突出水分析的实用性。其中催化剂、添加剂、高分子材料分析内容是其他同类教材没有的。另外，书中对一些常用仪器的工作原理、操作方法和分析条件的选择控制等，从使用角度分别作了不同程度的介绍。书中内容取材广泛、密切联系实际，既可作为高职高专教材，也可作为相关领域科技人员参考用书。

全书共十章，不但可以拓宽读者的视野，而且可以加强理论和实际的紧密联系，使学生在走上工作岗位前就能了解这些方法，这对学生综合素质的提高和快速适应工作岗位的要求会有较大的帮助。

由于编者水平有限，不足之处在所难免，恳请读者批评指正。

吴良彪
2017 年 6 月

目录

绪论

一、工业分析技术的任务 ·· 001
二、工业分析技术的特点 ·· 001
三、工业分析技术方法分类 ·· 002
四、工业分析技术方法的标准化 ·· 003
五、标准物质 ·· 006
六、工业分析技术工作者的基本素质 ·· 008
习题 ··· 009

第一章 样品的采取和制备

第一节 概述 ·· 010
一、采样的基本术语 ·· 010
二、采样的目的 ·· 011
三、工业物料的分类 ·· 011
四、采样技术 ·· 012
五、采样记录和采样安全 ·· 013

第二节 固体试样的采取和制备 ·· 013
一、采样工具 ·· 013
二、采样程序（方案的制订） ·· 015
三、样品的制备与保存 ·· 016
四、固体采样实例——商品煤样的采取方法 ·································· 017
五、试样的分解 ·· 019

第三节 液体试样的采集和制备 ·· 022
一、采样工具 ·· 023
二、一般液体样品的采集 ·· 023
三、特殊性质的液体样品的采集 ·· 025
四、试样的制备 ·· 026
五、采样注意事项 ·· 026
六、液体样品采样实例——工业过氧化氢采样 ································ 026

第四节 气体样品的采集和制备 ·· 027
一、采样设备 ·· 027
二、采样类型 ·· 028
三、采样方法 ·· 028
习题 ··· 029

第二章 水质分析

第一节 概述 ·· 030
一、水的资源分布及其所含杂质 ·· 030
二、水质标准 ·· 031
三、水试样的采集 ·· 032

第二节 水质指标 ·· 035
一、浊度 ·· 036

二、含盐量(S) · 036
　　三、硬度(H) · 036
　　四、碱度 · 037
　　五、pH 值 · 037
　　六、溶解氧 · 037
第三节　水质指标间的关系 · 037
　　一、硬度与碱度的关系 · 037
　　二、酚酞碱度、酚酞后碱度和甲基橙碱度的关系 · 038
　　三、pH 与碱度关系 · 039
　　四、氯化物与溶解固形物间关系 · 040
第四节　工业锅炉水质标准 · 040
第五节　浊度和溶解固形物的测定 · 041
　　一、浊度测定原理 · 041
　　二、仪器 · 041
　　三、试剂及其配制 · 041
　　四、测定方法 · 042
　　五、注意事项 · 042
　　六、允许差 · 042
　　七、溶解固形物的测定(重量法) · 042
第六节　pH 的测定(电极法) · 043
　　一、原理 · 043
　　二、仪器和试剂 · 043
　　三、操作步骤 · 044
第七节　硬度的测定 · 044
　　一、原理 · 044
　　二、试剂 · 044
　　三、操作步骤 · 045
第八节　碱度的测定 · 045
　　一、原理 · 045
　　二、试剂 · 046
　　三、操作步骤 · 046
第九节　氯化物的测定(硫氰酸铵滴定法) · 047
　　一、测定原理 · 047
　　二、试剂 · 047
　　三、测定方法 · 048
　　四、测定水样时注意事项 · 049
第十节　溶解氧的测定 · 050
　　一、原理 · 050
　　二、仪器和试剂 · 050
　　三、操作方法 · 051
第十一节　亚硫酸盐的测定 · 051
　　一、原理 · 051
　　二、试剂 · 052
　　三、操作步骤 · 052
第十二节　磷酸盐的测定 · 052
　　一、原理 · 052
　　二、试剂 · 053
　　三、操作步骤 · 053

习题 ··· 053

第三章　水体污染与自净及检测

第一节　水污染的基本概念 ··· 055
　　一、水体污染 ··· 055
　　二、水体污染源 ··· 056
　　三、水体污染物 ··· 057
第二节　水体污染的主要类型及其危害 ··· 058
　　一、感官性状污染 ··· 058
　　二、耗氧有机物污染及富营养化污染 ··· 059
　　三、有毒物质污染 ··· 060
　　四、石油污染 ··· 061
　　五、病原微生物污染 ··· 061
　　六、放射性污染 ··· 062
第三节　水体的自净 ··· 063
　　一、自净作用的概念与分类 ··· 063
　　二、各类污染水体的自净 ··· 064
第四节　水质指标和水质标准 ··· 066
　　一、水质指标 ··· 066
　　二、水质标准 ··· 068
　　习题 ··· 070
第五节　有机化合物的测定 ··· 070
　　一、化学需氧量 ··· 070
　　二、生化需氧量 ··· 073
　　三、总需氧量 ··· 075
　　四、总有机碳 ··· 076
第六节　水体中常见有机污染物的测定 ··· 077
　　一、挥发酚 ··· 077
　　二、阴离子表面活性剂 ··· 079
　　三、油类 ··· 081
　　习题 ··· 082

第四章　气体分析

第一节　概述 ··· 084
　　一、工业气体 ··· 084
　　二、气体分析意义及其特点 ··· 085
　　三、气体分析方法 ··· 085
第二节　气体试样采取 ··· 085
　　一、采样方法 ··· 086
　　二、气体体积的测量 ··· 088
第三节　气体化学分析方法 ··· 090
　　一、吸收法 ··· 090
　　二、燃烧法 ··· 094
　　三、其他气体分析法 ··· 100
第四节　气体分析仪器 ··· 101
　　一、仪器的基本部件 ··· 101
　　二、气体分析仪器 ··· 101

第五节　气体分析实例——半水煤气分析 ························· 103
　　一、化学分析法 ··· 103
　　二、气相色谱法 ··· 106
　　习题 ··· 108

第五章　催化剂宏观物性质及酸碱性金属分散度测定

第一节　催化剂密度测定 ·· 110
　　一、催化剂密度 ··· 110
　　二、催化剂密度的测定方法 ··· 110
第二节　催化剂机械强度测定 ··· 116
　　一、固定床催化剂压碎强度测定方法 ··························· 117
　　二、固定床催化剂磨损率的测定 ·································· 119
　　三、流化床催化剂磨损性能的测定 ······························ 120
第三节　石油化工催化剂酸性的来源 ···································· 121
　　一、润载酸 ·· 121
　　二、氧化铝 ·· 121
　　三、硅酸铝 ·· 122
　　四、合成沸石 ··· 123
第四节　碱性气体吸附-脱附法 ··· 124
　　一、差热分析-热重分析法简介 ···································· 124
　　二、氨吸附-差热法 ·· 124
　　三、气相色谱法 ··· 127
　　四、程序升温脱附法(TPD) ·· 131
　　五、红外光谱测定酸性 ··· 134
　　六、其他方法 ··· 139
第五节　化学吸附法测定金属分散度 ···································· 141
　　一、氢吸附法 ··· 141
　　二、氢氧滴定法 ··· 143
　　习题 ··· 145

第六章　石油产品添加剂分析

第一节　燃料油添加剂基础知识 ·· 146
　　一、汽油抗爆剂 ··· 147
　　二、抗氧防胶剂 ··· 149
　　三、抗磨剂 ·· 149
　　四、清净分散剂 ··· 150
第二节　润滑油脂添加剂基础知识 ·· 152
　　一、清净剂 ·· 152
　　二、分散剂 ·· 154
　　三、抗氧抗腐剂 ··· 155
　　四、黏度指数改进剂 ··· 156
　　五、降凝剂 ·· 158
第三节　石油产品添加剂类分析 ·· 159
　　一、清净剂和分散剂技术要求 ····································· 159
　　二、抗氧抗腐剂技术要求 ·· 160
　　三、石油黏度指数改进剂技术要求 ······························ 161
　　四、石油降凝剂技术要求 ·· 161

习题 …… 162

石油添加剂项目分析

实验一　石油产品碱值测定法(高氯酸滴定法) …… 163
实验二　添加剂中有效组分的测定方法 …… 169
实验三　含添加剂润滑油的钙、钡、锌含量测定法(配位滴定法) …… 171
实验四　添加剂和含添加剂润滑油水分测定法(电量法) …… 176
实验五　抗氧抗腐添加剂热分解温度测定法(毛细管法) …… 179

第七章　高分子材料的鉴别和分析及物理性能测试

第一节　高分子材料的外观和用途 …… 181
　一、高分子材料的外观 …… 182
　二、高分子材料的用途 …… 182
第二节　显色和分离提纯试验 …… 183
　一、塑料的显色试验 …… 183
　二、橡胶的显色试验 …… 185
　三、鉴别 …… 187
　四、分离提纯试验 …… 187
第三节　元素检测 …… 187
　一、钠熔法 …… 187
　二、氧瓶燃烧法 …… 188
　三、元素的定量分析 …… 190
第四节　塑料的鉴别和分析 …… 191
　一、聚烯烃 …… 191
　二、苯乙烯类高分子 …… 192
　三、含卤素类高分子 …… 193
　四、其他单烯类高分子 …… 194
　五、杂链高分子及其他高分子 …… 196
第五节　橡胶的鉴别和分析 …… 199
　一、定性鉴别 …… 199
　二、定量分析 …… 200
第六节　添加剂 …… 201
　一、增塑剂 …… 201
　二、抗氧剂 …… 203
　三、填料 …… 203
　四、防老剂 …… 204
　五、硫化剂 …… 205
　习题 …… 205
第七节　塑料的吸水性及含水量测定 …… 206
　一、塑料的吸水性 …… 206
　二、塑料的水分测定 …… 207
第八节　密度和相对密度的测定 …… 208
　一、概念 …… 208
　二、塑料和橡胶的密度及相对密度的测定 …… 209
第九节　溶解性和黏度 …… 211
　一、溶解性 …… 211
　二、黏度的表示 …… 212

三、黏度的测定 ······ 212
第十节 透气性和透湿性 ······ 213
　一、透气性及其测定 ······ 213
　二、透湿性及其测定 ······ 215
第十一节 未硫化橡胶的硫化性能 ······ 217
　一、门尼黏度试验 ······ 217
　二、门尼焦烧试验 ······ 218
　三、硫化性能试验 ······ 218
　习题 ······ 219

第八章 煤质分析

第一节 概述 ······ 220
　一、煤的组成和分类 ······ 220
　二、煤的分析项目 ······ 221
第二节 煤的工业分析 ······ 222
　一、水分的测定 ······ 222
　二、灰分的测定 ······ 225
　三、挥发分的测定 ······ 228
　四、煤中固定碳含量的计算及各种基准的换算 ······ 229
第三节 煤中全硫的测定 ······ 230
　一、艾氏卡法 ······ 231
　二、高温燃烧-酸碱滴定法 ······ 232
　三、库仑滴定法 ······ 234
第四节 煤发热量的测定 ······ 235
　一、发热量的表示方法 ······ 235
　二、发热量的测定方法——氧弹式量热计法 ······ 236
　习题 ······ 238

第九章 钢铁分析

第一节 概述 ······ 240
　钢铁材料的分类 ······ 240
第二节 钢铁试样的采取、制备和分解 ······ 241
　一、钢铁样品的采取 ······ 242
　二、钢铁样品的分解 ······ 243
第三节 钢铁中碳的测定 ······ 244
　一、概述 ······ 244
　二、钢铁中总碳的测定 ······ 244
第四节 钢铁中硫的测定 ······ 249
　一、概述 ······ 249
　二、钢铁中硫的测定 ······ 249
第五节 钢铁中磷的测定 ······ 253
　一、概述 ······ 253
　二、钢铁中磷的测定 ······ 254
第六节 钢铁中锰的测定 ······ 257
　一、概述 ······ 257
　二、钢铁中锰含量的测定 ······ 257
第七节 钢铁中硅的测定 ······ 262

一、概述	262
二、钢铁中硅的测定	262
习题	267

第十章　肥料分析

第一节　氮肥分析	268
一、氮含量的测定	269
二、尿素的质量分析	270
第二节　磷肥分析	275
一、有效磷含量的测定	275
二、游离酸含量的测定	279
第三节　复混肥分析	279
一、复混肥中钾含量的测定——四苯硼酸钠重量法	280
二、复混肥中游离水分的测定——真空烘箱法	281
习题	281

附　录

附录一　实验室常用的酸碱的相对密度、质量分数和物质的量浓度	283
附录二　实验室常用的基准物质的干燥温度和干燥时间	283
附录三　实验室常用物质的分子式及摩尔质量	284
附录四　生活饮用水卫生标准（GB 5749—2006）	287
附录五　污水综合排放标准（GB 8978—1996）	287

参考文献

绪 论

一、工业分析技术的任务

工业分析技术（industry analysis）的任务是研究工业生产的原料、辅助材料、中间产品、最终成品、副产品及各种废物组成的分析检验方法，它不仅是分析化学在工业生产中的具体应用，而且是一门融化学、物理、物理化学及数理统计等知识为一体的综合性应用学科。

工业分析技术的作用是客观、准确地评定原料和产品的质量，检查工艺流程是否正常。从而能够及时地、正确地指导生产，经济合理地使用原料、燃料，及时发现问题，减少废品，提高产品质量，提高企业的经济效益等。因此，工业分析有指导和促进生产的作用，是制造业中不可缺少的一种专门技术，被誉为工业生产的"眼睛"，在工业生产中起着"把关"的作用。

工业生产的发展和科学技术的进步，给工业分析提出了越来越多的新课题，要求分析手段必须越来越灵敏、准确、快速、简便和自动化。化工生产中，要求随时了解化学反应过程进行的情况，故需在几分钟内检验出反应中生成的物质情况和组分变化情况，因此要求有极其快速的分析方法和准确性。随着工业生产自动化程度的不断提高，对分析方法的自动化要求也越来越高。工业生产过程中各种参数的连续自动测定，大气和水中超微量有害物质的监测等，都促进了工业分析的不断发展。由于使用了特效试剂、掩蔽剂等，所以提高了分析测定的选择性和灵敏度，也加快了分析测定的速度。随着电子工业和真空技术的发展，许多物理检测方法逐渐应用到工业分析中来，产生了许多新的检测手段，它们以灵敏和快速为特点。特别是激光、电子计算机等新技术应用于工业分析中，使分析过程自动化，大大提高了分析工作的效率。

二、工业分析技术的特点

工业分析技术的对象是多种多样的。分析对象不同，对分析的要求也就不同。一般来说，在符合生产和科研所需准确度的前提下，分析快速、测定简便及易于重复是对工业分析的普遍要求。工业生产和工业产品的性质决定了工业分析的特点。

1. 分析对象的物料量大

工业分析技术所涉及的物料其数量往往以千百吨计，而且组成不均匀，要从其中取出足以代表全部物料的平均组成的少量分析试样是工业分析的重要环节。科学合理地采制具有代表性的分析试样是工业分析中的一项重要工作和技术。所谓科学合理，是要既取得能代表整个物料的少量分析试样，又要求用最少的人工劳动和耗费最低的经济成本。

2. 分析对象的组成复杂

工业物料不是纯净的，大都含有多种杂质，在分析测定某组分时，常常受到共存组分的干扰和影响，因此，在选择分析方法时，必须考虑到杂质对测定的干扰。另外，测定同一种组分，可选择的分析方法有多种，究竟哪一种方法更适合，也是一个分析工作者需要认真考虑的问题。

3. 分析任务广

分析结果的准确度，因分析对象不同而异。对中控分析来说，为满足生产要求，分析方法应快速、简便，对分析结果的准确度要求可以稍低些；但对产品质量检验和仲裁分析则应有较高的准确度，分析速度则是次要的。

4. 分析试样的处理复杂

分析中的反应一般在溶液中进行，但有些物料却不易溶解。因此，在工业分析中如何制备试样是一个比较复杂的问题。所以试样的分解是工业分析的重要环节，对整个分析过程和结果都具有重要意义。而试样分解方法的选择与测定物质的组成、被测元素和测定的方法有密切关系，对提高分析速度也具有决定意义。

大量的科学研究及生产实践说明，工业分析有时需要把化学的、物理的、物理化学的分析检验方法取长补短、配合使用，才能得到准确的分析结果。所以要求分析工作者应具有较为广泛的科学理论知识。

综上所述，在工业分析中应注意以下四个方面的问题。

① 正确采样和制样，即所采取和制备的分析试样能够代表全部被分析物料的平均组分。
② 选择适当的分解试样的方法，以利于分析测定。
③ 选择能满足准确度要求的分析方法，并应考虑被分析物料所含的杂质的影响。
④ 在保证一定准确度的前提下，尽可能地快速化。

三、工业分析技术方法分类

由于工业分析对象广泛，分析项目和测定要求是多种多样的，因此分析方法也是多种多样的。按照方法原理，可分为化学分析法、物理化学分析法和物理分析法；按照分析任务，可分为定性分析、定量分析和结构分析、表面分析、形态分析等；按照分析对象，可分为无机分析和有机分析；按照试剂用量，可分为常量分析、微量分析和痕量分析；按照分析要求，可分为例行分析和仲裁分析；按照完成分析的时间和所起的作用不同，可分为快速分析和标准分析；按照分析测试程序的不同，可分为离线分析和在线分析。

1. 快速分析法和标准分析法

快速分析法的特点是分析速度快，但分析误差往往比较大。常用于车间控制分析（俗称中控分析），主要是控制生产工艺过程中的关键部位。

标准分析法的特点是准确，是进行工艺计算、财务核算和评定产品质量的依据。常用来测定原料、半成品和成品的化学组成，也用于校核和仲裁分析。

标准方法中又分为国际标准、国家标准、行业标准、地方标准和企业标准。

国际标准是指由国际性组织所制定的各种标准。其中最著名的是由国际标准化组织制定的 ISO 标准和由国际电工委员会制定的 IEC 标准。

中国的国家标准是由国务院标准化行政主管部门国家标准局发布，代号"GB"表示强制性国家标准，代号"GB/T"表示推荐性国家标准。

2. 离线分析和在线分析

通过现场采样,把样品带回实验室处理后进行测定的方法称为离线分析(off-line analysis)。采用自动取样系统,将试样自动输入分析仪器中进行分析的方法称为在线分析(on-line analysis)。

离线分析是传统的工业分析方式,得到的分析结果相对滞后于实际生产过程。因此,当出现生产异常情况时不能及时进行调整,有可能会影响生产的正常进行,甚至出现事故。为了及时了解实际生产的真实情况,需要及时得到分析结果,这就需要采用在线分析技术。

在线分析是伴随着生产过程的自动化而出现的,从20世纪30年代开始把分析仪器直接用于钢铁工业、化学工业和火力发电等工业生产流程中。20世纪60年代以后,在线分析的研究和应用更加普遍,特别是随着电子技术的发展和计算机的广泛应用,使在线分析技术有了很大的发展。由于在线分析具有分析速度快、自动化程度高、结果准确、操作简单、可实现连续监测等优点,目前已在冶金工业、石化工业、煤炭工业、化肥工业、水泥工业、食品工业、原子能工业及环境保护方面得到了广泛应用。

四、工业分析技术方法的标准化

1. 标准

所谓标准是在一定的范围内为获得最佳秩序,对活动或其结果规定共同的和重复使用的规则、导则或特性的文件,称为标准。该文件在协商一致后制定并经一个公认机构的批准。标准应以科学、技术和经验的综合成果为基础,以促进最佳社会效益为目的。

一个试样中,某组分的测定可以用不同的方法进行,但各种方法的准确度是不同的,当用不同的方法测定时,所得结果难免有出入。即使使用同样的试剂、采用同一种方法,如果使用不同精密度的仪器,分析结果也不尽相同。为使同一试样中的同一组分,不论是由何单位或何人员来分析,所得结果都应在允许误差范围以内,必须统一分析方法。这就要求规定一个相当准确、可靠的方法作为标准分析方法,同时对进行分析的各种条件也应作出严格的规定。

标准分析法都应注明允差(或公差),允差是某分析方法所允许的平行测定间的绝对偏差,允差的数值是将多次分析数据经过数理统计处理而确定的,在生产实践中是用以判断分析结果合格与否的根据。两次平行测定的数值之差在规定允许误差的绝对值两倍以内均应认为有效,否则必须重新测定。

例如,用氟硅酸钾滴定法测定黏土中二氧化硅含量,两次测得结果分别为28.60%、29.20%,两次结果之差为

$$29.20\% - 28.60\% = 0.60\%$$

当二氧化硅含量在20%~30%时其允差为±0.35%。因为0.60%小于允差±0.35%的绝对值的两倍(即0.70%),所以,可用两次分析结果的算术平均值作为分析结果。

2. 标准化

在一定的范围内为获得最佳秩序,对实际的或潜在的问题制定共同的和重复使用的规则的活动,称为标准化。它包括制定、发布及实施标准的过程。标准化的重要意义是改进产品、过程和服务的适用性,防止贸易壁垒,促进技术合作。通过制定、发布和实施标准,达到统一是标准化的实质。其目的是"获得最佳秩序和社会效益"。

3. 标准化的对象和基本特性

在国民经济的各个领域中,凡具有多次重复使用和需要制定标准的具体产品,以及各种定额、规划、要求、方法、概念等,都可称为标准化对象。

标准化对象一般可分为两大类：一类是标准化的具体对象，即需要制定标准的具体事物；另一类是标准化总体对象，即各种具体对象的总和所构成的整体，通过它可以研究各种具体对象的共同属性、本质和普遍规律。

标准化的基本特性主要包括以下几个方面：①抽象性。②技术性。③经济性。④连续性，亦称继承性。⑤约束性。⑥政策性。

4. 标准化的基本原理

标准化的基本原理通常是指统一原理、简化原理、协调原理和最优化原理。下面分别介绍：统一原理就是为了保证事物发展所必需的秩序和效率，对事物的形成、功能或其他特性，确定适合于一定时期和一定条件的一致规范，并使这种一致规范与被取代的对象在功能上达到等效。

① 统一原理包含以下要点。

a. 统一是为了确定一组对象的一致规范，其目的是保证事物所必需的秩序和效率。

b. 统一的原则是功能等效，从一组对象中选择确定的一致规范，应能包含被取代对象所具备的必要功能。

c. 统一是相对的，确定的一致规范只适用于一定时期和一定条件，随着时间的推移和条件的改变，旧的统一不断被新的统一所代替。

② 简化原理就是为了经济有效地满足需要，对标准化对象的结构、形式、规格或其他性能进行筛选提炼，剔除其中多余的、低效能的、可替换的环节，精炼并确定出满足全面需要所必要的高效能的环节，保持整体构成精简合理，使之功能效率最高。简化原理包含以下几个要点。

a. 简化的目的是为了经济，使之更有效地满足需要。

b. 简化的原则是从全面满足需要出发，保持整体构成精简合理，使之功能效率最高。所谓功能效率是指功能满足全面需要的能力。

c. 简化的基本方法是对处于自然状态的对象进行科学的筛选提炼，剔除其中多余的、低效能的、可替换的环节，精炼出高效能的、能满足全面需要所必要的环节。

d. 简化的实质不是简单化而是精炼化，其结果不是以少替多，而是以少胜多。

③ 协调原理就是为了使标准的整体功能达到最佳，并产生实际效果，必须通过有效的方式协调好系统内外相关因素之间的关系，确定为建立和保持相互一致关系，适应关系或平衡关系所必须具备的条件。协调原理包含以下要点。

a. 协调的目的在于使标准系统的整体功能达到最佳并产生实际效果。

b. 协调对象是系统内相关因素的关系以及系统与外部相关因素的关系。

c. 相关因素之间需要建立和保持相互一致关系（连接尺寸），相互适应关系（供需交换条件），相互平衡关系（技术经济招标平衡，有关各方利益矛盾的平衡），为此必须确立条件。

d. 协调的有效方式有：有关各方面的协商一致，多因素的综合效果最优化，多因素矛盾的综合平衡等。

④ 最优化原理是按照特定的目标，在一定的限制条件下，对标准系统的构成因素及其关系进行选择、设计或调整，使之达到最理想的效果。

5. 标准化的主要作用

标准化的主要作用表现在以下 10 个方面。

① 标准化为科学管理奠定了基础。所谓科学管理，就是依据生产技术的发展规律和客观经济规律对企业进行管理，而各种科学管理制度的形式，都以标准化为基础。

② 促进经济全面发展，提高经济效益。标准化应用于科学研究，可以避免在研究上的

重复劳动；应用于产品设计，可以缩短设计周期；应用于生产，可使生产在科学和有秩序的基础上进行；应用于管理，可促进统一、协调、高效率等。

③ 标准化是科研、生产、使用三者之间的桥梁。一项科研成果，一旦纳入相应标准，就能迅速得到推广和应用。因此，标准化可使新技术和新科研成果得到推广应用，从而促进技术进步。

④ 随着科学技术的发展，生产的社会化程度越来越高，生产规模越来越大，技术要求越来越复杂，分工越来越细，生产协作越来越广泛，这就必须通过制定和使用标准，来保证各生产部门的活动，在技术上保持高度的统一和协调，以使生产正常进行。所以说标准化为指导现代化生产创造了前提条件。

⑤ 促进对自然资源的合理利用，保持生态平衡，维护人类社会当前和长远的利益。

⑥ 合理发展产品品种，提高企业应变能力，以更好地满足社会需求。

⑦ 保证产品质量，维护消费者利益。

⑧ 在社会生产组成部分之间进行协调，确立共同遵循的准则，建立稳定的秩序。

⑨ 在消除贸易障碍，促进国际技术交流和贸易发展，提高产品在国际市场上的竞争能力方面具有重大作用。

⑩ 保障身体健康和生命安全，大量的环保标准、卫生标准和安全标准制定发布后，用法律形式强制执行，对保障人民的身体健康和生命财产安全具有重大作用。

6. 我国标准分级

《中华人民共和国标准化法》将我国标准分为国家标准、行业标准、地方标准、企业标准四级。

世界各国的标准方法都是由国家选定和批准并加以公布的。我国的国家标准由国务院标准化行政主管部门制定；行业标准由国务院有关行政主管部门制定；地方标准由省、自治区和直辖市标准化行政主管部门制定；企业标准由企业自己制定。标准经制定后作为"法律"公布施行。国家标准（代号"GB"），行业（部颁）标准如：化工行业标准（代号"HG"），冶金行业标准（代号"YB"）等。此外也允许有地方标准或企业标准（代号"QB"），但是只能在一定范围内施行。标准的前载用字母代号，后载用数字编号和年份号，如产品用类别，也应在标准中标示出来。

我国标准分强制性标准和推荐性标准，所谓强制性标准是指具有法律属性，在一定范围内通过法律、行政法规等手段强制执行的标准是强制性标准；其他标准是推荐性标准，在标准名称后加"/T"。如 GB/T 223.5—2008 是钢铁及合金化学分析方法中还原型硅钼酸盐光度法测定酸溶硅含量的标准。

根据《国家标准管理办法》和《行业标准管理办法》，下列标准属于强制性标准。

① 药品、食品卫生、兽药、农药及劳动卫生标准。

② 产品生产、储运和使用中的安全及劳动安全标准。

③ 工程建设的质量、安全、卫生等标准。

④ 环境保护和环境质量方面的标准。

⑤ 有关国计民生方面的重要产品标准等。

推荐性标准又称非强制性标准或自愿性标准，是指生产、交换、使用等方面，通过经济手段或市场调节而自愿采用的一类标准。这类标准，不具有强制性，任何单位均有权决定是否采用，违犯这类标准，不构成经济或法律方面的责任。应当指出的是，推荐性标准一经接受并采用，或各方商定同意纳入经济合同中，就成为各方必须共同遵守的技术依据，具有法律上的约束性。

7. 标准的有效期

标准分析法不是固定不变的，随着科学技术的发展，旧的方法不断被新的方法代替，新标准颁布后，旧的标准即应作废。

自标准实施之日起，至标准复审重新确认、修订或废止的时间，称为标准的有效期，又称标龄。由于各国情况不同，标准有效期也不同。如 ISO 标准每 5 年复审一次，平均标龄为 4.92 年。我国在国家标准管理办法中规定国家标准实施 5 年内要进行复审，即国家标准有效期一般为 5 年。

8. 企业在什么情况下应制定企业标准

已有国家标准、行业标准和地方标准的产品，原则上企业不必再制定企业标准，一般只要贯彻上级标准即可。在下列情况下，应制定企业标准：上级标准适用面广（指通用技术条件等，不是属于单个产品标准或技术条件），企业应针对具体产品制定企业校准名称、引言、适用范围；技术内容（包括名词术语、符号、代号、品种、规格、技术要求、试验方法、检验规则、标志、包装、运输、储存等）；补充部分（包括附录等）等。

9. 国际标准和地区性标准

国际标准的代号为"ISO"。国际标准是由非政府性的国际标准化组织制定颁布的。

随着国际贸易的迅猛发展和经济全球化的进程加快，国际标准在国际贸易与交流中的作用显得尤为重要。为了扩大我国的对外贸易和减少贸易中的技术壁垒，以国际标准作为基础制定我国的标准势在必行。

在采用国际标准的原则与方法上遵循国际上的统一尺度，其结果才能被国际承认。为此，原国家质量技术监督局委托中国标准研究中心依据 ISO/IEC 指南 21：1999《采用国际标准为区域或国家标准》的要求，制定了 GB/T 20000.2—2001《标准化工作指南第 2 部分：采用国际标准的规则》。该项标准于 2001 年 4 月 9 日批准、发布，于 2001 年 10 月 1 日实施。

GB/T 20000.2—2001 的实施使规范采用国际标准的我国标准符合最新的国际准则，并获得世界各国的认可，从而促进贸易与交流。

只限于在世界上一个指定地区的某些国家组成的标准化组织，称为地区性标准组织。例如，亚洲标准咨询委员会（ASAC），欧洲标准化协作委员会（CEN）等。这些组织有的是政府性的，有的是非政府性的。其主要职能是制定、发布和协调该地区的标准。地区标准又称为区域标准，泛指世界某一区域标准化团体所通过的标准。通常提到的地区标准，主要是指原经互会标准化组织、欧洲标准化委员会、非洲地区标准化组织等地区组织所制定和使用的标准。

10. 技术标准

对标准化领域中需要协调统一的技术事项所制定的标准，称为技术标准。它是从事生产、建设及商品流通的一种共同遵守的技术标准。技术标准的分类方法很多，按其标准化对象特征和作用，可分为基础标准、产品标准、方法标准、安全卫生与环境保护标准等；按其标准化对象在生产流程中的作用，可分为零部件标准、原材料与毛坯标准、工装标准、设备维修保养标准及检查标准等；按标准的强制程度，可分为强制性标准与推荐性标准；按标准在企业中的适用范围，又可分为公司标准、公用标准和科室标准等。

五、标准物质

在石油化工工业分析中常常使用标准物质。在分析化学中使用的基准物质是纯度极高的单质或化合物。有关行业使用的标准试样是已经准确知道化学组成的天然试样或工业产品

（如矿石、金属、合金、炉渣等）以及用人工方法配制的人造物质。标准物质必须是组成均匀、稳定、化学成分已准确测定的物质。在标准物质的保证单中，除了指出主要成分含量外，为了说明标准物质的化学组成，还应注明各辅助元素的含量。在使用时必须注意区别这两种数据，不能把辅助元素的含量当作十分准确的数据在分析中作为标准。

所谓标准物质是指一种已经确定了具有一个或多个足够均匀的特性值，用以校准设备、评价测量方法或给材料赋值的材料或物质。

标准物质是一种计量标准，都附有标准物质证书，规定了对某一种或多种特性值建立可溯源的确定程序，对每一个标准值都有确定的置信水平的不确定度。工业分析中使用标准物质的目的是检查分析结果是否正确与标定各种标准溶液的浓度（基准试剂也可以直接配制各种浓度的标准溶液），借以检查和改进分析方法。

标准物质可以是纯的或混合的气体、液体或固体。如校准黏度计用的纯水，量热法中用作热容校准物质的蓝宝石，化学分析校准用的基准试剂、标准溶液，钢铁分析中使用的标准钢样，药品分析中使用的药物对照品等。

在分析中，由于试样组成的广泛性和复杂性，分析方法不同程度地存在着系统误差，依据基准试剂确定的标准溶液的浓度不能准确反应被测样品的组分含量，必须使用标准试样来标定标准溶液的浓度。对于不同类型的物质，应选用不同类型的标准试样，并要求选用标准试样时应使其组成、结构等与被测试样相近，如冶金行业中的标准钢铁样品，有普碳钢标准试样、合金钢标准试样、纯铁标准试样、铸铁标准试样等，并根据其组分的含量不同分成一组多品种的标准试样，如在测定普碳钢样品中某组分时，不能使用合金钢标准试样作对照，另外在选择同类型的标准试样时，也应注意该组分的含量范围，所测样品中某组分的含量应与标准试样中该组分的含量相近，这样分析结果才不会因组成和结构等因素而产生误差。

我国将标准物质分为以下两个级别。

一级标准（GBW）：是指采用绝对测量方法或其他准确、可靠的方法测量其特性值，测量准确度达到国内最高水平的有证标准物质，主要用于研究与评价标准方法及对二级标准物质的定值。

二级标准［GBW(E)］：是指采用准确可靠的方法，或直接与一级标准物质相比较的方法测量其特性量值、均匀性、稳定性和定值准确度能满足现场测量和例行分析工作的需要，经国家有关计量主管部门批准、颁布和授权生产并附有证书的标准物质，也称为工作标准物质。主要用于评价分析方法，以及同一实验室或不同实验室间的质量保证。

标准物质的种类很多，涉及面很广，按行业特征分类如表 0-1 所示。

表 0-1 标准物质分类

标准物质名称	级别	示例
钢铁成分分析	一	生铁、铸铁、碳素钢、低合金钢、工具钢、不锈钢等
	二	中、低合金钢
有色金属及金属中气体分析	一	铁黄铜、铝黄、锌白铜、精铝、合金中气体
建材成分分析	一	黏土、石灰岩、石膏、硅质砂岩、钠硅玻璃
	二	高岭土、长石
核材料分析与放射性测量	一	铀矿石、产铀岩石、八氧化三铀、放射源
	二	氢同位素水样
化工产品成分分析	一	基准化学试剂、苯、双对氯苯基三氯乙烷(DDP)
	二	农药、纯化学试剂、空气中气体分析
地质矿产成分分析	一	岩石、磷矿石、铜矿石、矿石中金、银、土壤
	二	水系沉积物、土壤成分、金银成分、矿石中金

续表

标准物质名称	级别	示例
环境化学分析	一	气体、河流沉积物、污染农田土壤、水、面粉成分
	二	茶树叶成分、水、水中各种离子标准溶液
临床化学及药品成分分析	一	人发、冻干人尿、牛尿、血清、化妆品
	二	胆红素、氰化铁(Ⅲ)血红蛋白溶液、牛血清
煤炭、石油成分分析和物理性质	一	煤物理性质和化学成分、冶金焦炭
物理和物理化学特性	一	pH基准试剂、KCl电导率、苯甲酸量热、滤光片、黏度液、渗透率
	二	硅单晶电阻率、pH、GC检定
工程技术特性测量	二	微粒、玻璃粒度

标准物质按其鉴定特性基本上可分为三类：①化学成分标准物质。②物理和物理化学特性标准物质。③工程技术特性标准物质。

分析测试中常用的标准物质如表0-2所示，其中（一）为一级标准物质，（二）为二级标准物质。

表 0-2　常用部分标准物

检定特性	类型	名　　称
化学成分	高纯试剂纯度标准物质	（一）碳酸钠、乙二胺四乙酸(EDTA)、氯化钠、苯
		（二）重铬酸钾、苯、邻苯二甲酸氢钾、氯化钾、草酸钠、三氧化二砷、碳酸钠、EDTA、氯化钠
	高纯农药标准物质	敌百虫、速灭威、甲胺磷、氰戊菊酯
	高纯气体标准物质	（一）一氧化碳
		（二）氢、氮、氧、二氧化碳、甲烷、丙烷、纯一氧化碳、纯硫化氢
	成分分析标准物质	表0-1中各类标准物质中多属此种，一二级都有
	成分气体标准物质	空气中甲烷、氮中乙烯、各种混合气体
	环境水质标准物质	水中各种金属离子及阴离子等成分分析标准物质
	元素分析标准物质	间氯苯甲酸、茴香酸、苯甲酸、脲
物理特性	氯化钾电导率标准物质	四种溶液
	熔点标准物质	对硝基苯甲酸、苯甲酸、萘、1,6-己二酸、对甲氧基苯甲酸、对硝基甲苯、蒽、蒽醌
	pH标准物质	四草酸氢钾、酒石酸氢钾、邻苯二甲酸氢钾、混合磷酸盐、硼砂

六、工业分析技术工作者的基本素质

分析技术本身并没有具体的产品，也不能创造直接效益。如果说它有产品的话，那就是分析结果。没有这些数字和结果，生产和科研就等于失去了眼睛。如果报出的结果发生错误，将会造成重大经济损失和严重生产后果，乃至使生产与科研走向歧途，可见分析工作是何等重要。同时，分析工作又是一种十分精细，知识性、技术性都十分强的工作。因此，工业分析工作者必须具备良好的素质，才能胜任这一工作，满足生产与科研提出的各种要求。工业分析工作者需具备如下基本素质。

（1）高度的责任感和"质量第一"的理念　责任感是工业分析工作者第一重要的素质。充分认识到分析检验工作的重要作用，以对人民和社会及企业高度负责的精神做好本职工作。

（2）严谨的工作作风和实事求是的科学态度　工业分析工作者是与量和数据打交道的，稍有疏忽就会出现差错。因点错小数点而酿成一次重大质量事故的事例足以说明问题。随意更改数据、谎报结果更是一种严重的犯罪行为。分析工作是一种十分细致的工作，这就要求心细、眼灵，对每一步操作必须谨慎从事，来不得半点马虎和草率，必须严格遵守各项操作规程。

(3) 掌握扎实的基础理论知识与熟练的操作技能　　当今的工业分析内容十分丰富，涉及的知识领域十分广泛。分析方法不断更新，新工艺、新技术、新设备不断涌现，如果没有一定的基础知识是不能适应的。即使是一些常规的分析方法亦包含较深的理论原理，如果没有一定的理论基础去理解它、掌握它，只能是知其然而不知其所以然，很难完成组分多变的、复杂的试样分析，更难独立解决和处理分析中出现的各种复杂情况。那种把化验工作看作只会摇瓶子、照方抓药的"熟练工"是与时代不相符的陈旧观念。当然，掌握熟练的操作技能和过硬的操作基本功是工业分析工作者的起码要求。那种说起来头头是道而干起来却一塌糊涂的"理论家"也是不可取的。

(4) 要有不断创新的开拓精神　　科学在发展，时代在前进，工业分析更是日新月异。作为一个工业分析工作者必须在掌握基础知识的前提下，不断地去学习新知识，更新旧观念，研究新问题，及时掌握本学科、本行业的发展动向，从实际工作需要出发开展新技术、新方法的研究与探索，以促进分析技术的不断进步，满足生产、科研不断提出的新要求。作为一名化验员，也应对分析的新技术有所了解，尽可能多地掌握各种分析技术和多种分析方法，争当"多面手"和"技术尖子"，在本岗位上结合工作实际积极开展技术革新和研究试验。国内已有不少化验工人成为分析行家甚至成为有特长的技术人才。

习题

1. 工业分析技术的任务及发展方向是什么？
2. 工业分析技术的方法按其在生产上所起的作用应如何分类？各分析方法的特点是什么？
3. 我国现行的标准主要有哪几种？它们都是由哪些部门制定和颁布的？
4. 为什么要制定国家标准？它们在工业生产中的作用是什么？
5. 用艾士卡法测定煤中总硫含量，当硫含量为 $1\%\sim4\%$ 时，允许误差为 $\pm0.1\%$。实验测得的数据，第一组为 2.56% 及 2.80%；第二组为 2.56% 及 2.74%。请用允差来判断哪一组为有效数据？
6. 标准试剂和标准试样的用途是什么？如何选用？保管时应注意哪些事项？

第一章
样品的采取和制备

知识目标

1. 熟悉采样的专业术语,理解采样的目的和意义。
2. 掌握采样方案的制订原则。
3. 了解固、液、气三种形态的物料采样特点,理解采样安全知识和试样的管理方法。
4. 掌握固态、液态、气态样品的采取方法。

能力目标

1. 能正确选择和使用常用的采样工具。
2. 能根据固体物料的存在状态确定采样方案,选择正确的采样方法,采取和制备固体样品。
3. 能够从贮存器、输送管道中采取普通、高黏度和易挥发的液体样品。
4. 能采取带压下、正压下和负压下的气体样品。

第一节 概 述

从待测的原始物料中取得分析试样的过程叫采样。采样的目的是采取能代表原始物料平均组成(具有代表性)的分析试样。若分析试样不能代表原始物料的平均组成,即使后面的分析操作很准确也是徒劳,其分析结果依然是不准确的。因此,用科学的方法采制供分析测试的分析试样(即样品)是分析工作者的一项十分重要的工作。一定要十分重视样品的采取与制备,不仅要做到所采取的样品能充分代表原物料,而且在操作和处理过程中还要防止样品的变化和污染。

一、采样的基本术语

(1)采样单元 具有界限的一定数量物料称为采样单元,其界限可能是有形的,如一个容器;也可能是无形的,如物料流的某一时间或时间间隔。

(2)份样(子样)用采样器从一个采样单元中一次取得的一定量物料称为份样(子样)。

(3) 样品　从数量较大的采样单元中取得的一个或几个采样单元，或从一个采样单元中取得的一个或几个份样称为样品。

(4) 原始平均试样　合并所有采取的份样（子样）称为原始平均试样。

(5) 分析化验单位　采取一个原始平均试样的物料的总量称为分析化验单位。分析化验单位可大可小，主要取决于分析的目的。可以是一件，可以是企业的日产量或其他的一批物料。但对于大量的物料而言，分析化验单位不能过大。对商品煤而言，一般不超过1000t。

(6) 实验室样品　送往实验室供检验或测试而制备的样品称为实验室样品。

(7) 备考样品　与实验室样品同时同样制备的样品，在有争议时，它可为有关方面接受用作实验室样品。

(8) 部位样品　从物料的特定部位或在物料流的特定部位和时间取得的一定数量或大小的样品称为部位样品，如上部样品、中部样品或下部样品等。部位样品是代表瞬时或局部环境的一种样品。

(9) 表面样品　为获得关于物料表面的资料，在物料表面取得的样品称为表面样品。

二、采样的目的

采样的具体目的可分为下列几个方面。

1. 技术方面
① 确定原材料、半成品及成品的质量。
② 控制生产工艺过程。
③ 鉴定未知物。
④ 确定污染的性质、程度和来源。
⑤ 验证物料的特性或特性值。
⑥ 测定物料随时间、环境的变化。
⑦ 鉴定物料的来源等。

2. 商业方面
① 确定销售价格。
② 验证是否符合合同的规定。
③ 保证产品销售质量，满足用户的要求等。

3. 法律方面
① 检查物料是否符合法令要求。
② 检查生产过程中泄漏的有害物质是否超过允许极限。
③ 法庭调查，确定法律责任，进行仲裁等。

4. 安全方面
① 确定物料是否安全及其危险程度。
② 分析发生事故的原因。
③ 按危险性进行物料的分类等。

三、工业物料的分类

工业物料按其特性值的变异性类型可以分为两类，即均匀物料和不均匀物料，不均匀物料又可再细分，如下所示。

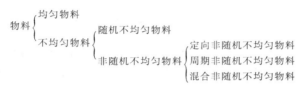

(1) 均匀物料　如果物料各部分的特性平均值在测定该特性的测量误差范围内，此物料就该特性而言是均匀物料。

(2) 不均匀物料　如果物料各部分的特性平均值不在测定该特性的测量误差范围内，此物料就该特性而言是不均匀物料。

(3) 随机不均匀物料　总体物料中任一部分的特性平均值与相邻部分的特性平均值无关的物料是随机不均匀物料。

(4) 定向非随机不均匀物料　总体物料的特性值沿一定方向改变的物料是定向非随机不均匀物料。

(5) 周期非随机不均匀物料　在连续的物料流中物料的特性值呈现出周期性变化的物料是周期非随机不均匀物料，其变化周期有一定的频率和幅度。

(6) 混合非随机不均匀物料　由两种以上特性值变异性类型或两种以上特性平均值组成的混合物料是混合非随机不均匀物料，如由几批生产合并的物料。

四、采样技术

1. 采样原则

均匀物料的采样，原则上可以在物料的任意部位进行，但要注意在采样过程中不应带进杂质，且应尽量避免引起物料的变化（如吸水、氧化等）。

对于不均匀物料一般采取随机采样。对所得样品分别进行测定，再汇总所有样品的检测结果，可以得到总体物料的特性平均值和变异性的估计量。

随机不均匀物料可以随机采样，也可以非随机采样。

定向非随机不均匀物料要用分层采样，并尽可能在不同特性值的各层中采取能代表该层物料的样品。

周期非随机不均匀物料最好在物料流动线上采样，采样的频率应高于物料特性值的变化频率，切忌两者同步。

混合非随机不均匀物料的采样，首先尽可能使各组成部分分开，然后按照上述各种物料类型的采样方法进行采样。

2. 确定样品数和样品量

在满足需要的前提下，样品数和样品量越少越好。任何不必要的增加样品数和样品量都会导致采样费用的增加和物料的损失，能给出所需信息的最少样品数和最少样品称为最佳样品数和最佳样品量。

(1) 样品数　对一般产品，都可用多单元物料来处理。其单元界限可能是有形的，如容器；也可能是设想的，如流动物料的一个特定时间间隔，物料堆中某一部位等。

对多单元的被采物料，采样操作可分为两步：第一步，选取一定数量的采样单元；第二步，对每个单元按物料特性值的变异性类型进行采样。

(2) 样品量　样品量应至少满足以下要求：①至少满足三次重复检测的需要。②当需要留存备考样品时，必须满足备考样品的需要。③对采得的样品如需要做制样处理时，必须满足加工处理的需要。

3. 采样误差

在采样的过程中，采得的样品可能包含采样的偶然误差和系统误差。其中偶然误差是由一些无法控制的偶然因素引起的，这虽无法避免，但可以通过增加采样的重复次数来缩小这个误差。而系统误差是由于采样方案不完善、采样设备有缺陷、操作者不按规定进行操作以及环境等的影响产生的，其偏差是定向的，必须尽力避免。

五、采样记录和采样安全

1. 采样记录和采样报告

采样时应记录被采物料的状况和采样操作，如物料的名称、来源、编号、数量、包装情况、存放环境、采样部位、所采样品数和样品量、采样日期、采样人等。必要时可填写详细的采样报告。

2. 采样安全

在有些情况下采样时，采样者有受到人身伤害的危险，也可能造成危及他人安全的危险条件。为确保采样操作的安全进行，采样时应按以下规定执行。

① 采样地点要有出入安全的通道、照明和通风条件。
② 储罐或槽车顶部采样时要防止掉落，还要防止堆垛容器的倒塌。
③ 如果所采物料本身有危险，采样前必须了解各种危险物质的基本规定和处理办法，采样时，需有防止阀门失灵、物料溢出的应急措施和心理准备。
④ 采样时必须有陪伴者，且需对陪伴者进行事先培训。

第二节　固体试样的采取和制备

固体物料种类繁多，形状各异，均匀性很差。采样前，首先应根据物料的类型、采样的目的和采样原则，确定采样单元、样品数、样品量、采样工具及盛装样品的容器等。然后按照规定的采样方案进行操作，以获得具有代表性的样品。根据固体物料在生产中的使用情况，常选择在包装线上、运输工具中或成品堆中进行采样，以适应不同的物料存在形式。

一、采样工具

采取固体试样常用的采样工具有采样铲（见图1-1）、采样探子（见图1-2~图1-4）、采样钻（见图1-5）、气动采样探子（见图1-6）和真空探针（图1-7）等。

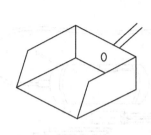

图1-1　手铲

图1-2　末端开口的采样探子

采样探子适用于粉末、小颗粒、小晶体等固体化工产品采样。进行采样时，应按一定角度插入物料，插入时，应槽口向下，把探子转动两三次，小心地把探子抽回，并注意抽回时应保持槽口向上，再将探子内的物料倒入样品容器中。

采样钻适用于较坚硬的固体采样。关闭式采样钻是由一个金属圆桶和一个装在内部的旋转钻头组成,采样时,牢牢地握住外管,旋转中心棒,使管子稳固地进入物料,必要时可稍加压力,以保持均等的穿透速度。到达指定部位后,停止转动,提起钻头,反转中心棒,将所取样品移进样品容器中。

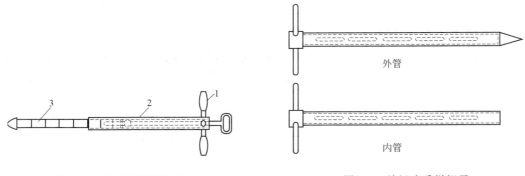

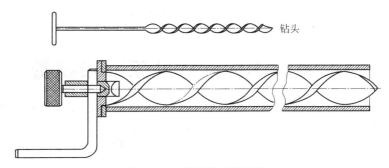

图1-3 可封闭采样探子
1—柄;2—外管;3—内管隔仓

图1-4 关闭式采样探子

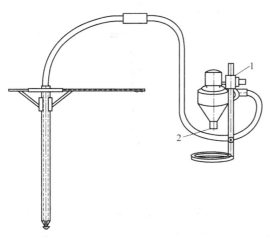

图1-5 窗板关闭式采样钻

气动和真空探针适用于粉末和细小颗粒等松散物料的采样。气动采样探子由一个真空吸尘器和一个由两个同心圆组成的探子构成。开启空气提升泵,使空气沿着两管之间的环形通路流至探头,并在探头产生气动而带起样品,同时使探针不断插入物料。

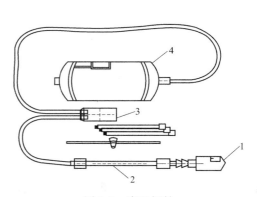

图1-6 气动采样探子
1—电动空气提升泵;2—样品出口

图1-7 真空探针
1—采样探子;2—采样管;3—采样容器;4—真空清洁器

二、采样程序（方案的制订）

1. 确定采取的样品数

(1) 单元物料　当总体物料的单元数小于 500 时，可按照表 1-1 的规定确定；当总体物料的单元数大于 500 时，可按总体单元数立方根的三倍数确定，即

$$n = 3 \times \sqrt[3]{N}, N > 500$$

式中　n——选取的单元数；
　　　N——总体物料的单元数。

表 1-1　选取采样单元数的规定

总体物料的单元	选取的最小单元	总体物料的单元	选取的最小单元
1～10	全部单元	182～216	18
11～49	11	217～254	19
50～64	12	255～296	20
65～81	13	297～343	21
82～101	14	344～394	22
102～125	15	395～450	23
126～151	16	451～512	24
152～181	17		

(2) 散装物料

① 当批量少于 2.5t 时，采样为 7 个单元（或点）。

② 当批量为 2.5～80t，采样为 $\sqrt{批量(t) \times 20}$ 个单元，计算到整数。

③ 当批量大于 80t，采样为 40 个单元。

2. 确定采取的样品量

样品量应满足第一节所述的采样技术中的规定。

3. 确定采取样品的方法

(1) 从物料流中采样　用自动采样器、勺子或其他适当的工具，从皮带运输机或物料的落流中随机或按照一定的时间间隔或质量间隔采取试样。

若按相同的时间间隔采取，则

$$T \leqslant \frac{Q}{Gn} \tag{1-1}$$

按质量间隔采样

$$m \leqslant \frac{Q}{n} \tag{1-2}$$

式中　T——采样的时间间隔；
　　　Q——批量，t；
　　　n——采样的单元数；
　　　m——采样的质量间隔；
　　　G——物料流动速度，t/h。

注：第一个试样不能从第一个时间间隔的起始点采取。

(2) 从运输工具中采样　从运输工具中采样，应根据运输工具的不同，选择不同的布点方法，常用的布点方法有斜线三点法（见图 1-8）、斜线五点法（见图 1-9）。布点时应将子样分布在车皮的一条对角线上，首、末两个子样点至少距车角 1m，其余子样点等距离分布在首、末两子样点之间。另外还有 18 点采样法（见图 1-10）。

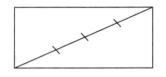 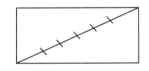

图 1-8 斜线三点采样法示意　　图 1-9 斜线五点采样法示意　　图 1-10 18 点采样法示意

（3）从物料堆中采样　根据物料堆的形状和子样的数目，将子样分布在堆的顶、腰和底部（距地面 0.5m），采样时应先除去 0.2m 的表面层后再用采样铲挖取。

三、样品的制备与保存

样品制备的目的是从较大量的原始样品中获取最佳量的、能满足检验要求的、待测性能能代表总体物料特性的样品。从采样点采得的样品，经过制样后，储存在合适的容器中，留待实验测定时使用。

1. 制样的基本操作

（1）破碎　可用研钵或锤子等手工工具粉碎样品，也可用适当的装置和研磨机械粉碎样品。

（2）筛分　选择目数合适的筛子，手工振动筛子，使所有的试样都通过筛子。如不能通过该筛子，则需重新破碎，直至全部试样都能通过。

（3）混匀

① 手工方法。根据试样量的大小，选用适当的手工工具（如手铲等），采用堆锥法混合样品。堆锥法的基本做法为：利用手铲将破碎、筛分后的试样从锥底铲起后堆成圆锥体，再交互地从试样堆两边对角贴底逐铲铲起，堆成另一个圆锥，每铲铲起的试样不宜过多，并分两三次撒落在新堆的锥顶，使之均匀地落在锥体四周。如此反复进行三次，即可认为该试样已被混匀。

② 机械方法。用合适的机械混合装置混合样品。

（4）缩分　缩分是将在采样点采得的样品按规定留下来一部分，其余部分丢弃，以减少试样数量的过程。常用的方法有手工方法和机械方法。

图 1-11　四分法缩分操作

① 手工方法。常用的方法为堆锥四分法。其基本做法为：将利用三次堆锥法混匀后的试样堆用薄板压成厚度均匀的饼状，然后用十字形分样板将饼状试样等分成四份，取其对面的两份，其他两份丢弃；再将所取试样堆成锥形压成饼状，取其对面的两份，其他两份丢弃（见图 1-11）。如此反复多次，直至得到所需的试样量。

注：最终样品的量应满足检测及备考的需要，把样品一般等量分成两份，一份供检测用，一份留作备考。每份样品的量至少应为检验需要量的三倍。

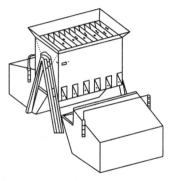

图 1-12　格槽式分样器

② 机械方法。用合适的机械分样器缩分样品。如格槽式分

样器,如图1-12所示。

注:在制样过程中,这四个步骤可能是交叉进行的,并且不能保证每一个步骤一次完成。

2. 试样的保存

样品应保存在对样品呈惰性的包装材质中(如塑料瓶、玻璃瓶等),贴上标签,写明物料的名称、来源、编号、数量、包装情况、存放环境、采样部位、所采样品数和样品量、采样日期、采样人等,如表1-2所示。

样品保存时间一般为6个月,根据实际需要和物料的特性,可以适当地延长和缩短。

表1-2 采样记录表

样品登记号		样品名称	
采样地点		采样数量	
采样时间		采样部位	
采样日期		包装情况	
采样人		接收人	

四、固体采样实例——商品煤样的采取方法

本方法适用于从煤流中、火车上、汽车上、船上和煤堆上采取商品煤样。

(一) 采样工具

(1) 采样铲　用以从煤流中和静止的煤中采样。铲的长和宽均应不小于被采样煤最大粒度的2.5~3倍,对最大粒度大于150mm的煤可用长×宽约为300mm×250mm的铲。

(2) 接斗　用以在落流处截取子样。斗的开口尺寸至少应为被采样煤的最大粒度的2.5~3倍。接斗的容量应能容纳输送机最大运量时煤流全部断面的全部煤量。

(二) 子样数和子样质量

1. 子样数

① 1000t 的原煤、筛选煤、精煤及其他洗煤(包括中煤)和粒度大于100mm的块煤应采取的最少子样数目见表1-3。

表1-3 煤量1000t时的最少子样数目

品　　种	干基灰分/%	煤流	火车	汽车	船舶	煤堆
原煤、筛选煤	>20	60	60	60	60	60
	≤20	30	60	60	60	60
精煤		15	20	20	20	20
其他洗煤(包括中煤)和粒度大于100mm块煤		20	20	20	20	20

② 煤量超过1000t的子样数目,按下式计算

$$N = n\sqrt{\frac{m}{1000}} \tag{1-3}$$

式中　N——实际应采子样数目,个;
　　　n——表1-3规定的子样数目,个;
　　　m——实际被采样煤量,t。

③ 煤量少于1000t时,子样数目根据表1-4规定数目按比例递减,但最少不能少于该表规定的数目。

表 1-4　煤量少于 1000t 的最少子样数目

品　种	干基灰分/%	火车	煤流	汽车	船舶	煤堆
原煤、筛选煤	>20	18	表 1-3 规定数目的 1/3	18	表 1-3 规定数目的 1/2	表 1-3 规定数目的 1/2
	≤20	18		18		
精煤		6		6		
其他洗煤（包括中煤）和粒度大于 100mm 块煤		6		6		

2. 子样质量

按表 1-5 所示确定子样质量。

表 1-5　子样质量

最大粒度/mm	<25	<50	<100	>100
采样质量/kg	1	2	4	5

（三）采样方法

1. 物料流中煤样的采取

物料流是指输送带上传送的物料。移动煤流中采样按时间间隔或质量间隔进行，时间间隔可按下式计算

$$T \leqslant \frac{60Q}{Gn} \tag{1-4}$$

式中　T——子样时间间隔，min；

Q——采样单元，t；

G——煤流量，t/h；

n——子样数目，个。

在移动煤流下落点采样时，可根据煤的流量和皮带宽度，一次或分多次用接斗横截煤流的全断面采取一个子样。

2. 运输工具中采样

（1）火车车皮中采样　子样数目和子样质量按表 1-3～表 1-5 规定确定，但原煤和筛选煤每车不论车皮容量大小至少采取 3 个子样；精煤、其他洗煤和粒度大于 100mm 的块煤每车至少取 1 个子样。

子样点的分布方法。子样分布在车皮对角线上，但首、末子样点应距车角 1m，其余子样点等距离分布在首、末两子样点之间，按等距离分布。采样点按对角线三点法或对角线五点法的规律循环设置。

a. 原煤和筛选煤按图 1-8 所示，每车采取 3 个子样点；精煤、其他洗煤和粒度大于 100mm 的块煤按图 1-9 所示，按 5 点循环方式每车采取 1 个子样。

b. 当以不足 6 节车皮为一个采样单元时，依据"均匀分布，使每一部分煤都有机会被采出"的原则分布子样点。如一节车皮的子样数超过 3 个（对原煤或筛选煤）或 5 个（对精煤、其他洗煤），多出的子样可分布在交叉的对角线上。

c. 当原煤和筛选煤以一节车皮为一个采样单元时，18 个子样点既可分布在两条交叉的对角线上，又可分布在如图 1-10 所示的 18 个点上。

d. 原煤中粒度大于 150mm 的煤块含量若超过 5%，则大于 150mm 的煤块不再取入。

e. 样品的采取。在矿山采样的时间应在装车后立即采取；在采样点位置挖开表面 0.4m 的表层后，采取一定数量的样品，采样前应将滚落在坑底的煤块清除干净。

（2）汽车中采样　无论原煤、筛选煤、精煤、其他洗煤或粒度大于 150mm 的煤块，均

沿车厢对角线方向，按3点（首尾两点各距车角0.5m）循环方式采取子样。当1辆车上需要采取1个以上子样时，与火车顶部采样方法相同，将子样分布在对角线或整个车厢表面。

其余要求，如采样时间、挖坑深度等与火车顶部采样相同。

（3）船舶采样　直接在船上采样，一般以一舱煤为一个采样单元，也可将一舱煤分成多个采样单元。将船舱分成2～3层（每3～4m为一层），将子样均匀分布在各层表面上，在装货或卸货时采取。

3. 煤堆采样

根据煤堆的形状和子样数目，将子样按地点分布在煤堆的顶、腰、底部（距地面0.5m），对于不规则形状的煤堆，可根据不同区域的实际存放量的多少按比例布设采样点。采样时应先除去0.2m表面层后再挖取。

（四）试样的保存

煤样采取后，应装入密封容器或袋中，立即送至制样室。同时应注明煤样质量、煤种、采样地点和采样时间，还应登记车号和煤的发运吨数。

五、试样的分解

分解试样就是将试样中的待测组分全部转变为适合于测定的状态。通常是在试样分解后，使待测组分以可溶盐的形式进入溶液，或者使其保留于沉淀中，并进一步与其他组分分离。有时也以气体形式将待测组分导出，再以适当的试剂吸收或任其挥发。

分解试样的方法有溶解法、熔融法、半熔（烧结）法、燃烧法及升华法等。在实际分析工作中，较常用的是溶解法、熔融法和烧结法三种。

试样的分解是一个复杂而又重要的问题。分析工作中对试样分解的一般要求是：

（1）试样分解完全。试样分解完全是正确分析的先决条件。应选择适当的分解方法，控制适当的温度和时间等，使试样完全分解。

（2）待测组分不应有损失。

（3）不能引入含有待测组分的物质。在分解试样时，要防止加入的试剂或被腐蚀的容器中含有待测组分。

（4）不应引入对待测组分测定有干扰的物质。

此外，分解试样最好能与干扰组分的分离相结合，而且所用的分解方法应尽量满足简便、快速、完全、经济等要求。

总之，选择正确的分解试样的方法，是保证分析工作顺利进行的重要一环。由于试样组成复杂，组分含量变化大，并且某些元素在共存时的存在形式与行为和它们单独存在时不尽一致，要合理地、正确地选择试样的分解方法是比较复杂的。另外，样品性质不同，分析的要求不同，分解的方法也必然不同。因此必须熟悉各种溶（熔）剂的性质，特别是与各种离子或化合物的反应特性；了解各种容器的材料组成和性能；掌握各种分解方法的特点和条件，以及所采用的测定方法，才能正确选择并拟定合理的分解方案。

（一）溶解法

溶解法包括水溶、酸溶和碱溶三种方法。比较常见的是酸溶法。

1. 酸溶法

用酸作为分解试剂，主要是利用酸的氢离子效应。同时，不同的酸还有不同的氧化、还原、配位等作用。为了提高分解效率，经常同时使用几种酸或加入其他盐类。

（1）盐酸　对于许多金属氧化物、硫化物、碳酸盐以及电动序位于氢以前的金属或合金，盐酸是一种良好的溶剂。所生成的氯化物除少数几种（如$AgCl$、Hg_2Cl_2、$PbCl_2$）外，都易溶于水。由于 Cl^- 具有还原性和配位能力，还可溶解软锰矿（MnO_2）和赤铁矿（Fe_2O_3）等。

（2）硝酸　硝酸具有氧化性，除了金和铂族元素难溶于硝酸以外，绝大多数金属都能被硝酸溶解。但能被硝酸钝化的金属（如铝、铬、铁）以及与硝酸作用生成不溶性酸的金属（如锡、钨）都不能用硝酸溶解。

硝酸也是硫化物矿样的良好溶剂，只是在溶解过程中会析出单质硫。如果在硝酸中加入氯酸钾或饱和溴水，则可把硫氧化为 SO_4^{2-}。

用硝酸溶解试样后，溶液中常含有亚硝酸和其他低价氮氧化物，常能破坏某些有机试剂。

（3）硫酸　浓热的硫酸具有很强的氧化性和脱水能力，能溶解多种合金和矿石，还常用以分解破坏有机物。其沸点高（338℃），加热溶液至硫酸冒白烟（SO_3）可以除去溶液中的 HCl、HNO_3、HF 等低沸点酸。但是，大多数硫酸盐的溶解度常比相应的氯化物和硝酸盐小，碱土金属和铅的硫酸盐溶解度更小，不宜使用硫酸溶解上述类似的试样。

（4）磷酸　磷酸加热时变成焦磷酸，具有很强的配位能力，常用来溶解合金钢和难溶矿物。

（5）高氯酸　浓热的高氯酸是一种强的氧化剂，可使各种铁合金（包括不锈钢）溶解；加热蒸发至冒白烟（203℃），可除去低沸点酸。但热浓的高氯酸遇有机物易发生爆炸，应先加浓硝酸破坏有机物后再加入高氯酸。

（6）氢氟酸　氢氟酸的酸性较弱，但配位能力较强，常与硫酸、硝酸、高氯酸混合使用以分解含钨、铌的合金钢、硅酸盐和其他矿石。用氢氟酸分解试样时通常应在铂皿、聚四氟乙烯容器中进行。使用聚四氟乙烯容器时，加热温度不应超过250℃，以免聚四氟乙烯分解产生有毒的氟异丁烯气体。

氢氟酸对人体有毒而且有腐蚀性，应避免吸入氢氟酸蒸气，也不可接触氢氟酸。

（7）混合溶剂　利用各种无机酸配成混合溶剂或在无机酸中加入氧化剂（还原剂）配成各种氧化性（还原性）混合溶剂，常常具有更强的溶解能力或加速溶解反应的进行。例如王水（三份 HCl 与一份 HNO_3 混合）能溶解铂、金及硫化汞等难溶化合物；浓 H_2SO_4 + K_2SO_4 分解有机物，可使有机氮转变为 NH_4^+。

2. 碱溶法

氢氧化钠溶液　铝和铝合金以及某些酸性为主的两性氧化物（如 As_2O_3）可用氢氧化钠溶解。一般浓度为 20%～30%，反应须在白金器皿或聚四氟乙烯容器中进行。

（二）熔融法

用酸不能分解或分解不完全的试样，常采用熔融法分解。熔融法是利用酸性或碱性熔剂，在高温下与试样发生复分解反应，生成易溶解的反应产物。由于熔融时反应物速度和温度（300～1000℃）都很高，因而分解能力很强。但是，由于熔融法的操作温度较高，有时可达1000℃以上，又必须在一定的容器中进行，除由熔剂带进大量碱金属离子外，所用的容器因受到熔剂的侵蚀，还会带入一些容器材料。同时某些组分在高温下挥发损失严重，都会给以后的分析测定带来影响，甚至使某些测定不能进行。因此，在选择试样分解方法时，应尽可能地采用溶解法。某些试样也可以先用酸溶分解，剩下的残渣再用熔融法分解。

熔融法所用熔剂按其性质可分为酸性熔剂和碱性熔剂两大类。常用的酸性熔剂为钾（钠）的酸性硫酸盐、焦硫酸盐及酸性氟化物；常用的碱性熔剂为碱金属的碳酸盐、氢氧化物、过氧化物、硼酸盐等。

选择熔剂的基本原则是：酸性试样用碱性熔剂，碱性试样用酸性熔剂。使用时还可加入氧化剂、还原剂助熔。

1. 碱金属碳酸盐熔融

(1) 碳酸钠熔融　碳酸钠是分解硅酸盐矿物常用的熔剂，也是氧化物、硫酸盐、磷酸盐、碳酸盐、氟化物等矿物的良好熔剂。例如熔融分解长石（$NaAlSi_3O_8$），其分解反应为

$$NaAlSi_3O_8 + 3Na_2CO_3 =\!=\!= NaAlO_2 + 3Na_2SiO_3 + 3CO_2\uparrow$$

熔融产物 $NaAlO_2$ 可溶于一般酸中，制得可供分析测定用的溶液。

碳酸钠熔融分解的温度一般为 950～1000℃，时间为 0.5～1h。遇有锆石、金红石、铬铁矿、铝土矿等难分解的矿物时，须在硅碳棒熔炉中加热至 1200℃，但时间不宜超过 15min，以防硅碳棒老化和试样中某些组分分解挥发造成损失。采用碳酸钠熔融分解时，一般应在铂坩埚中进行。

在碳酸钠中加入少量氧化剂助熔，可以提高分解能力。常用的氧化剂有硝酸钾、氯酸钾、高锰酸钾、过氧化钠等。例如在测定矿石中总硫量时（$BaSO_4$ 重量法），在碳酸钠中加入少许氧化剂熔融分解试样，不仅可避免各种价态的硫的损失，而且试样分解也较彻底。但是加入的氧化剂比例不宜过大，以免侵蚀铂坩埚。

在某些情况下，还可以在碳酸钠中加入还原剂，在熔融过程中营造还原气氛来分解试样。

例如分解含砷、锑、锡、钼、铋、钒、钨的试样所用的"硫-碱熔法"。此法可在瓷坩埚中进行，一般按 Na_2CO_3：S＝4：3 混合作为溶剂，先以低温逐渐升温至 300℃，保温 30min，再升至 450℃，保温 30min 即可使试样分解完全。

(2) 碳酸钾熔融　碳酸钾易吸湿，而且钾盐被沉淀吸附的倾向较钠盐大，因此碳酸钾较少单独作熔剂。但是，如含有铌、钽的试样，由于铌酸、钽酸的钠盐微溶于水，不溶于高浓度的钠盐溶液，在分解这类试样时，有时也可以用碳酸钾作熔剂。

在分解硅酸盐等试样时，为了降低氟、氯等元素的挥发损失，常采用 1：1 的 K_2CO_3 和 Na_2CO_3 作熔剂，其熔点降至 700℃。

2. 碱金属氢氧化物熔融

碱金属氢氧化物都是低熔点的强碱性熔剂，熔融速度快、熔块易被水或稀酸溶解。可分解各种硅酸盐，也可将含氧化铝、二氧化钛、二氧化锡的矿样以及铬铁矿、独居石等分解。

由于氢氧化钠、氢氧化钾固体都极易吸收水分，熔融开始时要缓慢加热，以防水分逸出引起溅失。熔融温度应控制在 450～600℃。熔融不能在铂坩埚中进行，只能在铁、镍、石墨、银、金坩埚中进行。

在分解难熔的试样时，也可用 NaOH 与少量 Na_2O_2 或 KNO_3 混合作熔剂。在用碳酸钠作熔剂时，加入氢氧化钠可以降低熔点，提高分解试样的能力。

3. 过氧化钠熔融

过氧化钠的熔点为 495℃，呈粉状，易吸收空气中的水，受潮后分解为 NaOH 和 O_2。使用时应注意密闭封存。

过氧化钠与碳、木屑、铝粉、硫黄等易被氧化的物质作用时会发生燃烧，甚至爆炸，并且试剂不易提纯，常含有微量的硅、铝、钙、铜以及由包装用的铁皮引入的锡等，因此在分析中较少采用。

过氧化钠既是强碱又是强氧化剂，主要被用来分解某些 Na_2CO_3 和 NaOH 不能分解的试样，如锡石、钛铁矿、钨矿、铬铁矿、绿柱石等。熔融前应将试样与熔剂混合，缓慢升温以防飞溅。

熔融温度约为 600～700℃，一般在铁坩埚中进行。熔块以水浸取时，许多金属阳离子

形成氢氧化物沉淀析出,两性元素或非金属元素形成含氧酸根离子进入溶液。浸取液应煮沸去除过量的 Na_2O_2 溶解后所形成的 H_2O_2。

4. 焦硫酸钾熔融

焦硫酸钾是一种强烈的酸性熔剂,熔点为419℃,熔融时分解析出 SO_3,能与各种难以分解的碱性氧化矿物如铝土矿、磁铁矿、铌铁矿、钛铁矿等反应,使之转变为硫酸盐。例如分解金红石(天然 TiO_2)的反应为

$$K_2S_2O_7 = SO_3 + K_2SO_4$$
$$TiO_2 + 2SO_3 = Ti(SO_4)_2$$

焦硫酸钾熔融可在瓷坩埚或石英坩埚中进行,也可在铂坩埚中进行,但对铂坩埚稍有腐蚀,通常每次熔融约损耗1mg铂。

熔融温度一般控制在400℃左右,时间不宜过长,以免 SO_3 大量挥发或使硫酸盐分解为难溶的氧化物。熔块一般用稀硫酸浸出,必要时可加入酒石酸、草酸等配位剂,以防止某些金属离子[如 Ta(Ⅴ)、Nb(Ⅴ) 等]水解析出沉淀。

(三)烧结法

烧结法又称半熔法,是让试样与固体试剂在低于熔点的温度下进行反应,达到分解试样的目的。因为加热温度较低,时间较长,但不易腐蚀坩埚,通常可在瓷坩埚中进行。

(1)**过氧化钠烧结** 尽管用过氧化钠分解试样效果很好,但由于该熔剂在高温下严重腐蚀坩埚,限制了它的应用范围。但是,许多矿物在铂坩埚中与四倍量的过氧化钠混匀后,于480℃的高温中烧结7min就能将试样分解,熔块可溶于水或无机酸,并且试剂对铂坩埚基本没有腐蚀。

过氧化钠烧结法能分解的矿物有磁铁矿、重晶石、天青石、石膏、黑钨矿、白钨矿、锆英石、铬铁矿等。锇铱矿较难熔,重复几次也能分解。

(2)**碳酸钠-氧化剂烧结** 用1:1的 Na_2CO_3 和 Na_2O_2 与一般的硅酸盐试样混匀,在镍坩埚中于400℃烧结1~2h,效果较好,对坩埚腐蚀极小。将磷酸盐试样与6倍量的 Na_2CO_3-KNO_3(12:1)混合熔剂于瓷坩埚中混匀,700~750℃烧结30~40min,即可完全分解。手续简便,坩埚不易损坏。

(3)**碳酸钠-氧化镁(氧化锌)烧结** 常用于分解硫化物、氧化物、硅酸盐以及煤等矿物。该法最初主要用来灰化煤以测量煤中的全硫量(硫酸钡重量法)。目前常用于测定试样中硫、硼、硒、氯和氟的试样分解,通常在无盖的瓷坩埚或刚玉坩埚中进行。

(4)**碳酸钙-氯化铵烧结** 常用于测定硅酸盐中钾和钠的试样分解。烧结温度为750~800℃,反应产物仍为粉末状,但钾、钠已转变为氯化物,可用水浸取。

一般情况下,NH_4Cl 的用量与试样量相当,$CaCO_3$ 的用量为(8~15)倍试样量。熔融前将试样和试剂在研钵中研磨、混匀。容器采用特制的铂坩埚(高型铂坩埚)。

第三节 液体试样的采集和制备

液态物料具有流动性,组成比较均匀,易采得均匀样品。液体产品一般是在容器中储存和运输,所以采样前应根据容器情况和物料的种类来选择采样工具和确定采样方法。同时采样前还必须进行预检,即了解被采物料的容器大小、类型、数量、结构和附属设备情况;检查包装容器是否受损、腐蚀、渗漏,并核对标志;观察容器内物料的颜色、黏度是否正常;表面或底部是否有杂质、分层、沉淀或结块等现象;判断物料的类型和均匀性。为采取样品

收集充足的信息。

一、采样工具

液体样品的采样工具常用的有采样勺（见图 1-13）、采样管（见图 1-14）、采样瓶（见图 1-15）、采样罐和自动管线采样器等。

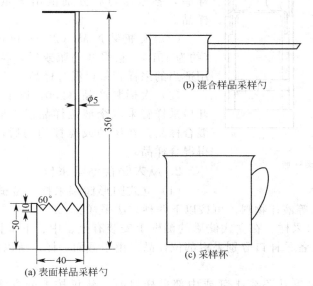

图 1-13　采样勺和采样杯

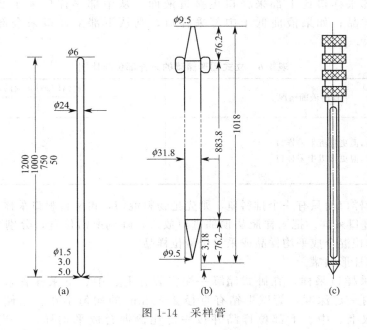

图 1-14　采样管

二、一般液体样品的采集

液体样品在常温下通常为流动态的单相均匀液体，为了保证所采得的样品具有代表性,必须采取一些具体措施,而这些措施取决于被采物料的种类、包装,储运工具及使用的采样工具。

1. 从小储存器中采样

（1）小瓶装产品　按采样方案随机采得若干瓶样品,各瓶摇匀后分别倒出等量液体混合均匀作为样品。

（2）大瓶装产品（25～500mL）或小桶装产品（约为19L）　被采样的瓶或桶,经人工搅拌或摇匀后,用适当的采样管采得混合样品。

（3）大桶装产品（200L以上）　在静止情况下用开口采样管采取全液位样品或采取部位样品后混合成混合样品;在滚动或搅拌均匀后,用适当的采样管采得混合样品。

2. 从大储存器中采样

（1）立式圆形储罐采样　立式圆形储罐主要用于暂时储存原料、成品等液体物料。可按以下两种方法采样。

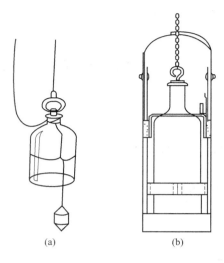

图1-15　采样瓶

① 从固定采样口采样。在立式储罐的侧壁上安装有上、中、下采样口并配有阀门。当储罐装满物料时,从各采样口分别采得部位样品。由于截面一样,所以按等体积混合三个部位样品。

如果罐内液面高度达不到上部或中部采样口时,建议按下列方法采得样品:如果上部采样口比中部采样口更接近液面,从中部采样口采 2/3 样品,而从下部采样口采 1/3 样品;如果中部采样口比上部采样口更接近液面,从中部采样口采 1/2 样品,从下部采样口采 1/2 样品;如果液面低于中部采样口,则从下部采样口采全部样品。具体情况如表1-6所示。

表1-6　立式圆形储罐的采样部位与比例

采样时液面情况	混合样品时相应的比例		
	上	中	下
满灌时	1/3	1/3	1/3
液面未达到上采样口,但更接近上采样口	0	2/3	1/3
液面未达到上采样口,但更接近中采样口	0	1/2	1/2
液面低于中部采样口	0	0	1

如储罐无采样口而只有一个排料口,则先把物料混匀,再从排料口采样。

② 从顶部进口采样。把采样瓶从顶部进口放入,降到所需位置,分别采取上、中、下部位样品,等体积混合成平均样品或采取全液位样品。

（2）卧式圆柱形储罐

① 从固定采样口采样。在卧式储罐一端安装有上、中、下采样管,外口配有阀门。采样管伸进罐内一定深度,管壁上钻有直径 2～3mm 的均匀小孔。当储罐装满物料时,从各采样口采取上、中、下部位样品并按一定比例混合成平均样品。当罐内液面低于满罐时的液面,建议根据表1-7所示的液体深度将采样瓶等从顶部进口放入,降到表上规定的采样液面位置,采得上、中、下部位样品,并按表1-7所示比例混合为平均样品。

表 1-7　卧式圆柱形储罐的采样部位和比例

液体深度	采样液位（离底直径百分比）			混合样品时相应的比例		
（直径百分比）	上	中	下	上	中	下
100	80	50	20	3	4	3
90	75	50	20	3	4	3
80	70	50	20	2	5	3
70		50	20		6	4
60		50	20		5	5
50		40	20		4	6
40			20			10
30			15			10
20			10			10
10			5			10

② 从顶部进口采样。当储罐没有安装上、中、下采样管时，也可以从顶部进口采得全液位样品。

（3）槽车采样（火车或汽车槽车）　槽车是汽车或火车经常使用的用于进行液体物料运输的容器，而船只运输也非常常见。因此，应掌握它们的采样方法。

① 从排料口采样。在顶部无法采样而物料又较为均匀时，可用采样瓶在槽车的排料口采样。

② 从顶部进口采样。用采样瓶或金属采样管从顶部进口放入槽车内，放到所需位置采取上、中、下部位样品并按一定比例混合成平均样品。由于槽车罐是卧式圆柱形或椭圆形，所以采样位置和混合比例按表 1-7 进行。也可采取全液位样品。

在同一槽车上将上述①、②中所采得的样品混合成平均样品作为一列车的代表性样品。

（4）船舱采样

① 把采样瓶放入船舱内降到所需位置采取上、中、下部位样品，以等体积混合成平均样品。

② 对装载相同产品的整船货物采样时，可把每个舱采得的样品混匀成平均样品。

③ 当舱内物料比较均匀时可采取一个混合样品或全液位样品作为该舱的代表性样品。

3. 从输送管道采样

（1）从管道出口端采样　周期性地在管道出口放置一个样品容器，容器上放只漏斗，以防外溢。采样时间间隔和流速成反比，混合体积和流速成正比。

（2）探头采样　如管道直径较大，可在管内装一个合适的采样探头。探头应尽量减少分层效应和被采液体中较重组分下沉的影响。

（3）自动管线采样器采样　当管线内流速变化大，难以用人工调整探头流速接近管内线速度时，可采用自动管线采样器采样。

三、特殊性质的液体样品的采集

有些液体产品由于自身性质的不同，应该采用不同的采样方法。如黏稠液体、液化气体等。

1. 黏稠液体的采样

黏稠液体是具有流动性但又不易流动的液体。其流动性能达到使它们从容器中完全流出的程度。由于这类产品在容器中采样难以混匀，所以最好在生产厂交货灌装过程中采样，也可在交货容器中采样。

（1）在制造厂的最终容器中采样　如果产品外观上均匀，则用采样管、勺或其他适宜的采样器从容器的各个部位采样。具体采样方法按储罐采样方法进行。

（2）在制造厂的产品装桶时采样　在产品分装到交货容器的过程中，以有规律的时间间隔从放料口采得相同数量的样品混合成平均样品。

（3）在交货容器中采样　这类产品通常是以大口容器交货。采样前先检查所有容器的状况，然后根据提供货物数量确定并随机选取适当数量的容器供采样用。打开每个选定的容器，除去保护性包装后检查产品的均一性及相分离的情况。如果产品呈均匀状态或通过搅拌能达到均匀状态时，用金属采样管或其他合适的采样管从容器内不同部位采得样品，混合成平均样品。

2. 液化气体

液化气体是指气体产品通过加压或降温加压转化为液体后，再经精馏分离而制得的可作为液体一样储运和处理的各种液化气体产品。加压状态的液化气体样品根据储运条件的不同，可分别从成品储罐、装车管线和卸车管线上采取。在成品储罐、装车管线和卸车管线上选定采样点部位的首要因素是必须能在此采样点采得代表性的液体样品。由于各种液化气体成品储罐结构不同，当遇到有的成品储罐难以使内装的液化气体产品达到完全均匀时，可按供需双方达成协议的采样方法和采样点采取样品。

3. 稍加热即成为流动态的化工产品

这是一种在常温下为固体，当受热时就易变成流动的液体而不改变其化学性质的产品。对于这类产品从交货容器中采样是很困难的，最好在生产厂的交货容器灌装后立即采取液体样品。当必须从交货容器中采样时，可把容器放入热熔室中使产品全部熔化后采取液体样品或劈开包装采取固体样品。

（1）在生产厂采样　在生产厂的交货容器灌装后立即用采样勺采样，倒入不锈钢盘或不与物料起反应的器皿中，冷却后敲碎装入样品瓶中；也可把采得的液体趁热装入样品瓶中。

（2）在件装交货容器中采样　把件装交货容器放入热熔室内，待容器内的物料全部液化后，将开口采样管插入搅拌，然后采混合样或用采样管采取全液位样品。

四、试样的制备

根据所采物料的试样类型对试样进行相应的处理。此时，样品量往往大于实验室样品量，因而必须把原样品缩分成两到三份小样。一份送实验室检测，一份保留，必要时可封送一份给买方。

样品装入容器后必须贴上标签，填写采样报告。根据试样的性质进行适当地处理和保存。

五、采样注意事项

① 样品容器必须洁净、干燥、严密。
② 采样设备必须清洁、干燥，不能用与被采取物料起化学作用的材料制造。
③ 采样过程中防止被采物料受到环境污染和变质。
④ 采样者必须熟悉被采产品的特性、安全操作的有关知识及处理方法。

六、液体样品采样实例——工业过氧化氢采样

（1）确定批量　工业过氧化氢每批产品的质量不超过60t，用槽车装时，以一槽车为一批。

（2）样品数　工业过氧化氢用桶装时，总包装桶数小于500时，取样桶数按表1-1规定

选取；大于500桶时，按 $n=3\times\sqrt[3]{N}$（N 为总包装桶数）的规定选取。用槽车装时，从每辆槽车中选取。

(3) 样品量　样品量不得少于500mL。

(4) 采样方法　工业过氧化氢用桶装时，用取样器从上、中、下三层按1∶3∶1取样。用槽车装时，用取样器从槽车的顶部进口按上、中、下部位1∶3∶1比例取样。在顶部无法取样而物料又较为均匀时，可在槽车的排料口取样。取样器应为玻璃或聚乙烯塑料制成。

(5) 试样的保存　所取试样混匀后，装在经处理的清洁、干燥的硬质玻璃瓶或聚乙烯瓶中。瓶上粘贴标签，并注明生产厂名称、产品名称、规格、等级、批号和取样日期等。

第四节　气体样品的采集和制备

由于许多气体产品的分析是在仪器上进行的，因此常常把采样步骤与分析的第一步相结合，但有时也需要在单独容器中采取个别样品。气体容易通过扩散和湍流从而混合均匀，成分上的不均匀性一般都是暂时的；气体往往具有压力、易于渗透、易被污染和难以储存的特点。

一、采样设备

气体采样设备主要包括采样器、导管、样品容器、预处理装置、调节压力和流量装置、吸气器和抽气泵等。

1. 采样器

目前广泛使用的采样器有价廉、使用温度不超过450℃的硅硼玻璃采样器；有可在900℃以下长期使用的石英采样器；可在950℃使用的不锈钢和铬铁采样器，而镍合金采样器于1150℃使用。选择何种材料的采样器取决于气样的种类。

用水冷却金属采样器，可减少采样时发生化学反应的可能性。采取可燃性气体，如含有可燃成分的烟道气时就特别需要这一措施。

2. 导管

采取高纯气体时，应该选用钢管或铜管作导管，管间用硬焊或活动连接，必须确保不漏气。要求不高时，可采用塑料管、乳胶管、橡胶管或聚乙烯管。

3. 样品容器

(1) 采样管　带三通的注射器、真空采样瓶和两端带活塞的采样管。如图1-16和图1-17所示。

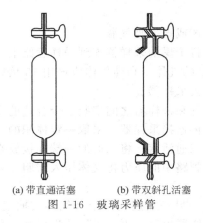

(a) 带直通活塞　(b) 带双斜孔活塞
图1-16　玻璃采样管

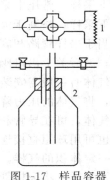

图1-17　样品容器
1—带金属三通的玻璃注射器；2—真空采样瓶

（2）金属钢瓶　有不锈钢瓶、碳钢钢瓶和铝合金钢瓶等。钢瓶必须定期做强度试验和气密性试验，钢瓶要专瓶专用。

（3）吸附剂采样管　有活性炭采样管和硅胶采样管。活性炭采样管通常用来吸收浓缩有机气体和蒸气，如图1-18所示。

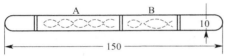

图1-18　活性炭采样管
A—内装100mg活性炭；B—内装50mg活性炭

（4）球胆　球胆采样的缺点是吸附烃类气体，小分子气体如氢气等易渗透气体，故放置后这些气体的成分会发生变化。因其价廉、使用方便，故在要求不高时可使用，但必须先用样品气吹洗干净，置换三次以上，采样后立即分析。要固定球胆专取某种气体。

用于盛装气体样品的容器还有塑料袋和复合膜气袋等。

4. 预处理装置（如过滤器等）

5. 调节压力和流量装置

高压采样，一般安装减压器；中压采样，可在导管和采样器之间安装一个三通活塞，将三通的一端连接放空装置或安全装置。采用补偿式流量计或液封式稳压管可提供稳压的气流。

6. 吸气器和抽样泵

常压采样器常用橡胶制的双联球或玻璃吸气瓶。水流泵可方便地产生中度真空；机械真空泵可产生较高的真空。

二、采样类型

（1）部位样品　略高于大气压的气体的采样是将干燥的采样器连到采样管路中去，打开采样阀，用采样气体进行清洗置换多次，然后关上出口阀和进口阀，移去采样器。采取高压气体或低压气体应相应地使用减压装置或抽气泵等。

（2）连续样品　在整个采样过程中保持同样的速度往样品容器里充气。

（3）间断样品　控制适当的时间间隔实现自动采样。

（4）混合样品　可采用分取混合采样法。

三、采样方法

在实际工作中，通常采取钢瓶中压缩的或液化的气体、钢瓶中的气体和管道内流动的气体。最小采样量要根据分析方法、被测物组分含量范围和重复分析测定的需要量来确定。

1. 从工业设备中采样

（1）常压下采样　常压下采样常用橡胶制的双联球或玻璃吸气瓶。

（2）正压下采样　略高于大气压的气体的采样可将干燥的采样器连到采样管路上，打开采样阀，用相当于采样管路和容器体积至少10倍以上的气体（高纯气体应该用15倍以上气体）清洗装置，然后关上出口阀，再关上进口阀，移去采样器。

采取高压气体时一般需安装减压阀，即在采样导管和采样器之间安装一个合适的安全装置或放空装置，将气体的压力降至略高于大气压后，再连接采样器，采取一定体积的气体。

采取中压气体，可在导管和采样器之间安装一个三通活塞，将三通的一端连接放空装置或安全装置。也可用球胆直接连接采样口，利用设备管路中的压力将气体压入球胆。经多次置换后，采取一定体积的气样。

（3）负压下采样　将采样管的一端连到采样导管，另一端连到一个吸气器或抽气泵上。抽入足量气体彻底清洗采样导管和采样器，先关闭采样器出口，再关采样器进口阀，移出采样器。若采样器装有双斜孔旋塞，可在连到采样器前用一个泵将采样器抽空，清洗采样器后，将旋塞的开口端转到抽空管，然后在移去采样器之前再转回到连接开口端。

2. 从储气瓶中采样

储气瓶一般装有高压气体或液化气体。液化气体可按照从槽车中采取液体试样的方法进行；高压气体可按照高压气体的采样方法进行。如果储气瓶上带有减压阀则可直接利用导管将减压阀和采样管连接起来，否则需在安装减压阀后再进行采样。

习题

1. 简述采样的目的有哪些？
2. 采样时应注意哪些安全方面的问题？
3. 固体试样的采样程序包括哪三个方面？
4. 如何确定固体试样的采样数和采样量？
5. 如何制备固体试样？
6. 以商品煤的采取为例，具体说明固体试样的采取和制备方法。
7. 采取液体样品时，如何在储罐和槽车中采样？
8. 如何采取液化气体？
9. 如何采取黏稠的液体？
10. 常用的气体采样设备有哪些？
11. 如何从工业设备中采取正压、负压及常压气体试样？
12. 如何从储气瓶中采样？

第二章
水质分析

知识目标

1. 掌握工业用水分析项目及各项目的测定原理。
2. 了解水的分类及其所含杂质、水质指标和水质标准、水试样的采取方法。

能力目标

1. 能选择适当的容器和方法采集水样。
2. 能选择合适的方法准确测定水中 pH 值、碱度、酸度、硬度、氯离子、亚硫酸盐、磷酸盐含量。
3. 能采用碘量法测定水中的溶解氧含量。

第一节 概 述

一、水的资源分布及其所含杂质

水是地球上分布最广的物质之一,地球上的天然水约 13.86 亿立方千米,是一种宝贵的自然资源,工业生产、农业灌溉、交通运输和日常生活都需要水。自然界的水分为地下水、地面水和大气水等,地面水又可分为江河水、湖水、海水和冰山水等。从应用角度出发,有生活用水、农业用水(灌溉用水、渔业用水等)、工业用水(原料水、锅炉用水、冷却水等)和各种废水(即污染水)等。

水在地球上不断循环,为地球表面调节气候。在雨雪降落时,水又具有清新大气、净化环境的作用,地球上任何一个生态系统都离不开水。

水以气、液、固三种聚集状态存在。环境科学中把许多形式的水都归类于水圈(hydrosphere)。水圈就是地球表面不连续的水壳,它包括海洋、湖泊、水库、积雪场、冰川、极区冰帽、地下水以及动植物体内和矿物结晶水等,几乎无所不至。其中海洋水占地球水量的 97.3%,陆地上的地面水只占 2.7%,除去 2.14% 无法取用的冰川和高山顶的冰冠外,只占 0.017% 左右,其中又有一半在盐湖内海,淡水湖和河流的水量仅占地球总水量的 0.009%,大气中水汽约占 0.001%,地下水约占 0.61%。当前,可供人类取用的水只有河水、淡水湖和浅层地下水，这三者加在一起，总量约为 300 多万立方千米，仅占地球总水量的 0.2%。因此，地球上人类能利用的淡水储量是极其有限的。

我国水资源比较丰富，2016 年全年平均降水量为 730mm，全年水资源总量为 3.0150×10^{12} m^3/a，其中河川年径流量为 2.7115×10^{12} m^3/a。年径流量约占全球的 5.8%，居世界第六位，仅次于巴西、苏联、加拿大、美国和印度尼西亚。由于我国人口众多，所以人均水资源占有量却很低，如以 13 亿人口估计，据 2012 年的统计，我国人均水资源占有量只有 2100m^3，仅为世界人均水平的 28%，世界排名为第 109 位。我国耕地亩均水资源占有量约为 1770m^3/a，是世界平均值的 3/4 左右。我国除了人均水资源贫乏之外，水资源在时空上的分布也非常不均匀，我国属于季风气候，水量大部分集中在汛期，其中夏季径流量几乎占全年的 40%，那时大量的淡水未能被利用，随排洪流入大海。从地区上说，占全国土地面积 63.7% 的北方诸流域，其水资源仅占全国水资源的 20%；而占全国土地仅 36.3% 的南方流域，水资源却占约 80%。随着工农业迅速发展，全国用水量日益增加，目前用水量约为 4.776×10^{11} m^3/a，仅次于美国。我国已被联合国列为世界上 13 个贫水国家之一。

水在自然或人工的循环过程中，在与环境的接触过程中不仅自身的状态可能发生变化，而且作为溶剂还可能溶解或载带各种无机的、有机的甚至是有生命的物质，使其表观特性和应用受到影响。因此，分析测定水中存在的各种组分时，作为研究、考察、评价和开发水资源的信息则显得十分重要。水质分析主要是对水中的杂质进行测定。

水的来源不同所含杂质也不相同，如雨水中主要含有氧、氮、二氧化碳、尘埃、微生物以及其他成分；地面水中主要含有少量可溶性盐类（海水除外）、悬浮物、腐殖质、微生物等；地下水主要含有可溶性盐类，包括钙、镁、钾、钠的碳酸盐，氯化物，硫酸盐，硝酸盐和硅酸盐等。

二、水质标准

1. 水质指标

不同来源的水（包括天然水和废水）都不是化学上的纯水。它们不同程度地含有无机和有机的杂质。并且，水和其中的杂质常常不是简单的混合，而是存在着相互作用和影响。由于杂质进入水体，使水的物理性质和化学性质与纯水有所差异。这些由水与其中杂质共同表现出来的综合特性即为水质。用来评价水质好坏的项目，称为水质指标。水质指标可具体地表征水的物理、化学特性，说明水中组分的种类、数量、存在状态及其相互作用的程度。根据水质分析结果，确定各种水质指标，以此来评价水质和达到对所调查水的研究、治理和利用的目的。

水质指标按其性质可分为三类，即物理指标、化学指标和微生物学指标。

水的物理性质及其指标主要有温度、颜色、臭和味、浑浊度与透明度、固体含量与导电性等；化学指标包括水中所含的各种无机物和有机物的含量以及由它们共同表现出来的一些综合特性，如 pH、电导率、酸度、碱度、硬度和矿化度等；微生物学指标主要有细菌总数、大肠菌群和游离性余氯。其中化学指标是一类内容十分丰富的指标，是决定水的性质与应用的基础。

从水的利用出发，各种用水都有一定的要求，这种要求体现在对各种水质指标的限制上。长期以来，人们在总结实践经验基础上，根据需要，提出了一系列水质标准。

2. 水质标准

水质标准是表示生活饮用水、工农业用水等各种用途的水中污染物质的最高容许浓度或限量阈值的具体限制和要求，是水质指标要求达到的合格范围。因此，水质标准实际是水的物理、化学和生物学的质量标准。

不同用途对水质有不同的要求。对饮用水主要考虑对人体健康的影响,其水质标准中除有物理、化学指标外,还有微生物指标;对工业用水则考虑是否影响产品质量或易于损害容器及管道,其水质标准中多数无微生物限制。工业用水也还因行业特点或用途的不同,对水的要求不同。例如,锅炉用水要求悬浮物、氧气、二氧化碳含量要少,硬度要低;纺织工业上要求水的硬度要低,铁离子、锰离子含量要极少;化学工业中氯乙烯的聚合反应要在不含任何杂质的水中进行。

为了保护环境和利用水为人类服务,国内外有各种各类水质标准。如地面水环境质量标准、灌溉用水水质标准、渔业用水水质标准、工业锅炉水质标准、饮用水水质标准及各种废水排放标准等。

表2-1为国家标准GB/T 1576—2008《工业锅炉水质》中有关"锅外水处理的自然循环蒸汽锅炉和汽水两用锅炉"所规定的水质标准。

表2-1 采用锅外水处理的自然循环蒸汽锅炉和汽水两用锅炉水质

项目		额定蒸汽压力/MP	$p \leqslant 1.0$		$1.0 < p \leqslant 1.6$		$1.6 < p \leqslant 2.5$		$2.5 < p \leqslant 3.8$	
		补给水类型	软化水	除盐水	软化水	除盐水	软化水	除盐水	软化水	除盐水
给水		浊度/FTU	≤5.0	≤2.0	≤5.0	≤2.0	≤5.0	≤2.0	≤5.0	≤2.0
		硬度/(mmol/L)	≤0.030	≤0.030	≤0.030	≤0.030	≤0.030	≤0.030	≤5.0×10^{-3}	≤5.0×10^{-3}
		pH值(25℃)	7.0~9.0	8.0~9.5	7.0~9.0	8.0~9.5	7.0~9.0	8.0~9.5	7.0~9.0	8.0~9.5
		溶解氧①/(mg/L)	≤0.10	≤0.10	≤0.10	≤0.050	≤0.050	≤0.050	≤0.050	≤0.050
		油/(mg/L)	≤2.0	≤2.0	≤2.0	≤2.0	≤2.0	≤2.0	≤2.0	≤2.0
		全铁/(mg/L)	≤0.30	≤0.30	≤0.30	≤0.30	≤0.30	≤0.10	≤0.30	≤0.10
		电导率(25℃)/(μs/cm)	—	—	≤5.5×10^2	≤1.1×10^2	≤5.0×10^2	≤1.0×10^2	≤3.5×10^2	≤80.0
锅水	全碱度②/(mmol/L)	无过热器	6.0~26.0	≤10.0	6.0~24.0	≤10.0	6.0~16.0	≤8.0	≤12.0	≤4.0
		有过热器	—	—	≤14.0	≤10.0	≤12.0	≤8.0	≤12.0	≤4.0
	酚酞碱度/(mmol/L)	无过热器	4.0~18.0	≤6.0	4.0~16.0	≤6.0	4.0~12.0	≤5.0	≤8.0	≤3.0
		有过热器	—	—	≤10.0	≤6.0	≤8.0	≤5.0	≤8.0	≤3.0
		pH值(25℃)	10.0~12.0	10.0~12.0	10.0~12.0	10.0~12.0	10.0~12.0	10.0~12.0	9.0~12.0	9.0~11.0
	溶解固形物/(mg/L)	无过热器	≤4.0×10^3	≤4.0×10^3	≤3.5×10^3	≤3.5×10^3	≤3.0×10^3	≤3.0×10^3	≤2.5×10^3	≤2.5×10^3
		有过热器	—	—	≤3.0×10^3	≤3.0×10^3	≤2.5×10^3	≤2.5×10^3	≤2.0×10^3	≤2.0×10^3
		磷酸根③/(mg/L)	—	—	10.0~30.0	10.0~30.0	10.0~30.0	10.0~30.0	5.0~20.0	5.0~20.0
		亚硫酸根④/(mg/L)	—	—	10.0~30.0	—	10.0~30.0	—	5.0~10.0	—
		相对碱度⑤	<0.20	<0.20	<0.20	<0.20	<0.20	<0.20	<0.20	<0.20

① 溶解氧控制值适用于经过除氧装置处理后的给水。额定蒸发量大于或等于10t/h的锅炉,给水应除氧。额定蒸发量小于10t/h的锅炉如果发现局部氧腐蚀,也应采取除氧措施。对于供汽轮机用汽的锅炉给水含氧量应小于或等于0.050mg/L。

② 对蒸汽质量要求不高,并且无过热器的锅炉,锅水全碱度上限值可适当放宽,但放宽后锅水的pH值(25℃)不应超过上限。

③ 适用于锅内加磷酸盐阻垢剂。采用其他阻垢剂时,阻垢剂残余量应符合药剂生产厂规定的指标。

④ 适用于给水加亚硫酸盐除氧剂。采用其他除氧剂时,除氧剂残余量应符合药剂生产厂规定的指标。

⑤ 全焊接结构锅炉,可不控制相对碱度。

注:1. 对于供汽轮机用汽的锅炉,蒸汽质量应执行GB/T 12145规定的额定蒸汽压力3.8MPa~5.8MPa汽包炉标准。

2. 硬度、碱度的计量单位为一价基本单元物质的量的浓度。

3. 停(备)用锅炉启动时,锅水的浓缩倍率达到正常后,锅水的水质应达到本标准的要求。

三、水试样的采集

水质分析的一般过程包括采集水样、预处理、依次分析、结果计算与整理、分析结果的质量审查。显然,水样的采集与保存直接关系到水质分析结果的可靠性。为此,应根据水质的特性、水质检测的目的与检测项目的不同而采用不同的取样方法和保管措施。

1. 水样的采集

供分析用的水样应该能够充分代表该水的全面性，并且必须不受任何意外的污染。首先必须做好现场调查和资料收集，包括气象条件、水文地质、水位水深、河道流量、用水量、污水废水排放量、废水类型和排污去向等。水样的采集方法、次数、深度位置、时间等都是由采样分析目的来决定的。水样采集时，应注意以下几点。

(1) 采样容器　为了进行分析（或试验）而采取的水称为水样。用来存放水样的容器称水样容器（水样瓶）。常用的水样容器有无色硬质玻璃磨口瓶和具塞的聚乙烯瓶两种。

① 硬质玻璃磨口瓶。由于玻璃无色、透明，有较好的耐腐蚀性，易洗涤干净等优点，硬质玻璃磨口瓶是常用的水样容器之一，但是硬质玻璃容器存放纯水、高纯水样时，由于玻璃容器有溶解现象，使玻璃成分如硅、钠、钾、硼等溶解进入水样之中。因此玻璃容器不适宜用来存放测定这些微量元素成分的水样。

② 聚乙烯瓶。由于聚乙烯有很高的耐腐蚀性能，不含重金属和无机成分，而且具有质量轻、抗冲击等优点，是使用最多的水样容器。但是，聚乙烯瓶有吸附重金属、磷酸盐和有机物等的倾向。长期存放水样时，细菌、藻类容易繁殖。另外，聚乙烯易受有机溶剂侵蚀，使用时要多加注意。

③ 特定水样容器。锅炉用水分析中有些特定成分测定，需要使用特定的水样容器，应遵守有关标准的规定。如溶解氧、含油量等的测定，需要使用特定的水样容器。

(2) 取样器　用来采集水样的装置称为取样器。采集水样时，应根据实验目的、水样性质、周围条件选用最适宜的取样器。

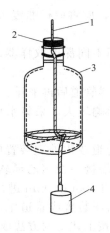

图 2-1　表面或不同深度取样器
1—绳子；2—采样瓶塞；
3—采样瓶；4—重物

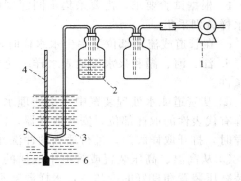

图 2-2　泵式取样器
1—真空泵；2—采样瓶；3—采样用氯化尼龙管；
4—绳子；5—取样口（玻璃或软质尼龙制造）；6—重物

① 采集天然水的取样器。采集天然水样时，应根据试验目的，选用表面取样器、不同深度取样器以及泵式取样器进行取样。表面取样器和不同深度取样器的例子如图 2-1 所示；泵式取样器的例子如图 2-2 所示。

② 采集管道或工业设备中水样的取样器。锅炉用水分析的水样，多数是从管道或工业设备中采取的。在此情况下，取样器都安装在管道或装置中，如图 2-3 和图 2-4 所示。但是，为了获得有充分代表性的水样，取样器的设计、制造、安装以及取样点的布置还应遵循如下规定。

图 2-3　从工业设备中采样的取样器　　　　图 2-4　从管道中采样的取样器

a. 取样器应根据工业装置、锅炉类型、参数以及化学监督要求或试验目的，设计、制造、安装和布置水样取样器。

b. 取样器（包括取样管和阀门）的材质应使用耐腐蚀的金属材料制造。除低压锅炉外，除氧水、给水的取样器应使用不锈钢制造。

c. 从高温、高压的管道或装置中采集水样时，必须安装减压装置和冷却器。取样冷却器应有足够的冷却面积和冷却水源，使得水样流量约为 700mL/min 时，水样温度仍低于 40℃。

（3）水样的采集方法　采集不同的水样，需要采用不同的方法，并做好采样的准备工作。应将采样瓶彻底清洗干净，采样时再用水样冲洗三次以上（采样另有规定者除外），之后才能采集水样。

① 天然水的取样方法。

a. 采集江、河、湖和泉水等地表水样或普通井水水样时，应将取样瓶浸入水下面 50cm 处取样，并在不同地点采样混合成供分析用的水样。

b. 根据试验要求，需要采集不同深度的水样时，应使用不同深度取样器，对不同部位的水样分别采集。

c. 在管道或流动部位采集生水水样时，应充分地冲洗采样管道后再采样。

d. 江、河、湖和泉水等地表水样，受季节、气候条件影响较大，采集水样时应注明这些条件。

② 从管道或水处理装置中采集处理水水样的方法。从管道或水处理装置中取样时，应选择有代表性的取样部位，安装取样器，需要时在取样管末端接一根聚乙烯软管或橡胶管。采样时，打开取样阀门，进行适当的冲洗并将水样流速调至约 700mL/min 进行取样。

③ 从高温、高压装置或管道中取样的方法。从高温、高压装置或管道中取样时，必须加装减压装置和良好的冷却器，水样温度不得高于 40℃，再按上述②的方法取样。

④ 测定不稳定成分的水样采集方法。测定水样中的不稳定成分，通常应在现场取样，随取随测。否则，采样后立即采取预处理措施，将不稳定成分转化为稳定状态，然后再送到试验室测定。

⑤ 取样量。采集水样的数量应满足试验和复核需要。供全分析用的水样不得少于 5L，若水样混浊时应装两瓶。供单项分析用的水样不得少于 0.3L。

⑥ 采集水样时的记载事项。采集供全分析用的水样，应粘贴标签，注明水样名称、取样方法、取样地点、取样人姓名、时间、温度以及其他注意事项。若采集供现场控制试验的水样时，可不粘贴标签，但应使用固定的取样瓶。

（4）水样的存放与运送　水样在放置过程中，由于各种原因，其中某些成分可能发生变化。原则上说，采集水样后应及时分析，尽量缩短存放与运送时间。

① 水样存放的时间。水样存放时间受其性质、湿度、保存条件以及试验要求等因素影响，有很大的差异，根据一般经验，表 2-2 所列时间可作参考。

表 2-2　水样可以存放的时间

水样种类	可以存放时间/h
未受污染的水	72
受污染的水	12～24

② 存放与运送水样的注意事项。
a. 水样运送与存放时，应注意检查水样是否封闭严密，水样瓶应在阴凉处存放。
b. 冬季应防止水样冰冻，夏季应防止水样受阳光暴晒。
c. 分析经过存放或运送的水样时，应在报告中注明存放的时间或温度等条件。

2. 水样的预处理

对水样进行分析时，常根据分析目的、水质状况和有无干扰等不同情况进行预处理。

(1) 过滤　水样浊度较高或带有明显的颜色时，会影响分析结果，可采用澄清、离心或过滤等措施来分离不可滤残渣，尤其用适当孔径的过滤器可有效地除去细菌和藻类。一般采用 0.45μm 滤膜过滤，通过 0.45μm 滤膜的为可过滤态水样，通不过的称为不可过滤态水样。用滤膜、离心滤纸或砂芯漏斗等方式处理样品，它们阻留不可过滤残渣的能力大小顺序是：滤膜＞离心＞滤纸＞砂芯漏斗。

(2) 浓缩　如水样中被分析组分含量较低时，可通过蒸发、溶剂萃取或离子交换等措施浓缩后再进行分析。例如，饮用水中氯仿的测定，采用正己烷/乙醚溶剂萃取浓缩后用气相色谱法测定。

(3) 蒸馏　当测定水中酚类化物、氟化物、氰化物时，在适当条件下可通过蒸馏将酚类化物、氟化物、氰化物蒸发冷凝后测定，共存干扰物质残留在蒸馏液中，而消除干扰。

(4) 消解　分为酸性消解、干式消解和改变价态消解。

① 酸性消解。如水样中同时存在无机结合态和有机结合态金属，可加酸（如 H_2SO_4-HNO_3 或 HCl，HNO_3-$HClO_4$ 等），经过强烈的化学消解作用，破坏有机物，使金属离子释放出来，再进行测定。

② 干式消解。通过高温灼烧去除有机物后，将灼烧后残渣（灰分）用适量 2% HNO_3（或 HCl）溶解，并过滤于容量瓶中，进行金属离子或无机物测定。在高温下易挥发损失的 As、Hg、Cd、Se、Sn 等元素，不易用此法消解。

③ 改变价态消解。如测定水样中总汞时，在强酸（H_2SO_4-HNO_3）和加热的条件下，用 $KMnO_4$ 和过硫酸钾（$K_2S_2O_8$）将水样消解，使所含汞全部转化为二价汞后，再进行测定。

总之，水样采集后，最好立即分析，不能立即分析的项目将采取一些保存措施和预处理措施，以确保分析结果的可靠性。但是分析结果的可靠性在很大程度上取决于分析工作者水处理工程技术人员的丰富实践经验和良好的判断力。

第二节　水　质　指　标

水和杂质共同表现的综合特性叫水质，用来评价水质好坏的项目，称为水质指标。水的用途不同，采用的指标也不同。本章着重介绍按低压锅炉水质标准所规定的几种主要水质指标及有关测定。

一、浊度

悬浮物是指水中颗粒较大的不溶性杂质,悬浮物的含量是采用某种特定过滤材料过滤测定的,用 mg/L 表示。

悬浮物的测定方法一般采用重量法,但因过程冗长繁琐,不作为运行控制项目,只作定期检测。在水质分析中,常用浊度测定来近似表示悬浮物和胶体含量。一般以不溶性硅化物作标准溶液,采用浊度比较法测定水的浊度。单位为 1FTU=1mg(SiO_2)/L。

二、含盐量(S)

含盐量是指水中溶解盐的总量,是衡量水质好坏的一项重要指标。

含盐量的测定,是通过水质全分析后,将所有阴、阳离子的质量相加而得出结果,单位为 mg/L。这种方法也繁琐费时,通常是用溶解固形物来表示含盐量的。取一定体积的过滤水样,水浴蒸干后经 105~110℃ 烘干至恒重,称量后即是溶解固形物含量,用 mg/L 表示。

溶解固形物含量不等于含盐量,在溶解固形物测定的蒸发烘干过程中,如果原来有重碳酸盐,其质量会因分解而减小,或在蒸发过程中形成结晶水使质量增大等。因此是近似表示,且名称不能相混。

三、硬度(H)

硬度是表示水中高价金属离子(Ca^{2+}、Mg^{2+}、Mn^{2+}、Fe^{2+} 等,但不包括 1 价离子 Na^+、K^+ 等)含量。天然水中主要是 Ca^{2+} 和 Mg^{2+} 离子,其他离子很少。含有这类离子的水,在受热蒸发浓缩过程中,生成难溶盐并沉积在锅炉传热面上,即形成水垢。一般把含 Ca^{2+} 和 Mg^{2+} 较多的水称为硬水,较少的则称为软水。衡量 Ca^{2+}、Mg^{2+} 的多少,用硬度表示。硬度就是水中钙镁的浓度,浓度高者即硬度高,硬度低者则浓度也低。

硬度(即浓度)的单位以前是用 CaO 的毫克当量/升表示的。统一国际单位后,取消了"当量"。为了便于与以前的硬度(包括碱度)表示方法衔接和对比,现在改用"单元摩尔浓度"表示硬度。CaO 摩尔质量的 1/2 为其单元摩尔质量。用每升水含 CaO(也代表 MgO)多少(单元)毫摩尔表示水的硬度。即

$$硬度=[1/2 CaO](mmol/L)$$

另一种硬度单位叫德国度(1°G),德国度和其他单位的换算关系为

$$1°G=10mg(CaO)/L=1/2.8 mmol(1/2 CaO)/L$$

CaO 的单元摩尔质量为 56/2=28。

硬度的分类:

(1)总硬度 表示水中 Ca^{2+} 和 Mg^{2+} 的总含量,用 $H_总$ 或 H 表示,其单位用 CaO 的单元摩尔浓度表示,即 mmol(1/2 CaO)/L。其中 Ca^{2+} 的含量叫钙硬度 H_{Ca},Mg^{2+} 的含量叫镁硬度 H_{Mg}。

(2)碳酸盐硬度 表示水中 $Ca(HCO_3)_2$、$Mg(HCO_3)_2$、微溶的 $MgCO_3$ 和 $CaCO_3$ 的总含量,用 $H_碳$ 表示。

将 $Ca(HCO_3)_2$ 和 $Mg(HCO_3)_2$ 称为暂时硬度,因其受热将分解生成沉淀离开水体,故称为暂时硬度。

$$Ca(HCO_3)_2 \Longrightarrow CaCO_3 \downarrow + H_2O + CO_2 \uparrow$$
$$Mg(HCO_3)_2 \Longrightarrow Mg(OH)_2 \downarrow + 2CO_2 \uparrow$$

暂时硬度近似等于碳酸盐硬度(后者尚包含有极少量微溶的 $CaCO_3$ 和 $MgCO_3$)。

(3)非碳酸盐硬度 表示水中 Ca^{2+}、Mg^{2+} 的硫酸盐或氯化物的含量,用 $H_非$ 表示。又

称永久硬度,因受热时,其中的 Ca^{2+} 和 Mg^{2+} 的硫酸盐或氯化物不会分解,一直留在水中,浓度较高时形成水垢。

(4) 负硬度　表示水中 $NaHCO_3$ 和 Na_2CO_3 含量,用 $H_负$ 表示。

上述各硬度之间的关系为

$$H_总 = H_{Ca} + H_{Mg} \qquad H_总 = H_碳 + H_非$$

四、碱度

碱度是表示水中能与强酸发生中和反应的所有碱性物质的含量。天然水中碱性物质主要是 HCO_3^-;锅炉水中碱性物质主要是 OH^- 和 CO_3^{2-}。有时为调节 pH 和更有效地去除 Ca、Mg 和 Si,在加 Na_2CO_3 的同时,加入 Na_3PO_4 和 Na_2HPO_4 等药品。锅炉水中碱性物质又增加了 PO_4^{3-} 以及 HPO_4^{2-} 等。碱度常用的单位也是用 mmol/L 表示。碱度分为:

(1) 酚酞碱度 P　用盐酸滴定,酚酞为指示剂时所计算出来的碱度。

(2) 甲基橙碱度 A　用盐酸滴定,甲基橙为指示剂时所计算出来的碱度。甲基橙碱度又称总碱度。

(3) 酚酞后碱度 M　用盐酸滴定的过程中,采用酚酞和甲基橙两种指示剂分别表示两个终点,酚酞变色时计算出来的碱度叫酚酞碱度;继续滴到甲基橙变色时计算出来的碱度叫酚酞后碱度。两碱度之和为甲基橙碱度,此时

$$A = P + M$$

这样的滴定方法叫双指示剂法。

另外,对锅炉水还制定了一个叫相对碱度的指标,即

$$相对碱度 = \frac{游离 NaOH 质量浓度(mg/L)}{溶解固形物质量浓度(mg/L)}$$

五、pH 值

炉水的 pH 值对各种杂质的型体分布起决定性的作用,对锅炉的正常运行有着广泛影响。因此,它是最重要的水质指标之一。

六、溶解氧

溶解氧在高温高压下对锅炉及金属设备的腐蚀极为严重,是水质的主要指标之一,单位用 mg/L 表示。

另外,还有 PO_4^{3-}、SO_3^{2-} 等离子是为维持锅炉正常运行而引入的药剂,也是锅炉水质的主要指标之一。

第三节　水质指标间的关系

在水质指标间,存在着一定的平衡制约关系。研究这些关系,对整个炉水水质的分析判断和对锅炉的正常生产进行科学的操作控制是十分必要的。

一、硬度与碱度的关系

硬度是表示水中 Ca^{2+}、Mg^{2+} 含量,碱度是表示水中 CO_3^{2-}、HCO_3^- 等含量。阴阳离子在水中虽单独存在,但在浓度较高的炉水中,相互间存在着结合的趋势,其结合的先后顺序,首先应以溶解度的大小为依据(溶解度小的两种离子间结合趋势大于溶解度较大的离子)。现将阴阳离子按结合趋势由大到小的顺序排列如下:

阳离子　　　　　阴离子
Ca^{2+}　　　　　HCO_3^-
Mg^{2+}　　　　　SO_4^{2-}
Na^+　　　　　Cl^-

假定它们两两结合为"假想分子",结合的顺序应是

① Ca^{2+} 和 HCO_3^- 结合为 $Ca(HCO_3)_2$ 之后,多余的 HCO_3^- 才可能结合 Mg^{2+},生成 $Mg(HCO_3)_2$。这类化合物称为碳酸盐硬度 $H_碳$。

② 如果 Ca^{2+} 和 Mg^{2+} 有富余,则必先与 SO_4^{2-} 结合为 $CaSO_4$ 和 $MgSO_4$。如果还有富余又与 Cl^- 结合为 $CaCl_2$ 和 $MgCl_2$。这些化合物均称为非碳酸盐硬度 $H_非$。

如果是 HCO_3^- 有富余,则与 Na^+ 结合为 $NaHCO_3$,称为负硬度 $H_负$。

③ 最后才可能是 Na^+ 与 SO_4^{2-} 和 Cl^- 的结合,称为中性盐。

天然水中,首先是硬度成分与碱度成分结合成碳酸盐硬度,其次才能结合为非碳酸盐硬度。总硬度用 H 表示,总碱度用 A 表示,它们结合情况见表 2-3。

表 2-3　硬度与碱度的关系表

H 与 A 比较	$H_碳$	$H_非$	$H_负$
$H>A$	A	$H-A$	0
$H=A$	H	0	0
$H<A$	H	0	$A-H$

二、酚酞碱度、酚酞后碱度和甲基橙碱度的关系

用浓度为 c 的 HCl 标准溶液滴定体积为 V_0 mL 的水体,以酚酞为指示剂(变色范围 pH=8~10),终点时消耗 HCl 标液体积为 V_1 mL。滴定反应为

$$OH^- + H^+ = H_2O$$
$$CO_3^{2-} + H^+ = HCO_3^-$$

酚酞碱度 P 为
$$P = \frac{cV_1}{V_0} \times 1000 \quad (\text{mmol/L})$$

往原滴定液中加入 2~3 滴甲基橙指示剂(变色范围 pH=3.1~4.4),用调到"0"刻度的 HCl 标液继续滴定,终点时消耗 HCl V_2 mL。滴定反应为

$$HCO_3^- + H^+ = H_2CO_3$$
$$H_2CO_3 = H_2O + CO_2\uparrow$$

酚酞后碱度 M 为
$$M = \frac{cV_2}{V_0} \times 1000 (\text{mmol/L})$$

甲基橙碱度即总碱度 A 应是酚酞碱度与酚酞后碱度之和。
$$A = P + M$$

假定水体中 OH^- 与 HCO_3^- 不能共存。如果水体中可能有 OH^-、CO_3^{2-}、HCO_3^- 三种碱性物质中的任意一种或其中某两种共存,则有以下五种情况:

(1) 水体中只有 OH^-　此时,测定结果为 $V_1>0$,$V_2=0$,即 $P>0$,$M=0$。所以 OH^- 的含量为
$$[OH^-] = P(\text{mmol/L})$$

(2) 水体中有 OH^- 和 CO_3^{2-} 共存　此时,测定结果为 $V_1>V_2$ 即 $P>M$,所以
$$[OH^-] = P - M(\text{mmol/L})$$

$$[1/2CO_3^{2-}] = 2M (\text{mmol/L})$$

或 $$[CO_3^{2-}] = M (\text{mmol/L})$$

(3) 水体中只有 CO_3^{2-}　此时，测定结果为 $V_1 = V_2$，即 $P = M$，所以
$$[1/2CO_3^{2-}] = 2M (\text{mmol/L})$$

或 $$[CO_3^{2-}] = M (\text{mmol/L})$$

(4) 水体中有 CO_3^{2-} 和 HCO_3^- 共存　此时，测定结果为 $V_1 < V_2$，即 $P < M$，所以
$$[1/2CO_3^{2-}] = 2P (\text{mmol/L})$$

或 $$[CO_3^{2-}] = P (\text{mmol/L})$$

而 $$[HCO_3^{-}] = M - P (\text{mmol/L})$$

(5) 水体中只有 HCO_3^-　此时，$V_1 = 0$，$V_2 > 0$ 即 $P = 0$，$M > 0$，所以
$$[HCO_3^-] = M (\text{mmol/L})$$

根据以上讨论结果，可以归纳为表 2-4。

表 2-4　水体中碱度的测定和结果计算

P 和 M 的比较	水体中存在的离子	碱度/(mmol/L)		
		OH^-	$1/2CO_3^{2-}$	HCO_3^-
$P > M$	OH^-、CO_3^{2-}	$P-M$	$2M$	0
$M = 0$	OH^-	P	0	0
$P = M$	CO_3^{2-}	0	$2M$	0
$P < M$	CO_3^{2-}、HCO_3^-	0	$2P$	$M-P$
$P = 0$	HCO_3^-	0	0	M

三、pH 与碱度关系

根据所测的水体 pH 值与总碱度 A，可计算出 OH^-、HCO_3^- 和 $1/2CO_3^{2-}$ 三种碱度成分的含量（假定无 PO_4^{3-}、HPO_4^{2-} 等碱性离子存在）。已知
$$A = [OH^-] + [HCO_3^-] + [1/2CO_3^{2-}] = [OH^-] + [HCO_3^-] + 2[CO_3^{2-}]$$

设碳酸根各型体总浓度为 c
$$c = [HCO_3^-] + [CO_3^{2-}] = A - [OH^-] - [CO_3^{2-}]$$

两种型体的分布系数为
$$\delta_{CO_3^{2-}} = \frac{K_{a_1} K_{a_2}}{[H^+]^2 + K_{a_1}[H^+] + K_{a_1} K_{a_2}}$$

$$\delta_{HCO_3^-} = \frac{K_{a_1}[H^+]}{[H^+]^2 + K_{a_1}[H^+] + K_{a_1} K_{a_2}}$$

因此，各碱性离子的浓度计算式分别为：

(1) OH^- 浓度　　　　　$[OH^-] = 10^{-(14-\text{pH})}$　　　　　　　　①

(2) $1/2CO_3^{2-}$ 浓度　　　　　$[CO_3^{2-}] = c\delta_{CO_3^{2-}}$

则　　　　　$[1/2CO_3^{2-}] = 2c\delta_{CO_3^{2-}}$　　　　　　　　②

(3) HCO_3^- 浓度　　　　　$[HCO_3^-] = c\delta_{HCO_3^-}$　　　　　　　　③

例　测得某水样总碱度 A 为 18.00 mmol/L，pH = 11.0，计算 OH^-、$1/2CO_3^{2-}$ 和 HCO_3^- 三种碱度成分的浓度。已知 H_2CO_3 的 $K_{a_1} = 4.2 \times 10^{-7}$，$K_{a_2} = 5.6 \times 10^{-11}$。

解　(1) 求 $[OH^-]$　已知 pH = 11.0，则
$$[OH^-] = 10^{-3} (\text{mol/L})$$

所以 $[OH^-] = 1.0 (\text{mmol/L})$

（2）求 $1/2CO_3^{2-}$ 的浓度　根据 $[CO_3^{2-}] = c\delta_{CO_3^{2-}}$，即

$$[CO_3^{2-}] = (A - [OH^-] - [CO_3^{2-}]) \times \frac{K_{a_1}K_{a_2}}{[H^+]^2 + K_{a_1}[H^+] + K_{a_1}K_{a_2}}$$

代入数据

$$[CO_3^{2-}] = (18 - 1.0 - [CO_3^{2-}]) \times \frac{2.4 \times 10^{-17}}{10^{-22} + 4.2 \times 10^{-18} + 2.4 \times 10^{-17}}$$

$$[CO_3^{2-}] = (17 - [CO_3^{2-}]) \times 0.85$$

$$1.85 \times [CO_3^{2-}] = 17 \times 0.85$$

$$[CO_3^{2-}] = 7.81 (\text{mmol/L})$$

所以 $[1/2CO_3^{2-}] = 15.62 (\text{mmol/L})$

（3）求 HCO_3^-　根据 $[HCO_3^-] = c\delta_{HCO_3^-}$，即

$$[HCO_3^-] = (18 - 1.0 - 7.81) \times \frac{4.2 \times 10^{-18}}{10^{-22} + 4.2 \times 10^{-18} + 2.4 \times 10^{-17}}$$

$$= 9.19 \times 0.15 = 1.38 (\text{mmol/L})$$

检验　$A = [OH^-] + [HCO_3^-] + [1/2CO_3^{2-}] = 1.0 + 1.38 + 15.62 = 18.00 (\text{mmol/L})$

四、氯化物与溶解固形物间关系

溶解固形物是水质指标之一，也是求相对碱度时必须知道的数据。但溶解固形物的测定耗时较长，一般是用测定氯离子的办法来推算溶解固形物含量。在给水水质稳定的情况下，锅炉水中溶解固形物与氯离子质量浓度比值接近一个常数 K。

$$K = \frac{[\text{溶解固形物}]_\text{锅} \text{mg/L}}{[Cl^-]_\text{锅} \text{mg/L}}$$

知道 K 值后，只要测定锅水中 $[Cl^-]_\text{锅}$，就可以求得溶解固形物的浓度，及时指导锅炉排污，计算相对碱度等。

K 值的测定，可以采用以下方法：在锅炉各项指标合适、运转正常的情况下，取不同浓度的锅水进行分析。将分析结果绘制在坐标纸上，以 $[Cl^-]_\text{锅}$ 为横坐标，对应的 $[\text{溶解固形物}]_\text{锅}$ 为纵坐标，所得直线为一条过原点的直线，直线斜率即为 K 值。直线定期校验，可减小控制误差。

第四节　工业锅炉水质标准

水质标准是水质指标要求达到的合格范围。根据锅炉生产蒸汽的蒸发量、工作压力、蒸汽温度等多方面情况，不同锅炉有不同的水质标准。如对容量较小、蒸发量较低、水容量大的低压锅炉，由于对杂质危害敏感性较小，对蒸汽品质要求较低。因此规定的指标项目较少、标准较低。而对容量较大、蒸发量较高、水容量较小、工作压力较高的锅炉，由于对杂质危害较敏感、对蒸汽品质要求高。因此规定的水质指标项目较多、标准也较高。

（1）浊度标准　悬浮物会影响在锅内加药处理的防垢效果，要求锅内浊度 FTU≤20.0。锅外水处理时，悬浮物会影响离子交换器的正常运转，一般要求锅外浊度 FTU≤5.0。

（2）硬度标准　锅外水处理时，要求水的总硬度小于 $0.03\text{mmol}(1/2\text{CaO})/\text{L}$。锅炉采用锅内加药处理时，给水硬度应低于 $3.5\text{mmol}(1/2\text{CaO})/\text{L}$。

（3）给水的 pH 标准　一般要求 pH>7。

（4）溶解氧标准　溶解氧对给水管道和锅炉腐蚀危害较大，并且随锅炉参数的升高而加

剧。采用热力除氧的锅炉，一般要求给水中溶解氧小于 0.05mg/L。对采用锅内加药除氧（Na_2SO_3）的锅炉，给水的溶解氧≤0.1mg/L。

(5) 锅水的 pH 值和总碱度标准　控制 pH 值在 10~12 之间，总碱度为 8~20mmol/L，有利于形成 $CaCO_3$ 和 $MgCO_3$ 水渣（而不是形成 $CaSO_4$ 和 $MgSiO_3$ 密实、坚硬的水垢）。如果水硬度较低时，注意降低总碱度（因此时 CO_3^{2-} 消耗减小）。

如果 pH<8 或 pH>13，会破坏锅炉金属保护膜，加速锅炉腐蚀。

(6) 锅水的溶解固形物标准　如果锅水中溶解固形物太高，会形成很厚的泡沫层，产生汽水共沸、蒸汽带水等不利影响，使蒸汽品质恶化。因此，必须严格控制好锅炉水的含盐量。一般水管锅炉，规定锅水含盐量小于 3000mg/L，而火管锅炉则可放宽一些，规定含盐量小于 5000mg/L。

(7) 相对碱度标准　相对碱度太高，会在锅炉缝隙部位产生苛性脆化，因此，规定锅水的相对碱度不大于 0.2（mg 游离 NaOH/mg 溶解固形物）。

(8) 含油量标准　给水含油量高，会使锅水产生泡沫，使蒸汽带液；带油的水垢，使传热系数减小。一般规定给水的含油量小于 2mg/L。

部分水质标准见表 2-1。

第五节　浊度和溶解固形物的测定

一、浊度测定原理

本测定方法是根据光透过被测水样的强度，以福马肼标准悬浊液作标准溶液，采用浊度仪来测定。

二、仪器

1. 浊度仪。
2. 滤膜过滤器，装配孔径为 0.15μm 的微孔滤膜。

三、试剂及其配制

1. 无浊度水的制备

将分析实验室用水二级水（符合 GB/T 6682 的规定）以 3mL/min 流速，经孔径为 0.15μm 的微孔滤膜过滤，弃去最初滤出的 200mL 滤液，必要时重复过滤一次。此过滤水即为无浊度水，需储存于清洁的、并用无浊度水冲洗过的玻璃瓶中。

2. 浊度为 400 FTU 福马肼储备标准溶液的制备

(1) 硫酸联氨溶液：称取 1.000g 硫酸联氨 [$N_2H_4 \cdot H_2SO_4$]，用少量无浊度水溶解，移入 100mL 容量瓶中，再用无浊度水稀释至刻度，摇匀。

(2) 六次甲基四胺溶液：称取 10.000g 六次甲基四胺 [$(CH_2)_6N_4$]，用少量无浊度水溶解，移入 100mL 容量瓶中，再用无浊度水稀释至刻度，摇匀。

(3) 浊度为 400FTU 的福马肼储备标准溶液：用移液管分别准确吸取硫酸联氨溶液和六次甲基四胺溶液各 5mL，注入 100mL 容量瓶中，摇匀后在 25℃±3℃下静置 24h，然后用无浊度水稀释至刻度，并充分摇匀。此福马肼储备标准溶液在 30℃下保存，1 周内使用有效。

3. 浊度为 200FTU 福马肼工作液的制备

用移液管准确吸取浊度为 400FTU 的福马肼储备标准溶液 50mL，移入 100mL 容量瓶中，用无浊度水稀释至刻度，摇匀备用。此浊度福马肼工作液有效期不超过 48h。

四、测定方法

1. 仪器校正

（1）调零　用无浊度水冲洗试样瓶 3 次，再将无浊度水倒入试样瓶内至刻度线，然后擦净瓶外壁的水迹和指印，置于仪器试样座内。旋转试样瓶的位置，使试样瓶的记号线对准试样座上的定位线，然后盖上遮光盖，待仪器显示稳定后，调节"零位"旋钮，使浊度显示为零。

（2）校正

① 福马肼标准浊度溶液的配制：按表 2-5 用移液管准确吸取浊度为 200FTU 的福马肼工作液（吸取量按被测水样浊度选取），注入 100mL 容量瓶中，用无浊度水稀释至刻度，充分摇匀后使用。福马肼标准浊度溶液不稳定，应使用时配制，有效期不应超过 2h。

表 2-5　配制福马肼标准浊度溶液吸取 200FTU 福马肼工作液的量

200FTU 福马肼工作液吸取量/mL	0	2.50	5.00	10.0	20.0	35.0	50.0
被测水样浊度/FTU	0	5.0	10.0	20.0	40.0	70.0	100.0

② 校正：用上述配制的福马肼标准浊度溶液，冲洗试样瓶 3 次后，再将标准浊度溶液倒入试样瓶内，擦净瓶外壁的水迹和指印后置于试样座内，并使试样瓶的记号线对准试样座上的定位线，盖上遮光盖，待仪器显示稳定后，调节"校正"旋钮，使浊度显示为标准浊度溶液的浊度值。

2. 水样的测定

取充分摇匀的水样冲洗试样瓶 3 次，再将水样倒入试样瓶内至刻度线，擦净瓶外壁的水迹和指印后置于试样座内，旋转试样瓶的位置，使试样瓶的记号线对准试样座上的定位线，然后盖上遮光盖，待仪器显示稳定后，直接在浊度仪上读数。

五、注意事项

1. 试样瓶表面清洁度和水样中的气泡对测定结果影响较大。测定时将水样倒入试样瓶后，可先用滤纸小心吸去瓶体外表面水滴，再用擦镜纸或擦镜软布将试样瓶外表面擦拭干净，避免试样瓶表面产生划痕。仔细观察试样瓶中的水样，待气泡完全消失后方可进行测定。

2. 不同的水样，如果浊度相差较大，测定时应当重新进行校正。

六、允许差

浊度测定的允许差见表 2-6。

表 2-6　浊度测定的允许差

浊度范围/FTU	允许差/FTU
1～10	1
10～100	5

七、溶解固形物的测定（重量法）

1. 测定原理

溶解固形物是指已被分离悬浮固形物后的滤液经蒸发干燥所得的残渣。取一定体积过滤水样，蒸发、干燥、恒重，称量后计算出溶解固形物含量。

2. 仪器

(1) 水浴锅或 400mL 烧杯。

(2) 100~200mL 瓷蒸发皿。

(3) 分析天平（感量为 0.1mg）。

3. 测定方法

(1) 取一定量已过滤充分摇匀的澄清水样（水样体积应使蒸干残留物的称量在 100mg 左右），逐次注入经烘干至恒重 G_2(mg) 的蒸发皿中，在水浴锅上蒸干。

(2) 将已蒸干的样品连同蒸发皿移入 105~110℃ 的烘箱中烘 2h。

(3) 取出蒸发皿放在干燥器内冷却至室温，迅速称量。

(4) 在相同条件下再烘 0.5h，冷却后再次称量，如此反复操作直至恒重 G_1 (mg)。

(5) 溶解固形物含量计算：

$$RG = \frac{G_1 - G_2}{V} \times 1000 (\text{mg/L})$$

式中 RG——溶解固形物含量，单位为毫克每升，mg/L；

G_1——蒸干的残留物与蒸发皿的总质量，单位为毫克，mg；

G_2——空蒸发皿的质量，单位为毫克，mg；

V——水样的体积，单位为毫升，mL。

第六节　pH 的测定（电极法）

一、原理

玻璃电极与饱和甘汞电极同时浸入水样中，即形成测量电池，其电池电动势 E 随着溶液中 pH 的变化而变化。用高阻抗输入的毫伏计测量，先测出已知溶液 pH_s 的电池电动势 E_s，再测定未知溶液 pH_x 的电池电动势 E_x。根据 IUPAC 关于 pH 的实用定义式

$$pH_x = pH_s + \frac{E_x - E_s}{2.303RT/F}$$

即可求出未知溶液（水样）的 pH 值。在 20℃ 时，电极斜率 $2.303RT/F = 0.058V$。

二、仪器和试剂

1. 仪器

雷磁 25 型 pH 计、pH 玻璃电极、饱和甘汞电极。如图 2-5 所示。

2. 试剂

(1) pH=4.00 标准缓冲溶液　准确称取优级纯邻苯二甲酸氢钾 10.21g 溶解于去离子水，定容为 1000mL。

(2) pH=6.86 标准缓冲溶液　准确称取优级纯磷酸二氢钾 3.390g 和优级纯磷酸氢二钠 3.550g，溶于去离子水并定容为 1000mL。

(3) pH=9.20 标准缓冲溶液　准确称取优级纯硼砂 3.810g 溶于去离子水中并定容为 1000mL。

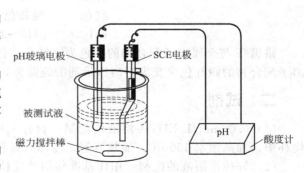

图 2-5　pH 值测定装置

上述标准缓冲溶液的选取，应选 pH 与被测水样较近的缓冲溶液。

三、操作步骤

（1）清洗、活化电极　使电极在蒸馏水中浸泡过夜。

（2）仪器校正　开启半小时后，仪器调零，并进行温度补偿和满刻度校正等步骤。

（3）pH 定位　蒸馏水清洗电极数次，吸水纸将水滴吸去。浸入 pH 与水样相近的标准缓冲液中。先进行调零和满刻度校正，再根据缓冲液的 pH 值使 pH 定位。

（4）复定位　再用蒸馏水清洗电极数次，再浸入复定位缓冲溶液中，按上述过程再行定位。

（5）水样测定　再用蒸馏水清洗电极数次，用水样清洗 2 次以上，吸水纸吸去水滴。将电极浸入水样中，按上述步骤测出水样 pH 值。测定完毕后，洗净电极。

第七节　硬度的测定

一、原理

测定水的总硬度一般采用配位滴定法。用 EDTA 标液滴定水中 Ca^{2+}、Mg^{2+} 总量。反应如下

$$Ca^{2+} + Y^{4-} \longrightarrow CaY^{2-}$$
$$Mg^{2+} + Y^{4-} \longrightarrow MgY^{2-}$$

钙和镁与 EDTA 配位的绝对稳定常数 $\lg K$ 分别为 10.69 和 8.69。如果控制 pH=10。则酸效应系数 $\lg \alpha_{Y(H)} = 0.45$，各条件稳定常数为

$$\lg K'_{CaY} = 10.69 - 0.45 = 10.24$$
$$\lg K'_{MgY} = 8.69 - 0.45 = 8.24$$

即条件稳定常数 $\lg K'$ 均大于 8。所以，控制体系 pH=10，可得到准确结果。

选铬黑 T（EBT）作指示剂。在计量点前，Ca^{2+}、Mg^{2+} 与铬黑 T 形成酒红色络合物，当 EDTA 滴定到计量点附近时，夺走酒红色配合物中的金属离子 Ca^{2+}、Mg^{2+}，铬黑 T 游离出来，溶液突变为纯蓝色，指示终点到达。

计量点前　　　　　　M+EBT ══ M—EBT（酒红色）

终点时　　　　　　　M—EBT+Y ══ MY+EBT（纯蓝色）

铬黑 T 是三元酸，它第一级电离容易，第二级和第三级电离较难，$pK_{a_2}=6.3$，$pK_{a_3}=11.6$，在溶液中存在下列平衡：

$$H_2In^- \rightleftharpoons HIn^{2-} \rightleftharpoons In^{3-}$$

红色　　　纯蓝色　　橙色

pH<6　　pH 8~11　　pH>12

铬黑 T 与金属离子配合物的颜色为酒红色。控制溶液的 pH 在 10 左右，终点时由金属离子配合物的酒红色突变为游离指示剂的纯蓝色，变色明显，有利于准确滴定。

二、试剂

（1）0.02mol/L EDTA 溶液的配制　台秤上称取乙二胺四乙酸二钠 7.5~8g 于 300mL 烧杯中，加蒸馏水 150mL，加热溶解。冷却后稀释为 1L，待标定。

（2）锌标准溶液的配制　用作基准物的纯锌粒，先用 1:1 的 HCl 洗涤，然后用蒸馏水洗去 HCl，再用丙酮或无水乙醇冲洗，置烘箱中在 110℃下烘数分钟。准确称取 0.6538g 纯

锌粒于 250mL 烧杯中，加 1∶1HCl 5mL，低温加热使其溶解。冷却后用蒸馏水定容为 500mL。锌标液浓度为 0.02000 mol/L。

（3）氨性缓冲溶液（pH＝10）的配制　台秤上称取 NH_4Cl 54g，加蒸馏水溶解后，加入浓氨水 350mL，用水稀释至 1L。

（4）0.5％铬黑 T 指示剂　台秤上称取铬黑 T 0.5g，加入 20mL 三乙醇胺溶解，加蒸馏水稀释至 100mL。

（5）1∶1 氨水。

（6）1∶1 盐酸。

三、操作步骤

（1）EDTA 标液的标定　用移液管吸取锌标液 25.00mL 于 250mL 锥形瓶中，滴加 1∶1 氨水至开始出现 $Zn(OH)_2$ 白色沉淀，加 10mL pH 为 10 的氨性缓冲溶液，加蒸馏水 20mL。滴加 2～3 滴铬黑 T，用 EDTA 标液滴定至酒红色变为纯蓝色为终点，记下 EDTA 的体积 V(mL)，由下式计算 EDTA 浓度 c

$$c=\frac{25.00\times 0.02000}{V}\text{ (mol/L)}$$

（2）水硬度测定　量取水样 50～100mL（记为 V_0）于 250mL 锥形瓶中，加入 5～10mL 氨性缓冲溶液，摇匀。加入 3～4 滴铬黑 T 指示剂，用上述 EDTA 标准溶液滴定至由酒红色变为纯蓝色为终点，记下所消耗的 EDTA 体积 V，由下式计算水硬度 H

$$H=\frac{2cV}{V_0}\times 1000\text{mmol}(1/2\text{CaO})/\text{L}$$

式中，c、V 为 EDTA 的浓度和体积；V_0 为水样体积，mL。

第八节　碱度的测定

一、原理

水的碱度是指水中那些能接受质子的物质的含量，主要有氢氧根、碳酸盐、重碳酸盐、磷酸盐、磷酸氢盐等物质，选用适当的指示剂，可以用酸标准溶液对它们进行滴定。

碱度一般分为酚酞碱度和甲基橙碱度（全碱度）。

（1）酚酞碱度　是以酚酞为指示剂，用酸标准溶液滴定后计算所测得的含量，记作 P。到达滴定反应终点（酚酞变色点）时，pH＝8.3。滴定中发生下列反应。

① OH^- 的反应

$$OH^-+H^+ \Longleftrightarrow H_2O$$

酚酞变色（pH＝8.3）时，OH^- 与 H^+ 完全反应。

② CO_3^{2-} 的反应

$$CO_3^{2-}+H^+ \Longleftrightarrow HCO_3^-$$

酚酞变色时，CO_3^{2-} 几乎全部生成 HCO_3^-。

③ PO_4^{3-} 的反应

$$PO_4^{3-}+H^+ \Longleftrightarrow HPO_4^{2-}$$

在 pH＝8.3（即酚酞变色）时，计算 HPO_4^{2-} 的分布系数 $\delta_{HPO_4^{2-}}$

$$\delta_{HPO_4^{2-}}=\frac{K_{a_1}K_{a_2}[H^+]}{[H^+]^3+K_{a_1}[H^+]^2+K_{a_1}K_{a_2}[H^+]+K_{a_1}K_{a_2}K_{a_3}}$$

$$= \frac{7.6 \times 6.3 \times 10^{-19.3}}{10^{-24.9} + 7.6 \times 10^{-3} + 7.6 \times 6.3 \times 10^{-19.3} + 7.6 \times 6.3 \times 4.4 \times 10^{-24}}$$

$$= \frac{2.4 \times 10^{-18}}{2.59 \times 10^{-18}} = 0.927 \text{（即 92.7\%）}$$

而仅有的另外的 0.073 为滴定过量部分，进一步反应生成 $H_2PO_4^-$。型体分布为

$$\delta_{H_2PO_4^-} = \frac{7.6 \times 10^{-3} \times 10^{-16.6}}{2.6 \times 10^{-18}} = 0.073 \text{（即 7.3\%）}$$

（2）酚酞后碱度　是在酚酞变色后再以甲基橙为指示剂，用酸标准溶液继续滴定，计算所测得的含量，记作 M。滴定终点 pH=4.2（甲基橙变色点）时，滴定在原来反应的基础上发生下列反应。

① HCO_3^- 的反应。

$$HCO_3^- + H^+ \rightleftharpoons H_2CO_3$$
$$H_2CO_3 \rightleftharpoons H_2O + CO_2 \uparrow$$

甲基橙变色时，HCO_3^- 全部反应完毕。

② HPO_4^{2-} 的反应。

$$HPO_4^{2-} + H^+ \rightleftharpoons H_2PO_4^-$$

在 pH=4.2（即甲基橙变色）时，计算 HPO_4^{2-} 的分布系数 $\delta_{H_2PO_4^-}$

$$\delta_{H_2PO_4^-} = \frac{7.6 \times 10^{-11.4}}{10^{-12.6} + 7.6 \times 10^{-11.4} + 7.6 \times 6.3 \times 10^{-15.2} + 7.6 \times 6.3 \times 4.4 \times 10^{-24}}$$

$$= \frac{3.03 \times 10^{-11}}{3.05 \times 10^{-11}} = 0.992 \text{（即 99.2\%）}$$

仅有 0.008（即 0.8%）反应过量，生成 H_3PO_4。

（3）全碱度 A　又称甲基橙碱度。

$$A = P + M$$

二、试剂

（1）1%酚酞（乙醇）溶液。

（2）0.1%甲基橙水溶液。

（3）甲基红 0.2%指示剂（60%乙醇溶液）。

（4）0.1（或 0.02）mol/L HCl 标准溶液的配制　量取浓盐酸 8.5mL（或 3.5mL）用蒸馏水稀释至 1L（或 2L），摇匀，待标定。

（5）HCl 标准溶液的标定　分析天平上准确称取硼砂 0.5g（或 0.1g）（准确至 0.0001g）于锥形瓶内，蒸馏水溶解，加甲基红指示剂 3 滴，用 HCl 标液滴定，滴定到黄色变为微红色为终点，消耗体积 V mL。用下式计算 HCl 标液浓度 c

$$B_4O_7^{2-} + 5H_2O + 2HCl \rightleftharpoons 4H_3BO_3 + 2Cl^-$$

$$c = \frac{2m}{381.4V} \times 1000 \text{（mol/L）}$$

式中，m 为硼砂质量；V 为 HCl 体积；381.4 为硼砂摩尔质量。

三、操作步骤

（1）高碱度水样（如锅水）的测定　取 100mL 水样于锥形瓶内，加 2～3 滴酚酞指示剂，用 0.1mol/L HCl 标液滴定至红色消失为终点，记录耗酸体积为 V_1。然后再滴加甲基橙指示剂 2 滴，继续用 HCl 标液滴定至由黄色变橙色为终点，记下第二次耗酸体积为 V_2。

(2) 低碱度水样（如锅炉给水）的测定　取水样 100mL 于锥形瓶内，加 2～3 滴酚酞指示剂。用微量滴定管以 0.02mol/L HCl 标液滴定，记下 V_1。再按同样方法加甲基橙指示剂，滴至第二终点，记下 V_2。

(3) 碱度的计算。

酚酞碱度　　　　　　　　　$P = cV_1 \times 10 (\text{mmol/L})$

酚酞后碱度　　　　　　　　$M = cV_2 \times 10 (\text{mmol/L})$

总碱度　　　　　　　　　　$A = P + M (\text{mmol/L})$

式中，c 为 HCl 标准溶液浓度。

第九节　氯化物的测定（硫氰酸铵滴定法）

一、测定原理

1. 适用于测定氯化物含量为 5～100mg/L 的水样，高于此范围的水样经稀释后可以扩大其测定范围。

2. 在酸性条件下（pH≤1），溶液中碳酸盐、亚硫酸盐、正磷酸盐、聚磷酸盐、聚羧酸盐和有机膦酸盐等干扰物质不能与 Ag^+ 发生反应，而 Cl^- 仍能与 Ag^+ 生成沉淀。

被测水样用硝酸酸化后，再加入过量的硝酸银（$AgNO_3$）标准溶液，使 Cl^- 全部与 Ag^+ 生成氯化银（AgCl）沉淀，过量的 Ag^+ 用硫氰酸铵（NH_4SCN）标准溶液返滴定，选择铁铵矾 $[NH_4Fe(SO_4)_2]$ 作指示剂，当到达滴定终点时，SCN^- 与 Fe^{3+} 生成红色配合物，使溶液变色，即为滴定终点。

$$Cl^- + Ag^+ \longrightarrow AgCl \downarrow （白色）$$
$$SCN^- + Ag^+ \longrightarrow AgSCN \downarrow （白色）$$
$$SCN^- + Fe^{3+} \longrightarrow FeSCN^{2+} （红色配合物）$$

在过量的硝酸银（$AgNO_3$）标准溶液体积中，扣除等量消耗的 SCN^- 的量，即可计算出水中 Cl^- 的含量。

3. 适用于含有碳酸盐、亚硫酸盐、正磷酸盐、聚磷酸盐、聚羧酸盐和有机膦酸盐等干扰物质的锅炉水氯化物的测定。

二、试剂

1. 分析实验室用水二级水，符合 GB/T 6682 的规定。

2. 铬酸钾指示剂（100g/L）：称取 10g 铬酸钾，溶于二级水，并稀释至 100mL。

3. 氯化钠标准溶液（1mL 含 1.0mg Cl^-）：准确称取于 500～600℃ 高温炉中灼烧至恒重的基准氯化钠试剂 1.648g，先溶于少量二级水中，然后稀释至 1000mL。

4. 硝酸银标准溶液（1mL 相当于 1.0mg Cl^-）。

(1) 硝酸银标准溶液的配制　称取 5.0g 硝酸银溶于 1000mL 二级水，储存于棕色瓶中。

(2) 硝酸银标准溶液的标定　于三个锥形瓶中，用移液管分别注入 10.00mL 氯化钠标准溶液，再各加入 90mL 二级水及 1.0mL 铬酸钾指示剂，均用硝酸银标准溶液（盛于棕色滴定管中）滴定至橙色，分别记录硝酸银标准溶液的消耗量 V，以平均值计算，但三个平行试验数值间的相对误差应小于 0.25%。另取 100mL 二级水作空白试验，除不加氯化钠标准溶液外，其他步骤同上，记录硝酸银标准溶液的消耗量 V_1。

硝酸银标准溶液的滴定度计算：

$$T = \frac{10 \times 1.0}{V - V_1}$$

式中　T——硝酸银标准溶液滴定度，mg/mL；

　　　V_1——空白试验消耗硝酸银标准溶液的体积，mL；

　　　V——氯化钠标准溶液消耗硝酸银标准溶液的平均体积，mL；

　　　10——氯化钠标准溶液的体积，mL；

　　　1.0——氯化钠标准溶液的浓度，mg/mL。

(3) 硝酸银标准溶液浓度的调整　将硝酸银溶液浓度调整为1mL相当于1.0mg Cl^- 的标准溶液。二级水加入量按下式计算：

$$\Delta L = L\left(\frac{T-1.0}{1.0}\right) = L \times (T-1.0)$$

式中　ΔL——调整硝酸银溶液浓度所需二级水加入量，mL；

　　　L——配制的硝酸银溶液经标定后剩余的体积，mL；

　　　T——硝酸银溶液标定的滴定度，mg/mL；

　　　1.0——硝酸银溶液调整后的滴定度，1mL相当于1.0mg Cl^-。

5. 分析纯浓硝酸溶液

6. 铁铵矾指示剂（100g/L）：称取10g铁铵矾，溶于二级水，并稀释至100mL。

7. 硫氰酸铵标准溶液（1mL相当于1.0mg Cl^-）配制与标定。

(1) 硫氰酸铵溶液的配制　称取2.3g硫氰酸铵（NH_4SCN）溶于1 000mL二级水中。

(2) 硫氰酸铵溶液的标定　在三个锥形瓶中，用移液管分别注入10.00mL $AgNO_3$ 标准溶液，再各加90mL二级水及1.0mL铁铵矾指示剂（100g/L），均用硫氰酸铵溶液（NH_4SCN）滴定至红色，记录硫氰酸铵溶液消耗体积 V_1。同时另取100mL二级水做空白试验，记录空白试验硫氰酸铵溶液消耗体积 V_0。硫氰酸铵溶液滴定度 T_1 按下式计算：

$$T_1 = \frac{10 \times 1.0}{V_1 - V_0}$$

式中　T_1——硫氰酸铵溶液滴定度，mg/mL；

　　　V_1——硝酸银标准溶液消耗硫氰酸铵标准溶液的体积，mL；

　　　V_0——空白试验消耗硫氰酸铵溶液的体积，mL；

　　　10——硝酸银标准溶液的体积为10mL；

　　　1.0——硝酸银标准溶液的滴定度，1mL相当于1.0mg Cl^-。

(3) 硫氰酸铵溶液浓度的调整　硫氰酸铵标准溶液的浓度一定要与硝酸银标准溶液浓度相同，若标定结果 T_1 大于1.0mg/mL，可按下式计算添加二级水，使硫氰酸铵溶液的滴定度调整为1mL相当于1.0mg Cl^- 的标准溶液：

$$\Delta V = V\left(\frac{T_1 - 1.0}{1.0}\right) = V(T_1 - 1.0)$$

式中　ΔV——调整硫氰酸铵溶液浓度所需二级水添加量，mL；

　　　V——配制的硫氰酸铵溶液经标定后剩余的体积，mL；

　　　T_1——硫氰酸铵溶液标定的滴定度，mg/mL；

　　　1.0——硫氰酸铵溶液调整后的滴定度，1mL相当于1.0mg Cl^-。

三、测定方法

1. 准确吸取100mL水样置于250mL锥形瓶中，加1mL分析纯浓硝酸溶液，使水样pH≤1。加入硝酸银标准溶液15.0mL，摇匀，加入1.0mL铁铵矾指示剂（100g/L），用硫氰酸铵标准溶液快速滴定至红色，记录硫氰酸铵标准溶液消耗体积 a。同时做空白试验，记录空白试验硫氰酸铵标准溶液消耗体积 b。

2. 水样中氯化物（以 Cl^- 计）含量按下式计算：

$$[Cl^-]=\frac{(2V_{Ag^+}-a-b)\times T_1}{V_s}\times 1000$$

式中 $[Cl^-]$——水样中氯离子含量，mg/L；
V_{Ag^+}——硝酸银标准溶液加入的体积，mL；
a——滴定水样时消耗硫氰酸铵标准溶液的体积，mL；
b——空白试验时消耗硫氰酸铵标准溶液的体积，mL；
T_1——硫氰酸铵标准溶液的滴定度，mg/mL；
V_s——水样体积，mL。

四、测定水样时注意事项

1. 水样体积的控制

由于铁铵矾指示剂法测定 Cl^- 采用的是返滴定法，溶液被酸化后，加入 $AgNO_3$ 的量应比被测溶液中 Cl^- 的含量要略高，否则就无法进行返滴定。当水样中氯离子含量大于 100mg/L 时，应当按表 2-7 中规定的体积吸取水样，用二级水稀释至 100mL 后测定。

表 2-7 氯化物的含量和取水样体积

水样中 Cl^- 含量/(mg/L)	101～200	201～400	401～1 000
取水样体积/mL	50	25	10

2. 被测溶液 pH 值的控制

被测溶液 pH≤1 时，溶液中碳酸盐、亚硫酸盐、正磷酸盐、聚磷酸盐、聚羧酸盐和有机膦酸盐等干扰物质不与 Ag^+ 发生反应。不同的水样碱度、pH 值差别较大，因此测定前加 HNO_3 酸化时，HNO_3 的加入量应以被测溶液 pH≤1 为准。

3. 标准溶液浓度的控制

如水样中氯离子含量小于 5mg/L 时，可将硝酸银和硫氰酸铵标准溶液稀释使用，但稀释后的这两种标准溶液的滴定度一定要相同。

4. 对于混浊水样，应当事先进行过滤。

5. 防止沉淀吸附的影响

加入过量的 $AgNO_3$ 标准溶液后，产生的 $AgCl$ 沉淀容易吸附溶液中的 Cl^-，应充分摇动，使 Ag^+ 与 Cl^- 进行定量反应，防止测定结果产生负误差。

6. 防止 $AgCl$ 沉淀转化成 $AgSCN$ 产生的误差

由于 $AgCl$ 的溶度积比 $AgSCN$ 的大，在滴定接近化学计量点时，SCN^- 可能与 $AgCl$ 发生反应从而引进误差，其反应式如下：

$$SCN^- + AgCl \longrightarrow AgSCN\downarrow + Cl^-$$

但因这种沉淀转化缓慢，影响不大，如果分析要求不是太高，可在接近终点时，快速滴定，摇动不要太剧烈来消除影响，即可基本消除其造成的负误差。

若分析要求很高，则可通过先将 $AgCl$ 沉淀进行过滤，然后再用 SCN^- 返滴定，或者加入硝基苯在 $AgCl$ 沉淀表面覆盖一层有机溶剂，阻止 SCN^- 与 $AgCl$ 发生沉淀转化反应。

第十节　溶解氧的测定

一、原理

水中溶解氧在碱性条件下定量氧化 Mn^{2+} 为 $Mn(III)$ 和 $Mn(IV)$，在酸性条件下 $Mn(III)$ 和 $Mn(IV)$ 又定量氧化 I^- 为 I_2，用硫代硫酸钠滴定所生成的 I_2，即可求出水中溶解氧含量。反应过程如下。

（1）碱性条件下，Mn^{2+} 生成 $Mn(OH)_2$ 白色沉淀

$$Mn^{2+} + 2OH^- == Mn(OH)_2 \downarrow$$

（2）水中溶解氧与 $Mn(OH)_2$ 作用生成 $Mn(III)$ 和 $Mn(IV)$

$$2Mn(OH)_2 + O_2 == 2H_2MnO_3 \downarrow$$

$$4Mn(OH)_2 + O_2 + 2H_2O == 4Mn(OH)_3 \downarrow$$

（3）在酸性条件下 $Mn(III)$ 和 $Mn(IV)$ 氧化 I^- 为 I_2

$$H_2MnO_3 + 4H^+ + 2I^- == Mn^{2+} + I_2 + 3H_2O$$

$$2Mn(OH)_3 + 6H^+ + 2I^- == 2Mn^{2+} + I_2 + 6H_2O$$

（4）用硫代硫酸钠滴定定量生成的碘

$$I_2 + 2S_2O_3^{2-} == 2I^- + S_4O_6^{2-}$$

从上述反应的定量关系可以看出

$$1\ O_2 —— 2\ H_2MnO_3 —— 2\ I_2 —— 4\ S_2O_3^{2-}$$

$$1\ O_2 —— 4\ Mn(OH)_3 —— 2\ I_2 —— 4\ S_2O_3^{2-}$$

所以
$$1 n_{O_2} = 4 n_{S_2O_3^{2-}}$$

二、仪器和试剂

1. 仪器

（1）取样瓶　250～500mL 的具磨口塞玻璃瓶。

（2）取样桶　比取样瓶高出 150mm 以上，可同时放置两个取样瓶的塑料桶。

2. 试剂

（1）0.01mol/L 硫代硫酸钠标准溶液　先粗配 0.1mol/L 硫代硫酸钠。在台秤上称取 $Na_2S_2O_3 \cdot 5H_2O$ 25g，溶于 1L 新煮沸并冷却的蒸馏水中，保存于具磨口的棕色瓶内，放置 7d 后过滤并标定。

用基准物重铬酸钾标定硫代硫酸钠标液。首先吸取浓度为 c（约 0.016mol/L）的 $K_2Cr_2O_7$ 25.00mL 于碘量瓶中，加入固体碘化钾 1g 左右和 2mol/L HCl 15mL，待 KI 溶解后置于暗处 5min（加盖）。取出后加蒸馏水 50mL，用 $Na_2S_2O_3$ 标液滴定至浅黄色，加 1% 淀粉溶液 2mL，继续滴定至蓝色消失为终点，记下所消耗的 $Na_2S_2O_3$ 体积 V，用下式计算 $Na_2S_2O_3$ 标液浓度

$$Cr_2O_7^{2-} + 6I^- + 14H^+ == 2Cr^{3+} + 3I_2 + 7H_2O$$

$$I_2 + 2S_2O_3^{2-} = 2I^- + S_4O_6^{2-}$$

$$c_{S_2O_3^{2-}} = \frac{6 \times 25c}{V} \text{mol/L}$$

取上述 $Na_2S_2O_3$ 标液 25.00mL 注入 250mL 容量瓶中，用新鲜蒸馏水定容，即得浓度约为 0.01mol/L $Na_2S_2O_3$ 标液。

（2）1‰淀粉溶液　在玛瑙研钵中将 10g 可溶性淀粉研磨，干燥后取 1g 与少许蒸馏水调成糊状，注入 100mL 煮沸蒸馏水中，再煮 5~10min，过滤后再使用。

（3）硫酸锰溶液　称取 55g 硫酸锰（$MnSO_4 \cdot 5H_2O$），溶于 100mL 蒸馏水中。过滤后，在滤液中加 1mL 浓硫酸，储于磨口瓶中。

（4）碱性碘化钾混合液　称取 36g 氢氧化钠，20g 碘化钾，溶于 100mL 蒸馏水中混匀。

（5）1:1 硫酸溶液

三、操作方法

① 洗净取样瓶、取样桶，将取样瓶置于桶内。将两根水样胶管插入两个取样瓶内至瓶底，调节水流速约 700mL/min，使水样从两瓶内溢出并超过瓶口 150mm 后，轻轻抽出胶管。

② 立即用移液管在水面下往第一瓶内加 $MnSO_4$ 溶液 1mL，往第二瓶内加 1:1 H_2SO_4 溶液 5mL。

③ 用滴定管往两瓶中各加 3mL 碱性碘化钾混合液（仍在水面下加）。盖紧瓶塞后从桶内取出摇匀，再放入桶内的水中。

以上工作为现场采样，下面的测定过程最好在现场进行。如需回化验室测定，必须将水样以桶内水封的形式尽快送往化验室。

④ 待沉淀物下沉后，用移液管往第一瓶中加 5mL 1:1 H_2SO_4，往第二瓶中加 1mL $MnSO_4$（均在水面下进行）。盖好瓶塞，取出摇匀。

⑤ 保持水温低于 15℃，分别取水样 200~250mL 记为 V_0，注入两个 500mL 锥形瓶中，并立即用硫代硫酸钠标液滴定至浅黄色。加 1mL 淀粉后，继续滴定至蓝色消失为终点。记下第一瓶水样消耗的 $Na_2S_2O_3$ 标液体积 V_1 和第二瓶水样消耗的 $Na_2S_2O_3$ 标液体积 V_2。

用下式计算水样中溶解氧含量。

$$\text{溶解氧} = \frac{\frac{1}{4}(V_1 - V_2)c \times 32.00}{V_0} \times 1000 \text{(mol/L)}$$

式中，V_1 和 V_2 为第一瓶和第二瓶水样所消耗 $Na_2S_2O_3$ 标液的体积，mL；c 为 $Na_2S_2O_3$ 标液的浓度，mol/L；V_0 为所取水样体积，mL（注意，两瓶水样所取的体积应相同）；32.00 为氧气摩尔质量；1/4 为 O_2 与 $Na_2S_2O_3$ 的化学计量系数比。

第十一节　亚硫酸盐的测定

一、原理

亚硫酸钠是中低压锅炉常用的化学除氧剂，它与水中氧气发生如下反应

$$2SO_3^{2-} + O_2 = 2SO_4^{2-}$$

锅水中亚硫酸钠含量越高，与氧反应越快，除氧效果越好。但含量太高时，不仅增加药剂消耗，还增加锅水含盐量。按水质标准规定，一般锅水中 SO_3^{2-} 含量控制在 10~40mg/L。

亚硫酸钠的测定，用碘酸钾-碘化钾标准溶液在酸性条件下滴定亚硫酸钠，淀粉溶液为指示剂，蓝色出现为终点。在酸性条件下，碘酸钾与碘化钾作用，定量生成I_2。

$$IO_3^- + 5I^- + 6H^+ \rightleftharpoons 3I_2 + 3H_2O$$

I_2与SO_3^{2-}发生定量反应

$$I_2 + SO_3^{2-} + H_2O \rightleftharpoons 2I^- + SO_4^{2-} + 2H^+$$

SO_3^{2-}与IO_3^-的定量关系为

$$1\ IO_3^- —— 3\ I_2 —— 3\ SO_3^{2-}$$

$$n_{SO_3^{2-}} = \frac{1}{3} n_{IO_3^-}$$

二、试剂

（1）0.005mol/L KIO_3-KI 标准溶液的配制　天平上准确称取基准物碘酸钾 1.0700g，台秤称取碘化钾 8g，称取 $NaHCO_3$ 0.5g，蒸馏水溶解后，定容为 1000mL。浓度 $c_{IO_3^-}$ = 0.005mol/L。

（2）1%淀粉溶液。配法同上节（第十节）。

（3）1∶1 盐酸溶液。

三、操作步骤

取水样 100mL 于 250～300mL 锥形瓶中，加淀粉指示剂 1mL 和 1∶1 盐酸 1mL。摇匀后，用上述碘酸钾-碘化钾标准溶液滴定至微蓝色出现为终点，记下所消耗标准溶液体积 V_1。

同时取蒸馏水 100mL，用相同操作方法作空白试验，消耗标准溶液体积为 V_2。用下式计算水样中 SO_3^{2-} 的含量

$$\text{亚硫酸根含量} = \frac{3c(V_1 - V_2) \times 80.06}{V_0} \times 1000\, (\text{mg/L})$$

式中，c 为碘酸钾-碘化钾标液浓度，mol/L；V_1 和 V_2 为水样和空白所消耗碘酸钾-碘化钾标液的体积，mL；V_0 为水样体积，mL；80.06 为 SO_3^{2-} 摩尔质量。

第十二节　磷酸盐的测定

一、原理

锅炉水中加磷酸盐的目的是为防止生成 $CaSO_4$、$CaSiO_3$ 等水垢，维持水中一定浓度的 PO_4^{3-}，使其形成 $Ca_3(PO_4)_2$ 水渣。如果 OH^- 较高，还可发生下列反应

$$10Ca^{2+} + 6PO_4^{3-} + 2OH^- \rightleftharpoons Ca_{10}(OH)_2(PO_4)_6 \downarrow (\text{碱性磷灰石})$$

碱性磷灰石是一种分散性较好的水渣。

加入磷酸盐除防止生成坚硬的 $CaSO_4$ 和 $CaSiO_3$ 水垢外，还能促使这些水垢疏松脱落，形成流动形的水渣，在金属表面形成一层保护膜，对防止锅炉腐蚀起到一定保护作用。由于磷酸钠价格较高，一般不单独使用。通常是用少量的磷酸盐与其他防垢药剂配成复合防垢剂，在锅水中控制一定的 PO_4^{3-} 浓度，主要是从经济节约角度考虑的。测定锅水中的 PO_4^{3-}，主要采用磷钒钼黄分光光度法。在 0.6mol/L 的酸度下，磷酸盐、钼酸盐和偏钒酸盐反应生成黄色的磷钒钼酸。

$$2H_3PO_4 + 22(NH_4)_2MoO_4 + 2NH_4VO_3 + 23H_2SO_4 \longrightarrow$$
$$P_2O_5 \cdot V_2O_5 \cdot 22MoO_3 + 23(NH_4)_2SO_4 + 26H_2O$$
黄色

磷钒钼酸的最大吸收波长为 355nm，一般测定时选择在 420nm 波长下测定。

二、试剂

（1）磷酸盐标准溶液 [1mg(PO_4^{3-})/mL]　天平上准确称取基准物磷酸二氢钾（KH_2PO_4）1.433g，溶于少量去离子水，定容为 1000mL。

（2）磷酸盐工作溶液 [0.1mg(PO_4^{3-})/mL]　取上述标液 25.00mL，用去离子水定容为 250mL。

（3）钼钒酸显色液　称取 50g 钼酸铵 [$(NH_4)_6Mo_7O_{24} \cdot 4H_2O$] 和 2.5g 偏钒酸铵（$NH_4VO_3$）溶于 400mL 去离子水中。另外取 250mL 去离子水，慢慢加入 195mL 浓硫酸，溶解后冷却至室温。将两液合并（即将硫酸溶液倒入钼钒酸溶液中）用去离子水稀释为 1000mL。

三、操作步骤

（1）工作曲线的绘制　分别取磷酸盐工作液 0、1、2、3、4、5、6、7mL 于 8 只 50mL 比色管中，用去离子水稀释至刻度，用移液管分别加入 5.00mL 钼钒酸显色液，摇匀后放置 2min。以 0ml 空白溶液为参比液，选 2（或 3）cm 比色皿，在 $\lambda=420nm$ 的波长下用分光光度计分别测定吸光度 A。

以 PO_4^{3-} 的质量（mg）为横坐标，吸光度 A 为纵坐标，绘制工作曲线。

（2）水样的测定　取水样 50mL 于比色管中，加入 5.00mL 钼钒酸显色液，摇匀后放置 2min，以空白试剂为参比。按上面的操作步骤测出水样吸光度 A_x。

从工作曲线中查出 A_x，对应的 PO_4^{3-} 质量 m_x，用下式求出水样中 PO_4^{3-} 的含量

$$磷酸根含量 = \frac{m_x}{50} \times 1000 \text{ (mg/L)}$$

1. 填空题

用电位法测定溶液 pH 值时，使用的指示电极是_____，常用的参比电极是_____。

2. 选择题

下列关于直接电位法测定溶液 pH 值的说法中，不正确的是（　　）。

A. 若待测试液为酸性，应选择 pH=4 的标准缓冲溶液
B. 若待测试液为碱性，应选择 pH=9 的标准缓冲溶液
C. 若待测溶液的 pH 值大于 9，应使用 Li_2O 玻璃电极
D. 若待测溶液的 pH 值大于 9，应使用 Na_2O 玻璃电极

3. 水可分成几类？水中所含杂质有哪些？
4. 水质指标是指什么？有哪些水质指标？水质标准是指什么？
5. 水质分析项目有哪些？
6. 水的碱度有哪几种？由那些物质组成？
7. 溶解氧测定原理是什么？
8. 取井水 1000mL，用 0.09mol/L $AgNO_3$ 溶液滴定耗去 2mL，计算每升井水中含 Cl^- 多少克？
9. 水质分析过程包括哪些环节？

10. 什么是相对碱度？
11. 硬度和碱度的关系如何？
12. 工业锅炉水有哪些水质标准？
13. 浊度和溶解固形物的测定原理？
14. 用电极法测定水的pH，电极为何要在蒸馏水中浸泡过夜？
15. 中低压锅炉中常用的化学除氧剂是什么？如何测定其含量？
16. 磷酸盐的测定原理是什么？
17. 氯化物测定时，如何防止SCN^-与AgCl发生沉淀转化？
18. 测定溶解氧是什么要控制酸度？
19. 氯化物与溶解固形物的关系中K值如何测定？
20. 碘量法测定水样中的溶解氧时，如何进行水样的采集与固定？写出水样固定与滴定过程中的有关化学反应式。

第三章
水体污染与自净及检测

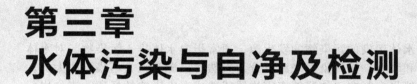

📘 知识目标

1. 理解并掌握有关水体污染、水体污染源、水体污染物、水体的自净等基本概念。
2. 了解引起水体污染的污染物有哪些？这些污染物的来源、分类、污染类型以及所造成的危害等。
3. 了解水体自净过程、机制以及它在消除水污染中的作用。
4. 熟悉水质指标和水质标准的基本内容和含义。
5. 了解水污染监测分析方法中所涉及的基本知识。
6. 掌握各监测项目所采用的分析方法的基本原理、测定步骤、操作方法和测定注意事项等。

📙 能力目标

1. 能采用重铬酸钾法测定 COD。
2. 能采用高锰酸钾法测定 COD。
3. 能采用培养法测定 BOD。
4. 能采用 4-氨基安替比林-氯仿萃取分光光度法、4-氨基安替比林-直接分光光度法测定挥发酚。
5. 能采用亚甲基蓝分光光度法测定阴离子表面活性剂的浓度。
6. 能采用紫外分光光度法测定污水中油的含量。

第一节 水污染的基本概念

一、水体污染

水在自然循环和社会循环过程中会混入多种杂质，其中包括自然界各种地球化学和生物过程的产物、人类生活和生产的各种废弃物。当水中某些杂质的数量达到一定程度后，对人类环境或水的利用产生不良的影响，称为水污染。更确切地说，对水污染的定义，不能仅从其含有什么物质及含量来界定，必须与水的使用价值联系起来。因此，水体污染可定义为："污染物进入河流、海洋、湖泊或地下水等水体后，使水体的水质和水体沉积物的物理、化学性质或生物群落组成发生变化，从而降低了水体的使用价值和使用功能的现象。"这种定义就同我们的用水要求联系起来，也使我们保护水体有一定的目的，即不使其失去使用价值。

天然水体具有接受一定数量污染物的能力，人类把生活和生产废物排入水体后，经过扩散稀释以及好氧菌的生化作用，可以逐步达到净化，这便是水体自净过程。水体自净的能力有一定的限度，如果排入的有机物数量过多，水体溶解氧被大量消耗而不能及时补充，在缺氧条件下，由于厌氧菌作用，就会产生腐败现象，使水体受到严重污染。

二、水体污染源

水体污染源 是指造成水体污染的污染物的发生源。通常指向水体排入污染物或对水体产生有害影响的场所、设备和装置。按污染物来源可分为天然污染源和人为污染源两大类。

水体天然污染源是指自然界自行向水体释放有害物质或造成有害影响的场所。诸如岩石的风化和水解、火山喷发、水流冲蚀地表、大气降尘降水淋洗、生物（主要是绿色植物）在地球化学循环中释放的物质都属于天然污染物的来源。例如，在含有萤石（CaF_2）、氟磷灰石 [$Ca_5(PO_4)_3F$] 等矿区，可能引起地下水或地表水中氟含量增高，造成水体的氟污染。长期饮用此种水可能出现氟中毒。

水体人为污染源 是指人类社会活动形成的污染源，是环境保护研究和防治的主要对象。人为污染源体系很复杂，按人类活动方式可分为工业、农业、交通、生活等污染源；按排放污染物种类不同，可分为无机、有机、热、放射性、重金属、病原体等污染源，以及同时排放多种污染物的混合污染源；按排放污染物的空间分布方式，可以分为点源和非点源。

水污染点源 是以点状形式排放而使水体造成污染的发生源。例如，一般工业污染源和生活污染源产生的工业废水和生活污水，经城市污水处理厂或经管网输送至水体排放口，即为水体污染重要点源。这种点源的变化规律依据工业废水和生活污水的排放规律，呈现季节性和随机性，往往含污染物多，成分复杂。

水污染非点源 我国多称为水污染面源，其特征是以大面积形式分布和排放污染物而造成水体污染的发生源。其中坡面径流带来的污染物和农田灌溉水是水体污染的主要来源。目前造成湖泊等水体的富营养化，主要是由面源带来的大量氮、磷等所造成的。

水资源在使用过程中由于丧失使用价值而被废弃，并以各种形式使受纳水体受到污染，这种水称为废水。目前，引起水体污染的主要污染源是各类废水。根据来源不同，废水可分为生活污水和工业废水两大类。

1. 生活污水

生活污水是指由人类消费活动产生的污水。包括由厨房浴室、厕所等场所排出的污水和污物。生活污水中的污染物，按其形态可分为：①不溶物质。这部分约占污染物总量的40%，它们或沉积在水底，或悬浮在水中。②胶态物质。约占污染物总量的10%。③溶解物质。约占污染物总量的50%，这些物质多为无毒、含无机盐类，如氯化物、硫酸盐、磷酸盐和钠、钾、钙、镁等重碳酸盐。有机质有纤维素、淀粉、糖类、脂肪、蛋白质和尿素等。此外，还含有各种微量金属（如锌、铜、铬、锰、镍、铅等）、各种洗涤剂和多种微生物。一般家庭污水相当浑浊，其中有机物约占60%，pH值多大于7，BOD为100～700mg/L。

2. 工业废水

在工业生产过程中排出的废水、污水、废液等统称为工业废水。废水主要指工业用冷却水；污水是指与产品直接接触、受污染较严重的排水；废液即指在生产工艺中流出的废液。工业废水由于受产品、原料、药剂、工艺过程、设备构造、操作条件等多种因素的综合影响，所含的污染物质成分极为复杂，而且在不同的时间里水质也有很大的差异。工业废水按工业的行业划分，则有冶金工业废水、电镀废水、造纸废水、无机化工废水、有机合成化工废水、炼焦煤气废水、金属酸洗废水、石油炼制废水、石油化工废水、化学肥料废水、制药废水、炸药废水、纺织印染废水、染料废水、制革废水、制糖废水、食品加工废水、电站废水等。各类废水都有其特点，而且在不同的时间水质也不相同。

三、水体污染物

从环境的角度出发，可以认为任何物质或能量若以不恰当的数量、浓度、速率、排放方式排入水体，均可造成水体污染，因而就成为污染物。另外，在自然物质和人工合成的物质中，都有一些对人体或生物体有毒有害的物质，如汞、砷、镉和酚、氰化物等，它们都是被确认的水体污染物，所以水体污染物包括的范围非常广泛，我国在第一届全国人类环境会议上提出的28类环境主要污染物中，有19类属于水体污染物。

由于水体污染物的种类非常之多，因而可以用不同的方法、标准或不同的角度将其分成不同的类型。如按水污染物的化学性质，可分为有机污染物和无机污染物；如按污染物的毒性，可分为有毒污染物和无毒污染物。此外，还可按基本形态、制定标准的依据（感官、卫生、毒理、综合）等划分。从环境保护的角度，根据污染物的物理、化学、生物学性质及其污染特性可划分为无机物、有机物、营养物质、耗氧物质、悬浮固体物和生物污染物等几种类型（见表3-1）。

表 3-1 污染物的类型分类

污染物类型	主要污染物
无机无毒物质	酸、碱、无机盐类等
无机有毒物质	汞、镉、铬、铅、砷、硒和氰化物等
有机无毒物质	碳水化合物、蛋白质、脂肪、木质素等
有机有毒物质	酚类化合物、有机农药(杀虫剂、杀菌剂和除草剂)、聚氯联苯(PCB)、多环芳烃类
放射性物质	^{238}U、^{226}Ra、^{137}Cs、^{60}Co 等
生物污染物质	细菌、病毒、寄生虫等

1. 无机污染物

(1) 无机无毒物质　无机无毒物质主要是排入水体中的酸、碱和一般无机盐类。酸主要来源于矿山排水及化肥、农药、黏胶纤维、酸法造纸等工业的酸性废水。碱主要来源于碱法造纸、化学纤维制造、制碱、制革等工业的碱性废水。酸性废水和碱性废水可相互中和产生各种盐类；酸性、碱性废水还可与地表物质相互作用，生成无机盐类。因此，酸性、碱性废污水产生的污染必将伴随着无机盐的污染。

(2) 无机有毒物质　水体中的无机污染物主要有铍、硼、氟、硫、钒、铬、锰、铁、钴、镍、铜、锌、砷、硒、钼、镉、锡、锑、汞、铅等元素的化合物。在水体中最引人注目的污染物是汞、铬、镉、铅、砷、硒、铍、氰化物和氟化物。这类物质具有强烈的生物毒性，它们排入水体中，常会影响水中生物，并可通过食物链危害人体健康。

2. 有机污染物-有机有毒物质

污染水体的有机物分为天然的和人工合成的。

(1) 天然的有机污染物　天然的有机污染物主要有萜烯类、黄曲霉毒素、氨基甲酸乙酯、黄樟素等，它们是由生物体的代谢活动及其他生物化学过程产生的。其中黄樟素和黄曲霉毒素 B_1 等能与氧化剂作用形成有更强的致癌活性的环氧黄樟素和2,3-环氧黄曲霉毒素 B_1。

(2) 人工合成的有机污染物　人工合成的有机污染物来源很广，种类繁杂，其中最主要的有多环芳烃（如联苯、1,2-二苯基乙烷、苯并[a]芘）、多氯联苯PCB（如三氯联苯、五氯联苯）、增塑剂（酞酸二异辛酯、酞酸二丁酯）、洗涤剂（烷基苯磺酸盐、烷基磺酸盐、乙氧基烷基酚类等)、有机农药(磷酸酯或焦磷酸酯、一硫代磷酸酯、二硫代磷酸酯、磷酸酯、磷酰胺、滴滴涕、六六六、毒杀酚、西维因、速灭威等)、酚类(苯酚等)。有机污染物多数可被细菌等微生物利用和分解,转化为二氧化碳和水。但是,一些有机农药脂溶性强、化学性质稳定、难以被微生物分解,残留时间长,毒性大。

3. 耗氧污染物

耗氧污染物是指消耗水中大量溶解氧的物质。人类排放的生活污水和部分工业废水都含有大量的这类物质。它包括含碳有机物(碳水化合物、蛋白质、木质素、酚类、醛类等)、腐殖酸和富里酸的聚羧酸化合物三种类型。这些物质的共同特点是没有毒性,进入水体后,在微生物的作用下,最终分解为简单的无机物,而在其进行生物氧化分解时,需要消耗水中的溶解氧。因此,这些物质过多进入水体时将造成水中溶解氧缺乏,从而恶化水质,影响水中生物的生活和生存,造成污染。

这类耗氧有机物种类繁多,组成复杂,难以分别定量、定性分析。所以多采用生物化学耗氧量(BOD)、化学耗氧量(COD)、总有机碳(TOC)和总需氧量(TOD)等指标表示需氧有机质的含量。

4. 营养物质

能加速水体富营养化,加速水体淤塞的物质称为营养物质。它们主要来自城市生活污水和部分工业废水,如化肥、皮革、造纸、食品等工业废水。这些污水和废水中都含有大量的氮、磷。此外,农业废弃物如植物秸秆、牲畜粪便等也是水体中氮的主要来源之一。还有农业用水的排放也会将氮、磷等大量带入水体。

5. 悬浮固体污染物

悬浮固体污染物指各种生产、生活和水土流失过程中,向水中排放出的大量废物。

6. 生物污染物

生物污染物主要来自生活污水、医院污水和屠宰肉类加工、制革等工业废水。主要通过动物和人排泄的粪便中含有的细菌、病菌及寄生虫等污染水体,引起各种疾病传播。

此外,在水体中还存在着油类和放射性污染物。

第二节　水体污染的主要类型及其危害

由于影响水体的污染类型众多,排入水体中污染物种类繁杂,对水体的污染作用也是千差万别。现将各种污染类型的特点与危害简述如下。

一、感官性状污染

(1) 色泽变化　天然水是无色透明的,水体受污染后可使水色发生变化,从而影响感官,如印染废水污染往往使水色变红、炼油废水污染可使水色呈黑褐色等。水色变化,不仅影响感官、破坏风景,有时还很难处理。

(2) 浊度变化　水体中含有泥沙、有机质、微生物以及无机物质的悬浮物和胶体物,产生浑浊现象,会影响水的透明度,影响感官甚至可影响水生生物的生活。

(3) 泡状物　许多污染物如洗涤剂等排入水中会产生泡沫,漂浮于水面的泡沫,不仅影响观感,还可在其孔隙中栖存细菌,造成生活用水污染。

(4) 臭味　水体发生臭味是一种常见的污染现象。水体恶臭多属于有机质在厌气状态下腐败发臭,属综合性恶臭,有明显的阴沟臭。恶臭的危害是使人憋气、恶心、水产品无法食用、水体失去旅游功能等。

二、耗氧有机物污染及富营养化污染

1. 耗氧有机物污染

耗氧有机物污染主要指由城市居民和工矿企业等排放的含有大量无毒有机物的污水和废水所造成的污染。人类排放的生活污水和部分工业废水都含有大量含碳有机物（碳水化合物、蛋白质、木质素、酚类、醛类等），这些物质的共同特点是没有毒性，进入水体后，在微生物的作用下，最终分解为简单的无机物，而在其进行生物氧化分解时，需要消耗水中的溶解氧。这个过程可用淀粉分解过程简略表示

$$C_6H_{12}O_6 + 6O_2 \xrightarrow{微生物} 6CO_2 + 6H_2O$$

有人测定，生产 1 吨纸浆排出的木质素分解时需消耗的氧气，相当于 2 万～7 万吨海水的溶解氧含量。这样，一个年产 10 万吨的造纸厂，每年排出的废水（未经处理）就要消耗 20 万～70 万吨普通海水中的氧气。

因此，这些物质过多进入水体时，必然导致水体溶解氧含量降低，影响鱼类及其他水生生物的生长。一旦水体中溶解氧耗尽后，则使氧化作用停止，引起有机物的厌氧发酵，分解出 CH_4、H_2S、NH_3 等气体，散发出恶臭，污染环境，毒害水生生物，同时使水质进一步恶化。

2. 富营养化污染

富营养化污染是指含植物营养的物质（如磷和氮的化合物）过多排入水体后所引起的二次污染现象。这些营养物质主要来自城市生活污水和部分工业废水，如化肥、皮革、造纸、食品等工业废水，这些污水和废水中都含有大量的氮、磷等。此外，农业废弃物如植物秸秆、牲畜粪便等也是水体中氮的主要来源之一，农业用水的排放也会将氮、磷等大量带入水体，造成水体污染，出现水体"富营养化"。

水体富营养化（eutrophication）是指在人类活动影响下，生物所需的氮、磷等营养物质大量进入湖泊、河口、海湾等水体，引起藻类及其他浮游生物迅速繁殖，使水体溶解氧下降，水质恶化，鱼类及其他生物大量死亡的现象。在自然情况下，这一过程很缓慢地发生，称为天然富营养化现象。但在人类活动作用下，含营养物质的工业废水、生活污水排入水体，可以加速这一过程的进行，称为人为富营养化。

富营养化污染可造成严重的危害。首先是水体藻类大量繁殖、诱发赤潮、水体生色、透明度降低、水体中溶解氧减少，以致处于缺氧状态；藻类本身使水道阻塞，鱼类生存空间缩小；大量的藻类分泌物又能引起水臭、水味，造成水中鱼类等窒息而无法生存，水产资源受到破坏。其次，水中大量的 NO_3^-、NO_2^- 若经食物链进入人体，将危害人体健康，甚至有致癌作用。

水体富营养化是诱发赤潮的主要因素。赤潮（red tide）又称红潮，淡水中称水华。它是指浮游生物大量繁殖和高度密集引起的水体变色的一种自然现象，一般发生在近岸海域或湖泊的早春至晚秋季节。水体富营养化为赤潮生物的大量繁殖提供充足的营养，在适当的水体水文气象条件下，有利于赤潮生物的集结，促使赤潮出现。

因此，富营养化还可能破坏水体中生态系统原有的平衡。藻类繁生使有机物生产速率远远超过有机物消耗速率，从而使水体中有机物积累，其后果是：①促进细菌类微生物繁殖，一系列异养生物的食物链都会有所发展，使水体耗氧量大大增加。②生长在光照所不及的水层深处的藻类因呼吸作用也大量耗氧。③沉于水底的死亡藻类在厌氧分解过程中促使大量厌氧菌繁殖。④富含氮的水体起初使硝化细菌繁殖，在缺氧状态下又会转向反硝化过程。

总之，富营养化发生后，将先引起水底有机物消耗速率超过其生长速率，令其处于腐化污染状态，并逐渐向上扩展，在严重时可使一部分水体区域完全变为腐化区。这样由富营养而引起有机物大量生长的结果，倒过来又走向其反面，藻类、植物及水生物、鱼类趋于衰亡以至绝迹。这些现象可能周期性地交替出现，一些湖泊、水库的沉积就是由此造成的。

三、有毒物质污染

有毒物质分为无机有毒物质和有机有毒物质。水体中的无机有毒污染物主要有铍、硼、氟、硫、钒、铬、锰、铁、钴、镍、铜、锌、砷、硒、钼、镉、锡、锑、汞、铅等元素及其化合物。其中相对密度大于4（或5）的金属元素称为重金属。在水体中最引人注目的主要是重金属中的汞、镉、铅、铬等以及非金属元素砷和氰的化合物等国际上公认的六大毒性物质。有机有毒物质多属于人工合成的有机物质，种类繁杂，其中最主要的有多环芳烃（如联苯、1,2-二苯基乙烷、苯并[a]芘）、多氯联苯PCB（如三氯联苯、五氯联苯）、增塑剂（酞酸二异辛酯、酞酸二丁酯）、洗涤剂（烷基苯磺酸盐、烷基磺酸盐、乙氧基烷基酚类等）、有机农药（磷酸酯或焦磷酸酯、一硫代磷酸酯、二硫代磷酸酯、磷酸酯、磷酰胺、滴滴涕、六六六、毒杀酚、西维因、速灭威等）、酚类（苯酚等）、染料等。聚氯联苯是近年来新提出的一类有机有毒物质，这些有机有毒物质中有些是致癌、致畸、致突变物质。例如，稠环芳烃是早已发现的一类致癌物质，其中较主要的是苯并芘等。人们通常把有机有毒物和重金属称为"永久性"污染物。

这类污染物质进入水体后，在含量很低时，就会对水中生物造成毒性效应。以重金属为例，汞、镉在含量为0.0001～0.01mg/L时即可产生毒性。重金属对人和生物的毒性不仅与它们在环境中的总量有关，还与其存在形式、其他共存金属、理化条件、生物条件等有关。

这类污染物质在水体中不可能被微生物降解。相反却能通过沉淀、氧化还原、配位和螯合等作用，发生各种形态之间的相互转化。例如，无机汞在水体底泥中或在鱼体中，在微生物的作用下，能够转化为毒性更大的有机汞（甲基汞）；六价铬可还原为三价铬，三价铬也可能转化为六价铬。此外，生物通过吸附、吞食等方式从周围环境直接摄食或通过食物链吸收重金属进入体内，在体内参与生物的代谢过程。在这个过程中，重金属在生物体内富集、积累。

生物体从周围环境中蓄积污染物，使这些污染物在生物体内含量超过其在环境中的含量时，称为生物富集（biological concentration）或生物浓缩。水生生物对污染物的富集程度可用富集系数（CF）表示，即

$$富集系数(CF) = \frac{水生生物体内元素或化合物含量}{环境水体中该元素或化合物的含量}$$

许多生物对汞、镉、铬、砷的富集系数已达$10^2 \sim 10^5$。如淡水鱼对汞的富集系数为1000；藻类对铬的富集系数为4000。汞在无脊椎动物体中的富集系数可达10万倍。

在生物代谢活跃期内，随着生物的生长发育，富集系数越来越大，这种现象叫做生物积累（biological accumulation）。人们早就发现，牡蛎能从海水中大量积累铜，使牡蛎肉呈绿色，并称之为"绿色病"。

在生态系统的同一食物链上，由于高级生物以低营养级生物为食，从而使某种元素或某种难以分解的化合物在生物体内的含量随营养级的提高而逐渐增大，这种现象叫做"生物放大"作用（biological magnification），人们最早发现水生生态系统中有机氯农药（DDT）有生物放大现象（如图3-1所示）。由图3-1可以看出，食物链对DDT的富集作用是相当惊人的。河水中DDT含量仅0.000003mg/L，进入湖泊被浮游动物吞食后，浮游动物体内DDT含量达0.04mg/L，捕食浮游动物的小鱼体内为0.5mg/L，大鱼吃小鱼，DDT在大鱼体内进一步富集达到2.0mg/L。若鱼被水鸟所吞食，其体内DDT高达25mg/L，富集了800多万倍。随后人们又发现海洋生态系统中汞（包括甲基汞）、砷等重金属污染物也有生物放大作用。不言而喻，由于生物放大作用，虽然海水中某些污染物的含量很低，但通过食物链的传递可以成千上万倍地富集，使处于较高级上的生物受到危害。人类食用的海产品通常是位于食物链的顶层或靠近顶层的生物，所以一次就可食用相当数量的污染物，必然对人体健康

造成危害。20世纪50年代起发生在日本的水俣病（minamata disease）和骨痛病就是重金属污染危害人体健康的典型例子。水俣病是人长期食用富集甲基汞的鱼引发的。骨痛病是由于长期食用被镉污染的水、食物和海产品引起的镉中毒病。

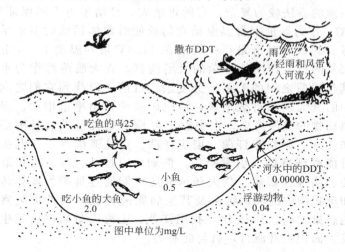

图3-1　水域生态系统对农药的生物浓缩

四、石油污染

沿海及河口石油的开发、油轮运输、炼油工业废水的排放等，会使水体受到油污染。石油的污染不仅不利于水的利用，而且油类污染物可对水体产生直接的不良影响：①降低水体中的溶解氧值。石油进入水体后便浮在水面上，迅速扩展成光滑的油膜，并进一步因水流而扩散成薄膜，每升石油的扩展面积可达 1000～10000m²。这种大面积的浮油在矿物质、阳光及微生物的催化作用下能发生氧化而耗氧。据粗略估计，每升石油完全氧化需耗 40 万升海水溶解氧，而且由于油膜的阻隔作用，光合作用减弱而减少氧的释放，同时使大气通过界面向水体补充氧的作用难以进行，导致水质恶化，水体自净能力降低。②油类中多种碳氢化合物对水生生物有毒杀作用，尤其是其中含量较高的芳香烃，可能是致癌物质。油容易填塞鱼的鳃部，使之呼吸困难，引起窒息死亡。石油的油臭成分侵入鱼、贝体内，通过其血液或体液扩散到全身，将使鱼、贝失去食用价值。油膜和油滴能粘住大量鱼卵和幼鱼，造成鱼卵大批死亡，即使孵化出来的幼鱼也会发生畸形或成长不良。石油污染使水鸟受到灾难性的危害，当鸟的羽毛粘污了油类而发生缠结时，它们变得游不动也飞不起，最终衰竭而死。石油通过消化道进入鸟类机体以后，引起肠、胃、肾、肝等器官病变，并使水鸟繁殖率下降。这仅仅是短期危害。长期危害往往过几十年或上百年才被发现，因为石油一旦进入生物体内，性质变得十分稳定，可经由食物链反复循环而不被分解。不仅如此，食物链对石油还有富集作用，人类食用被石油污染的水产品，又会把石油成分中的长效毒物带入人体，危害人体健康。此外，石油污染还能使水体恶臭，破坏景观，影响景观价值。

五、病原微生物污染

生活污水、医院污水以及屠宰、鞣革等工业废水，含有各类病毒、细菌、寄生虫等病原微生物，流入水体会传播各种疾病。

病菌：可引起疾病的细菌，如大肠杆菌、痢疾杆菌、沙门氏菌、绿脓杆菌等。

病毒：没有细胞结构，但有遗传、变异、共生、干扰等生物现象的微生物，如麻疹病毒、流行性感冒病毒、传染性肝炎病毒等。

寄生虫：动物寄生虫的总称，如疟原虫、血吸虫、蛔虫等。

当水体受到人畜粪便、生活污水或某些工业废水污染时，细菌大量增加，但因直接检验水中各种病原菌的方法较为复杂，有的难度大，且结果也不能保证绝对安全。通常，用粪大肠菌群（FC）作为评价来自温血动物的粪便对水体污染的卫生学指标，来间接判断水的卫生学质量。粪大肠菌群是指一类能在 44.5℃ 培养温度下，48h 内发酵乳糖，产酸产气的需氧兼厌氧革兰氏阴性杆菌的大肠菌群。粪大肠菌群作为水质病原体微生物污染的指示菌，其与病菌之间的关系十分复杂，目前还没找到它们之间的关系。但现场调查发现，海水中的粪大肠菌群数增多，沙门氏菌的检出率也增大。海水一旦受到来自包括人在内的温血动物的粪便污染，水中除了可检测到大量粪大肠菌群外，还可能有肠道病原微生物，如伤寒、副伤寒杆菌、痢疾杆菌、霍乱弧菌等。当人在水中游泳或从事其他活动时，就可能受到感染而引发疾病。例如，通过耳、鼻、喉和眼睛感染或发生伤寒、痢疾等细菌性、病毒性疾病。粪大肠菌群还可能通过贝类为媒体传播疾病。海水被粪便污染后，水和沉积物中的粪大肠菌及其他病原菌可被滤食性贝类富集，人生食了这些贝类后，就可能感染发病。1988 年，我国江苏、上海一带居民由于生食被污染区域的泥蚶、毛蚶而引发大面积甲肝流行，就与此有关。

六、放射性污染

1896 年，法国科学家贝克勒尔首先发现了某些元素的原子核能自发地放出各种不同的射线（电离辐射），这些物质发出的射线通常都具有特殊的生物效应，可以损伤组织细胞，对人体造成急性或慢性伤害，有时还可改变某些生物的遗传特性，称之为放射性物质。

人类生活在地球上，实际上时刻都在接受着各种天然放射线的照射，它来自宇宙射线和存在于土壤中、岩石中、水和大气中的放射性核素，如 ^{235}U、^{40}K、^{229}Ra、^{222}Rn 等，这些因素构成的辐射剂量称为天然本底辐射。

由于人为活动产生的电离辐射物质进入环境，使环境中放射性水平高于天然本底或超过国家规定的标准，称为放射性污染（radioactive pollution）。

目前，造成水体放射性污染的物质主要来源是：①核试验。例如，核爆炸产生的含有放射性同位素的散落物、诱发铀射线产物和残渣等。1970 年以前，全世界大气层核试验进入大气平流层的 ^{90}Sr 达到 $5.76\times10^{15}Gy$，其中 97% 已沉降到地面。据调查，近年由大气层核爆炸等进入海洋的放射比总量达 $(2\sim6)\times10^{8}Ci$（Ci 为非法定单位，$1Ci=3.7\times10^{10}Bq$，下同）。现今世界任何海区都可检测到 ^{90}Sr 和 ^{137}Cs。②核动力船舰、核电站、原子能工业和实验室所产生的废物。这些放射性废物目前的处置方法主要是经浓缩后，有的用混凝土固化，装入钢筋混凝土或金属容器中，投入大海，当容器因受腐蚀等原因破坏时，其中的放射性物质泄漏，不可避免地污染大气并随同自然沉降、雨水冲刷而污染水质，造成水体污染。1986 年 4 月 26 日，苏联的切尔诺贝利核电站 4 号机组，由于操作人员严重违反操作规程，引起爆炸和大火，火焰高达 30m，温度高达 1400℃，造成大量的放射性物质外泄，使 31 人急性死亡，237 人受到严重辐射性损伤，周围 30km 范围内的 13200 人受到核辐射性损伤，造成严重的后遗症，部分放射性物质随大气一直飘到欧洲西北部。

环境中的放射性物质除了直接伤害人体外，主要通过食物链经消化道进入人体，而且有生物放大作用（图 3-2）。因此，虽然它们在水中含量很低，但受污染水域的生物体内放射性都比较高。例如，英国温斯克尔（Windscale）放射性废物处理、倾废地附近海域鱼体内放射性比整个英国沿海平均高出 300～1000 倍（表 3-2）。

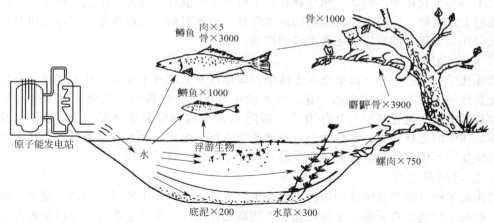

图 3-2 原子能发电站低浓度的污染物排水流
入湖中 ^{90}Sr（水中浓度为 1）的生物浓缩

表 3-2 英国沿海和温斯克尔食用海产品中的放射性

种类	$^{137}Cs/(\mu Ci/kg$ 鲜重$)$		$^{104}Ru/(\mu Ci/kg$ 鲜重$)$	
	沿海平均	温斯克尔	沿海平均	温斯克尔
鱼	10～30	300～1000	1～30	300～1000
虾、蟹	1～10	300～1000	10～300	1000～3000
贝类	1～10	1～1000	10～300	1000～10000

放射性同位素对人体的危害主要取决于它们在水中的溶解度、射线类型和生物的半排出期（排出体外一半所需的时间），并随同位素的半衰期和它们在人体的聚集部位不同而不同。当放射性在人体内积累到一定剂量就成为体内的长期放射源，在人体内产生持续的内辐射，直到放射核衰变为稳定同位素或全部排出体外。

对人体危害较大的放射性同位素有 ^{90}Sr、^{60}Co、^{131}I、^{137}Cs 等。^{90}Sr 是一种较危险的放射性毒物，其半衰期为 28a，在人体内的有效寿命可达 5000d 左右。它主要积累在骨骼中，能直接损害骨髓，破坏造血机能。其他放射性物质在体内的累积超过允许剂量也会损伤人体组织细胞，引发肿瘤、白血病和遗传障碍等疾病。放射性污染除了引起直接的近期危害外，还有潜在的长期危害，更为严重的可能在下一代或下几代才能充分表现出来。

为了减少或消除放射性污染，首先必须全面禁止核试验和彻底销毁核武器，同时，要全球性地有效地管制原子能工业和实验室、核动力船舰放射性废物的排出，大力研究处置放射性废物的有效方法。

第三节 水体的自净

一、自净作用的概念与分类

水体自净作用是受到污染的各种水体，在水体本身和污染物自身的物理、化学和生物等方面的作用下，使水中污染物浓度自然降低的过程。水体自净作用往往需要一定的时间、一定范围的水域和适当的水文条件。另外，也取决于污染物性质、浓度以及排放方式等，其自净过程和机制可包括三个方面。

1. 物理自净过程

物理自净过程是指污染物进入水体后，只改变其物理性状、空间位置，而不改变其化学性质，不参与生物作用。例如，污染物在水中所发生的混合、稀释、扩散、挥发、沉淀等过程。通过上述过程，可使水中污染物的浓度降低，使水得到一定的净化。物理自净对广大的水体如海洋、流量大的河段等起着重要的作用。

2. 化学自净过程

水体化学自净过程是指污染物在水体中以简单或复杂的离子或分子状态迁移，并发生了化学元素性质或形态、价态上的转化，使水质也发生了化学性质的变化，但未参与生物作用，如酸碱中和、氧化还原、分解-化合、吸附-解吸、胶溶凝聚等过程。这些过程能改变污染物在水体中的迁移能力、毒性大小，也能改变水环境的化学元素反应条件。当这些能力与条件都使受污水体向污染减轻的方向发展，则称之为化学自净作用。

3. 生物自净过程

水体的生物自净是指水体中的污染物经生物吸收、降解作用使污染物消失或浓度降低的过程，如污染物的生物分解、生物转化和生物富集作用等。水体生物自净作用也被称为狭义的自净作用，主要是指悬浮物和溶解有机污染物在微生物作用下，发生氧化分解过程。在水的自净中，生物化学过程占主要地位。

降解是指分子质量较高的有机物在分解过程中逐步减小分子量，最后变为简单无机物的过程。有机物在水中的降解过程是通过化学氧化、光化学氧化和生物化学氧化来实现的，其中生物氧化在有机物降解中起着主要的作用。

二、各类污染水体的自净

1. 无机酸、碱、盐和重金属等污染物的水体自净

（1）酸、碱的水体自净　酸、碱排入水体后，其中酸与水体中的长石、黏土和石灰岩、白云岩等作用而被同化，而碱则通过与硅石和游离碳酸的反应而被同化。

（2）重金属的水体自净　重金属在水体中不能为微生物所降解，只能产生各种形态之间的相互转化以及分散和富集，这过程称之为重金属的迁移。

重金属在水体中可以化合物的形态存在，也可以离子形态存在。在地表水体中，重金属化合物的溶解度很小，往往沉积于水底。

重金属离子由于带正电，在水中易被带负电的胶体颗粒所吸附，吸附了重金属离子的胶体，可以随水流向下游迁移，但大多会很快沉降下来。因此，重金属一般都富集在排水口下游一定范围的底泥中。沉积在底泥中的重金属是一个长期的二次污染源，容易造成二次污染。

重金属在水体中的另一个特点是形态的转化。例如，无机汞在水体底泥中或在鱼体中，在微生物的作用下，能够转化为毒性更大的有机汞（甲基汞）；六价铬可还原为三价铬，三价铬也可能转化为六价铬，主要取决于水体的氧化还原条件。

地表水体中的重金属可通过食物链，逐渐地在生物体内富集，如淡水鱼对汞的富集系数为1000；藻类对铬的富集系数为4000。

（3）氰化物的水体自净　水体对氰化物的自净作用主要有两个途径：一是氰化物与水中的CO_2作用生成氰化氢而挥发逸入大气；二是氰化物被水中的溶解氧分解生成铵离子和碳酸根。

（4）磷酸盐的水体自净　水体中的可溶性磷酸盐很容易与Ca^{2+}、Fe^{3+}、Al^{3+}等离子生成难溶物而沉积于水体底泥中，沉积物中的磷可通过湍流扩散再度释放到水层中，或者当沉积物中可溶性磷大大超过水中磷的浓度时，则可能再次释放到水层中，这些磷又会被各种水生生物加以利用。

2. 有机物的降解

(1) 碳水化合物的降解　微生物首先在细胞膜外通过水解使碳水化合物从多糖转化到二糖后，才能渗透到细胞膜内。在细胞外部或内部，二糖再次水解而成为单糖，单糖首先转化为丙酮酸，这就是所谓的糖解过程。其后在有氧的条件下，丙酮酸最终氧化为水和二氧化碳；在无氧条件下，丙酮酸的氧化不能进行到底，最终产物是各种酸、醇、酮等，这样的过程称为发酵。

(2) 脂肪和油类的降解　脂肪和油类物质比碳水化合物难降解。降解时也首先在细胞外发生水解，生成甘油和相关的各种脂肪酸。甘油进一步降解为丙酮酸，在有氧的条件下完全氧化生成水和二氧化碳；在无氧的条件下发酵生成各种有机酸。脂肪酸的降解是先生成乙酸，有氧条件下则继续完全氧化；无氧条件下也发酵生成各种有机酸。

(3) 含氮有机物的降解　含氮有机物除含 C、H、O 外，还含有 N、S、P 等元素，使其生物降解难于不含氮有机物，且产物污染较重。蛋白质降解的过程是先水解生成氨基酸，然后再分解成各种有机酸和氨。有机酸有氧时会完全氧化为水和二氧化碳，无氧时则发酵。氨在硝化细菌的作用下，再进一步分解为亚硝酸盐、硝酸盐，给水体带来新的污染，如富营养化等。

碳水化合物、脂肪、蛋白质在降解后期生成低级有机酸类，在无氧条件下进行酸性发酵，这时最终产物未能完全氧化而停留在酸、醇、酮等化合物状态。此时若 pH 过低，可使细菌中断生命，而使生物降解不能进行；若条件适宜，可进一步发生甲烷发酵，最终生成甲烷。

3. 生态学效应和溶解氧效应

有机物进入水体（以河流为例）后，所引起的效应可归纳为两个：一个是生态学效应，它是指生物在种类和数量上的变化；另一个是溶解氧效应，它是指有机物经生物降解后使水体中溶解氧浓度降低。天然水体一旦受到污染，其本身有一定的自净能力，即通过其内部进行的一系列物理、化学和生物过程，使它能够部分地或逐渐地恢复到原来的状态。

(1) 生态学效应——光合作用速率　水体的生态学状况可用光合作用速率 P 和呼吸作用速率 R 的比值来表征。光合作用速率即水体中自养生物通过光合作用合成有机物的速率；呼吸作用速率即生物通过呼吸作用消耗有机物的速率。对于水质良好的正常水体，P 和 R 保持平衡，即 $P \approx R$。水体发生富营养化或受到有机物污染后，这种平衡状态就被破坏，分别引起 $P \geqslant R$ 或 $R \geqslant P$。例如，进入水体的是含营养物质的有机物，则将为异养微生物提供促进其生长和繁殖的食料，于是就会导致 R 增大。与此同时，水中有机物因受微生物降解，在随河水顺流而下的过程中逐渐达到无机化，从而在河流下游地区为藻类等提供了富足的无机营养物料。结果就使下游地区 P 和 R 值又一次趋于平衡。总的来说，有机污染物在上游地区引入后，会发生 $R \geqslant P$，但在下游地区 R 又趋于 P。

(2) 溶解氧效应　生物的降解作用是使水体得到净化的过程，是与氧气的供应分不开的。水体中溶解氧（DO）的主要来源是大气复氧，即在水体和大气的界面上不断进行气体交换，大气中的氧得以进入水中。水中溶解氧的消耗，除水中生物的呼吸作用外，主要来自水中耗氧有机物在降解时的耗氧。水体中这种耗氧与复氧作用不停地进行着，其平衡状况决定着水质。

对一条受有机耗氧物污染的河流，其溶解氧的平衡情况，可根据水中耗氧有机物降解的耗氧作用和大气复氧作用的综合效应，作一条随时间（或河水顺流而下的距离）变化的曲线，即氧垂曲线（如图 3-3 所示），图 3-3 中还呈现了溶解氧随时间变化的耗氧作用曲线（简称耗氧曲线）和复氧作用曲线（简称复氧曲线）。

由图 3-3 可见，当污染物未流入河流前，河水的大气复氧量和河水中生物的耗氧量近似

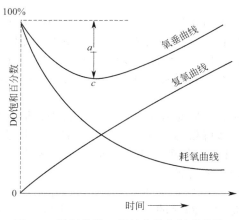

图 3-3 耗氧曲线、复氧曲线和氧垂曲线

相等，溶解氧处于饱和状态。注入有机污染物后，微生物利用溶解氧对有机物进行降解，溶解氧消耗迅速增大，大气复氧来不及补充，水中溶解氧含量下降，氧垂曲线下垂。水中溶解氧减少到一定程度，水中有机物减少，耗氧量减少，复氧量相应增加，直到曲线出现最低点，此即最大缺氧量（氧不足值）；随后，水中溶解氧量逐增，曲线随之上升，直到饱和状态。氧垂曲线上的溶解氧最低点叫临界点，河水流动在临界点以前，耗氧作用占优势；过临界点以后复氧作用占优势。研究氧垂曲线、临界点的溶解氧含量，以及达到临界点的时间或距离，对评价河流污染状况及控制污染有重要意义。

图 3-3 中耗氧曲线上每一点的纵坐标表示氧化有机物负荷所需氧的浓度，在 $t=0$ 时有最大值，到达曲线右侧顶端时降低到零，因此曲线整体也就表示了水体中有机污染物浓度水平随时间的变化情况。同时，该曲线每一点上的斜率也就代表着该处水样的耗氧速率。

复氧曲线升降趋向正好与耗氧曲线相反，随时间推移由零而趋向饱和。当耗氧作用减弱时，复氧作用却有了上升的势头，在某一时间点（临界点）上两者速率相等（两曲线的斜率相等），且都与氧不足值成比例。此后复氧速率将超过耗氧速率，因此在临界点上具有最大的氧不足值。

如果进入水体有机物不多，没有超过水体中氧的补充，溶解氧始终保持在一定的水平上，表明水体有自净能力。经过一段时间有机物分解后，水体可恢复至原有状态。如果进入水体有机物很多，溶解氧来不及补充，水体中溶解氧迅速下降，甚至导致缺氧或无氧，有机物将变成缺氧分解。对于有氧分解，其产物为 H_2O、CO_2、NO_3^-、SO_4^{2-} 等，不会造成水质恶化。对于缺氧分解，产物则为 NH_3、H_2S、CH_4 等，将会使水质进一步恶化。

第四节 水质指标和水质标准

一、水质指标

一切水中总是含有杂质的，这就产生了水质有好有坏的问题。水质的优劣决定于水中所含杂质的多少。一般来说，含杂质越少，则表明水质越好。然而，在不同的场合，由于水的用途不同，对水质的要求也就不同。水质指标是衡量水中杂质的种类和数量的尺度。由它可判断水质的好坏以及是否满足要求。水质指标分为物理指标、化学指标、微生物指标和放射性指标四类。有些指标可直接用某一种杂质的浓度来表示；有些指标则是利用某一类杂质的共同特性来间接反映的，如有机物杂质可用化学需氧量（COD）、生物化学需氧量（BOD）、总需氧量作为综合指标（也被称为非专一性指标）。常用的水质指标有数十项，其意义简述如下。

1. 物理指标

常用的水质物理指标有温度、臭味、色度、浑浊度、固体含量以及电导率。

温度：影响水的其他物理性质和生物、化学过程。

臭味：感官性指标，可借以判断某些杂质或有害成分存在与否。

颜色：感官性指标，水中悬浮物、胶体或溶解类物质均可生色。
浊度：由水中悬浮物或胶体状颗粒物质引起。
透明度：与浊度意义相反，但二者同是反映水中杂质对透光的阻碍程度。
悬浮物：反映水中受固体污染物污染的程度；

2. 化学指标

按照水中杂质的成分和特性规定的各种指标。

(1) 非专一性指标

电导率：表示水样中可溶性电解质总量。

pH：水样的酸碱性。

硬度：由可溶性钙盐和镁盐组成，引起用水管路中发生沉积和结垢。

碱度：一般来源于水样中的 OH^-、CO_3^{2-}、HCO_3^-。关系到水中许多化学反应过程。

无机酸度：来源于工业酸性废水或矿井排水，有腐蚀作用。

(2) 专一性指标

铁：在不同条件下可呈 Fe^{2+} 或胶粒 $Fe(OH)_3$ 状态，造成水有铁锈味和浑浊现象，形成水垢、繁生铁细菌。

锰：常以 Mn^{2+} 形态存在，其很多化学行为与铁相似。

铜：影响水的可饮性，对金属管道有侵蚀作用。

锌：很多化学行为与铜相似。

钠：天然水中主要易溶组分，对水质不发生重要的影响。

硅：多以 H_4SiO_4 形态普遍存在于天然水中，含量变化幅度大。

有毒金属：常见的有砷、镉、汞、铅、铬等，一般来源于工业废水。

氯化物：影响可饮用性，腐蚀金属表面。

氟化物：饮水浓度控制在 $1\mu g/g$，可防止龋齿，高浓度时有腐蚀性。

硝酸盐：氮通过饮用水过量摄入婴幼儿体内时，可引起变性血红蛋白症。

亚硝酸盐：是亚铁血红蛋白症的病原体，与仲胺类作用生成致癌的亚硝胺类化合物。

氨氮：呈 NH_4^+ 和 NH_3 形态存在，NH_3 形态对鱼有危害，用 Cl_2 处理水时可产生有害的氯胺。

磷酸盐：基本有三种形态。正磷酸盐、聚磷酸盐和有机键合的磷酸盐是生命必需物质，可引起水体富营养化。

氰化物：剧毒，进入生物体后破坏高铁细胞色素氧化酶的正常作用，致使组织缺氧窒息。

酚：多数酚化合物对人体毒性不大，但具臭味（特别是氯化过的水），影响可饮用性。

洗涤剂：具有轻微毒性，有发泡性。

石油类：影响空气-水界面间氧的交换，被生物降解时耗氧，使水质恶化。

(3) 表示水中溶解气体含量的指标

氧气：为大多数高等水生生物呼吸所需，腐蚀金属，水体中缺氧时又会产生有害的 CH_4、H_2S 等。

二氧化碳：大多数天然水系中碳酸体系的组成物。

(4) 表示水中有机物含量的指标（专一性指标）

化学需氧量（COD）：有机污染物浓度的简易指标。

生化需氧量（BOD）：水体通过微生物作用发生自然净化的能力标度。废水生物处理效果标度。

总需氧量（TOD）：接近理论需氧量值。

总有机碳（TOC）：接近理论有机碳量值。

3. 生物指标

细菌总数：对饮用水进行卫生学评价时的依据。

大肠菌群：水体被粪便污染程度的指标。

藻类：水体营养状态的指标。

4. 放射性指标

总 α、总 β、铀、镭、钍等：生物体受过量辐照时（特别是内照射）可引起各类放射病或烧伤等。

二、水质标准

水资源是国家的宝贵财富。国家为保护水环境、维护人类健康、保证水资源的可持续利用，制定并颁布了水质标准，它是根据不同用途对水质有不同要求和废水排放容许浓度而制定的规范性指标，属于环境标准之一。包括用水水质标准和废水排放标准。

1. 用水水质标准

（1）生活饮用水卫生标准（GB 5749—2006）　GB 5749—2006 根据我国人民的生活水准、生活习惯和卫生习惯，从维护人民身体健康出发，对饮用水要求是以在感官上性状良好，化学组成上对机体无害，流行病学上安全可靠为原则。

标准中对水的物理性状、各类金属、非金属物质、有机化合物和有毒物质都做了严格的规定。对细菌学指标中细菌总数、大肠菌群和余氯含量也有明确规定。余氯是指饮用水经氯化消毒接触一定时间后还残留在水中的氯含量，标准上规定的数值，保证了消毒杀菌能力。近年来，因氯水消毒水会产生三卤甲烷致癌物，受到异议，但目前尚未最后定论。

（2）地面水环境质量标准（GB 3838—2002）　GB 3838—2002 适用于我国江、河、湖泊、水库等具有使用功能的地面水域。依据地面水域使用目的和保护目标，将我国地面水体划分为五类。

Ⅰ类，主要适用于源头水、国家自然保护区。

Ⅱ类，主要适用于集中式生活饮用水地表水源地一级保护区、珍稀水生生物栖息地、鱼虾类产卵场、仔稚幼鱼的索饵场等。

Ⅲ类，主要适用于集中式生活饮用水地表水源地二级保护区、鱼虾类越冬场、洄游通道、水产养殖区等渔业水域及游泳区。

Ⅳ类，主要适用于一般工业用水区及人体非直接接触的娱乐用水区。

Ⅴ类，主要适用于农业用水区及一般景观要求水域。

不同功能水域执行不同标准值。同一水域若兼有许多类功能，执行最高功能类别对应的标准。

（3）海水水质标准（GB 3097—1997）　按照海域的用途和保护目标，GB 3097—1997 中将海水水质分为四类（同一水域兼有多种功能的依主导功能划分类别，其水质目标可高于或等于主导功能的水质要求）。

第一类，适用于海洋渔业水域、一级水产养殖场、珍稀濒危海洋生物资源保护区。

第二类，适用于二级水产养殖场、海水浴场、人体直接接触海水的海上娱乐场与运动场，供食用的海盐盐场。

第三类，适用于一般工业用水区、滨海风景游览区。

第四类，适用于港口水域、避风坞、海上及沿岸作业区。

（4）渔业水质标准（GB 11607—89）

(5) 农田灌溉水质标准 (GB 5084—2005) 本标准适用于全国以地面水、地下水和处理后的城市污水及城市污水水质相近的工业废水作水源的农用水。

该标准将灌溉水质按灌溉作物分为三类。

一类：水作，如水稻，灌溉水量 $800m^3/(亩·a)$。

二类：旱作，如小麦、玉米、棉花等。灌溉水量 $300m^3/(亩·a)$，1亩$\approx 667m^2$。

三类：蔬菜，如大白菜、韭菜、洋葱、卷心菜。蔬菜品种不同，灌水量差异很大，一般为 $200\sim 500m^3/(亩·茬)$，1亩$\approx 667m^2$。

2. 废水排放标准

为防止水体污染，保护水源水质，必须对排入水体的废水中的污染物种类和数量进行严格控制。我国制定了废水的各种排放标准，可分为一般排放标准和行业排放标准。

(1) 污水综合排放标准 (GB 8978—1996) GB 8978—1996 属于一般排放标准，适用于排放废水的一切企业、事业单位。该标准根据废水污染物的性质和危害程度将污染物分为两类。

第一类污染物是指能在环境或动植物体内蓄积，对人体健康产生长远不良影响者。含有此类有害污染物的废水，不分行业和污水排放方式，也不分受纳水体的功能类别，一律在车间或车间处理设施排出口取样，其最高允许排放浓度必须符合该标准中已列出的"第一类污染物最高允许排放浓度"的规定。

第二类污染物是指其长远影响小于第一类的污染物质，在排污单位排出口取样，其最高容许排放浓度必须符合该标准中列出的"第二类污染物最高允许排放浓度"的规定。

该标准按地面水域使用功能要求和废水排放去向，对向地面水域和城市下水道排放的污水，规定分别执行一、二、三级标准。

对于特殊保护区域，指《地面水环境质量标准》中的Ⅰ、Ⅱ类水域，如城镇集中式生活饮用水水源地一级保护区、国家划定的重点风景名胜水体、珍贵鱼类保护区及其他有特殊经济文化价值的水体保护区以及海水浴场和养殖场等水体，不得新建排污口，现有的排污单位由地方环保部门从严控制，保证受纳水体水质符合规定用途的水质标准。

对于重点保护水域，指上述Ⅲ类水域和《海水水质标准》中的第二水域，如城镇集中式生活饮用水水源地二级保护、一般经济渔业水域、重要风景游览区等，对排入本区水域的污水执行一级标准。

对于一般保护水域，指上述Ⅳ、Ⅴ类水域和《海水水质标准》中的第三类水域，如一般工业用水区及农业用水区、港口和海洋开发作业区，排入本区水域的污水执行二级标准。

对排入城镇下水道并进入二级污水处理厂进行生物处理的废水执行三级标准。

对排入未设置二级污水处理厂的城镇下水道的废水，必须根据下水道出水受纳水体的功能要求，按上述有关规定，分别执行一级或二级标准。

(2) 行业排放标准 行业排放标准是针对各种行业规定的废水排放标准，如《污水综合排放标准》(GB 8978—1996)、《制浆造纸工业水污染物排放标准》(GB 3544—2008)、《钢铁工业水污染物排放标准》(GB 13456—2012)、《纺织染整工业水污染物排放标准》(GB 4287—2012)、《肉类加工工业水污染物排放标准》(GB 13457—92)、《合成氨工业水污染物排放标准》(GB 13458—2013)、《医疗机构水污染物排放标准》(GB 18466—2005) 等，这些标准可作为规划、设计、管理与监测的依据。

(3) 污染物排放的总量控制 上述废水排放标准都属于浓度标准。这类标准存在着明显的缺陷，主要表现在它既没考虑废水接纳水体的大小和状况，也不考虑污染源的大小，都实行同一个标准。因此，即使排放的废水符合排放标准，但排放总量大大超过接纳水体的环境容量，也会对水体造成不可逆的严重污染。此外，浓度标准也无法防止某些废水排放者采用清水稀释来降低排放浓度以满足排放标准的现象。

针对这一状况,近年来提出了总量控制标准。这种标准根据一定范围内的水体环境容量和自净能力,计算出允许排入该水域的污染物总量,然后再按照一定的原则,将这些允许的排污总量合理地分配给区内各污染源(见 GB 8978—1996)。

总量控制可以避免浓度标准的缺点,但是实行总量控制先需进行污染源调查、环境质量评价、水体自净规律和污染物迁移转化规律的研究等,否则,总量控制标准就难以实施。

习题

1. 什么是水体污染?造成水体污染的物质分哪几类?
2. 废水按其来源可分为几类?它们各有什么特征?
3. 常用的水污染指标有哪些?
4. 什么是水体自净?过程如何?
5. 依据水域使用目的和保护目标,我国对地面水体和海洋水体是如何划分的?
6. 为什么必须实行废水排放的总量控制?
7. 什么是水体富营养化?根据已学过的知识,提出对水体富营养化问题施行防治的对策。

第五节 有机化合物的测定

各类水体中都可能存在着相当数量的有机物。其中少部分来源于动植物残骸,大部分是工业废水和生活污水所含的废弃物。根据粒径大小,水体中的有机物大致可分为溶解态有机物,即可通过孔径为 $0.45\mu m$ 膜滤器的有机物;颗粒态有机物,即被截留在 $0.45\mu m$ 滤膜上的有机物。

有机物污染特征是多方面的,除了造成水体颜色、臭味、浑浊、有毒等外,耗氧是其共有的特性。由于水体中的有机物种类繁多,不可能逐一测定每一种有机物质的含量和耗氧量。但因有机污染物的主要危害是消耗水中的溶解氧,所以在实际工作中,一般采用生化需氧量(BOD)、化学需氧量(COD)、总需氧量(TOD)和总有机碳量(TOC)等非专一性参数来表示水中有机物污染程度的综合指标。在这些参数中,BOD 和 COD 是天然水、用水、废水的经常性必测水质指标。

一、化学需氧量

化学需氧量(COD)表示用化学氧化剂氧化单位体积水所消耗的氧量,常用单位 mg/L。它是衡量水质被还原性物质污染程度的指标。

根据所用氧化剂的不同,化学需氧量可分为重铬酸钾法和高锰酸钾指数法两种。重铬酸钾能比较迅速、完全地氧化水中的有机物,因此,对于含量较多、组分复杂又难以降解的有机物水样,宜用重铬酸钾法测定,用 COD_{Cr} 表示。高锰酸钾指数法,用 COD_{Mn} 表示,是在酸性或碱性条件下,用高锰酸钾作氧化剂测定化学需氧量。酸性条件称酸性 $KMnO_4$ 法,碱性条件称碱性 $KMnO_4$ 法。由于在规定的条件下,水中的有机物只能部分被氧化,并不是理论的需氧量,测定值较重铬酸钾法低,也不是反映水体中总有机物含量的尺度,但该法操作简便,测定过程耗时少,在一定程度上可以说明水体受有机物污染的状况,常被用于污染程度较轻的水样 COD 的测定。当 $[Cl^-]>300mg/L$ 时,如海水,应采用碱性 $KMnO_4$ 法。目前,我国采用的标准方法有重铬酸钾法和酸性高锰酸钾指数法。

1. 重铬酸钾法(COD_{Cr})

(1) 方法原理 水样中加入一定量的重铬酸钾和浓硫酸,加热回馏 2h,即在强酸性溶液中，重铬酸钾将水样中的还原性物质（主要是有机物）氧化，过量的重铬酸钾以试亚铁灵为指示剂，用硫酸亚铁铵标准溶液回滴，根据重铬酸钾和硫酸亚铁铵标准溶液的用量，计算出水中还原性物质消耗氧的量。有关反应如下

$$Cr_2O_7^{2-}+14H^++6e \Longrightarrow 2Cr^{3+}+7H_2O$$
$$Cr_2O_7^{2-}+14H^++6Fe^{2+} \Longrightarrow 6Fe^{3+}+2Cr^{3+}+7H_2O$$

在加热回馏过程中，加入硫酸银作催化剂，使直链脂肪族化合物完全氧化（芳香族有机物不易被氧化）。对于氯离子的影响，采用在回馏前水样中加入硫酸汞，使氯离子形成配合物，消除其干扰。本法的最低检出浓度为 50mg/L，测定上限为 400mg/L。

(2) 主要仪器　250mL 或 500mL 全玻璃磨口回馏装置（如图 3-4 所示）。

(3) 主要试剂

a. 0.2500mol/L（1/6 $K_2Cr_2O_7$）标准溶液。称取预先在 105℃烘干 2h 并冷却的基准或优级纯重铬酸钾 12.2580g，溶于水中，移入 1000mL 容量瓶中，稀释至标线，摇匀。

b. 试亚铁灵指示剂溶液。称取 1.485g 邻菲咯啉（$C_{12}H_8N_2 \cdot H_2O$）与 0.695g 硫酸亚铁（$FeSO_4 \cdot 7H_2O$）溶于水，稀释至 100mL，摇匀，储于棕色瓶中。

c. 0.1mol/L[$FeSO_4(NH_4)_2SO_4$]标准溶液。称取 39.2g 硫酸亚铁铵[$FeSO_4(NH_4)_2SO_4 \cdot 6H_2O$]，溶于水中，缓缓加入 20mL 浓硫酸，冷却后移入 1000mL 容量瓶中，加水至标线，摇匀。此溶液在每次使用前，必须用重铬酸钾溶液标定。标定方法：移取重铬酸钾标准溶液 10.00mL 于 500mL 锥形瓶中，加水稀释至 110mL 左右，缓缓加入 30mL 浓硫酸，冷却后，按水样滴定方法进行滴定。

d. 硫酸-硫酸银溶液。500mL 浓硫酸中加入 5g 硫酸银。

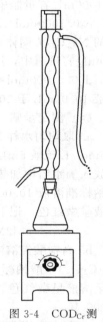

图 3-4　COD_{Cr}测定回流装置

(4) 测定步骤

a. 取水样 25.0mL（或适量水样稀释至 25mL），于 250mL 回馏锥形瓶中，加入 0.4g 硫酸汞（无氯离子干扰时可免加），再加入 10.00mL 重铬酸钾标准溶液及数粒玻璃珠，缓缓加入 30mL 硫酸-硫酸银溶液，轻轻摇动锥形瓶使溶液混匀，加热回馏 2h。

b. 冷却后，用适量水冲洗冷凝管壁，取下锥形瓶，溶液再用水稀释至 140mL 左右。再度冷却后，加 3 滴试亚铁灵指示剂，用硫酸亚铁铵标准溶液滴定至溶液由黄色经蓝绿色至红褐色即为终点，记录硫酸亚铁铵标准溶液的用量。同时用 20.0mL 重蒸蒸馏水按同样操作步骤做空白试验。

(5) 计算

$$COD_{Cr}(mg/L)=\frac{(V_0-V_1)c \times 8 \times 1000}{V} \tag{3-1}$$

式中　c——硫酸亚铁铵标准溶液的浓度，mol/L；

V_0，V_1——空白样和水样滴定时硫酸亚铁铵标准溶液的用量，mL；

V——水样的体积，mL。

2. 酸性高锰酸钾指数法

(1) 方法原理　在酸性条件下，用一定量的高锰酸钾将水样中某些有机物及还原性物质氧化，余下的高锰酸钾，用一定量的草酸钠还原，再以高锰酸钾标准溶液回滴余下的草酸钠，通过计算求出水样中有机物及还原性物质所消耗氧的量。

本法最低检出浓度为 0.5mg/L，测定上限为 4.5mg/L。

(2) 主要仪器

a. 250mL 锥形瓶。

b. 25mL 滴定管。

c. 恒温水浴装置。

(3) 主要试剂

a. 0.1mol/L(1/5 $KMnO_4$)高锰酸钾溶液。溶解 3.2g $KMnO_4$ 于 1200mL 水中,煮沸 1h,使体积减少到 1000mL 左右,放置 24h,用 G-3 号砂芯漏斗过滤后,滤液储于棕色瓶中,避光保存。

b. 0.01mol/L(1/5 $KMnO_4$)高锰酸钾溶液。移取 0.1mol/L(1/5 $KMnO_4$)溶液 100mL 于 1000mL 容量瓶中,用水稀释至标线,混匀,储于棕色瓶中,避光保存。

c. 0.1000mol/L(1/2 $Na_2C_2O_4$)草酸钠标准溶液。称取经 105℃ 干燥 1h 并在干燥器中冷却的 $Na_2C_2O_4$ 固体 0.6705g 于烧杯中,加水和 4.5mol/L 硫酸至 $Na_2C_2O_4$ 全部溶解,移入 100mL 容量瓶中,用水稀释至标线,混匀。

d. 0.01000mol/L(1/2 $Na_2C_2O_4$)草酸钠标准溶液。取 0.1000mol/L(1/2$Na_2C_2O_4$)标准溶液 10.00mL 于 100mL 容量瓶中,用水稀释至标线,混匀。

(4) 测定步骤

a. 取均匀水样 100mL(或取适量水样,用水稀释至 100mL)于 250mL 锥形瓶中,加入 4.5mol/L 硫酸 5mL,混匀。0.01mol/L(1/5$KMnO_4$)高锰酸钾溶液 10.00mL,摇匀,尽快放入沸水浴中加热。30min 后,取出锥形瓶,趁热加入 0.01000mol/L(1/2$Na_2C_2O_4$)草酸钠标准溶液 10.00mL,摇匀后,立即用 0.01mol/L(1/5$KMnO_4$)高锰酸钾溶液滴定至溶液呈微红色。记下高锰酸钾溶液的用量 V_1 mL。

$$2MnO_4^- + 5C_2O_4^{2-} + 16H^+ = 2Mn^{2+} + 10CO_2 + 8H_2O$$

b. 高锰酸钾溶液校正系数的测定。取步骤 a 滴定完毕的水样,加入 0.01000mol/L(1/2$Na_2C_2O_4$)草酸钠标准溶液 10.00mL,再用 0.01000mol/L(1/5$KMnO_4$)高锰酸钾溶液滴定至溶液呈微红色。记下高锰酸钾溶液的用量 V_2 mL,则高锰酸钾溶液的校正系数 $K = 10.00/V_2$。

c. 若水样用蒸馏水稀释时,需另取 100mL 蒸馏水,按步骤 a 测定空白值,记录高锰酸钾溶液的用量 V_0 mL。

(5) 计算

a. 未经稀释水样 COD_{Mn} 的计算。

$$COD_{Mn}(mg/L) = \frac{[(10.00+V_1)K-10.00] \times 0.01000 \times 8 \times 1000}{测定时所取水样的体积} \tag{3-2}$$

b. 经稀释水样 COD_{Mn} 的计算。

$$COD_{Mn}(mg/L) = \frac{\{[(10.00+V_1)K-10.00]-[(10.00+V_0)K-10.00]f\} \times 0.01000 \times 8 \times 1000}{测定时所取水样的体积}$$

(3-3)

其中

f = 水样稀释时所加入蒸馏水的体积(mL)/水样稀释后的总体积(mL)

3. 碱性高锰酸钾指数法

(1) 方法原理 碱性高锰酸钾法的原理是在碱性溶液中,以高锰酸钾氧化水样中的部分有机物和某些还原性物质。加酸酸化后,用过量的草酸钠溶液还原反应余下的高锰酸钾,再以高锰酸钾溶液滴定剩余的草酸钠至溶液呈微红色。

(2) 主要仪器　同酸性高锰酸钾指数法。
(3) 主要试剂　同酸性高锰酸钾指数法。
(4) 测定步骤

a. 取均匀水样100mL（或取适量水样，用水稀释至100mL）于250mL锥形瓶中，加入50% NaOH溶液0.5mL，混匀。0.01mol/L（1/5 $KMnO_4$）高锰酸钾溶液10.00mL，摇匀，尽快放入沸水浴中加热。30min后，取出锥形瓶，冷却至70~80℃，加入4.5mol/L硫酸5mL和0.01000mol/L（1/2 $Na_2C_2O_4$）草酸钠标准溶液10.00mL，摇匀后，立即用0.01mol/L（1/5 $KMnO_4$）高锰酸钾溶液滴定至溶液呈微红色。记下高锰酸钾溶液的用量V_1mL。

b. 高锰酸钾溶液校正系数的测定。同酸性高锰酸钾法。

(5) 计算　同酸性高锰酸钾法。

二、生化需氧量

生化需氧量（BOD）表示在有氧条件下，好氧微生物氧化分解单位体积水中有机物所消耗的游离态氧数量，常用单位为mg/L。

有机物在好氧微生物的作用下分解大致分为两个阶段进行。第一阶段主要氧化分解碳水化合物及脂肪等一些易被氧化分解的有机物，氧化产物为二氧化碳和水，此阶段称为碳化阶段。在20℃时，碳化阶段可进行16d左右，在碳化阶段后的一段时间里称为第二阶段。第二阶段中被氧化的对象为含氮的有机化合物，氧化产物为硝酸盐和亚硝酸盐，此阶段称为硝化阶段。虽然这两个阶段不是截然分开的，总过程需要20d时间，但是人们所关心的是第一阶段。为了缩短测定时间，又使测定值具有一定的代表性，通常以5d作为测定的标准时间。目前包括我国在内的许多国家普遍采用20℃、五日生化培养、稀释水样的方法——五日培养法，作为水和废水中BOD测定的标准方法。这种方法测定结果称为5天生化需氧量，用BOD_5表示。

最近十多年来，许多研究者还陆续提出了一些新的测定方法，包括自动测定法、快速测定法以及近几年出现的利用生物膜传感技术的BOD测定法。

BOD是反映水体被有机物污染程度的综合指标，测定水体的BOD值，可以了解其自净状况；在研究废水的可生化降解性和生化处理效果，以及生化处理废水工艺设计和动力学研究中，BOD也是重要的参数。但BOD测定具有如下一些缺陷：①许多有机物不能被微生物分解，但能为重铬酸钾分解，因此单一的BOD数据往往不足以确定水污染的程度。②可能由于受未驯化菌种的影响，得出偏低的BOD值。③测定时间长，再现性差，测工业废水的BOD十分困难。④有些无机离子如Fe^{2+}、S^{2-}、$S_2O_3^{2-}$在培养时化学氧化耗氧，因而对BOD值有贡献。

1. 五日培养法的方法原理

取经中和及除去毒性物质或经稀释的平行水样两份，一份测其最初的溶解氧量；另一份在(20±1)℃下培养5d，测其溶解氧量，两者之差即为BOD_5值。

为了保证5d培养期间处于好氧状态，对于含较多可生化降解有机物的水样，需要适当稀释后再培养测定。稀释的程度应使培养过程中所消耗的溶解氧大于2mg/L，而剩余溶解氧在1mg/L以上。

用于稀释水样的水，通称稀释水。稀释水通常需要用缓冲物质调节pH并充分曝气，使水中溶解氧近饱和。稀释水中还应加入一定量的无机营养盐，供微生物繁殖的需要。

测定BOD_5的水样必须含有一定量的对有机物有降解作用的微生物。否则应在稀释水中加些生活污水或河水等以引入上述微生物进行接种。对于某些水样含有不易被一般微生物降解的有机物或含有剧毒物质时,应进行微生物的驯化,将驯化后的微生物引入水样中进行接种。

本方法适用于测定 BOD_5 大于 $2mg/L$,最大不超过 $6000mg/L$ 的水样。

2. 主要仪器

(1) 恒温培养箱[$(20\pm1)℃$]。

(2) 水样搅拌棒。

3. 主要试剂

(1) 磷酸盐缓冲溶液(pH=7.2) 将 8.5g 磷酸二氢钾(KH_2PO_4),21.75g 磷酸氢二钾(K_2HPO_4),33.4g 七水磷酸氢二钠($Na_2HPO_4 \cdot 7H_2O$)和 1.7g 氯化铵(NH_4Cl)溶于水,稀释至 1000mL。

(2) 硫酸镁溶液 22.5g 硫酸镁($MgSO_4 \cdot 7H_2O$)溶于水,稀释至 1000mL。

(3) 氯化钙溶液 27.5g 无水氯化钙溶于水,稀释至 1000mL。

(4) 氯化铁溶液 0.25g 六水合氯化铁($FeCl_3 \cdot 6H_2O$)溶于水,稀释至 1000mL。

(5) 葡萄糖-谷氨酸标准溶液 称取经 105℃ 干燥 1h 的葡萄糖和谷氨酸各 150mg,溶于水,移入 1000mL 容量瓶中,稀释至标线,混匀。此标准溶液应临用前配制。

4. 稀释水的调配和接种

(1) 稀释水的调配 取一定量的蒸馏水于玻璃瓶中,控制水温为 20℃ 左右,导入经过活性炭吸附管及水洗涤管的压缩空气,曝气 2~8h 或直接导入纯氧,使水中的溶解氧接近饱和。瓶口盖以两层经洗涤晾干的纱布,置于 20℃ 的培养箱中放置数小时。临用前每升水中加入氯化钙溶液、氯化铁溶液、硫酸镁溶液和磷酸溶液各 1mL 混匀。

(2) 接种 移取适量接种液,加于稀释水中,混匀。每升稀释水中接种液的加入量为:生活污水 1~10mL;表层土壤浸出液 20~30mL;河水、湖水 10~100mL。

接种稀释水的 pH 值应为 7.2,BOD_5 值在 0.3~1.0mg/L 之间为宜。接种稀释水配制后应立即使用。

5. 水样的预处理

(1) 水样和稀释水在稀释或培养前应先调节水温近为 20℃,pH=6.5~7.5,且调节 pH 时所加入试剂的用量不要超出水样体积的 0.5%。

(2) 含有余氯的水样,应通过放置或加入硫代硫酸钠溶液除去。

(3) 含有铜、铅、锌、镉、铬、砷和有毒有机物的水样,可使用经驯化的微生物接种的稀释水,或者提高稀释倍数。若因稀释的倍数受到有机物含量的限制不能过分稀释时,可在水样中加入葡萄糖,人为提高稀释倍数,使稀释水样中有毒物质浓度稀释到不会抑制生化过程,再测定已加葡萄糖的稀释水样的 BOD 值,扣除葡萄糖的 BOD 值,则为水样的 BOD 值。

6. 水样稀释倍数的确定

根据水样中有机物含量来选择适当的稀释倍数。

(1) 对于清洁的天然水和地面水,其溶解氧接近饱和,可不需稀释。

(2) 对于地面水,稀释倍数=COD_{Mn} 值×系数。系数由 COD_{Mn} 值给出(见表 3-3)。

(3) 对于工业废水,稀释倍数=COD_{Cr} 值×系数。通常由三个系数求出三个稀释倍数。使用非接种稀释水时,三个系数分别为 0.05、0.1125、0.175;使用接种稀释水时,三个系数分别为 0.05、0.125、0.2。

表 3-3　水样稀释倍数与 COD_{Mn} 值的关系

COD_{Mn}值/(mg/L)	稀释倍数	COD_{Mn}值/(mg/L)	稀释倍数
<5	不稀释	10～20	COD_{Mn}值×(0.4,0.6)
5～10	COD_{Mn}值×(0.2,0.3)	>20	COD_{Mn}值×(0.5,0.7,1.0)

7. 水样的稀释、培养和测定

(1) 一般稀释法　根据上述所确定的稀释比例，用虹吸法沿器壁先引入部分（接种）稀释水于1000mL量筒中，用移液管加入所需量的水样，再引入（接种）稀释水至全量。用末端装有橡皮圆片的玻璃棒，在水面下慢慢上下搅动使充分混合，然后用虹吸管将其分别引入两个培养瓶（碘量瓶）中，直到充满后溢出少许，小心盖紧瓶塞，勿使瓶内有气泡，瓶口加以水封。

用同法配制另外两个稀释比的水样。同时，在两个培养瓶中用虹吸法充满（接种）稀释水，作为空白参比。

将已调配的各稀释比的水样，（接种）稀释水各取一瓶，测定当时的溶解氧。另一瓶放入（20±1）℃培养箱中培养，在培养期间要及时添加封口水。经5昼夜后，取出水样测定其溶解氧。

(2) 直接稀释法　即在培养瓶内直接稀释。在已知准确容积的培养瓶内用虹吸法加入部分（接种）稀释水，再加入根据培养瓶的容积和稀释比计算出的水样量，然后用（接种）稀释水充满，盖上瓶塞，勿留气泡于瓶内，其他操作与一般稀释法相同。

8. 结果计算

选取溶解氧从 2mg/L 减少为 1mg/L 范围的培养液，按式(3-4) 计算

$$BOD_5(mg/L)=[(D_1-D_2)-(B_1-B_2)f]\frac{1}{p} \qquad (3-4)$$

式中　D_1——水样培养液在培养前的溶解氧，mg/L；

　　　D_2——水样培养液在培养 5d 后的溶解氧，mg/L；

　　　B_1——（接种）稀释水在培养前的溶解氧，mg/L；

　　　B_2——（接种）稀释水在培养 5d 后的溶解氧，mg/L；

　　　f——（接种）稀释水在培养液中所占的比例；

　　　p——水样在稀释水样培养液中所占的比例。

9. 方法的标准化

为检查稀释水和微生物是否适宜，以及化验操作人员的操作水平，将含葡萄糖和谷氨酸各150mg/L的标准液，以1∶50稀释比稀释后，与水样同步测定BOD，测得值应在180～230mg/L；否则，应检查原因，加以纠正。

BOD 与 COD 的比值是衡量污染水体可生化性的一项主要指标，比值越高，可生化性越好。一般认为该值大于 0.3，即是可生化的。

三、总需氧量

总需氧量（TOD）是指水中能被氧化的物质，主要是有机物在燃烧中其 C、H、N、S 分别被氧化为稳定的氧化物（CO_2、H_2O、NO_2和SO_2）时所需要的氧量，结果以 O_2 的含量(mg/L) 表示。总需氧量比 BOD、COD 更接近于理论需氧量值。

总需氧量的测定可采用 TOD 测定仪，其测定原理和过程（如图 3-5 所示）是向含氧量一定的氮气流（作为氧的载气）中注入一定数量的水样，并将其送入以铂网为催化剂的燃烧管中，以 900℃的高温加以燃烧，水样中的有机物因被燃烧而消耗了载气中的氧，剩余的氧

用电极测定,并用自动记录器加以记录,从载气原有的氧量中减去水样燃烧后剩余的氧,即为总需氧量。

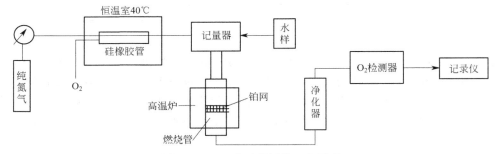

图 3-5　TOD 自动监测仪工作原理

TOD 值能反映几乎全部有机质经燃烧后变成 CO_2、H_2O、NO_2 和 SO_2 等所需的氧量。它比 BOD、COD 值更接近于理论需氧值。但它们之间没有固定的相关关系。

四、总有机碳

总有机碳（TOC）表示水中有机物的总含碳量,它是一种较新的有机污染物的综合测定指标。其测定结果以 C 含量表示,单位为 mg/L。

1. 直接法

测定原理和过程是将水样加酸,通过压缩空气吹脱水中的无机碳酸盐,然后将水样定量地注入以铂钢为催化剂的燃烧管中,在氧的含量充足而且一定的气流中,以 900℃ 的高温加以燃烧,在燃烧过程中产生二氧化碳,经红外气体分析仪测定,以自动记录器加以记录,然后再折算其中的 C 量。此法通过压缩空气吹脱水中的无机碳酸盐的过程中会造成水样中挥发性有机物的损失而产生测定误差。因此,其测定结果只代表不可吹出的有机碳含量。

2. 差减法

使用带有高温炉和低温炉的 TOC 测定仪。将同等量水样分别注入高温炉（900℃）和低温炉（150℃）,高温炉水样中的有机碳和无机碳均转化为 CO_2,而低温炉的石英管中装有磷酸浸渍的玻璃棉,能使无机碳酸盐在 150℃ 分解为 CO_2,有机物却不能被分解氧化。将高、低温炉中生成的 CO_2 依次导入非色散红外气体分析仪,以邻苯二甲酸氢钾和碳酸氢钠为有机碳和无机碳标准,进行定量,分别测得总碳（TC）和无机碳（IC）,二者之差即为 TOC。工作流程如图 3-6 所示。

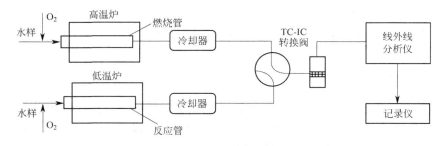

图 3-6　TOC 测定仪工作流程

由于水样中的高浓度阴离子会影响红外吸收,必要时,应用无二氧化碳的蒸馏水稀释水样后再测定。水样中含大颗粒悬浮物时,由于受水样注射器针孔的限制,测定结果往往不包括全部颗粒态有机碳。

TOD 和 TOC 的比例关系可粗略判断有机物的种类，对于含碳化合物，因为一个碳原子消耗两个氧原子，即 $O_2/C=2.67$，因此，从理论上说，$TOD=2.67TOC$。若某水样的 TOD/TOC 为 2.67 左右，可以认为主要是含碳有机物；若 TOD/TOC>4.0，则应考虑水中有较大量含 S、P 的有机物存在；若 TOD/TOC<2.6，就应考虑水样中可能含有较多的硝酸盐和亚硝酸盐，它们在高温和催化条件下分解出氧，使 TOD 测定出现负偏差。

第六节　水体中常见有机污染物的测定

水体中常见的有机污染物有芳香烃类、酚类、合成洗涤剂类、油类以及农药等。

一、挥发酚

酚是苯环上带有羟基的一类化合物。最简单的是苯酚 C_6H_5OH，俗称石炭酸。水体中含有多种酚，目前仅监测挥发酚。挥发酚是指在测定的预蒸馏过程中能挥发出来而被测定的酚类。

水体遭受酚污染后，低浓度时能影响鱼类的回流繁殖，浓度为 0.1～0.2mg/L 时，鱼肉有酚味，浓度更高时可引起鱼大量死亡。人长期饮用被酚污染的水会引起头晕、贫血及各种神经系统病症，许多酚及衍生物对人有显著的致突变作用。我国规定地面水酚的最高允许浓度为 0.005mg/L，饮用水以加氯消毒时不产生氯酚臭为准。

近几十年来人们提出了各种分析酚的方法，如分光光度法、层析法、气、液相色谱法和气相色谱-质谱联用法等。其中 4-氨基安替比林-氯仿萃取分光光度法，具有灵敏、选择性高和结果稳定等优点，是最常用的并被列为标准监测分析方法。

1. 水样的预处理

(1) 样品的保存　酚类化合物在水中很不稳定，易挥发、氧化或被微生物分解而损失，因此水样采集后，应立即加入保存剂，并在 24h 内测定。

(2) 干扰物的消除　对于污染严重的水样，在蒸馏之前，要用下列方法消除干扰物。

① 氧化剂。当水样经酸化后滴于碘化钾-淀粉试纸上出现蓝色时，说明存在氧化剂。可加入过量硫酸亚铁来消除。

② 硫化物。用甲基橙为指示剂，用磷酸调节水样 pH=4，并每 1000mL 水样中加入 1g 的 $CuSO_4$，使生成 CuS 沉淀除去。当硫化物含量较高时，应把磷酸酸化的水样，置于通风橱里进行曝气，使其生成 H_2S 逸出。

③ 油类。取 500mL 水样于分液漏斗中，用浓 NaOH 溶液调节 pH=12～12.5，用 20mL CCl_4 分两次萃取，弃去萃取液，萃取后的水样移入烧杯中，在通风橱中水浴上加热除去 CCl_4，用磷酸调节 pH=4。

④ 还原性物质。取适量水样于分液漏斗中，加 H_2SO_4 使呈酸性，分三次分别加入 50mL、30mL、30mL 乙醚或二氯甲烷萃取酚，合并有机层于另一分液漏斗中，分三次用 4mL、3mL、3mL 10% NaOH 溶液进行反萃取，使酚类转入 NaOH 溶液层，合并碱液于烧杯中，置于水浴上加热，以除去残余萃取剂，用水把碱萃取液稀释至萃取前水样的原体积。为降低试剂空白值，萃取剂应做除酚处理。

(3) 预蒸馏　取 250mL 水样（或适量水样，用水稀释至 250mL），于蒸馏瓶中，加入 2 滴甲基橙指示剂，用（1:9）磷酸调节水样 pH，至溶液呈橙红色。加入 10%（质量浓度）硫酸铜（$CuSO_4 \cdot 5H_2O$）5mL（如取样时已加过硫酸铜，可免加），加入数粒玻璃珠，用 250mL 量筒收集馏出液，加热蒸馏。待馏出液达 225mL 后，停止蒸馏。蒸馏瓶内液面静止后，加入 25mL 水，继续蒸馏至馏出液为 250mL 为止。

此馏出液可供分光光度法或溴化滴定法测定。

2. 4-氨基安替比林-氯仿萃取分光光度法

(1) 方法原理　在碱性介质和氧化剂铁氰化钾($K_3Fe(CN)_6$)的作用下，酚类与 4-氨基安替比林反应，生成红色的安替比林染料，若用氯仿萃取此染料，可在 460nm 处，用分光光度计测定吸光值，标准曲线法定量。

应用本法只是测定水样中沸点较低的挥发性酚。又由于对位取代基酚不能与 4-氨基安替比林发生上述显色反应，所以实测的也只是苯酚和邻、间位取代酚。此外，方法选用苯酚为标准作标准曲线，而邻位和间位取代酚发色后的吸光度都低于等量苯酚的吸光度，因此，所测的结果仅代表水中挥发酚的最小浓度。

本法采用 13mL 氯仿萃取，30mm 比色皿时，酚的最低检出浓度为 0.002mg/L，测定上限为 0.06mg/L。

(2) 主要仪器

a. 分光光度计。

b. 50mL 比色管。

(3) 主要试剂

a. 0.02500mol/L ($1/6\ K_2Cr_2O_7$) 重铬酸钾标准溶液。称取于 105～110℃烘干 2h 并冷却的重铬酸钾 1.226g，溶于水，移入 1000mL 容量瓶中，用水稀释至标线，混匀。

b. 0.025mol/L 硫代硫酸钠溶液。称取 6.2g 固体 $Na_2S_2O_3 \cdot 5H_2O$ 溶于 1000mL 刚煮沸并冷却的水中，加 0.4g NaOH，保存于棕色瓶中。

c. 标定。于 250mL 碘量瓶中，加入 1g KI 固体，50mL 水，加 0.02500mol/L ($1/6\ K_2Cr_2O_7$) 重铬酸钾标准溶液 15.00mL，3mol/L H_2SO_4 溶液 5mL，盖好瓶塞后混匀，于暗处静置 5min，用待标定的 0.025mol/L 硫代硫酸钠溶液滴定至溶液变为淡黄色时，加入 1mL 淀粉指示剂，继续滴定至蓝色刚好消失，记录用量并计算硫代硫酸钠溶液的浓度。

$$Cr_2O_7^{2-} + 6I^- + 14H^+ \rightleftharpoons 2Cr^{3+} + 3I_2 + 7H_2O$$
$$2S_2O_3^{2-} + I_2 \rightleftharpoons 2I^- + S_4O_6^{2-}$$

d. 标准酚储备液。称取 1g 精制苯酚溶于 1000mL 水中，标定后冷藏。

e. 标准酚储备液浓度的标定。移取 10.00mL 待标定的酚储备液于 250mL 碘量瓶中，加入 0.1mol/L ($1/6\ KBrO_3$-KBr) 溶液 10.00mL，再加入 50mL 水和 5mL 浓盐酸，盖紧瓶塞，摇匀。15min 后，加入 1gKI 晶体，放置暗处 5min 后，用 0.025mol/L 硫代硫酸钠溶液滴定至溶液变为淡黄色时，加入 1mL 淀粉指示剂，继续滴定至蓝色刚好消失为止，同时用无酚水做空白滴定，记录用量并计算酚储备液的浓度。

$$BrO_3^- + 5Br^- + 6H^+ \rightleftharpoons 3Br_2 + 3H_2O$$
$$Ar\text{-}OH + 3Br_2 \rightleftharpoons Br_3\text{-}Ar\text{-}OH\downarrow + 3HBr$$
$$Br_2 + 2I^- \rightleftharpoons I_2 + 2Br^-$$
$$2S_2O_3^{2-} + I_2 \rightleftharpoons 2I^- + S_4O_6^{2-}$$

酚标准使用液：临用前，将酚标准储备液用水稀释成 1.00mL 含 0.010mg 酚使用溶液。

缓冲溶液：20g NH_4Cl 溶液于 100mL 浓氨水中。0.1mol/L ($1/6\ KBrO_3$-KBr) 溶液，2% 4-氨基安替比林溶液，8% 铁氰化钾溶液，1% 淀粉溶液。

(4) 测定步骤

a. 标准曲线的绘制。配制一系列含酚标准液 0.00μg、0.50μg、1.00μg、2.00μg、4.00μg、6.00μg、8.00μg、10.00μg 和 15.00μg 的 250mL 溶液，移入 500mL 分液漏斗中。

分别加入 2mL 缓冲溶液，1.5mL 4-氨基安替比林溶液，混匀。加入 1.5mL 铁氰化钾溶液，混匀，放置 10min 显色。准确移入 13mL 氯仿，剧烈振荡 2min，静置分层。擦干分液漏斗颈管内壁，于颈管内塞一小团脱脂棉，将氯仿直接放入 30mm 比色皿中。以氯仿为参比，在 460nm 波长处，测量各标准溶液萃取液的吸光值，扣除试剂吸光值，绘制标准曲线。

b. 水样的测定。将 250mL 馏出液（或取适量馏出液，用水稀释至 250mL，使溶液的酚含量不大于 15μg）转入 500mL 分液漏斗中。以下同标准曲线的操作步骤，测量水样萃取液的吸光值。从标准曲线上查出试样的含酚量。

（5）计算

$$酚(mg/L)=\frac{m\dfrac{V_1}{V_2}\times 1000}{V} \tag{3-5}$$

式中　m——由标准曲线上查得的相当于酚的量，mg；
　　　V_1——水样蒸馏时馏出液的体积，mL；
　　　V_2——测定时所取馏出液的体积，mL；
　　　V——水样蒸馏时所取的体积，mL。

（6）注意事项　条件实验表明，对于萃取光度法测定介质 pH 值以 9.8~10.2 为好，4-氨基安替比林溶液用量不宜过大，因为过多的试剂可使空白值增加；反应温度稍高有利于低浓度酚的显色，但空白值增大且颜色变化较快。

染料在 $CHCl_3$ 中较稳定，所以在水相中显色后应立即萃取。氧化剂的浓度对显色影响不大，但在水相中进行光度测定时过量氧化剂的颜色可影响测定。

加试剂的顺序通常是 pH 缓冲液，试剂溶液和氧化剂，先加试剂和氧化剂，后调 pH 可使空白过高。

3. 4-氨基安替比林-直接分光光度法

本法适用于酚浓度在 0.1~5mg/L 水样的测定。测定步骤如下：

（1）标准曲线的绘制　在一组 50mL 比色管中分别加入 0.00mL、0.50mL、1.00mL、1.50mL、2.00mL、2.50mL、5.00mL 和 10.00mL 酚标准使用液（1.00mL 含 0.010mg 酚），加水至 50mL。加入 0.5mL 缓冲溶液，1mL 4-氨基安替比林溶液，混匀。加入 1mL 铁氰化钾溶液，混匀，放置 10min。以试剂空白为参比，在 510nm 波长处，用 10mm 比色皿测量吸光值。

（2）水样的测定　取 50mL 馏出液（或适量馏出液，用水稀释至 50mL）于 50mL 比色管中。加入 0.5mL 缓冲溶液，1mL 4-氨基安替比林溶液，混匀。加入 1mL 铁氰化钾溶液，混匀，放置 10min。以试剂空白为参比，在 510nm 波长处，用 10mm 比色皿测量吸光值。

（3）计算

$$酚(mg/L)=\frac{m\dfrac{V_1}{V_2}\times 1000}{V} \tag{3-6}$$

式中　m——由标准曲线上查得的相当于酚的量，mg；
　　　V_1——水样蒸馏时馏出液的体积，mL；
　　　V_2——测定时所取馏出液的体积，mL；
　　　V——水样蒸馏时所取的体积，mL。

二、阴离子表面活性剂

阴离子表面活性剂是合成洗涤剂的主要成分，过去多用烷基苯磺酸钠（ABS），现以直链烷基磺酸钠（LAS）为主，此外还有烷基硫酸钠等。

长期以来，大量含洗涤剂的生活污水、工业废水排入河口、港湾等各类水体。使得地下水、地表水、甚至饮用水中也含有LAS。LAS在水体表面产生泡沫，阻碍了水体表面氧的交换，影响其自净速率。LAS具有很强的浸透、乳化的性质，阻碍水中微生物细胞的活性和增殖，导致污水处理厂处理效率降低。进入人体的LAS与人体组织内的蛋白质形成新的复合物诱发疾病，LAS被认为对环境具有潜在的危害，即能在环境或植物体内蓄积对人体健康产生不良影响。我国环境标准中把LAS列为第二类污染物。阴离子表面活性剂的测定方法以分光光度法为主。普遍采用的是亚甲基蓝法。下面介绍亚甲基蓝分光光度法。

1. 方法原理

该法是向水样中加缓冲溶液，使其pH＝10左右，加亚甲基蓝溶液使之与阴离子表面活性剂形成离子对，再用氯仿萃取。用酸性亚甲基蓝溶液洗涤氯仿层后，可用分光光度计，在波长652nm处定量测量此氯仿的吸光值。这种方法测定的是阴离子表面活性剂的总和，被称为亚甲基蓝活性物质（MBAS）。测定结果以直链烷基磺酸钠（LAS）浓度表示。方法的检出限约为0.02mg/L LAS，测定上限为0.60mg/L LAS。若用盐酸酸化水样，使酸度为2.5mol/L，并回流加热2h，即可将易分解的非烷基苯磺酸类物质除去，只剩下难分解的磺酸型阴离子表面活性剂。

水中其他有机硫酸盐、有机磺酸盐、羧酸盐、有机磷酸盐、酚类以及一些无机阴离子如氰离子、硝酸根离子、硫氰酸根离子都对本法产生不同程度的正干扰，有机胺类则引起负干扰。

2. 主要仪器

（1）分光光度法。

（2）250mL分液漏斗。

3. 主要试剂

（1）亚甲基蓝溶液　称取$NaH_2PO_4 \cdot H_2O$固体50g于烧杯中，溶于300mL水后，缓缓注入浓硫酸6.8mL，混匀。另取30mg亚甲基蓝溶于50mL水中，将上述两种溶液混合，移入1000mL容量瓶中，稀释至标线。

（2）洗涤液　称取$NaH_2PO_4 \cdot H_2O$固体50g于烧杯中，溶于300mL水后，缓缓注入浓硫酸6.8mL，移入1000mL容量瓶中，稀释至标线。

（3）直链烷基磺酸钠标准溶液　称取直链烷基磺酸钠标准样品0.100g，溶于50mL水中，转移到100mL容量瓶中，稀释至标线，即为浓度为1.00mg/mL的储备液，冷藏。临用前将储备液稀释至浓度为0.010mg/mL的使用液。

4. 测定步骤

（1）取一定体积（含亚甲基蓝活性物质0.01～0.1mg）水样于分液漏斗中。

（2）在一组分液漏斗中，分别加入100.00mL、99.50mL、99.00mL、98.00mL、97.00mL、96.00mL、94.00mL水和直链烷基磺酸钠标准使用液0.00mL、0.50mL、1.00mL、2.00mL、3.00mL、4.00mL、6.00mL，配制成标准系列溶液，摇匀。

（3）在上述各分液漏斗溶液中，分别加入酚酞为指示剂，逐滴加入1mol/L NaOH溶液至呈微红色，再滴加1mol/L硫酸至红色刚好消失。加入25mL亚甲基蓝溶液，混合均匀后，加入10mL氯仿，振荡萃取30s。分层后，将氯仿放入预先盛有50mL洗涤液的分液漏斗中。重复以上萃取两次，每次用氯仿5mL。振荡装有氯仿萃取液和洗涤液的分液漏斗30s，静置分层，将氯仿层放入50mL容量瓶中。再用氯仿萃取洗涤两次，每次用氯仿3～4mL，氯仿层并入容量瓶中，加氯仿至标线，摇匀。

将容量瓶中氯仿萃取液移入 20mm 比色皿中，用氯仿作参比，在 652nm 波长处测量其吸光值。

（4）以标准系列溶液测得的吸光值扣除试剂空白值与相应的浓度绘制标准曲线。由标准曲线查得水样的阴离子表面活性剂的量。

5. 计算

水中亚甲基蓝活性物质的浓度（以 LAS 计），可按式(3-7) 计算

$$c = \frac{m}{V} \tag{3-7}$$

式中　c——水样中亚甲基蓝活性物质的浓度，mg/L；
　　　m——由标准工作曲线查得的 LAS 的量，μg；
　　　V——水样的体积，mL。

三、油类

油污染是当今水环境污染的主要类型之一，油类污染物多来自工业和生活废水，它在水中可吸附于悬浮固体表面，也可形成乳浊液，还会在水面上形成油膜，因此，其造成的危害也是十分严重的。

1. 测定方法概述

测定水中油类的方法有重量法、非色散红外法、紫外分光光度法、荧光法、比浊法等。

重量法是常用的方法，测定时，将酸化的水样置于分液漏斗中，加入 NaCl 后，用石油醚萃取，分出的石油醚层用无水硫酸钠脱水，滤去脱水剂后，将石油醚转入恒重容器，置于烘箱中，在 65℃干燥 1h，冷却后称量。重量法方法准确，但操作烦琐、费时、灵敏度差，只适用于测定含油 5mg/L 以上的水样，测定的油不能区分矿物油、动、植物油。

与重量法相同，紫外分光光度法也用石油醚萃取水样，还可用己烷等溶剂萃取。但方法操作简单、精确度高，且灵敏。

非色散红外吸收法是用 CCl_4 萃取水样，萃取液用无水硫酸钠脱水后定容，再进行光度测定，其最大吸收在 $3.5\mu m$ 处，而溶剂如 CCl_4、$CCl_3 \sim CF_3$ 等在上述波长处无吸收。此法的测量范围为 $0.1 \sim 100$mg/L。

荧光光度法常用于水中微量油类的测定。水样用二氯甲烷萃取，再用紫外光照射萃取液，进行荧光测定，其灵敏度可达 μg/L 浓度级。

分析油类的水样应用定容的（500mL 或 1000mL）专用玻璃采样瓶采集。水样采集后，每升加入 9mol/L 硫酸 5mL 酸化，于 4℃冷藏，24h 内测定。所用器皿不能用肥皂洗涤，分液漏斗的旋塞也不能涂凡士林。

2. 紫外分光光度法

（1）方法原理　根据油类在紫外光区有特征吸收，水样用 H_2SO_4 酸化，加 NaCl 破乳化，然后用石油醚萃取，硫酸钠脱水，取萃取液进行紫外吸光度测定，采用受污染地点水中的石油醚萃取物为标准油做标准曲线定量。

不同油类特征吸收峰有异。一般原油的两个吸收峰为 225nm 和 254nm。石油产品，如燃料油、润滑油等吸收峰与原油相近，带有苯环的芳香族化合物的主要吸收的波长为 $250 \sim 260$nm。带有共轭双键的化合物主要吸收的波长为 $215 \sim 230$nm。因此，测量波长的选择应视实际情况而定，原油和重质油可选 254nm，轻质油及炼油厂的油品可选 225nm。如难以确定测定波长时，可用标准油测定在波长 $215 \sim 300$nm 之间的吸收光谱，采用其最大吸收峰的波长。

本法最低检出浓度为 0.05mg/L，测定上限为 10mg/L。

(2) 主要仪器

a. 紫外分光光度计。

b. 1000mL 梨形分液漏斗。

c. 50mL 容量瓶。

d. G3 型 25mL 玻璃砂芯漏斗。

(3) 主要试剂

a. 标准油。取待测水样,用重蒸馏过的 30~60℃石油醚萃取少量油品,经无水硫酸钠脱水后,将萃取液置于(65±5)℃水浴上蒸出石油醚,然后置于(65±5)℃恒温箱内赶尽石油醚,即得标准油品。

b. 标准油溶液。称取 0.1000g 标准油溶于石油醚中,移入 100mL 容量瓶,稀释至标线,混匀,冷藏。此溶液为 1.00mL 含 1.00mg 油品的标准储备液。临用前取适量标准储备液,用石油醚稀释 10 倍,即为 1.00mL 含 0.10mg 油品的标准使用液。

c. 无水硫酸钠(于 300℃烘干 1h)、石油醚(60~90℃)、9mol/L 硫酸等。

(4) 测定步骤

a. 样品特征吸收峰的测量。当无法确定测量所用的波长时,可向 50mL 容量瓶中移入标准油使用液 20~25mL,用石油醚稀释至标线。移入 10mm 比色皿中,在波长 215~300nm 之间,测得光谱图,其最大吸收峰的位置,即为测量的波长。

b. 标准曲线的绘制。向 7 个 50mL 容量瓶中分别加入 0.00mL、2.00mL、4.00mL、8.00mL、12.0mL、20.0mL 和 25.0mL 标准油使用液,用石油醚稀释至标线。在选定波长处,用 10mm 石英比色皿,以石油醚为空白,测定吸光值,绘制标准曲线。

c. 水样的测定。将采样瓶中水样移入 1000mL 分液漏斗中,以 6mol/L HCl 酸化(若采样时已酸化可免),加入 NaCl 固体,其量约为水样量的 2%。用 20mL 石油醚清洗采样瓶后,移入分液漏斗中,充分振荡 3min,静置分层,把水层放回采样瓶中,在砂芯漏斗中放入 1/3 高度的无水硫酸钠,将石油醚萃取液通过砂芯漏斗,滤入 50mL 容量瓶中。将水层放回分液漏斗,用 20mL 石油醚重复萃取一次,过滤。然后再用 10mL 石油醚洗涤砂芯漏斗,石油醚萃取液收集于同一容量瓶,用石油醚稀释至标线。在选定的波长处,用 10mm 比色皿,以石油醚为空白,测定吸光值。从标准曲线上查得水样中油类物质的含量(mg/L)。

(5) 计算

$$油(mg/L) = \frac{mV_1}{V} \tag{3-8}$$

式中 m——从标准曲线上查得水样中油类物质的含量,mg/L;

V_1——萃取液定容体积,mL;

V——水样的体积,mL。

习题

1. 什么是水污染?什么是水体污染源?分哪几类?
2. 什么是废水?分哪几类?
3. 水体污染的主要类型有哪六类?
4. 什么是生态学效应、溶解氧效应?
5. 什么是 COD?有哪几种测定方法?
6. COD_{Cr} 适用于什么样品的测定?
7. COD_{Mn} 的优点是什么?缺点是什么?适用于什么样品的测定?
8. COD_{Cr} 反应需要多长时间?COD_{Mn} 反应需要多长时间?

9. COD_{Cr}、COD_{Mn}测定原理是什么？
10. 什么是 BOD？什么是 BOD_5？
11. 五日培养法的原理是什么？
12. 有机物在好氧微生物作用下分解，分哪两个阶段？
13. BOD 测定的缺陷有哪些？
14. 什么是总需氧量（TOD）？
15. 什么是总有机碳（TOC）？
16. 什么是挥发酚？
17. 阴离子表面活性剂的测定原理（分光光度法）？
18. 水中油类测定时如何得到标准油？
19. 根据 BOD 与 COD 和 TOD 与 TOC 在数量上的比例关系可分别说明什么问题？
20. BOD 测定时，怎样配制稀释水？怎样确定稀释比？如何知道所确定的稀释比对测定结果是合适的？
21. 稀释法测定 BOD，取原水样 100mL，加稀释水至 1000mL，取其中一部分测其 DO＝7.4mg/L，另一份培养 5d 再测 DO＝3.8mg/L。已知稀释水空白值为 0.2mg/L，求水样的 BOD。

第四章 气体分析

知识目标

1. 工业气体的种类、特点及分析方法。
2. 不同状态下气体试样的采取方法。
3. 气体各种的测量方法。
4. 吸收气体体积法的测定原理；燃烧法测定原理。

能力目标

1. 能选用不同的装置和设备采取常压、正压和负压下的气体样品。
2. 能选用适当的仪器准确测量气体的体积。
3. 能正确组装气体分析仪器并能熟练使用气体分析仪器准确测定气体组分的含量。
4. 能通过实验数据计算可燃性气体组分的含量。
5. 能使用气相色谱法测定半水煤气各组分的含量。

第一节 概 述

一、工业气体

工业气体种类很多，根据它们在工业上的用途大致可分为以下几种。

（1）气体燃料

① 天然气。煤与石油的组成物质分解的产物，存在于含煤或石油的地层中。主要成分是甲烷。

② 焦炉煤气。煤在800℃以上炼焦的副产物。主要成分是氢和甲烷。

③ 石油气。石油裂解的产物。主要成分是甲烷、烯烃及其他碳氢化合物。

④ 水煤气。由水蒸气作用于赤热的煤而生成。主要成分是一氧化碳和氢气。

（2）化工原料气 除上述的天然气、焦炉煤气、石油气、水煤气等均可作为化工原料气外还有其他几种。

① 黄铁矿焙烧炉气。主要成分是二氧化硫，用于合成硫酸。

$$4FeS + 7O_2 \longrightarrow 2Fe_2O_3 + 4SO_2 \uparrow$$

② 石灰焙烧窑气。主要成分是二氧化碳，用于制碱工业。

$$CaCO_3 \longrightarrow CaO + CO_2 \uparrow$$

（3）气体产品 以气体形式存在的工业产品种类也很多，如氢气、氮气、氧气、乙炔气和氦气等。

（4）废气 各种工业用炉的烟道气，即燃料燃烧后的产物，主要成分为 N_2、O_2、CO、CO_2、水蒸气及少量的其他气体。在化工生产中排放出来的大量尾气，情况各异，组成较为复杂。

（5）厂房空气 工业厂房内的空气一般多少含有些生产用的气体。这些气体有些对身体有害，有些能够引起燃烧爆炸。工业厂房空气在分析上是指厂房空气中这类有害气体。

二、气体分析意义及其特点

在工业生产中，和固体、液体物料一样，必须对各种工业气体进行分析以了解其组成，才能正确地判断这些气体所参与的生产过程进行的情况，并根据分析结果及时地指导生产。

进行原料气分析可以掌握原料成分，以利于正确配料。进行厂房空气分析，可以检查通风情况，确定有无有害气体及含量是否已危及工作人员的健康和厂房的安全。在讨论污染和采取必要的措施之前，必须准确地知道来自不同污染源的各种污染物的浓度及种类。因此，必须进行大气分析后才能进行准确的判断。通过气体分析能及时发现生产中存在的问题，及时采取各种措施，确保生产顺利进行。

气体分析与固体、液体物质的分析方法有所不同，首先是因为气体质轻，流动性大，不易称取质量，所以气体分析中常用测量体积的方法来代替称取质量的操作，并按体积分数来进行计算。因为气体的体积随温度、压力变化而有所变化，所以被测定的气体体积，都必须根据温度和压力来进行校正。

在气体混合物中各部分的温度和压力是均匀的，因此混合物各组分含量不随温度及压力的变化而改变。一般进行气体混合物的分析时，如果只根据气体体积的测量来进行气体分析，那么只要在同一温度和压力下测量全部气体及其组成部分的体积就可以了。通常一切测量是在当时的大气温度和压力下进行的。

三、气体分析方法

气体分析方法可分为化学分析法、物理分析法及物理化学分析法。化学分析法是根据气体的某一化学特性进行测定的，如吸收法、燃烧法。物理分析法是根据气体的物理特性，如密度、热导率、折射率、热值等来进行测定的。物理化学分析法是根据气体的物理化学特性来进行测定的，如电导法、色谱法和红外光谱法等。

当气体混合物中各个组分的含量为常量时，一般采用体积分数来表示，如合成氨中煤气分析。当气体混合物中各组分的含量是微量时，一般采用每升或每立方米中所含的质量（mg）或体积（μL）来表示，如空气中有害物质（SO_2、NH_3、NO_2）的分析。当气体中被测物质是固体或液体（各种灰尘、烟、各种金属粉末）时，这些杂质浓度用它们的质量单位来表示最为方便。

第二节　气体试样采取

气体的取样与其他试样的采取具有相同的重要性，取样不正确，进一步分析就毫无意义。气体由于扩散作用，比较易于混匀，但因气体存在的形式不同而使情况复杂，如静态的气体与动态的气体取样方法都有所区别。由于气体的各种特点,取样如不加注意,也易于混入杂质,致使分析数据不能用于指导生产。

从气体组成不一致的某一点取样,则所采取的试样不能代表其平均组成。在气体组成急剧变化的气体管路中迅速取得的试样也不能代表原气体的一般组成。因此,必须根据分析目的而决定选取何种气体试样。在化工厂中最常采取的有下列各种气体试样。

① 平均试样。用一定装置使取样过程能在一个相当时间内或整个生产循环中,或者在某生产过程的周期内进行,所取试样可以代表一个过程或整个循环内气体的平均组成。

② 定期试样。经过一定时间间隔所采取的试样。

③ 定位试样。在设备中不同部位(如上部、中部、下部)所采取的试样。

④ 混合试样。是几个试样的混合物,这些试样取自不同对象或在不同时间内取自同一对象。

一、采样方法

自气体容器中取样时,可在该容器上装入一个取样管,再用橡皮管与准备盛试样的容器相连,开启取样管的活塞后,气体用本身的压力或借助一种抽吸方法,而使气体试样进入取样容器中,或者直接进入气体分析器中。

自气体管路中取样时,可在该管道的取样点处,装一支玻璃管或金属的取样管,如用金属管,金属不应与气体发生作用。取样管应装入管道直径的1/3处,如图4-1(a)所示,气体中如有机械杂质,应在取样管与取样容器间装过滤器(如装有玻璃纤维的玻璃瓶)。气体温度如果超过200℃时,取样管必须带有冷却装置,如图4-1(b)所示。

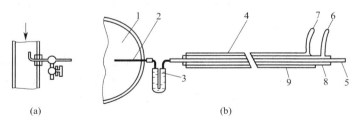

图 4-1 气体采样装置

1—气体管道;2—采样管;3—过滤管;4—冷却管;5—导气管;
6—冷却水入口;7—冷却水出口;8,9—冷却管

1. 常压下取样

当气体压力近于大气压或等于大气压时,常用封闭液改变液面位置以引入气体试样,若感到气体压力不足时,可以利用流水抽气泵抽取气体试样。

(1) 用取样瓶采取气体试样 如图4-2所示,此仪器系由两个大玻璃瓶组成,瓶1是取样容器,经过活塞4与管3相连,瓶2为水准瓶,用以产生真空(负压),先应用封闭液将瓶1充满至瓶塞,打开夹子5,使封闭液流入瓶2,而使气体自管3经活塞4引入,关闭活塞4,提升瓶2后,再使活塞4与大气相通,将气体自活塞4排入大气中,如此3~4次。旋转活塞4再使管3与瓶1相通开始取样。用夹子5调节瓶中液体流速,使取样过程在规定时间内完成(从数分钟至数天)。取样结束后,关闭活塞4和夹子5,取下取样管3,并把试样送至化验室进行分析,所取试样的体积是随流入瓶2的封闭液的数量而定。到化验室后,将活塞4与气体分析器的引气管相连,升高瓶2,打开夹子5即有气体自瓶1排入气体分析器中。

(2) 用取样管采取气体试样 如图4-3所示,取样管的一端与水准瓶相连,瓶中注有封闭液。当取样管两端旋塞打开时，将水准瓶提高使封闭液充满至取样管的上旋塞，此时将取样管上端与取样点上的金属管相连，然后放低水准瓶，打开旋塞，则气体试样进入取样管中，然后关闭旋塞2，将取样管与取样点上的金属管分开，提高水准瓶，打开旋塞将气体排出，如此重复3～4次，最后吸入气体，关闭旋塞。分析时将取样管上端与分析器的引气管相连，打开活塞提高水准瓶，将气体压入分析器中。

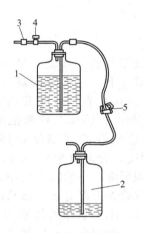

图4-2　采样瓶
1—气样瓶；2—封闭液瓶；3—胶皮管；
4—三通活塞；5—夹子

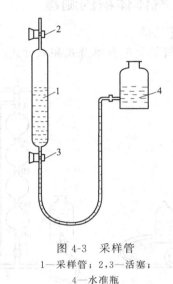

图4-3　采样管
1—采样管；2,3—活塞；
4—水准瓶

（3）用抽气泵采取气体试样　当用封闭液吸入气体仍感压力不足时，可采用流水抽气泵抽取，采样管上端与抽气泵相连，下端与取样点上的金属管相连，如图4-4所示，将气体试样抽入。分析时将采样管上端与气体分析器的引气管相连，下端插入封闭液中，然后可以利用气体分析器中的水准瓶将气体试样吸入气体分析器中。

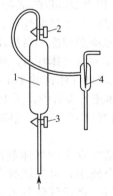

图4-4　流水抽气泵采样装置
1—采样管；2,3—活塞；4—水流泵

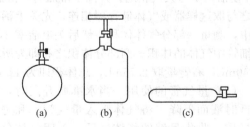

图4-5　负压采样容器
（a），(b) 真空瓶；(c) 真空管

2. 正压下取样

当气体压力高于大气压力时，只需放开取样点上的活塞，气体可自动流入气体取样器中。如果气体压力过大，应在取样点上的金属管与采样容器之间接入缓冲器。常用的正压取样容器有球胆等。取样时必须用气体试样置换球胆内的空气3～4次。

3. 负压下取样

气体压力小于大气压力为负压。如果负压不太高时，可以利用流水抽气泵抽取，当负压高时，可用抽空容器取样，此容器是 0.5～3L 的各种瓶子如图 4-5 所示，瓶上有活塞，在取样前用泵抽出瓶内空气，使压力降至 8～13kPa，然后关闭活塞，称出质量，再至取试样地点，将试样瓶上的管头与取样点上的金属管相连，打开活塞取样，取试样后关闭活塞称出质量，前后两次质量之差即为试样的质量。

二、气体体积的测量

1. 量气管

量气管的类型有单臂式和双臂式两类，如图 4-6 所示。

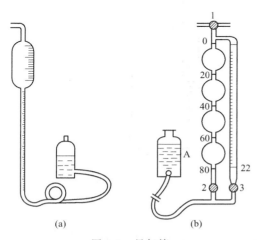

图 4-6 量气管
(a) 单臂式（单球式）；
(b) 双臂式；1,2,3—活塞

(1) 单臂式量气管　单臂式量气管分直式、单球式、双球式 3 种。最简单的量气管是直式，是一支容积为 100mL 有刻度的玻璃管，分度值为 0.2mL，可读出在 100mL 体积范围内的所示体积；单球式量气管的下端细长部分一般有 40～60mL 的刻度，分度值为 0.1mL，上部球状的部分也有体积刻度，一般较少使用，精度也不高；双球式量气管在上部有 2 个球状部分，其中上球的体积为 25mL，下球的体积为 35mL，下端为细长部分，一般刻有 40mL 刻度线，分度值为 0.1mL，是常用于测量气体体积的部分，而球形部分的体积用于固定体积的测量，如量取 25.0mL 气体体积，用于燃烧法实验等。量气管的末端用橡皮管与水准瓶相连，顶端是引入气体与赶出气体的出口，可与取样管相通。

(2) 双臂式量气管　总体积也是 100mL，左臂由 4 个 20mL 的玻璃球组成，右臂是具有分度值为 0.05mL 体积为 20mL 的细管（加上备用部分共 22mL）。可以测量 100mL 以内的气体体积。量气管顶端通过活塞 1 与取样器、吸收瓶相连，下端有活塞 2、活塞 3 用以分别量取气体体积，末端用橡皮管与水准瓶相连。当打开活塞 2、活塞 3 并使活塞 1 与大气相通，升高水准瓶时，液面上升，将量气管中原有气体赶出，然后旋转活塞 1 使之与取这样器或气体储存器相连，先关上活塞 3，放下水准瓶，将气体自活塞 1 引入左臂球形管中，测量一部分气体体积，然后关上活塞 2，打开活塞 3，气体流入细管中，关上活塞 1，测量出细管中气体的体积。两部分体积之和即为所取气体的体积。如测量 42.75mL 气体时，用左臂量取 40mL，右臂量取 2.75mL，总体积即为 42.75mL。

(3) 量气管的使用　当水准瓶升高时，液面上升，可将量气管中的气体赶出。当水准瓶放低时液面下降，将气体吸入量气管；和进气管、排气管配合使用，可完成排气和吸入样品的操作，收集足够的气体以后，关闭气体分析器上的进样阀门。将量气管的液面与水准瓶的液面对齐（处在同一个水平面上），读出量气管上的读数，即为气体的体积。

(4) 量气管的校正　量气管上虽然有刻度，但不一定与标明的体积相等。对于精确的测量必须进行校正。

在需要校正的量气管下端，用橡皮管套上一个玻璃尖嘴，再用夹子夹住橡皮管。在量气管中充满水至刻度的零点，然后放水于烧杯中，各为 0～20mL、0～40mL、0～60mL、0～80mL、0～100mL，精确称量出水的质量，并测量水温，查出在此温度下水的密度，通过计算得由准确的体积。若干毫升水的真实体积与实际体积（刻度）之差即为此段间隔（体积）的校正值。

2. 气量表

分析高浓度的气体含量时，用量气管取 100mL 混合气体就已足够使用。但在测定微量气含量时，取 100mL 混合气体就太少了。例如，在 100mL 空气中只含有 0.03mL CO_2 这种分析就必须取混合气体若干升或若干立方，而且在动态的情况下测量大体积的气体时，即测量在某一定时间内（例如 1h）、以一定的流速通过的气体体积，就必须使用气体流速计或气量表，测量通过吸收剂的大量气体的体积。

(1) 气体流量计　常称为湿式流量计，由金属筒构成，其中盛半筒水，在筒内有一金属鼓轮将圆筒分割为四个小室。鼓轮可以绕着水平轴旋转，当空气通过进气口进入小室时，推动鼓轮旋转，鼓轮的旋转轴与筒外刻度盘上的指针相连，指针所指示的读数，即为采集气体试样的体积。刻度盘上的指针每转一圈一般为 5L，也有 10L 的。流量针上附有水平仪，底部装有螺旋，以便调节流量针的水平位置。另外还有压力计和温度计，用以测量通过气体的温度，压力计是通过调节气体的压力与大气的压力相等，以便于体积换算。

湿式流量计的准确度高，但测量气体的体积有一定限额，并且不易携带。常用于其他流量计的校正或化验室固定使用。

(2) 气体流速计　是化验室中使用最广泛的仪器，如图 4-7 所示。用以测量气体流速，从而计算出气体的体积。其原理是当气体通过毛细管时由于管子狭窄部分的阻力，在此管中产生的气压降低，在阻力前后压力之差由装某种液体的 U 形管至两臂液面的差别表示出来。气体流速越大液面差别也越大。

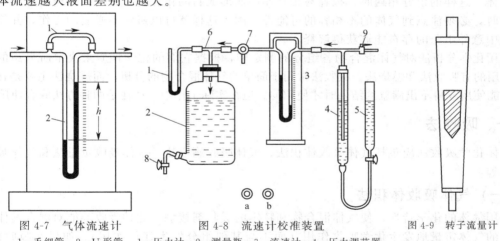

图 4-7　气体流速计　　　图 4-8　流速计校准装置　　　图 4-9　转子流量计
1—毛细管；2—U 形管　1—压力计；2—测量瓶；3—流速计；4—压力调节器；
5—平衡管；6—三通管；7—三通活塞；8，9—活塞

使用之前，首先应将流速计校准，即找出液面差与流速之间的关系。校准装置如图 4-8 所示，4 为压力调节器，2 为测量瓶，在 2 与 4 之间连入要校准的流速计 3，7 是三通活塞，可使流速计与大气相通也可使流速计与瓶 2 相连。瓶 2 是带有下口的 10～20L 的玻璃瓶，内装有水。可用量筒量出由下口流出水的体积，竖贴一张纸条于瓶的侧面，每量出 200mL 记一格，制成标尺，伸入瓶塞内管 6 的左端与盛水压力计 1 相连。旋转活塞至 a 位置，用泵自活塞 9 送入空气，使右压力调节器 4 内的过量空气或气体逸出，升降平衡管 5（校正时与测量时液面应放在相同位置）以调节流速计 3 内所需的液面差。然后将活塞 7 转到 b 位置，打开活塞 8 使空气进入瓶 2，空气的体积等于由瓶 2 内流出水的体积（可由压力计 1 内两液面不变时量得）。用秒表记下 200mL 水的流出时间，计算出 1min 内流出的水量，即通过流速计 3 的空气体积，在流速计标尺记下该速度下两液面差（h）值。

改变空气流速多次，可以得出许多液面差，即不同的 h 数值。以 h 值为横坐标，每分

钟流速为纵坐标,可以画出曲线,由曲线可以近似算出中间的速度。为使流速计能测量出 1min 内流过 0.1~100mL 的气体,可以更换使用不同直径的毛细管或 U 形管内不同密度的液体(如水、硫酸、汞等)。

使用时将此流速计连于要测定气体的吸收剂装置的前面或后部,当气体流过时,由于速度不同,而在 U 形管上所引起的 h 值也不同,由 h 值读出气体的流速,再乘以所流过的时间,就可以得出通过吸收剂的气体体积。

(3) 转子流量计 如图 4-9 所示,是由上粗下细的锥形玻璃管与上下浮动的转子组成。转子一般用铜或铝等金属及有机玻璃和塑料制成。气流越大,转子升得越高。在生产现场使用比较方便。但用吸收管采样时,在吸收管与转子流量计之间须接一个干燥管,否则湿气凝结在转子上,将改变转子的质量而产生误差。转子流量计的准确性比流速计差,校准的方法与流速计相同。

第三节　气体化学分析方法

在气体分析工作中,特别是对复杂气体混合物的分析上,必须随时注意到混合物中的气体相容性和不相容性。空气的组分,如氮、氧、二氧化碳等是气体混合物中的相容组成,因为它们在普通温度和压力条件下彼此并不反应,这种相容气体的混合物在保存时非常稳定。混合物中不相容的气体,为气体混合物中一般情况下能够相互化合的那些组分,如氨气和氯化氢气体,这样的组分相遇时,很容易相互作用而形成新的化合物。所以在分析复杂的气体混合物时,必须注意到气体的不相容的可能性。因为这样就可以避免不必要的工作,并使在混合物中意外组分的存在能够获得解释。

在用化学分析法对气体混合物各组分的测定中,根据它们的化学性质来决定所采用的方法。常用的有吸收法和燃烧法。吸收法常用于简单的气体混合物的分析,而燃烧法主要是在吸收法不能使用或得不出满意的结果时才使用。但在实际工作中,往往是两种方法联合使用。

一、吸收法

气体化学吸收法应包括气体吸收体积法、气体吸收滴定法、气体吸收重量法和气体吸收比色法等。

(一) 气体吸收体积法

利用气体的化学特性,使气体混合物和特定的吸收剂接触。此种吸收剂能对混合气体中所测定的气体定量地发生化学吸收作用(而不与其他组分发生任何作用)。如果在吸收前、后的温度及压力保持一致,则吸收前、后的气体体积之差即为待测气体的体积。此法主要用于常量气体的测定。

例如,CO_2、O_2、N_2 的混合气体,当与氢氧化钾溶液接触时,CO_2 被吸收,而吸收产物为 K_2CO_3,其他组分不被吸收。

$$2KOH + CO_2 \longrightarrow K_2CO_3 + H_2O$$

对于液态或固态的物料,也可利用同样的原理来进行分析测定。只要使各种物料中的待测组分,经过化学反应转化为气体,然后用特定的吸收剂吸收,根据气体的体积变化,进行定量测定。如钢铁分析中,用气体体积法测定总碳含量就是一个很好的实例。

1. 气体吸收剂

用来吸收气体的化学试剂称为气体吸收剂。由于各种气体具有不同的化学特性,所选用的吸收剂也不相同。吸收剂可分为液态和固态两种,在大多数情况下,都以液态吸收剂为主。下面是几种常见的气体吸收剂。

(1) 氢氧化钾溶液　KOH 是 CO_2 的吸收剂。
$$2KOH+CO_2 \longrightarrow K_2CO_3+H_2O$$
通常用 KOH 而不用 NaOH，是因为浓的 NaOH 溶液易起泡沫，并且析出难溶于本溶液的 Na_2CO_3 而堵塞管路。一般常用33%的 KOH 溶液，此溶液 1mL 能吸收 40mL 的 CO_2，它适用于中等浓度及高浓度（2%~3%）的 CO_2 测定。

氢氧化钾溶液也能吸收 H_2S、SO_2 和其他酸性气体，在测定时必须预先除去。

(2) 焦性没食子酸的碱溶液　焦性没食子酸（1,2,3-三羟基苯）的碱溶液是 O_2 的吸收剂。

焦性没食子酸与氢氧化钾作用生成焦性没食子酸钾。
$$C_6H_3(OH)_3+3KOH \longrightarrow C_6H_3(OK)_3+3H_2O$$
焦性没食子酸钾被氧化生成六氧基联苯钾。
$$2C_6H_3(OK)_3+1/2O_2 \longrightarrow (KO)_3H_2C_6C_6H_2(OK)_3+H_2O$$
配制好的此种溶液 1mL 能吸收 8~12mL 氧气，在温度不低于 15℃，含氧量不超过 25% 时，吸收效率最好。焦性没食子酸的碱性溶液吸收氧的速度，随温度降低而减慢，在 0℃ 时几乎不吸收。所以用它来测定氧时，温度最好不要低于 15℃。因为吸收剂是碱性溶液，酸性气体和氧化性气体对测定都有干扰，在测定时应预先除去。

(3) 亚铜盐氨溶液　亚铜盐的盐酸溶液或亚铜盐的氨溶液是一氧化碳的吸收剂。一氧化碳和氯化亚铜作用生成不稳定的配合物 $Cu_2Cl_2 \cdot 2CO$。
$$Cu_2Cl_2+2CO \longrightarrow Cu_2Cl_2 \cdot 2CO$$
在氨性溶液中，进一步发生反应。
$$Cu_2Cl_2 \cdot 2CO+4NH_3+2H_2O \longrightarrow Cu_2(COONH_4)_2+2NH_4Cl$$
二者之中以亚铜盐氨溶液的吸收效率最好，1mL 亚铜盐氨溶液可以吸收 16mL 一氧化碳。因氨水的挥发性较大，用亚铜盐氨溶液吸收一氧化碳后的剩余气体中常混有氨气，影响气体的体积，故在测量剩余气体体积之前，应将剩余气体通过硫酸溶液以除去氨的气体（即进行第二次吸收）。亚铜盐氨溶液也能吸收氧、乙炔、乙烯、高级碳氢化合物及酸性气体。故在测定一氧化碳之前均应加以除去。

(4) 饱和溴水或硫酸汞、硫酸银的硫酸溶液　它们是不饱和烃的吸收剂。在气体分析中不饱和烃通常是指乙烯、丙烯、丁烯、乙炔、苯、甲苯等。溴能和不饱和烃发生加成反应并生成液态的各种饱和溴化物。
$$CH_2=CH_2+Br_2 \longrightarrow CH_2Br-CH_2Br$$
$$CH\equiv CH+2Br_2 \longrightarrow CHBr_2-CHBr_2$$
在实验条件下，苯不能与溴反应，但能缓慢地溶解于溴水中，所以苯也可以一起被测定出来。

硫酸在硫酸银（或硫酸汞）作为催化剂时，能与不饱和烃作用生成烃基磺酸、亚烃基磺酸、芳烃磺酸等。
$$CH_2=CH_2+H_2SO_4 \longrightarrow CH_3-CH_2OSO_2OH$$
$$CH\equiv CH+H_2SO_4 \longrightarrow CH_3-CH(OSO_2OH)_2$$
$$C_6H_6+H_2SO_4 \longrightarrow C_6H_5SO_3H+H_2O$$
(5) 硫酸、高锰酸钾溶液、氢氧化钾溶液　它们是二氧化氮的吸收剂。
$$2NO_2+H_2SO_4 \longrightarrow OH(ONO)SO_2+HNO_3$$
$$10NO_2+2KMnO_4+H_2SO_4+H_2O \longrightarrow 10HNO_3+K_2SO_4+MnSO_4$$
$$2NO_2+2KOH \longrightarrow KNO_3+KNO_2+H_2O$$

2. 混合气体的吸收顺序

在混合气体中，每一种成分并没有一种特效的吸收剂，也就是某一种吸收剂所能吸收的气体组分并非仅一种气体。因此,在吸收过程中,必须根据实际情况,合理安排吸收顺序,才能消除气体组分间的相互干扰,得到准确的结果。

例如,煤气中的主要成分是 CO_2、O_2、CO、CH_4、H_2 等。根据所选用的吸收剂性质,在作煤气分析时,它们应按如下吸收顺序进行。

① 氢氧化钾溶液。它只吸收二氧化碳,其他组分不干扰。应排在第一。

② 焦性没食子酸的碱性溶液。试剂本身只能吸收氧气。但因为是碱性溶液,也能吸收酸性气体。因此,应排在氢氧化钾吸收液之后。故排在第二。

③ 氯化亚铜的氨性溶液。它不但能吸收一氧化碳,同时还能吸收二氧化碳、氧等。因此,只能把这些干扰组分除去之后才能使用。故排在第三。

甲烷和氢用燃烧法测定。

所以煤气分析的顺序应为:KOH 溶液吸收 CO_2;焦性没食子酸的碱性溶液吸收 O_2;氯化亚铜的氨溶液吸收 CO;用燃烧法测定 CH_4 及 H_2;剩余气体为 N_2。

3. 吸收仪器——吸收瓶

吸收瓶如图 4-10 所示,是供气体进行吸收作用的设备,瓶中装有吸收剂,气体分析时吸收作用即在此瓶中进行。吸收瓶分为两部分,一部分是作用部分,另一部分是承受部分。每部分的体积应比量气管大,约为 120~150mL,二者可以并列,也可以上下排列,还可以一部分置于另一部分之内。作用部分经活塞与梳形管相连,承受部分与大气相通。使用时,将吸收液吸至作用部分的顶端,当气体由量气管进入吸收瓶中,吸收液由作用部分流入承受部分,气体与吸收液发生吸收作用,为了增大气体与吸收剂的接触面积以提高吸收效率,在吸收部分内装有许多直立的玻璃管。另一种接触式吸收瓶名为鼓泡式吸收瓶。气体经过几乎伸至瓶底的气泡发生细管而进入吸收瓶中。由此细管出来的气体被分散成细小的气泡。不断地经过吸收液上升,

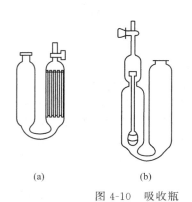

图 4-10 吸收瓶
(a)、(c)接触式吸收瓶;(b)鼓泡式吸收瓶

然后集中在作用部分的上部,此种吸收效果最好。

(二) 气体吸收滴定法

综合应用吸收法和滴定分析法测定气体(或可以转化为气体的其他物质)含量的分析方法称为吸收滴定法。其原理是使混合气体通过特定的吸收剂溶液,待测组分与吸收剂发生反应而被吸收,然后在一定的条件下,用特定的标准溶液滴定,根据消耗的标准溶液的体积,计算出待测气体的含量。吸收滴定法广泛地用于气体分析中。此法中,吸收可作为富集样品的手段,主要用于微量气体组分的测定,也可以进行常量气体组分的测定。

焦炉煤气中少量 H_2S 的滴定,就是使一定量的气体试样通过乙酸镉溶液。硫化氢被吸收生成黄色的硫化镉沉淀。

$$H_2S + Cd(Ac)_2 \longrightarrow CdS\downarrow + 2HAc$$

然后将溶液酸化,加入过量的碘标准溶液,负二价的硫被氧化为单质硫。

$$CdS + 2HCl + I_2 \longrightarrow 2HI + CdCl_2 + S\downarrow$$

剩余的碘用硫代硫酸钠标准溶液滴定,淀粉为指示剂。

$$I_2 + 2Na_2S_2O_3 \longrightarrow Na_2S_4O_6 + 2NaI$$

由碘的消耗量计算出硫化氢的含量。

(三) 气体吸收重量法

综合应用吸收法和重量法来测定气体物质（或可以转化气体的其他物质）含量的分析方法称为吸收重量法。其原理是使混合气体通过固体（或液体）吸收剂，待测气体与吸收剂发生反应（或吸附），而吸收剂增加一定的质量，根据吸收剂增加的质量，计算出待测气体的含量。此法主要用于微量气体组分的测定，也可进行常量气体组分的测定。

例如，测定混合气体中的微量二氧化碳时，使混合气体通过固体的碱石灰（一份氢氧化钠和两份氧化钙的混合物，常加一点酚酞故呈粉红色，亦称钠石灰）或碱石棉（50%氢氧化钠溶液中加入石棉，搅拌成糊状，在150~160℃烘干，冷却研成小块即为碱石棉），二氧化碳被吸收。

$$2NaOH + CO_2 \longrightarrow Na_2CO_3 + H_2O$$
$$CaO + CO_2 \longrightarrow CaCO_3$$

精确称量吸收剂吸收气体前、后的质量，根据吸收剂前、后质量之差，即可计算出二氧化碳的含量。

吸收重量法常用于有机化合物中的碳、氢等元素的含量测定。将有机物在管式炉内燃烧后，氢燃烧后生成水蒸气，碳则生成二氧化碳。将生成的气体导入已准确称量的装有高氯酸镁的吸收管中，水蒸气被高氯酸镁吸收，质量增加，称取高氯酸镁吸收管的质量，可计算出氢的含量。从高氯酸镁吸收管流出的剩余气体则导入装有碱石棉的吸收管中，吸收二氧化碳后称取质量，可计算出碳的含量。实际实验过程中，将装有高氯酸镁的吸收管和装有碱石棉的吸收管串联连接，高氯酸镁吸收管在前，碱石棉吸收管在后。

(四) 气体吸收比色法

综合应用吸收法和比色法来测定气体物质（或可以转化为气体的其他物质）含量的分析方法称为吸收比色法。其原理是使混合气体通过吸收剂（固体或液体），待测气体被吸收，而吸收剂产生不同的颜色（或吸收后再作显色反应），其颜色的深浅与待测气体的含量成正比，从而得出待测气体的含量。此法主要用于微量气体组分含量的测定。

例如，测定混合气体中微量乙炔时，使混合气体通过吸收剂——亚铜盐的氨溶液。乙炔被吸收，生成紫红色胶体溶液的乙炔铜。

$$2CH\equiv CH + Cu_2Cl_2 \longrightarrow 2CH\equiv CCu + 2HCl$$

其颜色的深浅与乙炔的含量成正比。可进行比色测定，从而得出乙炔的含量。大气中的二氧化硫、氮氧化物等均是采用吸收比色法进行测定。

在比色法中还常用检气管法，其特点是仪器简单、操作容易、携带方便，对微量气体能迅速检出、有一定的准确度、气体的选择性也相当高，但一般不适用于高浓度气体组分的定量测定。

检测管是一根内径为 2~4mm 的玻璃管，以多孔性固体（如硅胶、氧化铝、瓷粉、玻璃棉等）颗粒为载体，将吸附了化学试剂所制成的检气剂填充于该玻璃管中，管两端封口，如图 4-11 所示。使用时，在现场将检气管的两端锯断，一端连接气体采样器，使气体以一定速度通过检气管，在管内检气剂与待测气体发生反应而形成一着色层，根据色层的深浅或色层的长度，与标准检气管相比来进行含量测定。

图 4-11 气体检测管

例如，空气中的硫化氢含量测定，用 40~60 目的硅胶作载体，吸附一定量的乙酸铅试剂制成检气剂填充于检气管中，当待测空气通过检气管时，空气中的硫化氢被吸收，生成黑色层。

$$Pb(Ac)_2 + H_2S \longrightarrow PbS\downarrow + 2HAc$$

其变色的长度与空气中的硫化氢含量成正比，再与标准检气管进行比较，就可以获得空气中硫化氢的含量。

又例如,空气中的一氧化碳含量测定,用 40～60 目的硅胶作载体,吸附酸性硫酸钯和钼酸铵的混合溶液,在真空中干燥。呈淡黄色的硅钼酸配盐,填充于检气管中。当待测空气通过检气管时,空气中的一氧化碳被吸收生成蓝色化合物。

$$H_8[Si(MO_2O_7)_6] + 2CO \longrightarrow H_8[Si(MO_2O_7)_5(MO_2O_5)] + 2CO_2$$

其颜色的深浅与空气中的一氧化碳含量成正比,再与标准检气管比较,就可获得空气中一氧化碳的含量。

二、燃烧法

有些可燃性气体没有很好的吸收剂,如氢气和甲烷。因此,不能用吸收法进行测定,只能用燃烧法来进行测定。当可燃性气体燃烧时,其体积发生缩减,并消耗一定体积的氧气,产生一定体积的二氧化碳。它们都与原来的可燃性气体有一定的比例关系,可根据它们之间的这种定量关系,分别计算出各种可燃性气体组分的含量。这就是燃烧法的主要理论依据。

氢燃烧,可按下式进行。

$$2H_2 \quad + \quad O_2 \longrightarrow 2H_2O$$
（2体积）　（1体积）　（0体积）

2 体积的氢与 1 体积的氧经燃烧后,生成 0 体积的水(在室温下,水蒸气冷凝为液态的水,其体积可以忽略不计),在反应中有 3 体积的气体消失,其中 2 体积是氢,故氢的体积是缩小体积数的 2/3。以 $V_{缩}$ 代表缩小的体积数,$V(H_2)$ 代表燃烧前氢的体积。则

$$V(H_2) = 2/3 V_{缩}$$

或

$$V_{缩} = 3/2 V(H_2)$$

在氢燃烧过程中,消耗氧的体积是原有氢体积的 1/2,以 $V_{耗氧}$ 代表消耗氧的体积。则

$$V(H_2) = 2V_{耗氧}$$

甲烷燃烧,按下式进行,其中水在常温下是液体,其体积和气体相比可以忽略不计,

$$CH_4 \quad + \quad 2O_2 \longrightarrow CO_2 \quad + \quad 2H_2O$$
（1体积）　（2体积）　（1体积）　（0体积）

1 体积的甲烷与 2 体积的氧燃烧后,生成 1 体积的二氧化碳和 0 体积的液态水,由原有 3 体积的气体变成 1 体积的气体,缩小 2 体积。即缩小的体积相当于原甲烷体积的 2 倍,以 $V(CH_4)$ 代表燃烧前甲烷的体积。则

$$V(CH_4) = 1/2 V_{缩}$$

或

$$V_{缩} = 2V(CH_4)$$

在甲烷燃烧中消耗氧的体积是甲烷体积的 2 倍。则

$$V(CH_4) = 1/2 V_{耗氧}$$

或

$$V_{耗氧} = 2V(CH_4)$$

甲烷燃烧后,产生与甲烷同体积的二氧化碳,以 $V_{生}(CO_2)$ 代表燃烧后生成的二氧化碳体积。则

$$V_{生}(CO_2) = V(CH_4)$$

一氧化碳燃烧,按下式进行。

$$2CO \quad + \quad O_2 \longrightarrow 2CO_2$$
（2体积）　（1体积）　（2体积）

2 体积的一氧化碳与 1 体积的氧燃烧后,生成 2 体积的二氧化碳,由原来的 3 体积变为 2 体积,减少 1 体积,即缩小的体积相当于原来的一氧化碳体积的 1/2。以 $V(CO)$ 代表燃烧

前一氧化碳的体积，则

$$V(\text{CO}) = 2V_{缩}$$

或

$$V_{缩} = 1/2 V(\text{CO})$$

在一氧化碳燃烧中消耗氧气的体积是一氧化碳体积的 1/2，则

$$V_{耗氧} = V(\text{CO})$$

或

$$V(\text{CO}) = 2V_{耗氧}$$

一氧化碳燃烧后，产生与一氧化碳同体积的二氧化碳，则

$$V_{生}(\text{CO}_2) = V(\text{CO})$$

由此可见，在某一可燃气体内通入氧气，使之燃烧，测量其体积的缩减，消耗氧气的体积及在燃烧反应中所生成的二氧化碳体积，就可以计算出原可燃性气体的体积，并可进一步计算出所在混合气体中的体积分数。常见可燃性气体的燃烧反应和各种气体的体积之间的关系见表 4-1。

表 4-1 可燃性气体燃烧反应与各体积关系

气体名称	燃烧反应	可燃气体体积	消耗 O_2 体积	缩减体积	生成 CO_2 体积
氢	$2H_2 + O_2 \longrightarrow 2H_2O$	$V(H_2)$	$1/2 V(H_2)$	$V(H_2)$	0
一氧化碳	$2CO + O_2 \longrightarrow 2CO_2$	$V(CO)$	$1/2 V(CO)$	$V(CO)$	$V(CO)$
甲烷	$CH_4 + 2O_2 \longrightarrow CO_2 + 2H_2O$	$V(CH_4)$	$2V(CH_4)$	$V(CH_4)$	$V(CH_4)$
乙烷	$2C_2H_6 + 7O_2 \longrightarrow 4CO_2 + 6H_2O$	$V(C_2H_6)$	$7/2 V(C_2H_6)$	$V(C_2H_6)$	$2V(C_2H_6)$
乙烯	$C_2H_4 + 3O_2 \longrightarrow 2CO_2 + 2H_2O$	$V(C_2H_4)$	$3V(C_2H_4)$	$V(C_2H_4)$	$2V(C_2H_4)$

（一）一元可燃性气体燃烧后的计算

如果气体混合物中只含有一种可燃性气体时，测定过程和计算都比较简单。先用吸收法除去其他组分（如二氧化碳、氧），再取一定量的剩余气体（或全部），加入一定量的空气使之进行燃烧。经燃烧后，测出其体积的缩减或生成的二氧化碳体积。根据燃烧法的原理，计算出可燃性气体的含量。

【例 1】 有 O_2、CO_2、CH_4、N_2 的混合气体 80.00mL，在用吸收法测定 O_2、CO_2 后的剩余气体中加入空气，使之燃烧，经燃烧后的气体用氢氧化钾溶液吸收，测得生成的 CO_2 的体积为 20.00mL，计算混合气体中甲烷的体积分数。

解 根据燃烧法的基本原理

$$CH_4 + 2O_2 \longrightarrow CO_2 + 2H_2O$$

当甲烷燃烧时所生成的 CO_2 体积，等于混合气体中甲烷的体积，即

$$V(CH_4) = V_{生}(CO_2)$$

所以

$$V(CH_4) = 20.00 (\text{mL})$$

$$\varphi(CH_4) = \frac{20.00}{80.00} \times 100\% = 25.0\%$$

【例 2】 有 H_2 和 N_2 的混合气体 40.00mL，加空气经燃烧后，测得其总体积减少 18.00mL，求 H_2 在混合气体中的体积分数？

解 根据燃烧法的基本原理

$$2H_2 + O_2 \longrightarrow 2H_2O$$

当 H_2 燃烧时其体积的缩减为 H_2 体积的 2/3。则

$$V(H_2) = 2/3 V_{缩}$$

所以

$$V(H_2) = 2/3 \times 18.00 = 12.00 (\text{mL})$$

$$\varphi(H_2) = \frac{12}{40} \times 100\% = 30.0\%$$

（二）二元可燃性气体混合物燃烧后的计算

如果气体混合物中含有两种可燃性气体组分，先用吸收法除去干扰组分，再取一定量的剩余气体（或全部）加入过量的空气，使之进行燃烧。经燃烧后，测量其体积缩减、生成二氧化碳的体积，根据燃烧法的基本原理，列出二元一次方程组，解其方程，即可得出可燃性气体的体积。并计算出混合气体中的可燃性气体的体积分数。

一氧化碳和甲烷的气体混合物，燃烧后，求原可燃性气体的体积。

它们的燃烧反应为

$$2CO + O_2 \longrightarrow 2CO_2$$
$$CH_4 + 2O_2 \longrightarrow CO_2 + 2H_2O$$

设一氧化碳的体积为 $V(CO)$，甲烷的体积为 $V(CH_4)$。经燃烧后，由一氧化碳所引起的体积缩减应为原一氧化碳体积的 1/2；由甲烷所引起的体积缩减应为原甲烷体积的 2 倍；而经燃烧后，测得的应为其总体积的缩减 $V_{缩}$。

所以
$$V_{缩} = 1/2 V(CO) + 2V(CH_4) \tag{1}$$

由于，一氧化碳和甲烷燃烧后，生成与原一氧化碳和甲烷等体积的二氧化碳，而经燃烧后，测得的应为总二氧化碳的体积，$V_{生}(CO_2)$。

所以
$$V_{生}(CO_2) = V(CO) + V(CH_4) \tag{2}$$

方程（1）、（2）联立，解得

$$V(CO) = [4V_{生}(CO_2) - 2V_{缩}]/3$$
$$V(CH_4) = [2V_{缩} - V_{生}(CO_2)]/3$$

【例3】 有 CO、CH_4、N_2 的混合气体 40.00mL，加入过量的空气，经燃烧后，测得其体积缩减 42.00mL，生成 CO_2 36.00mL。计算混合气体中各组分的体积分数？

解 根据燃烧法的基本原理及题意得

$$V_{缩} = 1/2 V(CO) + 2V(CH_4) = 42.00$$
$$V_{生}(CO_2) = V(CO) + V(CH_4) = 36.00$$

解方程得

$$V(CH_4) = 16.00 \text{mL}$$
$$V(CO) = 20.00 \text{mL}$$
$$V(N_2) = 40.00 - (16.00 + 20.00) = 4.00 \text{(mL)}$$

则

$$\varphi(CO) = \frac{20.00}{40.00} \times 100\% = 50.0\%$$
$$\varphi(CH_4) = \frac{16}{40} \times 100\% = 40.0\%$$
$$\varphi(N_2) = \frac{4}{40} \times 100\% = 10.0\%$$

氢和甲烷气体混合物燃烧后，求原可燃性气体的体积。

它们的燃烧反应为

$$2H_2 + O_2 \longrightarrow 2H_2O$$
$$CH_4 + 2O_2 \longrightarrow CO_2 + 2H_2O$$

设氢的体积为 $V(H_2)$，甲烷的体积为 $V(CH_4)$。经燃烧后，由氢所引起的体积缩减为原氢体积的 3/2；由甲烷所引起的体积缩减应为原甲烷体积的 2 倍；而燃烧后测得的应为其总体积缩减 $V_{缩}$。

所以
$$V_{缩}=3/2V(H_2)+2V(CH_4) \tag{3}$$

由于甲烷在燃烧时生成与原甲烷等体积的二氧化碳，而氢则生成水。

所以
$$V_{生}(CO_2)=V(CH_4) \tag{4}$$

方程式(3)、式(4) 联立，解得
$$V(CH_4)=V_{生}(CO_2)$$
$$V(H_2)=[2V_{缩}-4V_{生}(CO_2)]/3$$

【例 4】 有 H_2、CH_4、N_2 组成的气体混合物 20.00mL，加入空气 80.0mL，混合燃烧后，测量体积为 90.00mL，经氢氧化钾溶液吸收后，测量体积为 86.00mL，求各种气体在原混合气体中的体积分数。

解 根据燃烧法基本原理和题意得

混合气体的总体积应为
$$80.0+20.00=100.0(mL)$$

总体积缩减应为
$$100.0-90.0=10.0(mL)$$

生成 CO_2 的体积应为
$$90.0-86.0=4.0(mL)$$
$$V_{缩}=3/2V(H_2)+2V(CH_4)$$
$$V_{生}(CO_2)=V(CH_4)$$

代入数据，解方程得
$$V(CH_4)=V_{生}(CO_2)=4.00(mL)$$
$$V(H_2)=2/3[V_{缩}-2V(CH_4)]=2/3\times(10-2\times4)=1.33(mL)$$
$$V(N_2)=20.00-4.00-1.33=14.67(mL)$$
$$\varphi(CH_4)=\frac{4.00}{20.00}\times100\%=20.0\%$$
$$\varphi(H_2)=\frac{1.33}{20.00}\times100\%\approx6.7\%$$
$$\varphi(N_2)=\frac{14.67}{20.00}\times100\%\approx73.3\%$$

（三）三元可燃性气体混合物燃烧后的计算

如果气体混合物中含有三种可燃性气体组分，先用吸收法除去干扰组分，再取一定量的剩余气体（或全部），加入过量的氧气，使之进行燃烧。经燃烧后，测量其体积的缩减，消耗氧量及生成二氧化碳的体积。根据燃烧法的基本原理，列出三元一次方程组，解其方程组，可求得可燃性气体的体积，并计算出混合气体中可燃性气体的体积分数。

一氧化碳、甲烷、氢的气体混合物，燃烧后，求原可燃性气体的体积。

它们的燃烧反应为
$$2CO+O_2\longrightarrow 2CO_2$$
$$CH_4+2O_2\longrightarrow CO_2+2H_2O$$
$$2H_2+O_2\longrightarrow 2H_2O$$

设一氧化碳的体积为 $V(CO)$，甲烷的体积为 $V(CH_4)$，氢的体积为 $V(H_2)$，经燃烧后，由一氧化碳所引起的体积缩减应为原一氧化碳体积的1/2；甲烷所引起的体积缩减应为原甲烷体积的2倍；氢气所引起的体积缩减应为原氢气体积的3/2。而经燃烧后所测得的应为其总体积缩减$V_{缩}$。

所以
$$V_{缩}=1/2V(CO)+2V(CH_4)+3/2V(H_2) \quad (5)$$

由于一氧化碳和甲烷燃烧后生成与原一氧化碳和甲烷等体积的二氧化碳，氢则生成水。而燃烧后测得的是总生成的二氧化碳体积$V_{生}(CO_2)$。

所以
$$V_{生}(CO_2)=V(CO)+V(CH_4) \quad (6)$$

当一氧化碳燃烧时所消耗的氧气为原一氧化碳体积的1/2，甲烷燃烧时所消耗的氧气为原甲烷体积的2倍，氢燃烧时所消耗的氧气为原氢体积的1/2。经燃烧后，测得的是总消耗氧气的体积$V_{耗氧}$。

所以
$$V_{耗氧}=1/2V(CO)+2V(CH_4)+1/2V(H_2) \quad (7)$$

设a代表耗氧体积，b代表生成二氧化碳体积，c代表总体积缩减。它们的数据可通过燃烧后测得。

方程式(5)～式(7)联立组成三元一次方程组，并解该方程组得到

$$V(CH_4)=\frac{3a-b-c}{3}$$

$$V(CO)=\frac{4b-3a+c}{3}$$

$$V(H_2)=c-a$$

【例5】 有CO_2、O_2、CH_4、CO、H_2、N_2的混合气体100.0mL。用吸收法测得CO_2为6.00mL，O_2为4.00mL，用吸收后的剩余气体20.00mL，加入氧气75.00mL，进行燃烧，燃烧后其体积缩减10.11mL，后用吸收法测得CO_2为6.22mL，O_2为65.31mL，求混合气体中各组分的体积分数。

解 根据燃烧法的基本原理和题意得

吸收法测得

$$\varphi(CO_2)=\frac{6.00}{100}\times 100\%=6.0\%$$

$$\varphi(O_2)=\frac{4.00}{100}\times 100\%=4.0\%$$

燃烧法部分进行如下计算

$$a=75.00-65.31=9.69(mL)$$
$$b=6.22(mL)$$
$$c=10.11(mL)$$

吸收法吸收CO_2和O_2后的剩余气体体积为

$$100.0-6.00-4.00=90.00(mL)$$

燃烧法是取其中的20.00mL进行测定的，在90.00mL的剩余气体中的体积为

$$V(CH_4)=\frac{3a-b-c}{3}\times\frac{90}{20}=\frac{3\times 9.69-6.22-10.11}{3}\times\frac{90}{20}=19.1(mL)$$

$$V(CO)=\frac{4b-3a+c}{3}\times\frac{90}{20}=\frac{4\times 6.22-3\times 9.69+10.11}{3}\times\frac{90}{20}=8.9(mL)$$

$$V(H_2)=(c-a)\times\frac{90}{20}=1.9(mL)$$

所以

$$\varphi(CH_4)=\frac{19.1}{100}\times100\%=19.1\%$$

$$\varphi(CO)=\frac{8.9}{100}\times100\%=8.9\%$$

$$\varphi(H_2)=\frac{1.9}{100}\times100\%=1.9\%$$

(四) 燃烧方法

为使可燃烧性气体燃烧，常用的方法有 3 种。

1. 爆炸法

可燃性气体与空气或氧气混合，当其比例达到一定限度时，受热（或遇火花）能引起爆炸性的燃烧。气体爆炸有两个极限，上限与下限，上限指可燃气体能引起爆炸的最高含量。下限指可性气体能引起爆炸的最低含量。如 H_2 在空气中的爆炸极限是 74.2%（体积分数），爆炸下限是 4.1%，即当 H_2 在空气体积占 4.1%～74.2% 时，它具有爆炸性。

本法是将可燃气体与空气或氧气混合，其比例能使可燃性气体完全燃烧，并在爆炸极限之内，在一特殊的装置中点燃，引起爆炸，所以常叫爆燃法（或称爆炸法），此法的特点是分析所需的时间最短。

2. 缓燃法

可燃性气体与空气或氧气混合，经过炽热的铂质螺旋丝而引起缓慢燃烧，所以称之为缓燃法。可燃性气体与空气或氧气的混合比例应在可燃性气体的爆炸极限以下，故可避免爆炸危险。若在上限以上，则氧气量不足，可燃性气体不能完全燃烧。此法所需时间较长。各种气体的爆炸极限如表 4-2 所示。

表 4-2　常压下可燃气体或蒸气在空气中的爆炸极限/%（体积分数）

气体名称	分子式	下限	上限	气体名称	分子式	下限	上限
甲烷	CH_4	5.0	15.0	丁烯	C_4H_8	1.7	9.0
一氧化碳	CO	12.5	74.2	戊烷	C_5H_{12}	1.4	8.0
甲醇	CH_3OH	6.0	37.0	戊烯	C_5H_{10}	1.6	—
二硫化碳	CS_2	1.0	—	己烷	C_6H_{14}	1.3	—
乙烷	C_2H_6	3.2	12.5	苯	C_6H_6	1.4	8.0
乙烯	C_2H_4	2.8	28.6	庚烷	C_7H_{16}	1.1	—
乙炔	C_2H_2	2.6	80.5	甲苯	C_7H_8	1.2	7.0
乙醇	C_2H_5OH	3.5	19.0	辛烷	C_8H_{18}	1.0	—
丙烷	C_3H_8	2.4	9.5	氢气	H_2	4.1	74.2
丙烯	C_3H_6	2.0	11.1	硫化氢	H_2S	4.3	45.5
丁烷	C_4H_{10}	1.9	8.5				

3. 氧化铜燃烧法

本法的特点在于被分析的气体中不必加入为燃烧所需的氧气，所用的氧气可自氧化铜被还原放出。

氢在 280℃ 左右可在氧化铜上燃烧，甲烷在此温度下不能燃烧，高于 290℃ 时才开始燃烧，一般浓度的甲烷在 600℃ 以上时在氧化铜上可以燃烧完全。反应如下

$$H_2+CuO\longrightarrow Cu+H_2O$$

$$CH_4+4CuO\longrightarrow 4Cu+CO_2+2H_2O$$

氧化铜使用后，可在400℃通入空气使之氧化即可再生。反应如下

$$Cu+O_2 \longrightarrow 2CuO$$

本法的优点是因为不通入氧气，可以减少体积测量的次数，从而减少误差，并且测定后的计算也因不加入氧气而简化。

（五）燃烧所用的仪器

1. 爆炸瓶

爆炸瓶是一个球形厚壁的玻璃容器，如图4-12所示，在球的上端熔封两条铂金丝，铂丝的外端经导线与电源连接。球的下端管口用橡皮管连接水准瓶。使用前用封闭液充满到球的顶端，引入气体后封闭液至水准瓶中，用感应线圈在铂丝间得到火花（目前使用较为方便的是压电陶瓷火花发生器，其原理是借助2只圆柱形特殊陶瓷受到相对冲击后产生10^4V以上高压脉冲电流，火花发生率高，可达100%，不用电源，安全可靠，发火次数可达五万次以上。有手枪式和盒式两种，使用非常简单），以点燃混合气体。

2. 缓燃管

缓燃管的式样与吸收瓶相似，也分作用部分与承受部分，上下排列如图4-13所示。可燃性气体在作用部分中燃烧，承受部分是用以承受自作用部分排出的封闭液。管中作为加热用的一段铂质螺旋丝，铂质的两端与熔封在玻璃管中的两条铜丝相连，铜丝的另一端通过一个适当的变压器及变阻器与电源相连，混合气体引入作用部分，通电后铂丝炽热，混合气体在铂丝的附近缓慢燃烧。

3. 氧化铜燃烧管

用氧化铜燃烧在石英管中进行，形状如图4-14所示。将氧化铜装在管的中部，用电炉或煤气灯加热，然后使气体往返通过而进行燃烧。燃烧空间长度约为10cm，管内径为6mm。

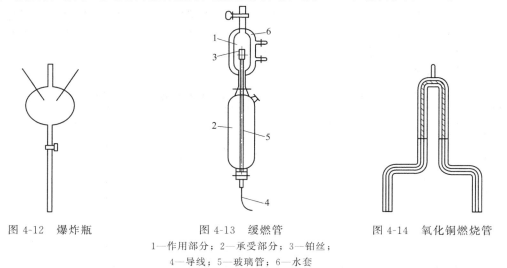

图4-12 爆炸瓶　　图4-13 缓燃管　　图4-14 氧化铜燃烧管
1—作用部分；2—承受部分；3—铂丝；
4—导线；5—玻璃管；6—水套

三、其他气体分析法

1. 电导法

测定电解质溶液导电能力的方法，称为电导法。当溶液的组成发生变化时，溶液的电导率也发生相应的变化，利用电导率与物质含量之间的关系，可测定物质的含量。如合成氨生产中微量一氧化碳和二氧化碳的测定。环境分析中的二氧化碳、一氧化碳、二氧化硫、硫化氢、氧气、盐酸蒸气等，都可以用电导法来进行测定。

2. 库仑法

以测量通过电解池的电量为基础而建立起来的分析方法，称为库仑法。库仑滴定是通过测量电量的方法来确定反应终点。它被用于痕量组分的分析中，如金属中碳、硫等的气体分析；环境分析中的二氧化硫、臭氧、二氧化氮等都可以用库仑滴定法来进行测定。

3. 热导气体分析

各种气体的导热性是不同的。如果两根相同的金属丝（如铂金丝）用电流加热到同样的温度，将其中一根金属丝插在某一种气体中，另一金属丝插在另一种气体中，由于两种气体的导热性不同，这两根金属丝的温度改变就不一样。随着温度的变化，电阻也相应地发生变化，所以，只要测出金属丝的电阻变化值，就能确定待测气体的含量。如在氧气厂（空气分馏）中就广泛采用此种方法。

4. 激光雷达技术

激光雷达是激光用于远距离大气探测方面的新成就之一。激光雷达就是利用激光光束的背向散射光谱，检测大气中某些组分浓度的装置。这种方法在环境分析中得到广泛的应用。经常检测的组分有 SO_2、NO_2、C_2H_4、CO_2、H_2、NO、H_2S、CH_4、H_2O 等。所达到浓度的灵敏度在 1km 内为 $2\sim3\mu L/L$，个别工作利用共振拉曼效应，在 $2\sim3km$ 高空中测得 O_3 和 SO_2 的浓度，灵敏度分别为 $0.005\mu L/L$ 和 $0.05\mu L/L$。

除以上这些方法之外，还有气相色谱法、红外线气体分析仪和化学发光分析等。它们在工业生产和环境分析中已得到广泛的应用，而且也有定型的仪器。

第四节 气体分析仪器

气体的化学分析法所使用的仪器，通常有奥氏（QF）气体分析仪和苏式（ВТИ）型气体分析仪。由于用途和仪器的型号不同，其结构或形状也不相同，但是它们的基本原理却是一致的。

一、仪器的基本部件

① 量气管（见气体测量中的量气管）。
② 水准瓶（见气体测量中用胶皮管与量气管相连接的部件）。
③ 吸收瓶（见吸收所用水准瓶）。
④ 梳形管（如图 4-15 所示，将量气管和吸收瓶及燃烧瓶连接起来的装置）。

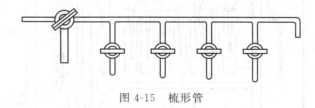

图 4-15 梳形管

⑤ 燃烧瓶（见燃烧仪器中燃烧瓶）。

二、气体分析仪器

（1）改良式奥氏（QF-190 型）气体分析仪　改良式奥氏气体分析仪如图 4-16 所示，是由 1 支量气管、4 个吸收瓶和 1 个爆炸瓶组成。它可进行 CO_2、O_2、CH_4、H_2、N_2 混合气体的分析测定。其优点是构造简单、轻便，操作容易，分析快速。缺点是精度不高，不能适应更复杂的混合气体分析。

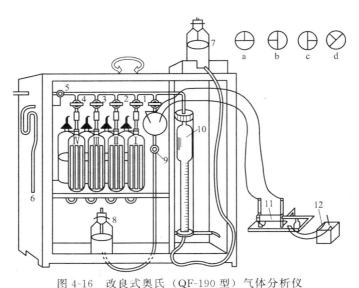

图 4-16 改良式奥氏（QF-190 型）气体分析仪
Ⅰ～Ⅳ—吸收瓶；1～4,9—活塞；5—三通活塞；
6—进样口；7,8—水准瓶；10—量气管；11—点火器（感应线圈）；12—电源

（2）苏式（ВТИ）型气体分析仪 苏式气体分析仪如图 4-17 所示，是由 1 支双臂式量气管、7 个吸收瓶、1 个氧化铜燃烧管和 1 个缓燃管等组成。它可进行煤气全分析或更复杂的混合气体分析。仪器构造复杂，分析速度较慢；但精度较高，实用性较广。

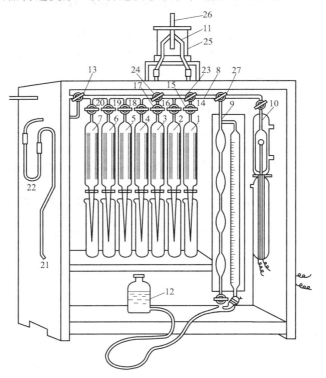

图 4-17 苏式（ВТИ）型气体分析仪
1～7—吸收瓶；8—梳形管；9—量气管；10—缓燃管；11—氧化铜燃烧管；12—水准瓶；
14～20,23—活塞；13,24,27—三通活塞；21—水准瓶；22—过滤管；25—加热器；26—热电偶

第五节 气体分析实例——半水煤气分析

半水煤气是合成氨的原料,它是由焦炭、水蒸气和空气等制成。它的全分析项目有 CO_2、O_2、CO、CH_4、H_2 及 N_2 等。可以利用化学分析法,也可利用气相色谱法来进行分析。当用化学分析法时,CO_2、O_2、CO 可用吸收法来测定,CH_4 和 H_2 可用燃烧法测定,剩余气体为 N_2。它们的含量一般为:CO_2,7%~11%;O_2,0.5%;CO,26%~32%;H_2,38%~42%;CH_4,1%;N_2,18%~22%。测定半水煤气各成分的含量,可作合成氨造气工段调节水蒸气和空气比例的根据。

一、化学分析法

1. 原理

吸收法、燃烧法前面已讲述。

2. 试剂

① 氢氧化钾溶液(33%)。称取 1 份质量的氢氧化钾,溶解于 2 份质量的蒸馏水中。

② 焦性没食子酸碱性溶液。称取 5g 焦性没食子酸溶解 15mL 水中,另称取 48g 氢氧化钾溶于 32mL 水中,使用前将两种溶液混合,摇匀,装入吸收瓶中。

③ 氯化亚铜氨性溶液。称取 250g 氯化铵溶于 750mL 水中,再加入 200g 氯化亚铜,把此溶液装入试剂瓶,放入一定量的铜丝,用橡皮塞塞紧,溶液应为无色。在使用前加入密度为 0.9g/mL 的氨水,其量是由 2 体积的氨水与 1 体积的亚铜盐混合的。

④ 封闭液。10%的硫酸溶液,加入数滴甲基橙。

3. 仪器

改良式奥氏气体分析仪。

4. 测定步骤

(1) 准备工作 首先将洗涤洁净并干燥好的气体分析仪各部件按图 4-16 所示,用橡皮管连接安装好。所有旋转活塞都必须涂抹润滑剂,使其转动灵活。

依照拟好的分析顺序,将各吸收剂分别自吸收瓶的承受部分注入吸收瓶中。为进行半水煤气分析,吸收瓶Ⅰ中注入 33% 的 KOH 溶液;吸收瓶Ⅱ中注入焦性没食子酸碱性溶液;吸收瓶Ⅲ、Ⅳ中注入亚铜氨溶液。在氢氧化钾吸收液和氯化亚铜-氨吸收液上部可倒入 5~8mL 液体石蜡,防止这些吸收液吸收空气中的相关组分及吸收剂自身的挥发,在水准瓶中注入封闭液。

注:不能进入吸收部分,可从承受部分的支管口[图 4-10(c) 所示的吸收瓶] 或上口 [图 4-10(a)、(b) 所示的吸收瓶]

① 排除仪器内的空气并检查仪器是否漏气。先排出量气管中的废气,再关闭所有吸收瓶和燃烧瓶上的旋塞,将三通活塞旋至和排气口相通,提高水准瓶,排除气体至液面升至量气管的顶端标线为止(不能将封闭液排至吸收液中去),并关闭排气口旋塞。

② 排出吸收瓶内的空气。放低水准瓶,同时打开吸收瓶Ⅰ的旋塞,吸出吸收瓶Ⅰ中的空气,致使吸收瓶中的吸收液液面上升至标线(若一次不能吸出吸收瓶内的气体,可分两次进行,即关闭吸收瓶Ⅰ旋塞,排出量气管内的气体后再进行吸气。但不能将吸收液吸入梳形管及量气管内),关闭活塞。再将量气管的气体排出,用同样方法依次使吸收瓶Ⅱ、Ⅲ、Ⅳ及爆炸球等的液面均升至标线。再将三通活塞旋至排空位置,提高水准瓶,将量气管内的气体排出;并使液面升至标线,然后将三通活塞旋至接通梳形管位置,将水准瓶放在底板上,

如量气管内液面开始稍微移动后即保持不变,并且各吸收瓶及爆炸球等的液面也保持不变,表示仪器已不漏气。如果液面下降,则有漏气之处(一般常在橡皮管连接处或者活塞),应检查出来,并重新处理。

(2) 取样

① 洗涤量气管。各吸收瓶及爆炸球等的液面应在标线上。气体导入管与取好试样的球胆相连。将三通活塞旋至和进样口连接(各吸收瓶的旋塞不得打开),打开球胆上的夹子,同时放低水准瓶,当气体试样吸入量气管少许后,旋转三通活塞至和进样口断开,升高水准瓶,同时将三通活塞旋至和排气口连接,将气体试样排出,如此操作(洗涤)2~3次。

② 吸入样品。打开进样口旋塞,旋转三通活塞至和进样口连接,放低水准瓶,将气体试样吸入量气管中。当液面下降至刻度"0"以下少许,关闭进样口旋塞。

③ 测量样品体积。旋转三通活塞至排空位置,小心升高水准瓶使多余的气体试样排出(此操作应小心、快速、准确,以免空气进入)。而使量气管中的液面至刻度为"0"处(两液面应在同一水平面上)。最后将三通活塞旋至关闭位置,这样,采取气体试样完毕。即采取气体试样为 100.0mL (V_0)。

(3) 测定 当整套仪器不漏气时可进行气体含量测定。

① 吸收。升高水准瓶,同时打开 KOH 吸收瓶 I 上的活塞,将气体试样压入吸收瓶 I 中,直至量气管内的液面快到标线为止。然后放低水准瓶,将气体试样抽回,如此往返 3~4 次,最后一次将气体试样自吸收瓶中全部抽回,当吸收瓶 I 内的液面升至顶端标线,关闭吸收瓶 I 上的活塞,将水准瓶移近量气管,使水准瓶的封闭液面和量气管的液面对齐,等 30s 后,读出气体体积(V_1),吸收前后体积之差(V_0-V_1)即为气体试样中所含 CO_2 的体积。在读取体积后,应检查吸收是否完全,为此再重复上述操作手续一次,如果体积相差不大于 0.1mL,即认为已吸收完全。

按同样的操作方法依次吸收 O_2、CO 等气体,依次记录 V_2、V_3 等。

② 燃烧法测定。完成了吸收法测定两项目后,继续作燃烧法测定(以爆炸法为例)。

对只设一个水准瓶气体分析仪,操作如下。

a. 留取部分试样,吸入足量的氧气。上升水准瓶,同时打开三通旋塞和排空旋塞,使量气管和排气口相通,将量气管内的剩余气体排至 25.0mL 刻度线,关闭排空口旋塞,打开氧气或空气进口旋塞,吸入纯氧气或新鲜的无二氧化碳的空气 75.0mL 至量气管的体积到 100.0mL。关闭氧气进气口旋塞,上升水准瓶,打开爆炸瓶的旋塞,将量气管内所有气体送至爆炸瓶中,又吸回量气管中,再送至爆炸瓶中,往返几次以混匀气体样品,关闭爆炸瓶上的旋塞。

b. 点火燃烧。接上感应圈开关,慢慢转动感应圈上的旋钮,至爆炸瓶内产生火花,使混合气体爆燃(目前气体分析仪上配备磁火花点火器,手枪式的点火器只需扣下扳机。盒式的是转动点火旋钮,可在铂丝电极上产生 10^4 V 的瞬间高压,击穿空气后产生电火花,即可点燃气体)。若点火后没有发生爆燃,则重新点火。燃烧后将气体吸回量气管中,按吸收法的操作测量并记录体积的缩减、耗氧体积和生成二氧化碳的体积。

对于设置两个水准瓶的气体分析仪,操作如下。

a. 留存样品。打开吸收瓶 II 上的活塞,将剩余气体全部压入吸收瓶 II 中储存,关闭活塞。

b. 爆燃。先升高连接爆炸球的水准瓶,并打开相应活塞,旋转三通活塞至通排气口,使爆炸球内残气排出,并使爆炸瓶内的液面升至球顶端的标线处,关闭活塞(对于只有一个水准瓶的气体分析仪,在排出仪器内的残气时已经完成,可直接进行下一步的操作)。放低连接量气管的水准瓶引入空气冲洗梳形管,再升高水准瓶 7 将空气排出,如此用空气冲洗 2

~3 次，最后引入 80.00mL 空气（准确体积），并将三通活塞旋至和梳形管相通，打开吸收瓶Ⅱ上的活塞，放低水准瓶（注意空气不能进入吸收瓶Ⅱ内），量取约 10mL 剩余气体，关闭活塞，准确读数，此体积为进行燃烧时气体的总体积。打开爆炸球上的活塞，将混合气体压入爆炸球内，并来回抽压 2 次，使之充分混匀，最后将全部气体压入爆炸球内。关闭爆炸球上的活塞，将爆炸球的水准瓶放在桌上（切记爆炸球下的活塞 9 是开着的）。接上感应圈开关，再慢慢转动感应圈上的旋钮，则爆炸球的两铂丝间有火花产生，使混合气体爆燃，燃烧完后，把剩余气体（燃烧后的剩余气体）压回量气管中，量取体积。前后体积之差为燃烧缩减的体积（$V_{缩}$）。再将气体压入 KOH 吸收瓶Ⅰ中，吸收生成 CO_2 的体积［$V_{生}(CO_2)$］。每次测量体积时记下温度与压力，需要时，可以在计算中用以进行校正。实验完毕，做好清理工作。

5. 计算

如果在分析过程中，气体的温度和压力有所变动，则应将测得的全部气体体积换算成原来试样的温度和压力下的体积。但在通常情况下，一般温度和压力是不会改变（在室温常压下）的，故可省去换算工作。直接用各测得的结果（体积）来计算出各组分的含量。

（1）吸收部分

$$\varphi(CO_2) = \frac{V_1}{V_0} \times 100\%$$

式中　V_0——采取试样的体积，mL；
　　　V_1——试样中含 CO_2 的体积（用 KOH 溶液吸收前后气体体积之差），mL。

$$\varphi(O_2) = \frac{V_2}{V_0} \times 100\%$$

式中　V_2——试样中含 O_2 的体积，mL。

$$\varphi(CO) = \frac{V_3}{V_0} \times 100\%$$

式中　V_3——试样中含 CO 的体积，mL。

（2）燃烧部分（可根据所测的数据进行相关的计算）　在所取的 25.0mL 样品中氢气和甲烷体积的计算。

$$V_{生}(CO_2) = V(CH_4) = a$$
$$V_{缩} = 3/2 V(H_2) + 2V(CH_4) = b$$

解得
$$V(CH_4) = a$$
$$V(H_2) = 2/3(b - 2a)$$

换算至 V_3 体积中的氢气和甲烷体积

$$V'(CH_4) = V_3 a / 25.0$$

$$V'(H_2) = \frac{V_3 \times \frac{2}{3}(b - 2a)}{25.0}$$

$$\varphi(CH_4) = \frac{V'(CH_4)}{V_0} \times 100\%$$

$$\varphi(H_2) = \frac{V'(H_2)}{V_0} \times 100\%$$

6. 讨论及注意事项

① 必须严格遵守分析程序，各种气体的吸收顺序不得更改。
② 读取体积时，必须保持两液面在同一水平面上。

③ 在进行吸收操作时，应始终观察上升液面，以免吸收液、封闭液冲到梳形管中。水准瓶应匀速上、下移动，不得过快。

④ 仪器各部件均为玻璃制品，转动活塞时不得用力过猛。

⑤ 如果在工作中吸收液进入活塞或梳形管中，则可用封闭液清洗，如封闭液变色，则应更换。新换的封闭液，应用分析气体饱和。

⑥ 如仪器短期不使用，应经常转动碱性吸收瓶的活塞，以免粘住。如长期不使用应清洗干净，干燥保存。

二、气相色谱法

半水煤气是合成氨的原料气，它的主要成分为 H_2、CO_2、CO、N_2、CH_4 等，在常温下 CO_2 在分子筛柱上不出峰，所以，用一根色谱柱难以对半水煤气进行全分析。本实验以氢气为载气，利用 GDX-104 和 13X 分子筛双柱串联热导池检测器，一根色谱柱用于测定 CO_2、CO、O_2、N_2、CH_4；另一根色谱柱用于测定 CO_2。一次进样，用外标法测得 CO_2、CO、O_2、N_2、CH_4 等的含量，H_2 的含量用差减法计算。本法对半水煤气中主要成分进行分析的特点是快速、准确、操作简单、易于实现自动化，现已广泛应用于合成氨生产的中间控制分析。

1. 仪器设备

简易热导池色谱仪一台，色谱柱和热导池部分气路如图 4-18 所示，采用六通阀进样，六通阀气路如图 4-19 所示。

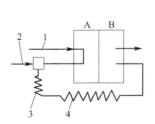

图 4-18　色谱柱和热导池部分气路图
1—载气；2—气样；3—GDX-104 色谱柱；
4—13X 分子筛色谱柱

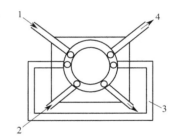

图 4-19　六通阀气路图
1—载气；2—气样；3—定量管；4—进柱

注：此仪器为简易型专用色谱仪，分析中若采用其他型号的气相色谱仪，则参考该仪器说明书进行操作。

2. 色谱柱的制备

筛选 40~60 目 13X 分子筛 10g，于 550~600℃ 高温炉中灼烧 2h。筛选 60~80 目 GDX-104（高分子多孔小球）5g 于 80℃ 氢气流中活化 2h（可直接装入色谱柱中在恒温下活化）备用。

取内径为 4mm，长分别为 2m 和 1m 的不锈钢色谱柱各 1 支。用 5%~10% 热氢氧化钠溶液浸泡，洗去油污，用清水洗净烘干。将处理好的固定相装入色谱柱中，1m 柱装 GDX-104，2m 柱装 13X 分子筛。

将制备好的色谱柱按流程图安装在指定位置。注意各管接头要密封好。

3. 仪器启动

（1）检查气密性　慢慢打开钢瓶总阀、减压阀及针阀。将柱前载气压力调到 0.15MPa

（表压），放空口应有气体流出（通室外）。用皂液检查接头是否漏气，如果漏气要及时处理好。

（2）调节载气流速　用针形阀调节载气流速为 60mL/min。

（3）恒温　检查电气单元接线正常后，开动恒温控制器电源开关，将定温旋钮放在适当位置，让色谱柱和热导池都恒温在 50℃。

（4）加桥流　打开热导检测器电气单元总开关，用"电流调节"旋钮将桥流加到 150mA，同时启动记录仪，记录仪的指针应指在零点附近某一位置。

（5）调零　按仪器使用说明书的规定，用热导池电气单元上的"调零"和"池平衡"旋钮将电桥调平衡，用"记录调零"的旋钮将记录器的指针调至量程中间位置，待基线稳定后即可进行分析测定。

4. 测定手续

（1）进样　将装有气体试样的球胆（使用球胆取样应在取样后立即分析，以免试样发生变化，造成误差）经过滤管进入六通阀气样进口，六通阀旋钮旋到头为取样位置，这时气体试样进入定量管（可用 1mL 定量管），然后将六通阀右旋 60°，到头为进样位置，气样即随载气进入色谱柱，观察记录仪上出现的色谱峰。

（2）定性　半水煤气在本实验条件下的色谱图如图 4-20 所示，可利用秒表记录下各组分的保留时间，然后用纯气一一对照。

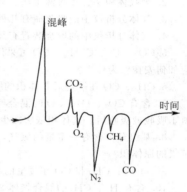

图 4-20　半水煤气色谱图

（3）定量　在上述桥流、温度、载气流速等操作条件恒定的情况下，取未知试样和标准试样，分别进样 1mL，记录其色谱图。注意在各组分出峰前，应根据其大致的含量和记录仪的量程把衰减旋钮放在适当的位置（档）。

由得到的色谱图测量各组分的峰面积。同时做重复实验取其平均结果。

（4）停机　仪器使用完毕，依次关闭记录仪、热导电气单元、恒温控制器、电源开关，然后再停载气。

5. 数据处理

（1）采用峰高乘半峰宽的方法计算峰面积。

（2）各组分的校正系数 K_i 的求法　半水煤气标样，用化学分析法作全分析，测出其中各组分的体积分数（C_{ib}）之后，除以相应的峰面积（A_{ib}）求出各组分的 K_i 值。

$$K_i = \frac{C_{ib}}{A_{ib}} \tag{4-1}$$

（3）未知试样中出峰组分的体积分数按下式计算

$$\varphi(样) = K_i A_i(样) \times 100\%$$

式中　$\varphi(样)$——试样中组分的体积分数；

K_i——校正系数；

$A_i(样)$——试样中组分的峰面积。

H_2 的含量用差减法求出

$$\varphi(H_2) = 1 - [\varphi(CO_2) + \varphi(O_2) + \varphi(N_2) + \varphi(CH_4) + \varphi(CO)] \tag{4-2}$$

6. 讨论及注意事项

① 如果利用双气路国产 SP2302 型或 SP2305 型成套仪器进行半水煤气分析，可在一柱中装 GDX-104，另一柱中装 13X 分子筛，分别测定 CO_2 及其他组分，这种方法由于需要两

次进样，误差较大。

② 各种型号仪器的实际电路和调节旋钮名称不完全相同，具体操作步骤应看有关仪器说明书。

③ 如果热导池电气单元输出信号线路上装有"反向开关"，可将基线调至记录仪的一端，待 CO_2 出峰完毕后，改变输出信号方向，这样可以利用记录仪的全量程，提高测量精度。

习题

1. 气体分析的特点是什么？在正压、常压和负压下可采用何种装置采取气体样品？
2. 吸收体积法、吸收滴定法、吸收重量法、吸收光度法及燃烧法的基本原理是什么？各举一例说明。
3. 气体分析仪中的吸收瓶有几种类型？各有何用途？
4. 气体分析仪中的燃烧装置有几种类型？各有何用途？
5. CO_2、O_2、C_nH_m、CO 可采用什么吸收剂吸收？若混合气体中同时含有以上 4 种组分，其吸收顺序应如何安排？为什么？
6. CH_4、CO 在燃烧后其体积的缩减、消耗的氧气和生成的 CO_2 体积与原气体有何关系？
7. 含有 CO_2、O_2、CO 的混合气体 98.7mL，依次用氢氧化钾、焦性没食子酸-氢氧化钾、氯化亚铜-氨水吸收液吸收后，其体积依次减少至 96.5mL、83.7mL、81.2mL，求以上各组分的原体积分数？
8. 某组分中含有一定量的氢气，经加入过量的氧气燃烧后，气体体积由 100.0mL 减少至 87.9mL，求氢气的原体积？
9. 16.0mL CH_4 和 CO 在过量的氧气中燃烧，体积的缩减是多少？生成的 CO_2 是多少？
10. 含有 H_2、CH_4 的混合气体 25.0mL，加入过量的氧气过燃烧，体积缩减了 35.0mL，生成的 CO_2 体积为 17.0mL，求各气体在原试样中的体积分数？
11. 含有 CO_2、O_2、CO、CH_4、H_2、N_2 等成分的混合气体 99.6mL，用吸收法吸收 CO_2、O_2、CO 后体积依次减少至 96.3mL、89.4mL、75.8mL；取剩余气体 25.0mL，加入过量的氧气进行燃烧，体积缩减了 12.0mL，生成 5.0mL CO_2，求气体中各成分的体积分数？

第五章
催化剂宏观物性质及酸碱性金属分散度测定

知识目标

1. 了解催化剂不同体积密度的概念。
2. 掌握催化剂不同体积密度测定的原理、步骤和计算方法。
3. 了解催化剂机械强度的概念。
4. 掌握催化剂压碎强度测定的原理、步骤。
5. 掌握催化剂磨损性能的测定原理、步骤。
6. 了解催化剂表面酸性的来源。
7. 掌握测定催化剂表面酸性的测定方法、原理及步骤。
8. 了解催化剂金属分散度的概念。
9. 掌握催化剂金属分散度的测定原理、方法。

能力目标

1. 能采用振动法、机械敲击法测定催化剂堆积密度。
2. 能采用汞置换法测定催化剂颗粒密度。
3. 能采用氦气置换法测定催化剂骨架密度。
4. 能采用加压法测定催化剂压碎强度。
5. 能采用单转鼓容器发测定催化剂磨损性能。
6. 能测定流化床催化剂的磨损指数。
7. 能采用氨吸附-差热法测定催化剂表面酸性。
8. 能采用气相色谱法测定催化剂表面酸性。
9. 能采用程序升温脱附法测定催化剂表面酸性。
10. 能采用氢吸附法测定催化剂金属分散度。
11. 能采用氢氧滴定法测定催化剂金属分散度。

第一节　催化剂密度测定

催化剂宏观物性质测定，是指催化剂的比表面、孔结构和催化剂密度、颗粒度及机械强度等性质。由于石油化工生产中使用的催化剂常为多孔性的，且多相催化反应都是在催化剂表面进行，因此，当化学反应由多孔性催化剂所催化时，便能表现出一般催化反应的规律，如加快反应速度。而且还有其特殊规律，如催化剂孔结构不同时，将直接影响反应速率，影响一系列动力学参数（反应级数、速度常数、活化能等）以及选择性；还能影响催化剂的寿命、机械强度和耐热性等。总的来说，催化剂的性能与催化剂的宏观结构是密切相关的。所以宏观物性的测定是研究催化剂的一个重要方面。它对改进催化剂的选择性，提高产率具有重要意义。

一、催化剂密度

催化剂的密度是单位体积内含有的催化剂质量（在真空中的质量）。以下式表示

$$\rho = \frac{m}{V} \tag{5-1}$$

式中　ρ——催化剂密度，g/cm^3；
　　　m——催化剂质量，g；
　　　V——催化剂体积，cm^3。

对于多孔催化剂，密度是其空隙结构与化学组成的反映。一般而言，催化剂的孔容越大密度越小，催化剂组分中重金属含量越高，密度越大。载体的晶相组成不同，密度也不相同，例如，$\alpha\text{-}Al_2O_3$、$\eta\text{-}Al_2O_3$、$\theta\text{-}Al_2O_3$和$\gamma\text{-}Al_2O_3$的密度就各不相同。另一方面，催化剂的密度也会影响催化剂的使用性能（如催化剂的活性、生焦性能、再生性能、机械强度和寿命）。

由于催化剂是孔性物质，它的外观体积又称堆体积，即催化剂颗粒紧密堆积起来所得到的体积，用$V_\text{堆}$表示。$V_\text{堆}$（V_c）实际上由三部分组成：堆积时颗粒之间的空隙体积$V_\text{隙}$（V_sp）；催化剂颗粒内部实际孔所占体积$V_\text{孔}$（V_po）；构成成型催化剂的粒片体积中包含的固体骨架部分的体积$V_\text{骨架}$（V_sk）。所以一群堆积的催化剂占有的总堆积体积应为

$$V_\text{堆} = V_\text{隙} + V_\text{孔} + V_\text{骨架} \tag{5-2}$$

即　　　　　　　　　　$V_c = V_\text{sp} + V_\text{po} + V_\text{sk}$

式中　V_c——催化剂的堆体积，cm^3；
　　　V_sp——催化剂空隙体积，cm^3；
　　　V_po——催化剂的孔体积，cm^3；
　　　V_sk——催化剂骨架体积，cm^3。

实际上以不同含义的体积代入式(5-1)中时，会有不同含义密度。另外，由于催化剂颗粒间的空隙不同。所含V_sp项的密度也会有差异。所以，各种密度的测定，实际上就是各种含义的体积测量。

二、催化剂密度的测定方法

（一）松装密度（ρ_B）

催化剂松装密度又称表观松密度（apparent bulk density，ABD），表示反应器中每单位松装体积的催化剂颗粒粒片的质量，应在无荷载状态下，自然堆装测量体积。

(1) 实验设备　铜漏斗一个，直径10.16cm，颈内径0.95cm；25mL量筒一个，刻度应在筒壁顶沿处；天平一台，精度0.1g。

(2) 测量　将经400~600℃/h预处理过的催化剂装入一洁净的细口瓶中，充分摇匀后转入50mL烧杯中，然后迅速经过垂直的铜漏斗注入25mL测量量筒中，使催化剂呈突起状，用木或竹制刮铲沿筒壁顶沿刮平过剩的催化剂，再用毛刷轻轻刷去粘在量筒外壁的催化剂粉末。由松装催化剂前后的量筒质量差得到松装催化剂净重（g），除以量筒体积（25mL）后算出ρ_B，g/mL。

（二）堆积密度或堆密度（ρ_c）

堆积密度表示反应器中密实堆积的单位体积催化剂颗粒粒片所含的质量，常以符号ρ_c表示，即

$$\rho_c = \frac{m}{V_c} = \frac{m}{V_{sp} + V_{po} + V_{sk}} \tag{5-3}$$

式中　m——催化剂粒片的质量，g；

　　　ρ_c——催化剂的堆积密度，g/cm³。

式中其他符号的意义同式(5-2)。

测定ρ_c必须在振动密实的条件下进行，否则易与测定的ρ_B的条件混淆，常用的测定方法有两种。

1. 振动法

本方法是ASTM D 4180-82 成型催化剂颗粒的振动视堆积密度试验标准方法。该方法使用如图5-1所示试验设备，其中包括250mL量筒一个，铜质进料漏斗一个，带硬橡胶冲击器的机械振动器及支架，它们均牢固地连接在同一振动台基上。试验样品在400℃空气中预处理（还原催化剂需在惰性气氛中进行）3h以上，冷却后，启动振动器，以2~3mL/s的速度经进料漏斗加入到测量量筒之中，加料之后继续振动1min，关振动器，读取催化剂体积并称量，然后计算ρ_c。

2. 机械敲击法

本方法系 ASTM D 4164-82 成型催化剂颗粒的机械敲击视堆积密度试验标准方法。该法限定催化剂颗粒直径为0.8~4.8mm的积压成型物，多为球体或成型粒片。

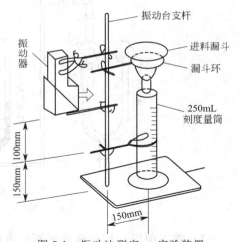

图5-1　振动法测定ρ_c实验装置

首先取足够的催化剂试样在(100±15)℃下加热，处理时间不少于3h，一般在空气中进行。对升温时可能与空气反应的物质（如预还原的催化剂），则应在惰性气氛中进行。然后取出放入干燥器中冷却，以免实验前吸湿。将约为240~250mL的干燥试样，用漏斗小心倒入一校准过的容积为250mL的刻度量筒中，然后立即称量，得样品质量mg，精确至0.1g，按预置敲击次数（1000次）启动敲击装置，敲击结束后，精确读取（精确到1.0mL）量筒中催化剂体积V_cmL，则视堆积密度为

$$\rho_c = \frac{m}{V_c} \tag{5-4}$$

式中　m——催化剂样品的质量，g；

　　　V_c——催化剂的堆体积，cm³；

ρ_c——催化剂的堆积密度,g/cm^3。

该法所用敲击器是由一个用螺杆传动的基座组成,减速比为 15∶1,凸轮轴速率 250 r/min,敲击行程 3.2mm。

(三) 颗粒密度 ρ_p

颗粒密度为单粒催化剂的质量与其几何体积之比。实践中很难准确测量单粒催化剂的几何体积 $V_{颗}(V_p)$,而是取一定堆积体积 (V_c) 的催化剂精确测量颗粒间空隙体积 (V_{sp}),按下列计算 ρ_p

$$\rho_p = \frac{m}{V_p} = \frac{m}{V_{sk}+V_{po}} = \frac{m}{V_c-V_{sp}} \tag{5-5}$$

式中 m——催化剂样品的质量,g;

ρ_p——催化剂的颗粒密度,g/cm^3。

式中其他符号代表的意义同式(5-2)。

V_{sp} 的测定可采用汞置换法。常压下,汞只能充满催化剂颗粒间的空隙和进入颗粒孔半径大于 $0.5×10^4$ nm 的孔中。所以,从 V_c 中扣除汞置换体积 (V_{sp}) 以后的体积,则代表孔半径小于 $0.5×10^4$ nm 的催化剂的内孔体积和催化剂的骨架体积之和。这样得到的颗粒密度又称汞置换密度,也称假密度。颗粒密度测量装置如图 5-2 所示。

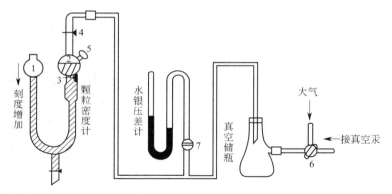

图 5-2 颗粒密度测定装置示意图
1—汞;2—密度计空间;3,4,6,7—活塞;5—磨口盖

(1) 测定前先行检查玻璃活塞是否漏气。

(2) 测定时在颗粒密度计 1(颗粒体积测定器)中充以适量汞。

(3) 再将活塞 6 接通真空泵,打开活塞 4 抽空一段时间后(此时活塞 3 是关闭的,否则汞被抽走),用活塞 7 连接的水银压差计检查真空度,试验时,要求每次测定均控制真空度在 133.322~399.966Pa 之间。

(4) 当确定形成真空后,关闭活塞 4 与 7,由活塞 6 缓缓放入大气后停泵。

(5) 再慢慢打开活塞 3 使汞充满空间 2。当汞面上升到活塞 4 位置时关闭活塞 3,读取此时左边刻度管汞面的刻度,设为 V_1 mL。

(6) 然后经活塞 4 放入大气,打开活塞 3,使汞面下降。

(7) 打开磨口盖 5,放入称量过的催化剂粒片(设为 m g)后,如前重复操作,读取体积 V_2 mL。

(8) 然后经活塞 4 放入大气,开活塞 3 使汞面降至适当位置时,关闭活塞 3,打开磨口盖 5,用小勺取出催化剂。由以上操作得到数据后,用下式计算 ρ_p。

$$\rho_{\mathrm{p}}(\mathrm{g/mL}) = \frac{m_{\mathrm{g}}}{V_1 - V_2} \tag{5-6}$$

式中，$V_1 - V_2 = V_{颗}$，mL。

样品质量大于 1g 时，本方法的最大误差不超过±1.0%。在合适条件下操作，催化剂颗粒度对结果影响不大。

此外，也可采用如图 5-3 所示的汞置换空隙体积玻璃瓶进行 ρ_{p} 的测定。瓶的体积 20~30mL，厚壁毛细管的内径 2mm，并有精确的长度刻度（可以换算出体积刻度）。也可用压汞仪的已知管径的长颈样品管代替，但须用测高仪量取位置读数。

(1) 测量时，称取 400℃ 预处理过的催化剂样品 20g，预先测出堆积体积 V_{c}，然后将此样品仔细装入测量玻璃瓶中，插好毛细管并用卡套将毛细管与玻璃瓶卡牢。

(2) 接通抽空系统至 0.1~1.3Pa 后继续抽空 0.5h，在持续抽空下充汞，使汞面达到毛细管上部某一位置为止，记下此位置刻度。

图 5-3 近似汞置换空隙体积

(3) 然后接通大气，观察并记下毛细管中汞面下降的新位置刻度。放空前后两次汞面位置读数差可直接给出 V_{sp}。

实验重复三次，相对平均偏差不大于 0.5%，结果以平均值算出。

(四) 骨架密度 ρ_{s}

单位骨架体积催化剂的实际固体骨架质量称作骨架密度 (skeletal density)，又叫真密度 ρ_{s}。

$$\rho_{\mathrm{s}}(\text{或 } \rho_{\mathrm{t}}) = \frac{m}{V_{\mathrm{sk}}} = \frac{m}{V_{\mathrm{c}} - (V_{\mathrm{po}} + V_{\mathrm{sp}})} \tag{5-7}$$

式中　m——催化剂样品的质量，g；

　　　ρ_{s}——催化剂的骨架密度，g/cm³。

式中其他符号代表的意义同式(5-2)。

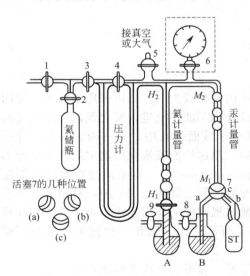

图 5-4 氦-汞联用置换测定密度装置

由式(5-7)可知，直接测量一定质量的催化剂的 V_{sk} 是很困难的。但可以测出 V_{po} 与 V_{sp} 的总体积。由 $V_{\mathrm{sk}} = V_{\mathrm{c}} - (V_{\mathrm{po}} + V_{\mathrm{sp}})$ 可得到催化剂骨架密度。氦（气体）分子直径小于 0.2nm，并且几乎不被样品吸附，所以可作为置换 $V_{\mathrm{po}} + V_{\mathrm{sp}}$ 空隙的理想介质。图 5-4 所示为一套氦-汞联用置换装置，具有可联合测出汞置换体积的优点，一次试验可同时给出真、假密度。

装置的毛细管径约 3mm，氦计量管从刻线 H_1 到 H_2，汞计量管从刻线 M_1 到 M_2 的体积约为 10mL，其中三球体积分别为 2mL，1.5mL，1mL。真空活塞 7 以下包括毛细支管 b 和样品管 ST 的总体积，大于计量管的三球体积之和 (4.5mL)，但小于各计量管刻线间的体积（约 10mL），一般设计为 7~8mL。实验测定时，先在一定温度下对计量管内径及各球的体积用汞称重法标定。样品管 ST 外可套一加热带（或加热电炉），供升温脱气使用。实验测定步骤如下。

(1) 将真空样品管 ST 接于毛细管支管 b 处，打开阀 3，阀 4，阀 5，阀 6，阀 8，阀 9，接通真空系统（阀5，阀8，阀9接同一真空泵抽空），放置阀7于（b）位置使汞计量管与支管b连通，抽真空。

(2) 系统真空达$1.3332×10^{-3}$Pa时，关闭阀3和阀5及阀8和阀9，并置阀7于（c）位置。缓缓打开阀9通向大气，使储汞球A中汞面上升到氦计量管刻线H_1以上约1~2cm（根据经验判定）处，关闭阀9而打开阀2，充氦到阀1，阀2，阀3之间的体积空间，关闭阀2，再缓缓打开阀3，使氦充入测量系统。如此反复2~3次充氦，将氦计量管中汞面调至H_1刻线位置，立刻关闭阀3和阀6。用测高仪读取压力表汞面的平衡位置，关闭阀4。

(3) 将活塞7转到（b）位置，使汞量管与样品管接通，压力计右臂汞面因此而上升，微微打开通向大气的阀9并打开阀6，使氦计量管中汞面由H_1上升而使压力计右臂汞面下降。当此压力计右臂汞面下降到第二步测得的平衡位置时，立即关闭阀6和阀9，并用测高仪量取氦计量管汞面自H_1上升的高度，由此再根据已标定好的数据（三球体积及毛细管内径）测出空样品管体积为V_1。重复三次取平均值。

(4) 测样品管充汞体积V_1'，开启真空泵，打开阀5，抽空到$1.33×10^{-3}$Pa，由此可认为系统中氦已被抽尽。再将阀7转至（a）位置，此时储汞球B中已在前一步抽空至$1.3332×10^{-3}$Pa，然后将阀8缓缓接通大气，令储汞球B中汞面缓缓上升到刻线M_2处，立即关闭阀8。再将活塞7转到（b）位置，使汞计量管与支管b缓缓接通，汞计量管中的汞面便由M_2缓缓下降到某一稳定值，此时阀4为关闭。后再使阀5接通天气，并经阀5缓缓向系统引入大气，使汞压力计的差值与汞计量管中汞柱高度的和为$101.325×10^{-3}$Pa为止。关闭阀5，用测高仪记取汞计量管中汞面自M_2下降的总高度，依据已标定时数据算出汞测定空样品管的体积V_1'，重复三次取平均值。V_1与V_1'的差值是活塞7的孔道体积。

(5) 精确称量样品为mg，按前三步测得充氦样品管加样品的体积V_2，重复三次取平均值。

(6) 抽脱氦后按第（4）步测得样品管加样品后的充汞体积V_2'，按下式计算骨架密度与颗粒密度。

$$\rho_s（或\rho_t）=\frac{m_g}{V_1-V_2} \tag{5-8}$$

$$\rho_p=\frac{m_g}{V_1'-V_2'} \tag{5-9}$$

（五）视密度 ρ_a

由于一般实验室不易得到氦，如果要求不太严或内孔径较大时，也可采用诸如苯、异丙醇、水等物质代替氦。显然，由于这些代用物分子较大，不能完全进入催化剂内孔隙（尤其为微孔）。也就是说，代用物只能进入大于或等于其分子截面的孔中，而不能进入小于分子截面的孔中，由此得到的骨架体积是一近似值。所以，用这样的置换介质测定的骨架密度不是真密度，仅作为近似骨架密度，通称视密度（apparent density）。视密度是在恒定的温度下测定的。若溶剂选择得好，使溶剂分子几乎完全充满骨架之外的所用空隙，视密度就几乎接近真密度，因此工程上常用视密度代替真密度。测定视密度的常用方法有水（或苯）和异丙醇置换法。用水作溶剂测定视密度，仅需如图5-5所示的比重瓶和一台精密天平及恒温槽，一般实验室均能做到。其测量步骤如下。

(1) 先后用铬酸洗液、蒸馏水洗净比重瓶，并干燥，称得空气比重瓶质量G_1，g。

(2) 在恒温条件下测出比重瓶装满（满刻度处）溶剂时的质量G，g。则比重瓶的容积$V_{瓶}=\frac{G-G_1}{\rho_{溶}}$，$\rho_{溶}$为溶剂在恒温时的密度，g/cm³。

(3) 倒出溶剂，将比重瓶洗净烘干，称取几克催化剂样品（据比重瓶容积而定，一般装至一半）放入比重瓶中，称量得 G_2（样＋瓶质量），缓缓注入溶剂，使溶剂液面略高于试样表面，摇动比重瓶，直至悬浮液中无气泡逸出为止。待试样沉下后，注满溶剂，盖上毛细管盖，将比重瓶置于恒温水浴中恒温（同全部充满溶剂时温度），保持 30min。取出比重瓶，用滤纸擦干比重瓶外部多余的水，并吸去毛细管刻度以上的溶剂，然后称量得 G_3（瓶＋样＋溶剂的质量）。所以，半瓶溶剂体积为

$$V_溶 = \frac{G_3 - G_2}{\rho_溶}$$

因为

$$V_瓶 = V_样 + V_溶$$

所以

$$\frac{G - G_1}{\rho_溶} = \frac{G_2 - G_1}{\rho_视} + \frac{G_3 - G_2}{\rho_溶}$$

则

$$\rho_a = \frac{(G_2 - G_1)\rho_溶}{(G - G_1) - (G_3 - G_2)} \tag{5-10}$$

校正空气浮力影响后，视密度为

$$\rho_a = \frac{G_2 - G_1}{(G - G_1) - (G_3 - G_2)} \times (\rho_溶 - \rho_空) + \rho_空 \tag{5-11}$$

式中，$\rho_空$ 为 20℃ 时的空气密度（$\rho_空 = 0.0012 \text{g/cm}^3$）。不同温度时水与苯的密度见表 5-1。

表 5-1 不同温度时水与苯的密度

溶剂温度/℃	0	10	20	30	40	50	60
苯/(g/cm³)	—	0.8895	0.8790	0.8685	0.8576	0.8466	0.8357
水/(g/cm³)	0.9999	0.9997	0.9982	0.9957	0.9922	0.9881	0.9832

美国 ISO 公司推荐的用异丙醇置换法测硫化催化剂的视密度方法如下：

该方法采用带毛细管塞的韦德比重瓶（韦德比重瓶容积 10mL，带内径 1～2cm，长约 15mm 的毛细管塞及磨口盖），及一种如图 5-6 所示的加料装置。测样前，先用水及异丙醇在测量温度下对比重瓶进行校正。即在测定温度下测得充满水的比重瓶为 m_2(g)，充满异丙醇的比重瓶 m_3(g)。空比重瓶 m_1(g)。测定时，先在 450℃ 预处理催化剂，然后用勺将 4～6g 催化剂迅速加入已准确称量的空比重瓶中（约装半瓶），经称量得样品加比重瓶为 m_4(g)。将盛样的比重瓶与加入异丙醇的玻璃装置套接，关闭异丙醇储管而抽空比重瓶，当抽到压力小于 133.3322Pa 时，立即旋转三通旋塞，将异丙醇徐徐注入比重瓶中（注满为止）。放空停泵，从异丙醇加入装置上取下比重瓶后立即插入毛细管塞，在测定温度下恒温 15min 后称量得 m_5(g)。由下式便可算出 ρ_a。

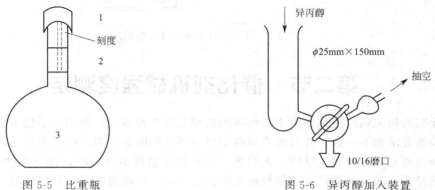

图 5-5　比重瓶
瓶容积：25mL，10mL，5mL
1—比重瓶帽；2—比重瓶塞（带毛细管）；3—比重瓶

图 5-6　异丙醇加入装置

$$\rho_a = \frac{m_4 - m_1}{(m_3 - m_1) - (m_5 - m_4)} \times \frac{m_3 - m_1}{m_2 - m_1} \times (\rho_m - \rho_A) + \rho_A \tag{5-12}$$

式中　ρ_m——测试温度下水的密度，g/cm^3；

　　　ρ_A——同温度下空气密度，g/cm^3。

(六) 自动密度计

近年来，利用气体体积置换原理测定真密度和视密度的仪器，已有不少成型产品，一般都具有结构简单、操作方便、结果准确的优点。其中典型代表是微粉公司（Micromeritics）的 1320 自动密度计，其工作原理见图 5-7。首先抽空、充氦，排除系统中的空气，然后充氦至 101.325×10^{-3} Pa，在等温和等压下压缩两个相等体积的 D 室和 E 室。样品室 A 和校正体积 C 分别与等体积压缩室 D 和 E 相连，压缩室 B 的一侧是压力传感器，又与体积测量系统相连。当 D 和 E 被压缩时，由于 A 中样品的体积被气体置换，因而引起差动压力传感器 B 的右侧出现高压，由此引起校正体积 C 的活塞运动，补偿压差而测出 A 中样品被气体置换的体积。这种抽空、充氦、排气、增压、降压的循环过程自动重复，直至压力传感器 B 测不出压差时为止。仪器采用一个光斩波器和分辨率为 0.001mL 的递增编码器，把由校正体积 C 活塞测量的体积信息传输到微处理机，累积总的体积变化并存储于记忆单元。然后由已经精确测出的样品体积（骨架体积），和已存入该仪器之中的干燥样品的质量，计算出密度。精确的样品骨架体积，是样品盘加样品的体积与空载时样品盘体积的差。样品室为一特制的密封样品盒，易于对湿样品进行干燥、冷却和称量。采用自动密度计测量的密度范围为 $0 \sim 19.99 g/cm^3$，测量的体积精度对 9mL 样品为 ±0.02mL。

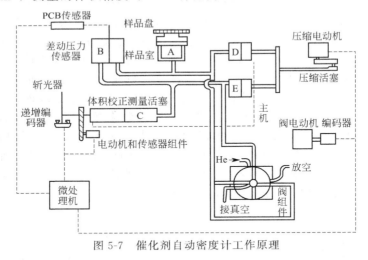

图 5-7　催化剂自动密度计工作原理

第二节　催化剂机械强度测定

催化剂的机械强度的测定由于催化剂的成型形状多种多样，使用目的也不相同，因而对强度实验的要求也不一致。并且由于影响催化剂强度的因素很多，所以至今还没有各强度测定方法赖以建立的充分理论基础。人们想对主要催化剂找出通用的，甚至是标准化的方法，但仍都是经验方法。一般催化剂的机械强度包括（抗）压碎强度和耐磨损性能。通常，具有良好机械强度的催化剂应具备下述几点：

① 催化剂在运送和装填过程中应有良好的耐磨性和抗破碎能力。

② 对在反应器中因温度变化、还原和活化处理以及反应物流的冲击所引起的催化剂内应力的变化，应有良好的抗变能力。

③ 催化剂对压降上层催化剂及负荷引起的外应力，应有良好的强度。

④ 流化催化剂，对其在流化过程中因催化剂球粒间、球粒与反应器壁或内构件间的摩擦及冲击应有良好的强度。

上述四点对催化剂在工业装置中正常运转具有重要意义。

尽管催化剂强度测试方法尚不统一，仍是经验方法，但是许多人探求影响强度的各种因素，对调制催化剂的适宜强度和建立合适的强度测试方法，也是不无裨益的。

影响催化剂机械强度的因素很多，除化学组成外，主要决定于某孔隙结构和制备的均匀性。关于孔隙结构对催化剂机械强度影响的研究已有很多报道，其中河野等就催化剂压碎强度（σ）与构成催化剂的孔隙率（θ），颗粒大小（d），颗粒间接触点数（n）与接触点键强（F）的关系，提出了更为具体的实验式

$$\sigma = \frac{nF(1-\theta)}{\pi d^2} \tag{5-13}$$

由此式可见催化剂颗粒越大（d 大），压碎强度 σ 越小，催化剂易破碎；接触点数（n）多，接触点键强大，σ 大，不易破碎；孔隙 θ 大，σ 小，易破碎。

关于催化剂制备的均匀性，即制备的不均匀对催化剂强度的影响，主要表现在因为内应力不平衡会造成催化剂的断裂倾向，微球催化剂也因此而出现凹凸，圆度下降，从而影响流化，增大磨损。

目前，催化剂机械强度表示法，主要分为两大类：固定床催化剂采用压碎强度和磨损率来表示，流化床催化剂采用磨损指数表征其在流化状态下的耐磨性能。

一、固定床催化剂压碎强度测定方法

（一）概述

测试对象可以是锭片、条状或球形等规则形状的催化剂。测定方法有三类：加压法、降落试验法和堆积压碎强度。

1. 加压法

对被测催化剂以手动或自动方式均匀施加压力直到催化剂成型粒片破碎为止，由最大耐受压力读数便可指示其强度大小。

2. 降落试验法

将催化剂粒片在一定距离内自由垂直降落，以粒片开始破碎的高度作为催化剂抗破碎能力的相对指标。

以上两种方法通常使用第一种方法，用一可以垂直移动的平面顶板与液压机组合的机械单元便可实现测定。锭片、圆柱条状催化剂由它们的侧压（径向）压碎强度和正压（轴向）压碎强度表示，单位分别是 N/cm 和 N/cm^2；球形催化剂由点压碎强度 N/颗表示。应该指出，单颗粒催化剂的压碎强度，必须取大小均匀一致的 50～200 粒测定，然后以它们的平均值作为结果报出。

3. 堆积压碎强度

在实际反应过程中，催化剂破损百分之几常会导致床层压降上升而影响操作，对此不能从单颗粒压碎强度试验中得到反映，因此须采用堆积压碎强度试验。即将 20～40mL 的催化剂堆放于堆积压碎仪的油压活塞下，在不同的固定压力下测量催化剂的破碎率，并以此表示堆积压碎强度的测试结果。在同一压力下，破碎率大者，则堆积压碎强度低；反之，堆积压

碎强度高，催化剂抗压能力好。

（二）ASTM D 4179—2001——成型单粒催化剂压碎强度的标准试验方法

1. 适用范围

该方法适用于测定片、条、球等规则形状的成型催化剂的压碎强度，测定范围 0~50 磅力（1 磅＝0.445kg）。

2. 方法提要

在具有代表性的样品中，取出若干粒催化剂粒片，放置在两平行板之间，使之经受一压力负荷，测量该粒片被压碎时所需的力。重复实验，取各次测量的平均值为测定值。

3. 仪器

（1）校准的压力计　以磅标示压碎强度的直接读数。

（2）匀速加压系统　一套合适的机械液压或气动系统，以使加压速率在要求范围内均匀可控。

（3）光滑平台　放置被测催化剂粒片。

4. 取样

取具有代表性的 50~200 粒试验样品，在（400±15）℃下处理大于或等于 3h，一般可在空气中进行。但对升温可能与空气反应的物质（如预还原催化剂），则应在惰性气氛中进行。然后放入干燥器中，干燥器内装 4A 分子筛作干燥介质（在 220~260℃再生）。

5. 测定

将处理并冷却的干燥单粒催化剂粒片，放入平台之间，各粒取向相同（径向压都沿径向压，轴向压都沿轴向压，如图 5-8 所示）。但也曾有人报道，可取不同方向。试验时，要用镊子或钳子等工具取催化剂粒片，不能用手（手上有湿气），以免污染催化剂。

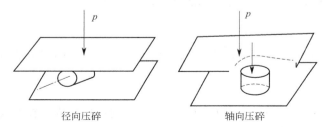

图 5-8　单粒催化剂加压取向示意图

加压速率：1~10 磅力/秒均匀加压，直到粒片被压碎为止，读出并记录被压碎的瞬间压力作为该粒片的压碎强度，读数精确到半格。重复试验，测试全部欲测样品粒片，记录每一粒片之压碎强度。

计算：按下式计算平均压碎强度 $\bar{x}$

$$\bar{x}=\frac{\sum x}{n} \tag{5-14}$$

式中　$\sum x$——所有被测粒片压碎强度总和；

n——实测压碎粒片数。

重复性：对球形催化剂，为平均值的 ±7%；对片、条形催化剂，为平均值的 ±8%。

再现性：球形剂为平均测定值的 ±9%；片状剂为平均测定值的 ±19%。

标准偏差：

$$S=\sqrt{\frac{\sum(x-\bar{x})^2}{n-1}}$$

本方法不能估算准确度。

二、固定床催化剂磨损率的测定

(一) 国内现行方法

1. 单转鼓容器法

通常，我国对固定床催化剂磨损率的测定推荐用装有挡板的转鼓容器，在转鼓内装要测的球、条、锭片状催化剂 100g，当转鼓转动时，可使催化剂在其内上下滚动磨损。转鼓转速 40~50r/min，磨损时间 1h，转鼓直径 304mm，长 254mm，转鼓内设有一挡板，其高度为 47.5mm。磨损试验前，催化剂样品须经 ASTM 20 号筛（850μm）筛分去除细粉后称量（$G_{样}$, g），待磨损后再称出留在 20 号筛上催化剂质量（G_{20}, g），并由两质量比计算磨损率。

$$磨损率 = \left(1 - \frac{G_{20}}{G_{样}}\right) \times 100\% \tag{5-15}$$

式中 G_{20}——留在 20 号筛上催化剂质量，g；
$G_{样}$——ASTM 20 号筛筛分去细粉后所称质量，g。

2. 双转鼓容器法

最近，我国有关部门已推荐南京第三化工机械厂生产的测定仪，它是由一涡轮减速箱驱动的主轴带动固定在其两侧的磨损筒组成的仪器，作为测定各类固定床催化剂磨损率的测定仪。方法是取两份各 50g 的同一待测催化剂，分别装入两磨损筒内，以 25r/min 的规定转速转动到预置磨损时间时停止，由小于 10 号筛（<2000μm）的磨损量 $G_{<10\#}$ 和样品质量比求出磨损率。

$$磨损率 = \frac{G_{<10\#}}{G_{样}} \times 100\% \tag{5-16}$$

式中 $G_{<10\#}$——磨损量，g；
$G_{样}$——样品质重，g。

(二) ASTM D 4058—92——催化剂及其载体磨耗率标准试验方法

1. 适用范围

该法适用于测定粒径在 1.6~19mm 之间的片、球、挤压成型物和不规则形状颗粒催化剂和催化剂载体的磨损与磨耗。

2. 方法概要

让催化剂或催化剂载体在规定时间内，在一带有单挡板的圆筒中旋转，在此实验过程中，因磨损或磨耗而产生的细粉经标准筛分离，用磨损率表示。

本方法可作为催化剂在传输、装卸和使用过程中产生的细粉倾向的一种度量，并不是合格的绝对标准。

3. 取样

取有代表性的催化剂 110g，用 ASTM 20 号筛（850μm）筛除细粉，并将筛顶上催化剂移到称准至 0.01g 的广口瓶中，在 400℃干燥 3h（如试样在该条件下发生化学变化，可取消干燥这一步）。然后置于干燥器中，保持最少 0.5h 后便可测定。

4. 仪器

(1) 不锈钢圆筒　见图 5-9，圆筒内径 254mm，长 152mm，筒内带一挡板，其高 51mm，长 152mm，筒内表面粗糙度≤6.4μm（如冷轧钢的粗糙度和在机床上磨平的不锈钢，均符合粗糙度要求）。

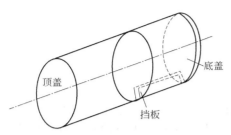

图 5-9 测定磨损与磨耗的圆筒

(2) 供圆筒旋转的机械（电机，减速箱）。

5. 操作

(1) 用细毛刷刷净筒内和顶盖。

(2) 称取经预处理的样品 100g，称准至 0.01g 是为 A，装入试样筒内。

(3) 仔细密封顶盖，然后将圆筒放在旋转机械上，以 (60 ± 5) r/min 速度，转 1800r（约 0.5h）。

(4) 转圆筒，使挡板处于顶端位置，用橡胶锤轻敲数次，以使细粉沉积在圆筒底部。

(5) 然后用 ASTM 20 号筛（850μm）筛分分离，细粉则漏过筛子，落入筛底盘。

(6) 将筛顶存留样品（400℃，3h）置于干燥器中，冷却 0.5h 后称量，称准至 0.01g，称量值即为 B。

(7) 计算，百分磨损率 $=\dfrac{A-B}{A}\times 100\%$。

(8) 精密度-磨损范围为 1%～7% 时，应有：实验室内为 $(\pm 0.5)\%$（置信度 95%），实验室间为 $(\pm 0.7)\%$（95%置信度），本方法无绝对准确度测量。

三、流化床催化剂磨损性能的测定

对于流化床微球催化剂的磨损性能的测定，普遍采用高速喷射试验法，使被测催化剂微球在空气流的喷射作用下呈流化态，测量微球间因内摩擦产生的细粉（例如小于 12μm 或 20μm）量，并以此量作为磨损性能的指标。我国催化裂化催化剂的磨损性能指标，被推荐用此法测定，指标为磨损指数（采用戴维森指数）。所以仪器已经标准化，由沈阳立新仪器厂制造，其原理流程如图 5-10 所示。其测试方法为如下。

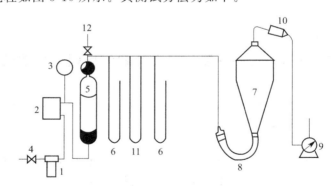

图 5-10 磨损指数测定示意流程

1—空气过滤器；2—定值器；3—压力表；4—进风针形阀；5—空气增湿器；6—水银压差计；7—沉降室；8—鹅颈管；9—湿式流量计；10—抽提滤纸筒；11—浮子流量计；12—放空阀

① 将增湿器（5）加水至一定高度，打开进风针形阀（4），调节定值器（2），使增湿器中的压力 p_1 为 (52 ± 0.4)kPa，并将湿式流量计（9）调节在 (21 ± 0.1)L/min。吹气 15min，使抽提滤纸筒（10）增湿，然后关闭进风针形阀（4），打开放空阀（12）。

② 将 7.5g 试样经 530℃处理 3h 后，装于鹅颈管（8）中，关闭放空阀（12），打开进风针形阀（4），使流量逐渐升高到 (20 ± 0.1)L/min，吹气 15min，期间经常用橡皮锤敲击沉降室。然后稳定压力 p_1 在 (52 ± 0.4)kPa 不变的条件下，调节流量到 (21 ± 0.1)L/min。继续再吹气 45min，以除去催化剂原带的细粉，并且此期间每隔 15min 应敲击沉降室一次。然

后打开放空阀，关闭进风针形阀，取下抽提滤纸筒迅速称量得 G_2，弃去滤纸筒中的细粉后，称量得 G_1。

③ 将称量过的滤纸筒装回原处，在流量为 (21 ± 0.1)L/min 和 p_1 等于 (52 ± 0.4)kPa 条件下，继续吹气 4h。再取出抽提滤纸筒称量，记下质量 G_3，并将附于沉降室壁上的试样全部收入鹅颈管中，再倒入称量瓶中称量，得质量 G_4。在后 4h 测定过程中应每隔 30min 敲击一次，测试结束前全面敲击一次，由测的质量 G_1，G_3，G_4 按下式计算磨损指数 K。

$$K = \frac{25(G_3 - G_1)}{G_4} \times 100\% \quad (5\text{-}17)$$

式中　$G_3 - G_1$——后 4h 内抽提滤纸筒收集的小于 15μm 的试样细粉质量，g；
　　　G_4——鹅颈管中留下的大于 15μm 的试样质量，g。

那么在 4h 试验期间，若收集到的小于 15μm 的试样越多，磨损指数 K 越大，则催化剂抗磨损性能愈差；反之抗磨损性能好。

此试样要求两次平行实验结果相差≤15%，以两次平行试验的平均值作为测定值。

采用该方法时，应注意仪器标定和试验条件的确定。

第三节　石油化工催化剂酸性的来源

固体催化剂表面酸性的来源及结构十分复杂，许多人对此进行了大量的研究，并且提出了各种模型，这里仅对一些重要的石油化工催化剂材料简述一些已被人们普遍接受了的观点。

一、润载酸

这类材料的酸性主要来源于被润载的液体酸，因此主要的表现为质子酸。

二、氧化铝

未经焙烧的氧化铝表面，含有大量两性羟基，几乎没什么酸性，甚至比硅胶的酸性还低；焙烧之后显示很强的酸性，酸强度 (H_0) 可达 -5.6，酸度则可以接近硅酸铝，红外光谱研究表明酸类型主要是路易斯酸（Lewis 酸，简称 L 酸），对应于 3800cm^{-1}、3780cm^{-1}、3744cm^{-1}、3733cm^{-1} 表 3700cm^{-1} 有五个红外吸收谱带，但也有碱性部位存在，因此 Al_2O_3 具有酸-碱双重功能的催化剂的作用。

按照海丁（haiding）等人的建议，氧化铝水合物脱水产生表面酸、碱部位的过程可用下式表示

脱水之后的氧化铝第一层由 O^- 离子构成，它与第二层原子的 Al 相连，第一层 O^- 离子的数量仅为第二层 Al 原子的一半，因此第二层有一半 Al 原子裸露于表面，这些 Al 原子电性不平衡而带正电荷，所以可作为外电子的受体而呈 L 酸性，第一层的 O^- 离子则为碱性

部位。

Al_2O_3 表面 L 酸部位易吸水，吸水后变为 B 酸部位。

$$\underset{\text{}}{-O-\overset{+}{\underset{|}{Al}}-\overset{O^-}{\underset{|}{Al}}-O-} \xrightarrow{+H_2O} \underset{\text{B 酸部位}\quad\quad\quad\text{碱部位}}{-O-\overset{\overset{H}{|}}{\underset{|}{\overset{O}{Al}}}-H^+ \overset{O^-}{\underset{|}{Al}}-O-}$$

氧化铝的 B 酸强度很弱，甚至不能将吡啶转化为吡啶离子，通常以它为载体，润载 HF，HCl，BF_3 等酸以调制其酸强度。

三、硅酸铝

硅酸铝是 SiO_2 和 Al_2O_3 的混合物，以 $SiO_2 \cdot Al_2O_3$ 或 SiO_2-Al_2O_3 表示，它的酸强度远比单一的 SiO_2 或 Al_2O_3 高，甚至存在可使 2,4-二硝基甲苯指示剂变色的酸部位。

酸性甚弱的 SiO_2 变为酸强度很高的 $SiO_2 \cdot Al_2O_3$，其酸部位来源于 Al^{3+} 部分取代了硅氧四面体中的 Si^{4+}。Si^{4+} 和 Al^{3+} 单独构成的硅氧四面体时，与 O^{2-} 等距离连接的 Si^{4+} 或 Al^{3+} 分别处于四面体的中心，O^{2-} 处于四面体的顶点；Al^{3+} 还可以与 O^{2-} 构成氧铝八面体，Al^{3+} 处于八面体的中心。6 个 O^{2-} 分别处于八面体的 6 个顶点。形成硅酸铝时，由于硅酸铝混合氧化物的水合物脱水形成 Si-O-Al 键。

$$-\!\!\!-\text{SiOH} + -\!\!\!-\text{AlOH} \xrightarrow{-H_2O} -\!\!\!-\text{Si}-\text{O}-\text{Al}-\!\!\!-$$

于是构成了如下图的结构。

$$\begin{array}{c}
|\quad\quad|\quad\quad|\\
-\text{Si}-\text{O}-\text{Si}-\text{O}-\text{Si}-\\
|\quad\quad|\quad\quad|\\
\text{O}\quad\quad\text{O}\quad\quad\text{O}\\
|\quad\quad\overset{H^+}{|}\quad\quad|\\
-\text{O}-\text{Si}-\text{O}-\text{Al}-\text{O}-\text{Si}-\text{O}-\\
|\quad\quad|\quad\quad|\\
\text{O}\quad\quad\text{O}\quad\quad\text{O}\\
|\quad\quad|\quad\quad|\\
-\text{Si}-\text{O}-\text{Si}-\text{O}-\text{Si}-\\
|\quad\quad|\quad\quad|\\
\end{array}$$

硅氧四面体中，每一个 Si^{4+} 分别以 1 个价单位的 4 条"连线"与 O^{2-} 键合，每一个 O^{2-} 则以两条各是 1 个价单位的"连线"与 Si^{4+} 配位，从而在保持晶体结构几何平衡的同时保持了电中性；但四面体中心的 Si^{4+} 被 Al^{3+} 取代后，Si^{4+} 分别以每条 3/4 价单位的 4 条"连线"与 4 个 O^{2-} 键合，造成了每个 O^{2-} 要求的 2 个价单位短缺 1/4 个价单位；就存在的 4 个 O^{2-} 的氧铝四面体来说，共短缺了 1 个价单位，因此存在过剩的负价，必须由一个结构固有的质子与 Al^{3+} 缔合而达到电性中和，形成了硅酸铝的 B 酸部位。

处于晶体结构边缘的 Al^{3+}，其配位数依然是 4，Al-O 键则是由于铝原子的外层电子给予氧原子而形成，电子对偏向于氧原子，造成 Al 原子有可能与带有自由电子对的分子配位结合的能力，从而形成 L 酸部位。

$$\underset{\quad\quad\quad\quad\quad\quad\quad\text{L 酸部位}}{-\!\!\!-\text{Si}:\ddot{\text{O}}-\overset{+}{\text{Al}}\leftarrow:\ddot{\text{O}}:\text{Si}-\!\!\!-}$$

$$\begin{array}{c}
:\ddot{\text{O}}:\\
|\\
-\!\!\!-\text{Si}-\!\!\!-\\
\end{array}$$

硅酸吸附水后，形成弱连接的质子，按 Bronsted 酸的定义，在此给出质子的部位就是

B 酸,和 L 酸可以相互转化,存在水是必要条件。

$$\begin{array}{c} \text{B 酸部位} \\ | \quad H:\ddot{O}:H^+ \quad | \\ -Si:\ddot{O}:\leftarrow Al:\ddot{O}:Si- \\ | \quad \ddot{O} \quad | \\ | \\ -Si- \\ | \end{array}$$

六配位的 Al^{3+},可能主要存在于硅酸铝结构的末端,其存在形式除形成 Si-O-Al 键外,与羟基和水配位结合。

$$\begin{array}{c} HOH \quad OH \\ | \quad \quad | \\ -O-Si-O-Al-OH \\ | \quad \quad | \\ HOH \quad OH \end{array}$$

导致 H^+ 不稳定易于释出而产生 B 酸。

四、合成沸石

硅铝沸石是晶状硅酸铝,它与硅酸铝相比,不仅同样具有 B 酸和 L 酸,酸强度大体相似,而且其 B 酸远比硅酸铝高。尤其如 Y 型沸石,以多价阳离子交换取代一价阳离子,会更加显示出优越的羟离子活性。因此,解释硅酸铝酸性来源的模型还不是沸石酸性的主要来源。

(一) HY 沸石

由 NaY 沸石原粉经铵盐交换生成 NH_4Y 沸石。再热解成 HY 沸石。NH_4Y 经热解释出 NH_3 时,铝氧四面体处留下 H^+ 形成了 B 酸部位。常温条件下,H^+ 与骨架氧原子构成结构羟基。

继续升温到 400℃ 以上时,HY 沸石脱羟基反应加深,最后可得脱阳离子 Y 型沸石。

带剩余负电荷的铝氧四面体起 L 碱部位作用,三配位的铝原子和 Si^+ 则是 L 酸部位。

(二) REY 沸石及其他高硅沸石

REY 沸石是典型的多价阳离子交换的 Y 型沸石。有关酸性来源的讨论颇多,较为普遍接受的是以下两种观点:一种认为交换到沸石上的多价阳离子,在脱水过程中对水分子极化产生质子酸;另一种认为多价阳离子进入沸石使骨架羟基活化而产生质子酸。从众多的讨论中可以看出,就 REY 来说,它的酸性大为增强,既与 RE^{3+} 的水合配位有关,又与沸石骨架氧原子的配位有关,这是比较清楚的。

丝光沸石和 ZSM-5 沸石是两种酸性很强的合成硅铝沸石,有关它们的酸性催化剂行为的关系,是目前催化剂研究的一个活跃方面,就酸性来源而言,与 Y 型沸石基本类似。

总的来说,沸石的酸性受到三个因素的影响:①硅铝比。②晶体结构。③沸石分子筛经阳离子交换和热处理等改性。

第四节 碱性气体吸附-脱附法

当碱性气体分子与固体催化剂表面接触时,除了发生气-固物理吸附外,还会发生化学吸附,即碱性气态分子在催化剂酸性部位上的强吸附。此种吸附作用先从催化剂的强酸部位开始,逐步向弱酸部位发展,脱附过程与此相反。也就是说吸附在强酸部位的碱比吸附在弱酸部位上的碱稳定,且较难脱附。当提高温度促使所吸附的碱从酸部位脱附时,首先是吸附在弱酸部位的碱脱附,然后才是强酸部位的碱脱附。因此,对某一给定的催化剂,可以选择合适的碱性气体,利用各种测量气体吸附、脱附的实验技术便可测量酸强度与酸度。对气-固间吸、脱附性能的最主要表征,是它们的吸附热和脱附活化能,因此可以用来表示酸强度。酸度则用单位质量(或单位表面积)催化剂化学吸附碱性分子的量表示。为此,实验上多采用各种热测试技术测量这些信息,常用的方法有静态容量法、重量法、量热法、带有程序升温的热重法、差热法、色谱法以及各种程序升温脱附技术等。下面着重介绍后几种方法。

一、差热分析-热重分析法简介

1968 年,白崎等采用差热分析(DTA)-热重分析(TGA)技术,测量固体催化剂表面上的酸量和酸强度,他们以吡啶、正丁胺和丙酮作吸附质测定硅铝催化剂的酸性:首先将已吸附碱的样品放入示差热天平的样品中,然后以一定的升温速度进行程序升温脱附,得图 5-11 所示的 DTA-TGA 曲线。TGA 曲线表示程序升温下的脱附碱量 x,DTA 曲线上的脱附峰面积 S 表示程序升温下的脱附吸热量。因而程序升温变化 dT,就可以从脱附 DTA-TGA 曲线求出对应的 dx 和 dS 值。dS/dx 表征酸强度。相对酸强度指数定义为:

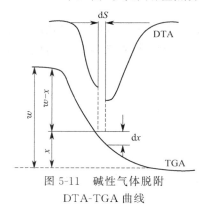

图 5-11 碱性气体脱附 DTA-TGA 曲线

$$相对酸强度指数 = \frac{\dfrac{dS}{dx} - \left(\dfrac{dT}{dx}\right)_0}{\left(\dfrac{dS}{dx}\right)_0} \times 100 \qquad (5-18)$$

式中 dx——表示程序升温下的脱附碱量的变化;
dS——DTA 曲线上的脱附峰面积的变化;
dT——程序升温变化;
dS/dx——表示酸强度;
$(dS/dx)_0$——对应于物理吸附最大值的 dS/dx 值。

由相对酸度指数对脱附碱量 (x) 作图,即可得到酸度分布曲线。绘出 x 对 dS/dx 的曲线,就可给出不同酸度的酸量(或吸附碱所需要的热量)。

二、氨吸附-差热法

1979 年北京石油化工科学研究院 108 组的刘凤仁等人,在 Stone 静态氨吸附——差热技术测量固体表面壁直法的基础上,改进动态法,采用 DTA 技术,以氨为吸附质,对石油加工中常用的几种催化剂和载体的酸性进行了测量。从而提高了灵敏度、简化了操作,适合于硅铝等类型催化剂酸度及酸强度的测定。

(一) 方法原理

假设吸附是在绝热过程中进行的,由于吸附热而使得样品池和参考池中的升温分别为 ΔS、Δr。则有

$$\Delta S = \frac{M_{sc}\Delta H_c}{m_s C_s} + \frac{M_{sp}\Delta H_p}{m_s C_s} \tag{5-19}$$

$$\Delta r = \frac{M_{rp}\Delta H_p}{m_r C_r} \tag{5-20}$$

$$\Delta T = \Delta S - \Delta r = \frac{M_{sc}\Delta H_c}{m_s C_s} + \frac{M_{sp}\Delta H_p}{m_s C_s} - \frac{M_{rp}\Delta H_p}{m_r C_r} \tag{5-21}$$

式中 M_{sc}——样品对碱性气体的化学吸附量,mmol/g;
M_{sp}——样品对碱性气体的物理吸附量,mmol/g;
m_s——样品的质量,g;
M_{rp}——参考样品对碱性气体的物理吸附量,mmol/g;
m_r——参考样的质量,g;
ΔH_p——单位质量被吸附气体的物理吸附热,J;
ΔH_c——单位质量被吸附气体的化学吸附热,J;
C_s——样品的比热容,J/kg·K;
C_r——参考样的比热容,J/kg·K。

考虑到物理吸附热远小于化学吸附热,当提高吸附温度时,物理吸附大为下降,而且样品与参考样彼此间物理量吸附热又大部分抵消,所以式(5-21)可简化为

$$\Delta T = \frac{M_{sc}\Delta H_c}{m_s C_s} \tag{5-22}$$

式(5-22)表明,总温差 ΔT 与单位质量样品对碱性气体的化学吸附热成正比,可以看到是样品酸度的量度,不同温度下的 ΔT 则反映样品酸度的变化。本方法的 ΔT 直接以温差电动势的微伏(μV)信号记录。以符号"NH_3-DT"表示酸度。

(二) 实验设备

实验设备由差热系统与气路系统两部分构成。差热系统包括差热池体和加热炉及温度控制系统,差热池体结构见图 5-12。待测样品和作为参考样品的石英砂,分别装入其中的样品池和参考池。装置流程示意见图 5-13,氨气和钢瓶氮气,分别经减压过滤、流速调节,5A 分子筛干燥后,到达平面六通阀,通过转动该阀切换 NH_3 和 N_2,使之分别进入实验系统和排空。为了获得注射式进气方式,可以调节排空管路上的针形阀,以保持排空管线中的气体压力略大于实验系统中的阻力。实验系统尽量避免使用铜质管及阀件,以防氨气腐蚀。

差示热偶为直径 0.3mm 的镍铬-镍铝热偶丝,如

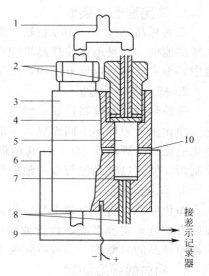

图 5-12 差热池体结构示意图
1—平压式进气管接头;2—压紧螺帽;
3—差热池体;4—垫圈;5—参考池;
6—差式热点偶;7—不锈钢丝网底;
8—排气管;9—测温热电偶;10—高温密封剂

若使用铂-铂铑热电偶，可防止氨的腐蚀而延长寿命。

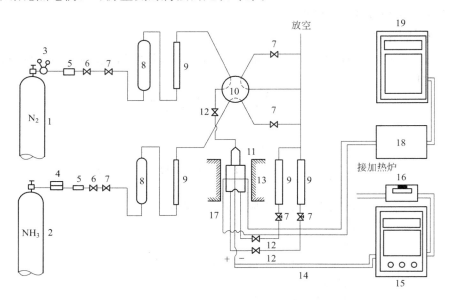

图 5-13　NH₃-DT 装置流程图

1—N₂气瓶；2—NH₃气瓶；3—氧气减压阀；4—压力调节器；5—气体过滤器；
6—截止阀；7—流量调节阀（或针形阀）；8—气体干燥器；9—转子流量计；
10—六通阀；11—差热池体；12—三通阀；13—加热炉；14—热电偶；
15—温度控制记录器；16—可控硅电压调节器；17—差式电偶；
18—直流放大器或衰减器；19—差式记录器

（三）实验操作步骤

1. 样品准备与装填

研磨样品到过 80～160 目筛，将差热池体加热到 200℃ 左右，趁热将上述筛目的样品加入样品池中，轻敲池体使样品堆积密实。以相同筛目的石英砂作为参考样品，并且装入参考池中。参考样品可以反复使用，直至需要检修池体时更换。

2. 样品净化处理

将差热池体与气路接通，经 N₂ 试漏合格后，在指定温度和 N₂ 吹扫下使样品表面达到净化。净化温度视样品不同而异，一般不得超过样品在此前所经受的最高处理温度，推荐催化裂化催化剂处理温度 550℃，其他催化剂载体 500℃，气体流速 25mL/min，通过调节尾气控制阀，使流过样品池与参考池的气流速相等。

3. 总酸测定

净化完毕，将炉温调至所吸附温度，待差热池体温度平稳后，转动六通阀，使 NH₃ 以注射方式进入实验系统，数秒钟后记录得到一锐峰，根据式(5-22)，将此峰高（μV）看作为被测样品的总酸度。出峰后切换为 N₂ 吹扫系统，以备下一实验应用。

4. 相对酸强度测定

待完成步骤(3)，出了差热峰之后，接着进行不同脱附时间的脱附-吸附的反复操作，可以得到样品酸度分布的相对比较。图 5-14 为一典型的测定总酸强度与不同酸强度分布的 NH₃-DT（恒温脱附）图。第一峰高 $1623\mu V$，可以看成该样品的总酸度，继续通氨 5min 使吸附达到饱和后，转动六通阀切换氮气，此时吸附到样品上的氨气逐步脱附，记录到一拖尾宽带的脱附峰（图中 B 峰是其反接信号峰），但此峰不适合于作脱附量计算，脱附-段时间后再次通过氨气，又得到一吸附峰（峰 3）。显然，此次氨的吸附量等于在此之前氨的脱附量（即峰 3 的吸氨量等于 2 的脱附量），故此时催化剂上氨的总量又恢复到第一次吸附后的水平（因为在一定温度下，同一催化剂的化学吸附量一定）。因此，峰 3 高度（590μV）是这种特定条件下的弱酸酸度。如此反复进行吸附-脱附操作，仅改变每次脱附时间，即可得到一组相应于不同脱附时间下的脱附量——"弱酸"酸度。峰 1 与它们的差值则代表了相应的"强酸"酸度，图 5-14 中的峰 2，4，6，8 分别为各相应脱附时间脱附后的吸附峰，分别代表各脱附条件的"弱酸"酸度，它们与峰 1 的差值 1033μV，933μV，840μV，688μV 为各相应脱附条件下的"强酸"酸度。

以代表强酸酸度的电动势（μV）对脱附时间作图，得到 NH_3 吸附的脱附等温线（见图 5-15），可以表征酸度与酸度之间的分布关系，如果对于一组同类样品的 NH_3 吸附的脱附等温线，可以获得它们彼此之间比较酸性的有用信息。

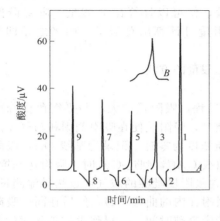
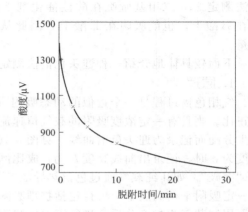

图 5-14 某催化裂化催化剂的 NH_3-DT 谱图　　图 5-15 催化剂的 NH_3-DT 的脱附等温线

采用本方法也可以测试不同吸附温度下的吸附热，表示酸强度与其酸度之间的关系，吸附温度越高，表示酸强度越高，温差电动势的大小代表相应的酸度。不过，这种试验方法需要频繁更改炉温、延长测试周期，因此一般不推荐日常使用。

喹啉等其他碱性气体，本法同样适用，但气路需略加改动。

三、气相色谱法

气相色谱法测试表面酸性可以归纳为以下四种类型。

（一）强碱中毒法

测定时采用脉冲技术，把活性测定和酸性测定结合起来进行。将催化剂表面的酸中心用碱中和掉，催化剂的活性就要失去。由于酸性催化剂的活性中心就是酸性中心，因此，只需在一定的反应温度下测定新鲜催化剂的活性。在反应物中注入喹啉等碱性物质，由于喹啉在催化剂酸性中心发生不可逆吸附而占据了活性中心，而使催化剂活性下降，加一定量的喹啉就使活性下降到相应的值，一直加到催化剂活性趋于零为止。假定每一个酸性中心只吸附一个碱分子，则根据加入的碱性物质的分子数就能算出催化剂上酸性中心数目（酸量）。

（二）根据比保留体积判断分子筛表面酸性

芳烃（苯、甲苯、乙苯、二甲苯）容易吸附在 L 酸中心。乙烯容易吸附在 B 酸中心。所以可利用这两种物质在分子筛上的吸附情况，判断分子筛表面的酸性。

实验表明,苯在67%去阳离子筛上吸附的比保留体积,是随分子筛热处理温度升高而增加。而乙烯的比保留体积随分子筛热处理温度升高而下降。如果体系中加入水,则乙烯的比保留体积增加,而苯的比保留体积下降。这是因为加水后L酸转变为B酸。这一现象与红外线光谱研究吡啶在阳离子分子筛上吸附所得到的结果,即体系中加入水后,分子筛表面的L酸中心完全转变为B酸中心是一致的。

因此,得到结论是:在去阳离子分子筛上有两种不同的酸中心,乙烯吸附在B酸中心,而苯吸附在L酸中心,所以根据此特点,由乙烯的比保留体积和苯的比保留体积,便可测得B酸和L酸及总酸。

(三) 根据吸附量测定固体表面酸性

另外,采用迎头色谱法根据不同有机碱在不同固体酸部位有各自的吸附量,可测定总酸量、B酸量、L酸量。由于各种有机碱类如吡啶、2,6-二甲基吡啶,能较强地吸附在固体酸表面上,而且2,6-二甲基吡啶只能吸附在B酸部位上,利用这种性质采用迎头色谱法测定2,6-二甲基吡啶在酸性催化剂上的吸附量,便可以计算出B酸量。吡啶既能吸附在B酸上,也能吸附在L酸上,因此从吡啶吸附量可计算出总酸量。两者之差即为L酸量。

下面较具体地介绍一种迎头色谱法测定固体酸总酸量的方法。

1. 原理

气相色谱过程是一个近似的动态吸附-脱附平衡过程,吸附量的大小与平衡色谱峰面积成正比。当具有一定浓度吸附的载气恒速流经吸附剂时,吸附质便在吸附剂固相与气相之间发生分配而记录为迎头色谱曲线,见图5-16。吸附质浓度为零时,记录为基线OA,吸附质浓度为c时,记录出曲线高度h与c成比例的色谱曲线OAC,到达C点时,吸附达到饱和,即"突破"。如让纯载气通过色谱热导池参考臂,而含吸附质吡啶的载气通过热导池测量臂,在一定吸附平衡温度下,可得包括物理吸附与化学吸附在内的曲线(a),然后在同一吸附温度下用纯载气吹扫充分后。进行第二次吸附,再次测定突破时间,可得代表物理吸附的曲线(b)。曲线(a)和(b)相应的吸附量之差,为吡啶的化学吸附量,即酸度。而吸附量与色谱峰面积(图中斜线部分)之间的关系,由式(5-23)给出。

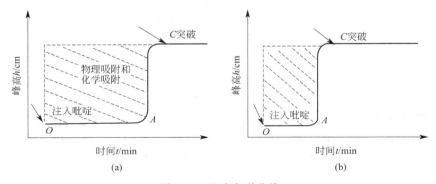

图5-16 迎头色谱曲线

$$V_a = \frac{273 p_a p_o v S}{101325 \times 22.4 (p_a - p_o) Thum} \tag{5-23}$$

式中 V_a——每克催化剂上的吸附量,mmol/g;

v——载气流速,mL/min;

h——迎头色谱曲线高度,cm;

u——记录走纸速度，cm/min；
m——吸附剂质量，g；
p_a——大气压力，Pa；
p_o——吸附质吡啶饱和蒸气压，Pa；
S——色谱曲线下的面积，cm²；
T——吸附温度，K。

2. 实验装置及操作

实验流程见图 5-17。装置可由通用商品、色谱仪组装而成，主要部分如下。

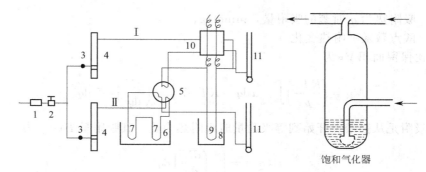

图 5-17　气相色谱法测定总酸度流程图
1—干燥管；2—稳压阀；3—针阀；4—流量计；5—平面六通阀；6—冷阱；
7—饱和汽化器；8—转化炉；9—吸附柱；10—热导池；11—皂沫流量计

（1）载气系统，包括两个通路，Ⅰ路是吸附质输送与脱附冲洗用气，Ⅱ路是吸附质预汽化气。

（2）保证吸附质处于饱和状态和汽化器，内装脱水吡啶，置于 0℃冷阱之中。

（3）热导检定器。

（4）由转化炉和吸附柱组成的吸附-脱附单元。吡啶使用分析纯试剂，载气为高纯氢或氮。样品研磨至过 60～80 目筛，在 NH_4Cl 饱和水溶液的恒湿箱内吸湿 24h，称量后放入 140℃烘箱内干燥。然后将样品装入吸附柱，400℃左右通载气吹扫至少 0.5h，降温至 200℃恒温。在 200℃吸附柱内通入含有一定吸附质浓度蒸气的载气，测量突破时间，计算出 200℃时样品吡啶的化学吸附量.即为样品总酸度。

本法可以用于测定硅胶、氧化铝、硅酸铝、合成沸石、镍钼等加氢催化剂的总酸度，具有不受样品颜色影响的优点。方法的精度是相对标准偏差小于5%，一般可达2%。

（四）酸强度的测定

测定固体酸强度的原理是：装在装有固体催化剂的色谱柱子里，通进一定量的碱性较强的吡啶，吡啶在酸性表面上首先吸附在酸性较强的酸点上，然后再通进碱性较弱的苯，苯不能吸附在已被吡啶中和了的强酸部位上，但却能吸附在未被吡啶中和的其他弱酸部位上。然后进行脱附，再改变吡啶的中和量，随着吡啶吸附量的不同，苯的吸附量也起变化。利用这种特点可求得酸强度分布。

假设固体酸的柱温为 $T_c(K)$，苯的比保留体积为 $V_R(mL/g)$，吸附平衡常数为 K，则有如下关系

$$V_R = RT_cK \tag{5-24}$$

$$K = A/p$$

式中 A——苯的吸附量，mmol/g；
p——苯的蒸气压，Pa；
T_c——假设固体酸的柱温，K；
V_R——苯的比保留体积，mL/g；
K——吸附平衡常数。

酸强度可以用苯的微分吸附热 q 表示。用统计热力学计算苯吸附量为

$$a = -\left(\frac{dN}{dq}\right) A p \, e^{\frac{q}{RT_c}} \tag{5-25}$$

式中 A——吸附热为 q 时苯的吸附量，mmol/g；
dN/dq——酸点数随吸附热变化。

则苯的比保留面积 V_R 为

$$V_R = \left(\frac{RT_c}{p}\right) \int_{-\infty}^{\infty} a \, dq = RT_c A \int_{-\infty}^{\infty} \left(\frac{dN}{dq}\right) e^{\frac{q}{RT_c}} dq \tag{5-26}$$

吡啶的吸附是从强酸点开始到等吸附量时吸附热为止，其吸附量 $B(q_0)$ 为

$$B(q_0) = \int_{q_0}^{\infty} \left(\frac{dN}{dq}\right) dq \tag{5-27}$$

苯的吸附只能在吡啶没有吸附的弱酸点上吸附，因此苯的比保留体积为

$$V_{R(q_0)} = RT_c A \int_{-\infty}^{q_0} \left(\frac{dN}{dq}\right) e^{\frac{q_0}{RT_c}} dq \tag{5-28}$$

式（5-27）除以式（5-28）求苯的比保留体积，和吡啶在催化剂上的吸附量的微小变化比值。

$$-\frac{dV_{R(q_0)}}{dB_{(q_0)}} = RT_c A \, e^{\frac{q_0}{RT_c}} \tag{5-29}$$

两边取对数得

$$\lg\left[\frac{-dV_{R(q_0)}}{dB_{(q_0)} RT_c}\right] = \frac{q_0}{2.303 RT_c} + \lg A \tag{5-30}$$

式中 q_0——等吸附量吸附热，J/mol；
T_c——吸附温度，K；
$V_{R(q_0)}$——苯在部分中毒催化剂上比保留体积，mL/g 催化剂；
$B_{(q_0)}$——被吸附吡啶的数量，mol/g 催化剂。

因此，在不同温度下，测得一系列 B 值和 V_R 值，然后以 V_R 对 B 作图，如图 5-18 所示。

从图中任取一 B 值，便可得到在这一 B 值时的一组 $dV_{R(q_0)}/dB_{(q_0)}$ 在对应温度下的一组数据。由 $\lg\left[\frac{-dV_{R(q_0)}}{dB_{(q_0)}}/RT_c\right]$ 对 $1/T_c$ 作图的直线，由直线斜率可求 q_0，q_0 就作为表面酸强度的度量。这样，各种 B 值的 q_0 即可求出。由 q_0 对 B 作图，即得到酸强度分布图（如图 5-19 所示）。

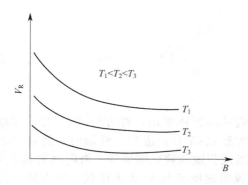

图 5-18 在不同吡啶吸附量时苯的 V_R 值

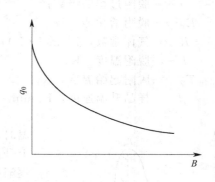

图 5-19 酸强度分布图

四、程序升温脱附法（TPD）

（一）方法概述

这种方法是根据酸性催化剂表面碱吸附物的脱附活化能不同，脱附温度也不同的基本原理，用程序升温脱附法（简称 TPD 法），按不同脱附温度区，定量测定固体催化剂表面酸度及酸度分布。该法除具有不受样品颜色限制，能在接近实际使用条件下，定量测定催化剂表面总酸度和酸度分布外，还有操作简便、快速、重复性好等优点。

近年来采用 TPD 法测定固体催化剂表面酸性的研究越来越多。迄今，普遍采用的 TPD 法可归纳为两类。

(1) 直接以脱附峰高（h）和脱附峰面积（A）定量。

(2) 测出脱附物的脱附量，再结合脱附峰峰高和脱附峰峰顶温度（T_M）来确定酸强度分布。

第二类中，对于脱附峰宽且不对称（肩峰、峰与峰搭界、拖尾峰等）的多组催化剂，要准确的测量峰高、峰顶温度就十分困难。为解决这类催化剂酸强度分布的测量问题，抚顺石油化工研究院的孟淑纯等人，把整个脱附过程按不同温度区（由脱附峰的始末温度确定）测定脱附量，把不同温度区的脱附量，按温度高低分别看作强、中、弱酸的酸量。将不同温度区的酸度对温度作图，便可得酸强度分布曲线。

（二）原理

吸附在固体表面酸中心的吡啶，被提供的热能所活化，当它的活化能达到逸出所需要越过的能垒（通常称为脱附活化能）时，便产生脱附。由于吡啶与固体表面不同的酸性中心间的结合能不同，因此在脱附时所需能量也不同。所以，TPD 实验结果反映了脱附瞬间温度和覆盖度下的脱附动力学行为，其脱附速度公式如下

$$N = -V_m \times \frac{d\theta}{dt} = A_n \theta^n e^{\frac{-E_d(\theta)}{RT}} \tag{5-31}$$

$$T = T_0 + \beta t, \frac{dT}{dt} = \beta \tag{5-32}$$

式中 V_m —— 饱和吸附量，mmol/g，即当 $\theta = 1$ 时，每单位体积固相所吸附的物质量；

N —— 脱附速率，g/min；

θ —— 覆盖率；

t —— 时间，s；

A_n —— 指数因子；

n——脱附过程的级数；
E_d——脱附活化能，J；
R——气体常数，J/(mol·K)；
T——脱附温度，K；
T_0——脱附起始温度，K；
β——样品升温速度，K/min。

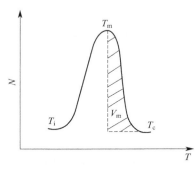

图 5-20 TPD 谱图

当已吸附吡啶的固体表面，按方程式(5-32)连续升温时，脱附按方程式(5-31)进行。开始时，随着温度的上升，脱附速度成指数函数急剧增加。吸附物的覆盖度 θ 逐渐减小，但脱附速度又与 θ^n 成正比例。所以到一定覆盖率 θ 时，速度将开始减小，直到 $\theta=0$ 时，脱附速度变为零。脱附过程结束，得到如图 5-20 所示 TPD 谱图。图中 T_m 是峰顶温度；T_i、T_e 分别是脱附峰的初始和终了温度。可以把脱附吡啶的量作为 $T_i \sim T_e$ 温度区间的酸量。酸量的计算公式为

$$酸度(mmol/g) = \frac{吡啶吸附量(\mu L) \times 吡啶密度(kg/L)}{催化剂质量(g) \times 吡啶分子量(g/mol)} \tag{5-33}$$

由他们测试的 GC-1，GC-2，GC-3 三个催化剂的 TPD 谱［见图 5-21(a)］来看，呈现两个明显的吡啶脱附峰（指化学吸附部分），把每个峰的 $T_i \sim T_e$ 温度区间的吡啶脱附量，看作是该温度区的酸度。按温度由低到高，第一个峰的 $T_i \sim T_e$ 温度区的吡啶脱附量叫做弱酸酸度；第二个峰的始末温度区的吡啶脱附量叫做强酸酸度；两峰中间搭界温度区的吡啶脱附量叫做中等强度酸度。这与传统的强中弱三种强度酸的提法相符合。

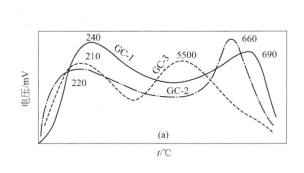
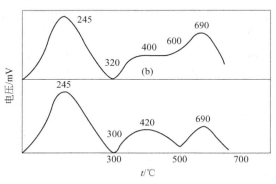

图 5-21 不同催化剂的脱附谱

（三）装置与材料

实验的主要装置是由他们自制的 TPD 装置。主要包括程序升温脱附部分和分析色谱仪，色谱柱长 2m，柱内径 4mm，固定相是聚乙二醇-20000，固定液涂在 101 白色担体上。催化剂 GC-1，GC-2 为加氢裂化催化剂，GC-3 是加氢精制催化剂。DAY 型分子筛是超稳、Y 分子筛（USY）经不同浓度盐酸处理制备的脱铝分子筛。

吸附质为分析纯吡啶，经分子筛脱水后重蒸馏备用；载气为氦气，纯度 99.99%，经脱

水、脱氧后使用；制冷剂为液氢。系抚顺氧气厂产品。

（四）操作步骤

筛取 20~40 目催化剂样品，在 120℃ 烘 2h 后，称准 0.2000~0.5000g 样品，在样品管中于 500℃，6.67×10^{-2}Pa 净化 2h。在抽空条件下将样品温度降至 130℃，导入氦气，流速为 75mL/min，脉冲注入吡啶。吸附完毕后，于 100℃ 抽空 0.5h，脱除物理吸附吡啶，从室温开始，以 23℃/min 的升温速度进行 TPD，每个脱附峰的脱附物质用液氮冷阱收集后，再经热蒸脱引入分析色谱仪，进行定量分析。

（五）对比实验

TPD 法与迎头色谱法对比实验结果列于表 5-2。由表 5-2 知，TPD 与色谱法定量结果较为一致。色谱法结果偏低，是由于两种方法中样品净化条件不同所致。净化条件对测定结果影响见表 5-3。由该表数据知，同一实验方法（TPD 法）同载气净化与抽真空净化相比，后者样品表面净化较完全，故测得的样品表面酸量高些。

表 5-2 TPD 与色谱法对比实验结果

分析方法	总酸/(mmol/g)		
	GC-1	GC-2	GC-3
TPD	0.731	0.421	0.345
色谱	0.680	0.400	0.339

表 5-3 净化条件对 GC-1 酸量的影响

净化条件	500℃,2h,通载气净化氦气流速/(75mL/min)	500℃,2h,抽空净化/6.67×10^{-2}Pa
TPD 总量/(mmol/g)	0.698	0.731

（六）分温度区测定酸度

GC-1，GC-2，GC-3 催化剂分两个温度区测定的酸量及总酸量见表 5-4。表 5-5 中列出了 GC-1 催化剂分三个温度区测定的酸量数据。它们的 TPD 谱如图 5-22 所示。

表 5-4 分两个温度区测定的酸量及总酸量

样品	弱酸/(mmol/g)	中强酸/(mmol/g)	总酸/(mmol/g)	一次脱附/(mmol/g)	中强酸:弱酸
	室温~320℃	320~500℃	室温~700℃		
GC-1	0.443	0.270	0.713	0.731	1:1.64
GC-2	0.284	0.137	0.421	—	1:2.07
GC-3	0.280	0.052	0.332	0.345	1:5.38

表 5-5 分三个温度区测定的酸量及总酸量   单位：mmol/g

样品	弱酸	中强酸	强酸	总酸	一次脱附量
	室温~300℃	300~500℃	500~700℃	室温~700℃	
GC-1	0.471	0.189	0.065	0.725	0.731

样品在 500℃，6.67×10^{-2}Pa 净化 2h，130℃ 吸附吡啶，100℃ 抽空 0.5h 脱除物理吸附的吡啶，TPD 从室温开始，升温速率为 23℃/min。脱附过程进行到峰顶温度后（即 $T>T_m$），选择适当温度恒温，使脱附分两个温度区（即室温~320℃，320~700℃）或三个温度区（即室温~300℃，300~500℃，500~700℃）分别冷凝收集脱附物后，蒸脱引入色谱定量。一次脱附量是从室温一直到 700℃ 收集定量。

由表 5-4、表 5-5 和图 5-21 看出，分温度区测定的总酸（两个或三个温度区酸量之和）与一次脱附测定的酸度值接近。

由表 5-4 知，3 个 GC 型催化剂的总酸大小顺序为：GC-1>GC-2>GC-3，且 GC-1 强酸最多，其次是 GC-2，GC-3 最少。3 个催化剂酸性的上述特征决定了它们自身的催化功能。例如，在相同实验条件下，GC-1 催化剂的正庚烷裂解活性（11.1%）大于 GC-22 裂解活性（3.4%）。GC-3 酸度小，且弱酸占的比例较大，这正符合加氢精制（脱氮）的要求。

由表 5-4，表 5-5 数据，以酸度对温度作图，可得 GC 型三种催化剂酸度分布图（见图 5-22）。

利用该方法测定的几种加氢裂化催化剂和分子筛（实验结果未列出），结果与其催化功能均基本吻合。

五、红外光谱测定酸性

红外光谱法不仅可以准确区分催化剂表面酸的类型，还可以提供催化剂表面羟基种类、位置和性质，以及它们随制备条件改变而发生变化的信息。因此，已成为研究催化剂表面酸性的必不可少的重要手段。

（一）红外光谱表征表面羟基

Al_2O_3，SiO_2-Al_2O_3、沸石及其他氧化物的表面酸性，主要来源于它们的表面羟基；但是，并非所有的表面羟基都具有酸性，这取决于各种羟基所处的化学环境与位置。

γ-Al_2O_3 的红外光谱表现出有 5 种羟基带的存在，振动频率分别为 $3800cm^{-1}$、$3780cm^{-1}$、$3744cm^{-1}$、$3733cm^{-1}$ 和 $3700cm^{-1}$，依据氨吸附结果，它们分别归属于图 5-23 所示的 A，B，C，D，E 五种化学环境。5 种羟基的各部位具有不同的局部电荷密度，A 部位电荷密度最大，容易给出电子，因此是一个碱部位；C 部位电荷密度最小，同理为一个酸部位。

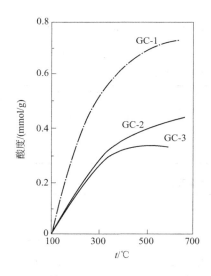
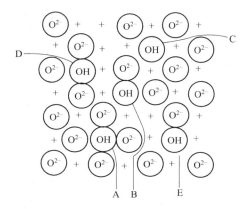

图 5-22　三种 GC 型催化剂 TPD 法酸强度分布　　图 5-23　γ-Al_2O_3 不同羟基部位化学环境与酸性关系

红外光谱可对沸石结构提供丰富的信息，有关振动频率见表 5-6。红外光谱的羟基的振动谱带，可直接与酸性关联，表 5-7 给出若干种重要沸石分子筛的羟基频率范围。实际上，这些羟基的红外振动谱带，会随沸石的不同处理条件而改性有所变化，研究这些谱带的频移变化情况，可为研究分子筛酸性来源和对反应性能影响提供有益的信息。图 5-24 给出稀土-Y 型沸石在不同温度处理条件下的红外光谱，从图可见，归属于无酸性的 Si-OH 的

3740cm^{-1}带变化很小,位于3640cm^{-1}的酸性羟基带,随温度提高强度下降,反映了脱羟与B酸向L酸的转换。

表 5-6 沸石分子筛红外光谱

谱带振动	波数/cm^{-1}	谱带振动	波数/cm^{-1}
沸石骨架四面体		外部连接	
非对称伸展	1250～950	双环	650～500
对称伸展	720～650	孔口	420～300
T—O 弯曲(T=Si 或 Al)	500～420	对称伸展	820～750
		非对称伸展	1115～1050(肩)

表 5-7 若干种重要沸石的羟基谱图

沸石分子筛	波数/cm^{-1}	归　　属
X,Y 型	3745	和无定形物种有关的晶体末端 Si—OH
	3640	Al—OH,是 B 酸的主要指标,位于沸石大空腔
	3540	Al—OH,位于吡啶分子不可及的方钠石笼中
CaY 型	3585	Ca^{2+}—OH
REY 型	3522	Re^{3+}—OH
HM	3740	与无定形物种有关的晶体末端 Si—OH
HZSM-5	3600	Al—OH,B 酸羟基
	3720	Si—OH,位于晶体内,弱酸羟基
	3600	Al—OH,定位于大孔道内及晶外

(二) 红外光谱表征催化剂表面酸性

Parry 首先提出了利用 C_5H_5N 吸附测定氧化物表面上的 B 酸和 L 酸。C_5H_5N(pK_b=5),它能同弱酸部位反应。图 5-25 中,(a) 是 C_5H_5N 在氯仿中的红外光谱,相当于物理吸附的吡啶,(a) 中 1520cm^{-1} 的宽峰是由于溶剂氯仿引起的;(b) 是 C_5H_5N 同典型的电子对接受体 BH_3 的配合物在氯仿溶液中的红外光谱,相当于 C_5H_5N 吸附在 L 酸部位上;(c) 是 C_5H_5N 在氯仿中和 HCl(给出质子)形成的 ($C_5H_5N:H^+$)Cl^- (吡啶离子)的红外光谱,相当于 C_5H_5N 吸附在 B 酸部位上。因此利用 1640～1500cm^{-1} 和 1500～1440cm^{-1} 范围光谱上的差异,可以区别物理吸附吡啶和配位到 L 酸部位的吡啶以及吸附在 B 酸部位上的吡啶,其谱带归属见表 5-8。由于液体吡啶面内环变形振动吸收带是 1583cm^{-1} 和 1572cm^{-1} [(a) 中为 1583cm^{-1} 和其左边肩峰],当吡啶附在 B 酸部位后,该峰在 1583cm^{-1} 出现特征峰,液体吡啶的 CH 变形振动在 1482cm^{-1} 和 1439cm^{-1} 出现吸收峰,而吸附在 L 酸部位后,该特征峰在-1450cm^{-1}。所以,一般利用 1540cm^{-1} 吸收带表征 L 酸部位。而 N^+—H 键(吸收峰在 2450cm^{-1})随氢键作用变化大,不易确定。所以,一般不用此吸收带表征 B 酸部位。

而现代红外光谱表征催化剂酸性的实验,大都是在高真空系统中先进行脱气净化催化剂表面,然后选择吡啶、氨等碱性气体,在它们的一定蒸气压下进行气-固吸附,再以红外光谱测量吸附物种的振动谱带和催化剂本身表面酸羟基谱带的变化。吡啶分子或 NH_3 分子,既可作为 B 碱与 B 酸作用生成吡啶离子(PYB)或 NH_4^+,又可作为 L 碱和 L 酸部位作用生成吡啶的配合物(PYL)。因此是常用的测定催化剂酸性的探针分子。从表 5-8 可见,尽管 PYB 和 PYL 的若干吸收谱带的频率相距很近,甚至相互重叠,但 PYB 的 1540cm^{-1} 吸收带和 PYL 的-1450cm^{-1} 吸收带不受干扰,它们分别用作 B 酸和 L 酸存在的表征。氢键吡啶(PYH)和物理吸附吡啶(PYP),经真空脱抽可以除去。

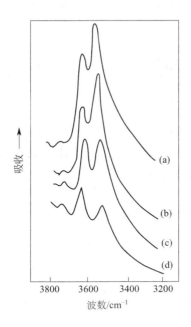

图 5-24 REY 型分子筛红外光谱

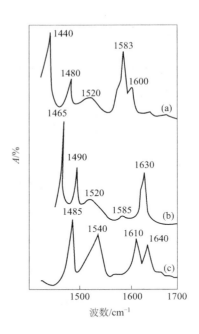

图 5-25 C_5H_5N,$C_5H_5N+BH_3$,C_5H_5N+HCl 在氯仿中的红外光谱

表 5-8 被吸附 C_5H_5N 的不同吸附带的归属

相互作用类型		波数/cm^{-1}			
		类型 b	类型 a	类型 a	类型 b
物理吸附(室温可抽出)	PYP	1445	1490	1579	
H 键(150℃可抽出)	PYH	1450	1490	1595	
L 酸部位	PYL$_I$	1457	1490	1615	−1575
	PYL$_{II}$			1625	
B 酸部位	PYB	1540	1490	1640	−1620

图 5-26 是若干代表性催化剂材料的表面酸性的红外光谱。(a) $\eta\text{-}Al_2O_3$ 表面仅存在 L 酸部位,表征它的是 $1453cm^{-1}$ 和 $1457cm^{-1}$ 构成的双峰谱带。(b) 谱表明在较为苛刻的抽空条件下,$1453cm^{-1}$ 常消失,说明 $\eta\text{-}Al_2O_3$ 表面上有两种强度不同的 L 酸部位,分别以 L_1 和 L_2 表示,L_2 带是强度较大的谱带。(c) 和 (d) 是两个加氢催化剂样品,单浸 Co 的 Co/$\eta\text{-}Al_2O_3$ 上不存在 B 酸部位,与纯 $\eta\text{-}Al_2O_3$ 无明显差异;但 Mo/$\eta\text{-}Al_2O_3$ 与 Co/$\eta\text{-}Al_2O_3$ 的简单加合后的强度比,反映出 Co-Mo/$\eta\text{-}Al_2O_3$ 系催化剂中的 Co 和 Mo 之间产生了某种相互作用。(e) 谱是 REY 的吸附吡啶红外光谱,$1540cm^{-1}$ 带强度大,反映出样品表面 B 酸部位较为丰富。$1445cm^{-1}$ 带则是吡啶与沸石中阳离子 Re^{3+} 以共价键结合的反映。(f) 谱的 $1450cm^{-1}$ 带强度很低,即 B 酸部位比 REY 少。

图 5-27 是吡啶吸附在 HZSM-5 分子筛表面上的红外光谱,$1545cm^{-1}$ 带表征 B 酸部位,$1630cm^{-1}$ 附近和 $1455cm^{-1}$ 谱带表征 L 酸部位,$1490cm^{-1}$ 附近的谱带是 B 酸和 L 酸部位叠加的结果。

利用 NH_3 吸附的红外光谱也可识别 L 酸和 B 酸。氨在 $SiO_2\text{-}Al_2O_3$ 上是按照物理吸附的 $NH_3(P_{NH_3})$ 和 NH_4^+(B 酸部位) 离子 3 种方式吸附的。当 NH_3 L 酸部位上时,是用氮的孤电子对配位到 L 酸部位上的。

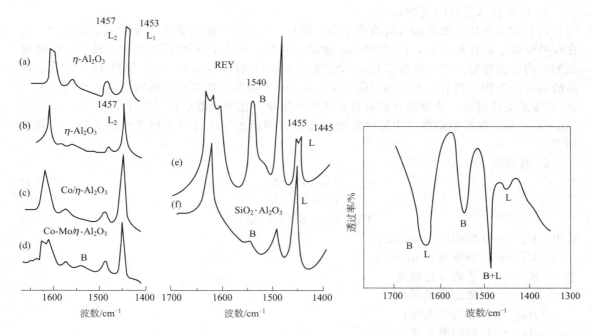

图 5-26 若干催化剂表面酸性的红外光谱　　图 5-27 吡啶表面 HZSM-5 分子筛的酸性部位红外光谱

此时被吸附 NH_3 的反对称伸缩振动 $V_{n-h} \approx 3330 cm^{-1}$，变形振动 $\delta_{N-H} \approx 1610 cm^{-1}$。$NH_3$ 吸附在 B 酸部位接受一质子 NH_4^+ 被吸附 NH_4^+ 的反对称伸缩振动 $V_{n-h} \approx 3230 cm^{-1}$，变形振动 $\delta_{N-H} = 1430 cm^{-1}$（见表 5-9）。因此，利用 NH_3 吸附也可以区分 B 酸部位和 L 酸部位（主要以变形振动 δ_{N-H} 的 $1610 cm^{-1}$ 附近、$1430 cm^{-1}$ 附近来区别）。

表 5-9　NH_3 吸附在硅酸铝上的红外光谱归属

波数/cm^{-1}			吸附形式①	归属
Basila	Cant	Fripiat		
3341	3335	—	$LNH_3 \cdot MNH_3$	$v_3(e_1)v_{NH}$
3280	3280	—	$LNH_3 \cdot MNH_3$	$v_3(a_1)v_{NH}$
3230	3270	—	NH_4^+	$v_3(t_2)v_{NH}$
3195	—	—	NH_4^+	$v_3(a_1)v_{NH}$
1620	1610	1595	$LNH_3 \cdot MNH_3$	$v_3(d)v_{NH}$
1432	1440	1420	MNH_4^+	$v_3(t_2)v_{NH}$

① LNH_3 系指 NH_3 分子吸附在 L 酸部位，NH_4^+ 系指 NH_3 分子吸附在 B 酸部位，MNH_3 系指氢键合的 NH_3。

（三）红外酸性定量实验法

下面介绍两种红外酸度的实验法，这两种方法是抚顺石油化工研究院建立的。

1. 红外酸度测定

该法是利用吡啶重量吸附和红外光谱技术测定催化剂的表面酸量和酸类型，适用于氧化铝、硅铝和各种分子筛催化剂。

（1）仪器设备

① 真空装置，包括旋片式真空泵、四级油扩散泵、真空计、石英吸收池、装有石英弹簧的吸附管、电炉温控仪及垂高计等。

② PE-577 红外分光光度计。

③ 压片计（模具内径 20mm）。

（2）实验方法　取磨细（粒度小于 200 筛目）样品 20mg 压成直径为 20mm 的薄片，装在红外吸收池的样品架上，再取 200mg 样品（片装）装入石英弹簧下端的吊杯中。将吸收池和吸附管连接好，开始抽空净化，真空度至 0.04Pa 时，升温至 500℃ 保持 1h，以除去样品的表面吸附物。然后降至室温吸附吡啶，在 160℃ 抽空脱物理吸附吡啶至真空度达 1.07×10^{-2}Pa 或更高时止。由垂高计读数计算吡啶吸附量（化学吸附量），然后降至室温测 1700～1400cm^{-1} 波区酸类型谱带，用吸收系数结合石英弹簧重量法计算不同类型的酸量。计算式如下。

① 系数法。

$$C_B = A_B/K_B \tag{5-34}$$

$$C_L = A_L/K_L \tag{5-35}$$

$$C_B + C_L = 总酸度(量)C \tag{5-36}$$

式中　C_B——B 酸酸度，mmol/g；
　　　C_L——L 酸酸度，mmol/g；
　　　K_B——B 酸的吸光系数；
　　　K_L——L 酸的吸光系数；
　　　A_B——B 酸的吸光度；
　　　A_L——L 酸的吸光度。

② 系数比法。

$$C_B = \frac{2.08 A_B C}{2.08 A_B + A_L} \tag{5-37}$$

$$C_L = \frac{A_L C}{2.08 A_B + A_L} \tag{5-38}$$

式中　C_B——B 酸酸度，mmol/g；
　　　C_L——L 酸酸度，mmol/g；
　　　A_B——B 酸的吸光系数；
　　　A_L——L 酸吸光度；
　　　C——总酸酸度，mmol/g；
　　　2.08——系数比。

2. 红外光谱法

在测定固体表面酸的众多方法中，最经典的是正丁氨滴定法和碱性气体吸附法。分析速度快的是差热法和量热滴定法。程序升温脱附和固体核磁共振谱是近几年发展起来的新型研究手段。但是真正应用最广泛的，并能最有力地给出表征 B 酸的是吡啶正离子谱带 1545cm^{-1} 和表征 L 酸的吡啶与 L 酸配位谱带 1455cm^{-1}（见图 5-28）。结合重量吸附法（或中毒法）所得的总酸含量，应用无标样定量计算公式，计算 B 酸和 L 酸及总酸含量。

由朗白-比耳定律得

$$A_B = \varepsilon_B C_B I \tag{5-39}$$

$$A_L = \varepsilon_L C_L I \tag{5-40}$$

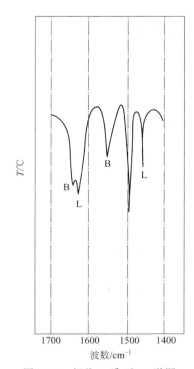

图 5-28　超稳 Y 沸石 IR 谱图

式中 A_B——B 酸在 1545cm^{-1} 的吸光度；
A_L——L 酸在 1455cm^{-1} 吸光度；
ε_B——B 酸的吸收系数；
ε_L——L 酸的吸收系数；
C_B——沸石表面 B 酸含量，mol/g；
C_L——沸石表面 L 酸含量，mol/g；
I——沸石式样片厚度。

为计算方便，将式(5-39)、式(5-40) 简化。

令
$$A_B^0 = A_B/I = \varepsilon_B C_B \tag{5-41}$$
$$A_L^0 = A_L/I = \varepsilon_L C_L \tag{5-42}$$

因重量吸附法测定酸量是 B 酸、L 酸之和，

则
$$C_B + C_L = C \tag{5-43}$$

将式(5-41)、式(5-42) 代入式(5-43) 得

$$\frac{A_B^0}{\varepsilon_B} + \frac{A_L^0}{\varepsilon_L} = C \tag{5-44}$$

设有 m 个组成各异的样品，用红外光谱分别测 A_B^0、A_L^0，同时用重量吸附法测总酸度 C，则得 m 个条件方程组。

$$\begin{aligned}
\frac{A_{B_1}^0}{\varepsilon_B} + \frac{A_{L_1}^0}{\varepsilon_L} &= C_1 \\
\frac{A_{B_2}^0}{\varepsilon_B} + \frac{A_{L_2}^0}{\varepsilon_L} &= C_2 \\
\frac{A_{B_3}^0}{\varepsilon_B} + \frac{A_{L_3}^0}{\varepsilon_L} &= C_3 \\
\frac{A_{B_m}^0}{\varepsilon_B} + \frac{A_{L_m}^0}{\varepsilon_L} &= C_m
\end{aligned} \tag{5-45}$$

联立条件方程组中，任意两个方程都可以解得 ε_B、ε_L。但由于红外仪器、吸附状态、真空条件和压片等因素引起的实验误差，解得各 ε_B 和 ε_L 都有偏差。为了获得较准确的 ε_B 和 ε_L，运用最小二乘法原理将条件方程组变成标准方程组。

将式(5-45) 等号两边分别乘以 $A_{B_i}^0$ 和 $A_{L_i}^0$ 并求和得

$$\begin{aligned}
\sum_{i=1}^{m}(A_{B_i}^0)^2 \frac{1}{\varepsilon_B} + \sum_{i=1}^{m} A_{L_i}^0 \times A_{B_i}^0 \frac{1}{\varepsilon_L} &= \sum_{i=1}^{m} A_{B_i}^0 C_i \\
\sum_{i=1}^{m} A_{B_i}^0 \times A_{L_i}^0 \frac{1}{\varepsilon_B} + \sum_{i=1}^{m}(A_{L_i}^0)^2 \times \frac{1}{\varepsilon_L} &= \sum_{i=1}^{m} A_{L_i}^0 C_i
\end{aligned} \tag{5-46}$$

将式(5-45) 等号两边分别乘以 $A_{B_i}^0$、$A_{L_i}^0$ 和 C_i 代入式(5-46) 可计算出 ε_B、ε_L。再根据此吸收系数由式(5-41)～式(5-43) 便可计算出未知样品的 B 酸、L 酸及总酸量。

六、其他方法

催化剂固体酸性的测定除上述各节所介绍的诸方法之外，1988 年抚顺石油化工研究院的杨恩浩同志建立了一种催化剂酸度快速测定方法。

该方法是在石英弹簧质量吸附法测量催化剂酸度的基础上，应用了差动变压器，代替原来的测高仪来测量质量变化。由原来 1 套石英弹簧秤质量吸附管改为 4 套，用数显毫伏表和

记录仪检测质量变化信号,实现了表示酸度的吡啶化学吸附量的自动记录,与计算机连用,可以自动判断平衡,打印水分和酸度结果。

(一) 装置

本方法的装置主要由 4 套石英弹簧秤质量吸附管、抽空系统、转换、记录和数显系统等组成。每套石英弹簧秤质量吸附管都装有差动变压器,它将质量信号转成电信号,再将电信号同时送入记录器、数显表和计算机。在记录仪上得到质量随时间变化的关系曲线(在记录仪上记录电压数)。

(二) 酸度测定结果

表 5-10 列出本方法与红外光谱法测定几种催化剂酸度的结果。

表 5-10 快速法酸度与红外酸度对比

样品	吸附管号	实验次数	水分/%	酸度/(mmol/g)	
				快速法	红外法
1-237	1#	1	10.33	0.363	0.303
		2	8.92	0.348	
	2#	1	10.33	0.387	
		2	9.41	0.379	
	4#	1	9.24	0.379	
		2	9.02	0.378	
1-238	1#	1	6.12	0.209	0.220
		2	6.28	0.253	
分子筛(2#)	1#	1	20.66	1.054	1.073
		2	19.79	1.140	
VSY-85	1#	1	19.82	1.223	1.047
		2	18.97	1.140	

(三) 实验条件

真空度为 1.33×10^{-2} Pa,500℃下净化样品 1h,读电压表数 (V_a),计算水分及样品净质量 (m_a);然后降温到 50℃吸附吡啶 1min,平衡 1h;脱吡啶,真空度达 0.133Pa,升温到 160℃恒温 1h 后,真空度达 1.33×10^{-2} Pa(此时催化剂上只有化学吸附的吡啶),记录电压表数 (V_d)。

红外光谱法的实验条件是: 1.33×10^{-2} Pa,500℃净化 1h,降至室温吸附吡啶,160℃脱吡啶,真空度达 1.33×10^{-2} Pa(此时脱掉物理吸附吡啶),以测高仪测量高度变化计算酸量。

快速法计算酸度的公式如下

$$A = \frac{(V_d - V_a) \times 1000}{SMm_a} \tag{5-47}$$

式中 A——酸度,mmol/g;
  V_a——样品净化后的体积,mL;
  V_d——脱去物理吸附吡啶样品后的体积,mL;
  S——仪器的灵敏度;
  m_a——样品净化后的质量,mg;
  M——吡啶的分子量,79.1g/mol。

快速酸度法灵敏度为 15V/g 左右,重复性和稳定性良好,标准偏差(10 次)1.43%,快速法和红外法比较,二者结果较接近。

第五节　化学吸附法测定金属分散度

负载型金属催化剂是石油化工中的一大类催化剂，载体为 SiO_2、Al_2O_3、活性炭、TiO_2 等，活性组元则有 Pt、Pd、Rh 等贵金属以及 Ni、Co 等过渡元素。后者在载体上的有效分散、粒子的大小及其分布，涉及到有效活性表面利用率的问题，因而直接影响这些催化剂的活性、选择性与稳定性。

"金属分散度"系指催化剂表面活性金属原子数 N_m^* 与催化剂上总金属原子数 N_{mo} 之比。

$$R = N_m^* / N_{mo} \tag{5-48}$$

但实际上，R 常常和金属的比表面积 S_g 或金属粒子的大小有关。测定金属粒子大小的方法很多，X 射线衍射线宽度法不适合小于 3nm 的粒子；X 射线小角散射测定粒子尺寸的下限是 1.5～2nm，而且技术上也比较复杂；透射电镜测定金属粒子直观方便，但必须是高分辨电子显微镜才能测定小于 1nm 的粒子；实际上，测定金属分散度最普遍的方法是设备简单的选择性化学吸附法。

所谓的选择性化学吸附，就是某些气体对载体 SiO_2，Al_2O_3 等不发生化学吸附，而选择性吸附在 Pt，Pd，Rh 等贵金属以及 Ni，Co 等过渡金属表面上，其中 H_2，O_2，CO 等气体对上述金属的吸附具有明确的计量关系，因此可以通过吸附量计算出金属分散度与活性表面和颗粒尺寸 d。吸附量的测定可以采用前面叙述过的静态容量法、静态重量法、程序升温脱附法、色谱法等。本节着重介绍常用的氢吸附法和氢氧滴定法。

一、氢吸附法

（一）脉冲色谱法

H_2 在金属 Me 上呈原子态吸附

$$H_2 + 2Me \longrightarrow 2Me-H$$

样品吸附管为内径 3～4mm，长约 25cm 的不锈钢型管，H_2 的注入可以采用注射法或用带定量管的六通阀进样。若采用后者，必须进行死空间校正，其方法为：取三支不同体积的定量管分别和六通阀连接，测定不同体积的 H_2 气体所给出的色谱信号，然后将信号对定量管体积作图，得到一条不经过原点的直线，与负方向横坐标相交于 V_s 处（图5-29），V_s 即为死空间。

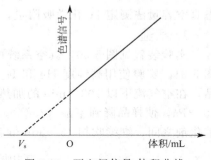

图 5-29　死空间信号-体积曲线

1. 测定氢气吸附量步骤

过 40～60 目筛的载 Pt 或 Pd 催化剂，经 120℃烘干后准确称取 1.5～3.0g，装入样品吸附管中，两端以石英砂填堵；接通氢气管线，在氢气流速 10mL/min 和升温速率约为 5℃/min 的条件下，升温到 500℃，恒温 2h 充分还原金属，降至室温，改通 N_2 吹扫 1h，向样品注 H_2 从而测量吸附量。每一个脉冲进 H_2 量为 0.25mL，第一个脉冲进的 H_2 大部分为样品吸附，记录得到的色谱峰很小或不出峰，逐次进 H_2，色谱峰面积逐渐增大，到最后出峰面积不变时，吸附达到饱和。此时色谱峰的面积就是一个脉冲所进 H_2 的贡献（应扣除 V_s 值），由此可以算出所注入的 H_2 脉冲应当导致的色谱峰面积 A_i（Ⅰ）和剩余氢所引起的色谱峰总面积 A_i（Ⅱ），则相应于样品吸附 H_2 的量和总注入的量的峰面积应当分别为 A_i

(Ⅰ)$-A_i$(Ⅱ)和A_i(Ⅰ)。

2. 结果计算

如果累计注入的 H_2 脉冲的总体积为 V_T(mL,stp),则样品吸附 H_2 的总体积即氢气吸附量 V(mL,stp)为

$$V=\frac{V_T[A_i(Ⅰ)-A_i(Ⅱ)]}{A_i(Ⅰ)} \tag{5-49}$$

则催化剂上 Pt(或 Pd)金属的比表面积 S_g,即活性表面积为

$$S_g(m^2/g)=\frac{VN_A A_0}{2.24\times10^8 mP} \tag{5-50}$$

式中 N_A——阿伏加得罗常数,6.023×10^{23};

m——催化剂质量,g;

P——催化剂含铂百分数;

A_0——H_2 分子截面积,$2.0\times10^{-16} cm^2$。

根据 Spenadel 建议,一个 Pt(或 Pd 等贵金属)原子吸附一个 H 原子,因此金属分散度可用吸附的氢原子数和催化剂上金属原子数之比来表示。

$$R=\frac{N_m^*}{N_m^0}=\frac{N}{N_m^0}=\frac{2VA_m\times10^{-3}}{22.4mP} \tag{5-51}$$

式中,A_m 为 Pt 或 Pd 等贵金属原子量。所以只要测定氢吸附量 V,由式(5-51)便可算出金属分散度。

(二) 静态容量法

含 Pt 量大于 0.3% 的 $Pt-Al_2O_3$ 催化剂,在 450~500℃经流动 H_2 还原后,于 25℃由静态真空容量法测定 H_2 化学吸附量,从而测得 R。

1. 实验

实验装置见图 5-30,真空系统可保证真空度优于 1×10^{-3} Pa,样品吸附管的典型结构见图 5-31。实验使用高纯度 He 和 H_2,事先精确标定系统的体积,然后装入不少于 1g 的样品,在空气流下以 10℃/min 的加热速度将催化剂加热到 450℃。恒温 1h,然后抽真空到约 10^{-3} Pa,使样品降到室温(25℃)。通 H_2 达 1.013×10^5 Pa,调节 H_2 流速在 10~25mL/min 催化剂之间,继续吹扫 15~30min 为止。以 10℃/min 升温到 425~450℃,缓缓抽真空到压

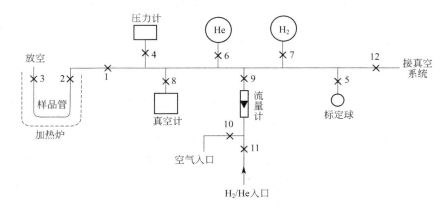

图 5-30 静态容量法测定 H_2 吸附量装置图

1~12—截止阀

力小于 $5×10^{-3}$Pa，然后降温到 25℃，到此完成了样品脱气与还原的预处理。关阀 2 缓慢向系统中充 H_2 到约 $6×10^3$ Pa，记录系统的支管压力 p_{m_1} 和 H_2 充入样品管以前支管的温度 T_{mA_1}。缓慢将系统中 H_2 膨胀到样品管中，记录样品温度 T，达到吸附平衡时的平衡压力 p_{e_1} 和整个系统的温度 T_{mB_1}，完成了第一次 H_2 的吸附。第二次 H_2 的吸附时，先将系统与样品管切断，仔细由储 H_2 球向系统支管补充氢气，记录此时的系统压力 p_{m_2} 和温度 T_{mA_2}，然后将系统与样品管接通，使 H_2 向样品管中膨胀，达到平衡后，记录吸附平衡压力 p_{e_2} 和温度 T_{mB_2}。如此继续进行第三次…至第 i 次 H_2 的吸附，记录相应的平衡压力 p_{e_3}，…，p_{e_i} 和系统温度 T_{mA_3}，…，T_{mA_i} 及样品管吸附平衡温度 T_{mB_3}，…，T_{mB_i}，这种操作应在 13332～39996Pa 范围等间隔地重复三次以上。到吸附饱和时，完成吸附测量。系统支管体积为 V_s。从系统中取出催化剂样品管准确称量，减去取样品管质量得到样品净质量 m。

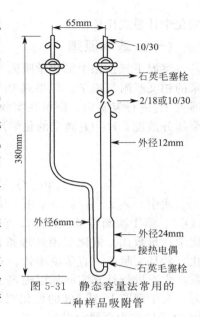

图 5-31　静态容量法常用的一种样品吸附管

2. H_2 化学吸附量的测量

第一次 H_2 吸附量

$$V_{ads}(mL, stp)_1 = \left[V_m \left(\frac{\dfrac{p_{m_1}}{T_{mA_1}}}{\dfrac{p_{e_1}}{T_{mB_1}}} - 1 \right) - V_s \right] \left(\frac{273}{T} \right) \left(\frac{p_{e_1}}{101325} \right) \tag{5-52}$$

第二次 H_2 吸附量

$$V_{ads}(mL, stp)_2 = \left[V_m \left(\frac{\dfrac{p_{m_2}}{T_{mA_2}}}{\dfrac{p_{e_2}}{T_{mB_2}}} - 1 \right) + V_s \left(\frac{\dfrac{p_{e_1}}{T_{mB_1}}}{\dfrac{p_{e_2}}{T_{mB_2}}} - 1 \right) \right] \left(\frac{273}{T} \right) \left(\frac{p_{e_2}}{101325} \right) \tag{5-53}$$

第 i 次 H_2 吸附量

$$V_{ads}(mL, stp)_i = \left[V_m \left(\frac{\dfrac{p_{m_i}}{T_{mA_i}}}{\dfrac{p_{e_i}}{T_{mB_i}}} - 1 \right) + V_s \left(\frac{\dfrac{p_{e_{i-1}}}{T_{mB_{i-1}}}}{\dfrac{p_{e_i}}{T_{mB_i}}} - 1 \right) \right] \left(\frac{273}{T} \right) \left(\frac{p_{e_i}}{101325} \right) \tag{5-54}$$

到第 i 次平衡点时，吸附达到饱和。则吸附 H_2 的累积体积 $V_{ads}(mL, stp)_{ci}$ 为：

$$V_{ads}(mL, stp)_{ci} = \sum_{\lambda=1}^{i} V_{ads}(mL, stp)_i \tag{5-55}$$

由 H_2 的吸附量 $V_{ads}(mL, stp)_{ci}$，用式(5-54) 及式(5-55) 便可计算出金属的活性表面积 S_g 和金属分散度 R。

二、氢氧滴定法

氢吸附法测定金属分散度时有两个缺点，由于 H_2 溢流现象，计算的金属比表面积偏高，灵敏度较低。采用化学吸附氧的氢氧滴定技术，可以克服上述两个缺点，但确定滴定时的化学计量式比较困难。

(一) 基本原理

室温下氧在铂上的化学吸附不可逆，吸附态的氧会与相当量的 H_2 反应生成水，裸露出来的铂又吸附氢原子。如果载 Pt 或 Pd 等催化剂先经 H_2 还原处理后，再经氧滴定，最后又通入 H_2 进行氢滴定，则可在实验上完成 H_2-O_2 滴定过程，并由最后 H_2 滴定的耗氢量计算金属分散度。H_2-O_2 滴定的化学反应为：

$$Pt^* + x/2 H_2 \longrightarrow Pt^* H_x \tag{5-56}$$

$$Pt^* + y/2 O_2 \longrightarrow Pt^* O_y \tag{5-57}$$

$$Pt^* O_y + (y + x/2) H_2 \longrightarrow Pt^* H_x + y H_2O \tag{5-58}$$

式中，$x/2$、$y/2$、$(y+x/2)$ 分别为催化剂初始氢吸附量（H_1）、初始氧吸附量（O_1）、第 1 次滴定量（H_{T_1}），它们的比，即 $x/2 : y/2 : (y+x/2)$ 或 $H_1 : O_1 : H_{T_1}$ 称为化学计量数比。催化剂预处理条件不同，催化剂表面结构不同，都会引起化学计量数比变化，并且文献上一直争论不休。对于 Pt-Al_2O_3 催化剂来说，一般都认为是 1:1:3，其他体系，应当进行补充实验加以确定。

对于载有 Pt 或 Pd 的催化剂来说，因为 $N_H/N_{Pt}^* = 1$，所以通常以吸附的氢与催化剂总 Pt 原子比作为金属分散度，即：

$$\frac{N_H}{N_{Pt}} = \frac{N_H}{N_{Pt}^*} \cdot \frac{N_{Pt}^*}{N_H} = \frac{N_{Pt}^*}{N_{Pt}} = R \tag{5-59}$$

式中　N_H——催化剂吸附的氢原子数；

N_{Pt}——催化剂含的总铂原子数；

N_{Pt}^*——催化剂表面活性铂原子数。

(二) 实验测定

脉冲气相色谱进行 H_2-O_2 滴定的装置流程见图 5-32。以氩气为载气，经 5A 分子筛和 401 脱氧剂，可保证进入样品管中氩气含氧量小于 10^{-6}。氢气与氧气经 105 催化剂和 5A 分子筛净化后，也都能保证分别脱出其中的痕量氧和氢。称取约 1g，40 目左右的催化剂，调节 H_2 流速为 40mL/min，以 4～5℃/min 升温速率加热到 200℃。恒温 30min 干燥脱水，然后升温到 450℃继续通 H_2 还原 2h，并在该温度下通氩气吹扫 1h，然后降至室温。30min 后

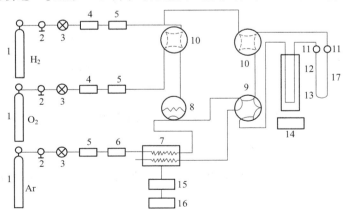

图 5-32　脉冲气相色谱 H_2-O_2 滴定装置流程图

1—各种气泵；2—减压阀；3—微调阀；4—105 催化剂；5—5A 分子筛；6—401 脱氧剂；
7—热导池；8—进样阀；9—六通阀；10—四通阀；11—三通阀；
12—样品管；13—电炉；14—温控系统；15—电桥；16—记录仪；17—脱氧支管

脉冲进 H_2，以每分钟 1 个脉冲的间隔进 H_2，直到色谱峰面积不变为止。改通氧脉冲，同样操作到吸附饱和，以 Ar_2 吹扫 5~10min，再以 H_2 滴定到吸附饱和为止。

（三）结果计算

先由 H_2 滴定的色谱峰面积计算 H_2 吸附量 V_H（mL，stp），再算 Pt（或 Pd 等金属）分散度 R 为

$$R = \frac{N_H}{N_{Pt}} = \frac{2V_H A_{Pt}}{22400 p} \tag{5-60}$$

式中 A_{Pt}——铂（或钯等）的原子量；

p——催化剂中铂的百分含量。

催化剂上活性表面的比表面积。即催化剂上每克的比表面积 S_g 为

$$S_g = A_0 \left(\frac{N_A}{N_{Pt}}\right) R \tag{5-61}$$

如果铂原子横截面积 A_0 取 $0.089 nm^2$，将阿伏伽德罗常数 N_A、铂原子量 A_{Pt} 的值代入，则上式变为

$$S_g = 2.75 \times 10^2 R (m^2/g_{Pt}) \tag{5-62}$$

催化剂上铂的晶粒如被视作球形，则其平均晶粒大小可由铂粒子的平均直径 $\bar{d}$（nm）表示

$$\bar{d} = 1.018/R \tag{5-63}$$

习题

1. 催化剂颗粒密度测定的原理是什么？
2. 催化剂颗粒密度、骨架密度的测定各用什么做置换介质？各有什么特点？
3. 视密度的测定可以用哪些介质？有什么特点？
4. 固定床催化剂压碎强度测定有哪些方法？
5. 什么是单转鼓容器法？什么是双转鼓容器法？
6. 用氦汞联用装置测定催化剂密度，为什么毛细管 b 和样品管 ST 的总体积要大于计量管三个球体积之和？
7. 流化床催化剂磨损性能的测定原理是什么？
8. 催化剂表面酸性中 L 酸与 B 酸如何实现转化？
9. 催化剂表面酸性测定常采用的方法原理是什么？
10. 如何用比保留体积判断分子筛表面酸性？
11. 用迎头色谱法测定催化剂酸性，可用的吸附剂有哪些？有什么特点？
12. 什么是金属分散度？
13. 氢氧滴定法的基本原理是什么？

第六章
石油产品添加剂分析

知识目标

1. 了解燃料油添加剂的基本知识。
2. 了解润滑油添加剂的基本知识。
3. 了解燃料油抗暴剂、防冰剂、抗氧防胶剂、抗磨剂、清净分散剂的作用原理。
4. 了解润滑油清净剂、分散剂、抗腐蚀剂、黏度指数改进剂、防锈剂、降凝剂的作用原理。

能力目标

1. 能采用高氯酸滴定法测定添加剂碱值。
2. 能测定添加剂中有效组分。
3. 能采用配位滴定法测定含添加剂润滑油的钙、钡、锌含量。
4. 能采用电量法测定添加剂和含添加剂润滑油水分。
5. 能采用毛细管法测定抗氧抗腐添加剂热分解温度。

第一节 燃料油添加剂基础知识

燃料添加剂是应用较早的石油产品添加剂，如各种抗爆剂、抗氧化剂早在 20 世纪 20~30 年代就已成为生产各种汽油、柴油等燃料油不可缺少的添加剂组分。但由于长期以来，燃料油使用性能的改善和提高在很大程度上依靠石油加工技术的进步来得以实现，不像各种润滑油那样主要是依靠各类添加剂来保证其使用性能得到满足。因此在相当长一段时间内，燃料油添加剂的发展相对来说比较缓慢，其常用品种及用量相对于润滑油来说均较少。

随着内燃机等机械工业的技术进步及发展，各种石油燃料在使用过程中暴露出性能上的不足，仅依靠石油炼制技术进步还远不能解决问题，所以近年来燃料添加剂在国内外受到越来越多的重视。依靠添加剂来解决燃料油性能不足已成为普遍趋势，各种新型燃料油添加剂也不断应运而生。

燃料油添加剂主要有汽油抗爆剂、早燃防止剂、抗氧化剂、金属减活剂、柴油十六烷值改进剂、降凝剂、防腐蚀剂、防冰剂、防腐杀菌剂、航空燃料防静电剂、润滑性改善剂、助燃剂和染色剂等。

一、汽油抗爆剂

1. 定义

能够提高汽油抗爆性能的添加剂，叫做抗爆剂（gasoline antiknock agent）。

2. 汽油抗爆剂的发展历史

和柴油发动机不同，汽油发动机必须由火花塞点火实现混合气燃烧，而不是靠混合气的自燃。如果汽油中含有正庚烷之类成分，由于它们非常容易燃烧，常常会在汽缸中自燃，产生比混合气正常燃烧时高得多的温度，由此便会产生过强的冲击波，而使发动机震动、发响。这就是爆燃（detonation）现象，又叫爆震，俗称"敲缸"。

爆燃不仅损害发动机，而且会造成汽油的浪费，因此如何提高汽油的抗爆性能，一直是汽车工程领域的重要研究课题。

工程师们首先确定了衡量汽油抗爆性能的几个指标，其中最常用的就是辛烷值（octane number）。之所以叫这个名字，是因为人们发现汽油中一种叫2,2,4-三甲基戊烷（俗称异辛烷）的成分具有很强的抗爆性，于是就把它和正庚烷作为衡量汽油抗爆性能的标准，规定正庚烷的辛烷值为0，而异辛烷的辛烷值为100。有了这样的规定，通过专门的测定机，就可以测出汽油的辛烷值。辛烷值又可以分为研究法辛烷值（research octane number，缩写为RON）和马达法辛烷值（motor octane number，MON）等，则是在不同条件下测定的结果。我国现在统一使用 RON 标定汽油等级，如 90# 汽油，就是指 RON 不小于 90 的汽油；93# 汽油则是 RON 不小于 93 的汽油，它的抗爆性要优于 90# 汽油。

然而，从石油直接分馏得到的直馏汽油（主要成分是直链烷烃），其 RON 非常低，仅为 40~60。由重油裂化而成的裂化汽油，由于其中的芳烃含量较高，而芳烃的 RON 一般要比直链烷烃高，因而其 RON 要比直馏汽油高一些，但还是低于 90。

如何提高汽油的抗爆性？一个很容易想到的办法就是往里加一些特殊的化学物质——这就是汽油抗爆剂。第一个在这方面做出了卓越贡献的，是美国化学家小托马斯·米基利。

1918~1920 年，米基利先后发现苯和乙醇可以作为抗爆剂，并申请了专利。1921 年，米基利发现了一种优良的抗爆剂——四乙基铅（tetraethyl lead，TEL）。四乙基铅最早由德国人在 1854 年发现，是一种具有水果气味的油状液体。只要加入少量到汽油中，就可以大大提升汽油的抗爆性能，而且合成容易，价格便宜。1923 年，车用含铅汽油在美国上市，并很快在全世界普及。

然而，早在公元前 1 世纪，古希腊人就知道铅是毒物；今天的医学证实，铅在人体内具有蓄积性，对循环系统、神经系统和消化系统的损害都非常大。1887 年，人们又发现铅对于儿童的危害性更大。到 1904 年，含铅颜料被发现是导致儿童铅中毒的罪魁祸首，5 年之后，法国、比利时和奥地利便率先禁止使用铅白（化学成分是碳酸铅）作为颜料。甚至在车用含铅汽油面世的前一年，美国公共卫生署就已经公开警告含铅燃料具有高毒性；1925 年，车用含铅汽油还曾一度被撤下柜台。

到 20 世纪 60 年代，这个利弊的判断就逆转了过来。一方面，环境学家们发现四乙基铅是一种重要的大气污染物，是空气中铅的主要来源；另一方面，人们已经无法忍受越来越严重的空气污染。这就注定了四乙基铅退出历史舞台的命运。20 世纪末，主要发达国家先后实现了汽油无铅化。我国也于 2000 年 1 月 1 日停止车用含铅汽油的生产。

与此同时，汽车工程师们也在寻找四乙基铅的替代品。1959 年，一种名为 MMT 的抗爆剂在美国被研制出来。它和四乙基铅一样，是一种有机金属化合物。不过 MMT 并没有得到广泛使用，1978 年美国就禁止使用（我国现在仍有少量使用）。20 世纪 70 年代，含氧有机化合物得到了人们的重视，先后找到了好几种性能比较优良的抗爆剂，其中应用最广的就是甲基叔丁基醚（methyl tertial-butyl ester，MTBE），于1973年在意大利正式投产。MTBE毒性很低，目前并没有明确的可致癌证据（IARC归类为第3类），本身又具有高RON（为117），特别是因为分子中含氧，可以有效提高汽油的燃烧效率，减少有毒废气的排放，因而加MTBE的汽油被誉为"清洁汽油"。

但是到了1996年，美国加利福尼亚州圣莫尼卡（Saint Monica）市的两个地区仅因为在地下水中检出了MTBE，就关停了50%的供水设施，最后竟导致美国多个州主动禁止使用MTBE作为抗爆剂。

经过调查发现，圣莫尼卡市地下水中的MTBE，并不是来自汽车，而只是来自一个旧加油站的泄漏。可以说，这完全是一个偶然事件。所以，尽管要求禁止在全国范围内使用MTBE的呼声在美国喊得震天响，但欧盟和日本却不为所动，至今仍在继续使用MTBE。当然，MTBE相对而言不易自然降解，所以现在欧盟和日本更青睐另一种较易降解的抗爆剂——乙基叔丁基醚（ethyltertial-butvl ester，ETBE），它的性能和MTBE一样优良。

MTBE的另一种替代品是乙醇。但是乙醇是一种亲水的物质，只要汽油中有少量的水分，乙醇就会大量转移到水中，而使汽油的抗爆性大大下降；而且，无水乙醇本身就具有吸水性，本来不含水的乙醇汽油，只要在空气中暴露，就会因吸水而分层。当时难于解决这个技术瓶颈，所以乙醇汽油没有得到发展，即使是今天，乙醇汽油也不耐长时间储存、运输。乙醇的价格又比汽油昂贵，如果大量使用乙醇汽油，油价势必会上升。因此，尽管使用乙醇汽油在美国的呼声很高，但其真正的供应量并不多，乙醇的全面使用或许是将来的发展趋势。

3. 汽油抗爆剂作用机理

许多国家的学者经过大量研究一致认为：爆震现象是由于汽油混合气中的过氧化物积聚后产生自燃而引起的。汽油发动机在正常燃烧时，火焰传播速度在 $10\sim30m/s$。火焰从火花塞点燃后均匀向前推进，汽缸内压力和温度的变化是均匀有规律的。当使用抗爆性差的汽油时，燃烧的情况就不同了。这时混合气点燃后，火焰前沿未传播到的那部分混合气，在汽缸内高温高压的作用下，已生成了大量的过氧化物。由于过氧化物自燃点低，当它积聚到一定浓度时，不等火焰前沿传到，就会自行地分解，引起混合气爆炸燃烧，使火焰传播速度突然剧增至 $1500\sim2500m/s$。这种高速的爆炸气体冲击波，就像一个铁锤击在活塞和汽缸上，同时发出尖锐的金属敲击声，这就是爆震。

而汽油加四乙基铅后，由于四乙基铅在200℃时就能分解成游离铅，与氧反应，生成活性不强的氧化物，中断了过氧化物生成的连锁反应，不至于发生过氧化物积聚和分解，从而避免了爆震的发生。

在20世纪50年代，含碱金属的有机抗爆剂是作为铅类汽油抗爆剂的助剂或铅的增效剂研制的。一般认为，其作用原理是这类铅增效剂可与在焰前区转化成大颗粒的不活泼的铅氧化物配合或形成化合物，之后再分解成铅氧化合物的活化态，后者进一步提供抗爆抑制作用。

碱金属羧酸盐或酚盐中的金属与碳原子之间形成的化学键属于离子键。有人认为，其作用机理可能与提高燃料的燃烧速度有关。提高火焰传播速度即缩短火焰从火花塞到末端气体的传播时间，降低了燃烧空气混合气的自燃倾向，因此提高火焰传播速度是控制爆震的有效手段。

4. 汽油抗爆剂的主要品种

(1) 烷基铅型抗爆剂　其主要有四乙基铅、四甲基铅，但因含铅，毒性大，我国在2000年实现全国汽油的无铅化。

(2) 非铅系抗爆剂

a. 锰系抗爆剂。乙基公司生产的 AK-33X，是甲基环戊烯基三羰基锰（简称 MMT），其效果类似四乙基铅，对烷烃基汽油的抗爆效果显著，但是对芳烃基的效果不大。因其成本高、对汽车排气转化净化催化剂堵塞、增加发动机磨损等问题而未能推广。

b. 二茂铁。使用时先溶于乙烷和石脑油、甲醇或烷基苯制成的母液而后加入汽油中，对辛烷值的提高有一定帮助，但因燃烧后的氧化铁留在燃烧室里无法引出而增加发动机的磨损及二茂铁的生产成本太高未能推广应用。

c. 胺系抗爆剂。胺系抗爆剂对低辛烷值汽油提高辛烷值效果大，对研究法辛烷值的提高作用大，对道路辛烷值的提高作用最小，因而未推广使用。

d. 醚系抗爆剂。直到现在还没有开发出无毒而抗爆性和烷基铅相似的理想抗爆剂，只有甲基叔丁基醚（MTBE）效果较好，已为各国所采用。一般加入量 3%～20%，可提高辛烷值 5～10 个单位。

美国标准醇公司已开发出一种生物降解水溶性清洁燃料添加剂，它是直链 C_1～C_8 燃料级醇混合物，辛烷值为 128，可代替 MTBE 用于汽油添加剂，也可作为四乙基铅替代物用于柴油掺混物。如果该产品被用作 MTBE 的代替品，那么因禁用 MTBE 而引起甲醇厂过剩的产能即可经过改造转产该产品。美国有家研究所现正在对该产品进行单独测试。专家指出，甲醇工厂经过改造，并采用专利催化剂适当改变一些反应条件，就能生产该产品。醇类用作汽油添加剂由于含有羟基而显示出不良效果，但甲醇、乙醇、丙醇和叔丁醇等低碳醇或其混合物都已用于汽油添加剂。其混合物用作汽油添加剂具有 MTBE 相似功能，还有价格优势，用作汽油调和剂具有较大的市场潜力。

二、抗氧防胶剂

1. 定义

抗氧防胶剂（antioxidant）也称抗氧化添加剂，主要对石油产品中的不安定化学组分的自动氧化反应起抑制作用。

常用于航空汽油、航空喷气燃料、车用汽油，有时也用在工业汽油和灯用煤油或轻柴油和溶剂油等轻质油品及电气绝缘油和某些润滑油或橡胶、塑料等石化产品中，以提高燃料油等的储藏和使用的化学安定性。现在主要使用的有酚系和胺系抗氧防胶剂。

2. 作用原理

燃料油的氧化经历的是自由基反应历程。酚型和胺型抗氧防胶剂的抗氧防胶作用机理为终止燃料油氧化过程中的链反应。这种抗氧剂同传递的链锁载体反应，使其变成不活泼的物质，起到终止氧化反应的作用。用 RO· 及 ROO· 表示链锁载体，用 AH 表示抗氧剂分子，其反应过程为：

$$RO· + AH \longrightarrow 不活泼物质$$
$$ROO· + AH \longrightarrow 不活泼物质$$

3 抗氧防胶剂的主要品种

(1) 亚苯基二胺系 N,N'-二异丙基对苯二胺、N,N'-二仲丁基对苯二胺。
(2) 烷基酚系 2,6-二叔丁基-4-甲酚、2,4-二甲基-6-叔丁基酚、2,6-二叔丁基酚。
我国目前主要使用的是对羟基二苯胺和 2,6-二叔丁基对甲酚。

三、抗磨剂

1. 定义

加入燃料油（低硫柴油）中能降低发动机燃料泵、喷嘴等装置磨损的添加剂称为抗磨剂

(antiwear additives)。

随着世界各国对环保问题的日益重视,生产高质量的清洁柴油已成为现代炼油工业的发展方向。这种柴油的硫含量低、芳烃含量低、十六烷值高、馏分轻。硫是增加柴油发动机排放物中 CH、CO,特别是可吸入颗粒物(PM)的最有害元素,所以降低柴油中硫含量对改善大气污染尤为重要。

但由于低硫柴油生产中普遍采用苛刻的加氢脱硫工艺,柴油中含氧、含氮化合物以及多环、双环芳烃的含量也随之降低,使得柴油的自然润滑性能降低。通常,汽车柴油发动机燃料泵系统是依赖柴油润滑的,而低硫柴油的生产在除去大量硫化物的同时,也除去了柴油中大量具有抗磨作用的杂质。因此,美国、瑞典等早期使用低硫柴油的国家都发生过大规模燃料泵黏着磨损和燃料泵性能下降的事故。

向低硫柴油中加入润滑性添加剂即抗磨剂是最简便,也是目前广泛采用的改善柴油润滑性的方法。现有的添加剂中,含硫减磨剂,因其本身含有硫元素而不适用于低硫柴油;含磷减磨剂则易影响尾气处理装置,副作用大;喷气燃料所用的脂肪酸抗磨剂由于与润滑油的相容性不好,也不能应用于低硫柴油。因此,非酸性的化合物例如脂肪酸衍生物成为研究的重点。

2. 抗磨剂种类

世界各大石油公司和添加剂公司从 20 世纪 90 年代初就开始柴油抗磨剂的研制开发,目前已经商品化的抗磨添加剂主要有 Infineum R655(Infineum 公司)、L2539M(Lubrizol 公司)、HiTEC 4140 和 HiTEC 4142(Afton 公司)、Dodi-lube 4940(Clariant 公司)、Kerokorr(r)LA 300 和 Kerokorr(r)LA 99C(BASF 公司)等。这些抗磨剂的主剂大多为脂肪酸的各种衍生物,如脂肪酸酯、酰胺或盐等。

四、清净分散剂

1. 定义

能把机械部位上的积炭等污物清洗下来,并使其均匀地分布在油中,能抑制减少沉积物的生成,使发动机内部清洁,同时还能将油泥和颗粒分散于油中,另外还能中和油中的酸性物质,称之为清净分散剂(detergent dispersant)。

汽车在给人们生活带来方便的同时,也给人类的生活环境造成了很大的威胁,汽车排放的有害物质已成为世界各大城市大气污染的主要来源。近年来,随着科技进步和环保压力增大,世界上新型电喷嘴汽车正在逐步取代原有的化油器式发动机汽车。这种技术在提高汽车发动机转速和功率、减少污染和节省燃料等方面表现出较大的优越性,但也带来一定的问题。由于发动机喷嘴对沉积物极其敏感,容易堵塞,长期使用会使进气阀表面沉积物堆积,引起发动机驱动性变差,油耗增加,尤其是造成尾气排放恶化。

随着全世界范围内使用清洁燃料呼声的日益高涨,各国对汽油的标准也日趋苛刻。围绕清洁汽油的生产,各大炼油厂纷纷采用降烯烃催化裂化、烷基化、异构化等生产工艺,但是从目前的实际情况来看,在汽油中添加清净分散剂不失为解决此问题的一个极其有效且可能是更经济快速改善汽油质量、降低汽车排放污染的措施。汽油清净分散剂在一些发达国家使用已比较普遍,如美国、日本规定优质汽油中必须添加汽油清净分散剂。随着我国经济与世界接轨,国家环保总局早在 1998 年 12 月向全国下发的"关于对《车用汽油有害物质控制标准》征求意见的通知"中,明确表示汽油中必须加入清净分散剂。因此,使用汽油清净分散剂,以降低汽车排放污染、改善城市环境已成大势所趋。

2. 清净分散剂作用原理

汽油清净分散剂,从结构上看是表面活性剂,它是由极性基团和非极性(油溶性)基团两部分组成的。在极性基团中有氨基、酰氨基、羧基、羟基、膦基及有机硅等。在油溶性基团中有烷基、低分子烯烃聚合物和芳基等。

清净分散剂的类型，可分为常规胺型和聚合型清净分散剂。由于聚合型清净分散剂在高温下有好的热稳定性，因此已取代常规胺型清净分散剂。

清净分散剂能够把沉积物前驱体包围，使它们不能进一步聚集，被清净剂分散包围着的这些前驱体随汽油到燃烧室燃烧分解。清净分散剂也能够在金属表面形成保护膜，从而防止沉积物前驱体沉积在金属表面。

汽油清净分散剂是一种具有清洁、保洁、抗氧、破乳化和防锈性能的多功能汽油添加剂。

（1）清洁功能　对节气门、化油器已生成的积炭具有清洗功能。消除由于积炭而引起的汽车急速不稳、加速供油不畅、油耗增高、尾气排放恶化等问题。

对电喷车的燃油喷嘴具有清洗功能。能够解决由于喷嘴堵塞引起的供油不畅、油耗增加、动力性能下降、尾气排放恶化等问题。

对电喷车的进气阀具有清洗功能。消除了由于进气阀沉积物引起的阀杆黏结、阀门密封不严、汽缸工作压力下降、燃烧不完全和排放恶化等问题。

（2）保洁功能　对化油器燃油系统，对电喷车喷嘴、进气阀具有保持清洁的功能，确保汽车行驶 50000km 免拆化油器，尾气排放不恶化。对电喷车，确保行驶 50000km 喷嘴无堵塞，喷嘴、进气阀行驶 80000km 不拆洗，尾气排放不恶化。

（3）抗乳化作用　防止油水乳化，防止将水带入进气系统及燃烧室中，造成腐蚀及影响发动机的正常运转。

（4）防锈性能　防止输油管路内部及车辆油路系统腐蚀。

3. 清净分散剂种类

从时间上来看，汽油清净分散剂可分为四个阶段。第一代汽油清净分散剂是 1954 年由 Chevron 公司推出的，主要解决了汽车化油器的积炭问题，其代表性化合物是普通胺类（如分子量为 300～400 的氨基酰胺）；第二代是 1968 年美国的 Lubrizol 公司在第一代汽油清净分散剂的基础上开发的，主要解决喷嘴堵塞的问题，其代表性化合物是聚异丁烯琥珀酰亚胺；第三代是一种集清净、分散、抗氧、防锈、破乳多种功能为一体的复合添加剂，它于 20 世纪 80 年代中期出现，不仅解决了化油器、喷嘴和进气阀的积炭问题，而且能有效地抑制燃油系统内部生成沉积物，迅速清除燃油系统已经生成的沉积物；第四代汽油清净分散剂是针对无铅汽油的使用而问世的，目的是进一步解决汽油燃烧室内沉积物的问题，其代表性结构是 1980 年以来 Chevron-BASF 等公司开发的一系列聚醚胺型汽油清净分散剂。

汽油清净分散剂按其化学结构大致可分为两类：小分子胺类和低聚物胺类。小分子胺类为应用最早的清净分散剂，如单丁二酰亚胺、双丁二酰亚胺、N-苯硬酯酰胺等。低聚物胺类包括烷基胺化物类、Mannich 反应产物类、异氰酸酯类衍生物、酸酯类和醚醇类等。烷基胺化物类中最常用的是聚异丁烯琥珀酰亚胺类。Mannich 反应产物类是近年来 Texaco、BP 等公司利用琥珀酰亚胺与烷基酚在甲醛溶液中发生 Mannich 反应的产物；异氰酸酯类衍生物为近年来出现的一类高效清净分散剂，如日本专利介绍用异氰酸酯与聚醚及胺进行聚加成反应生成的 N-取代氨基甲酸酯化合物，天津大学合成的脲基氨基甲酸酯清净分散剂。酸酯类和醚醇类主要有 Shell 公司利用聚异丁烯丁二酸酐与烷基聚醚醇反应的产物和 Texaco 公司利用内酯和烷基取代的苯氧基聚乙二醇胺反应的产物。

以聚异丁烯为烷基取代基的曼尼希缩合产物是一种多效、性能优异的燃油清净剂。一般采用聚异丁烯、苯酚、甲醛、多烯多胺为原料进行合成。但常规曼尼希缩合产物具有增加 CCD 生成的倾向，且生成量与其热稳定性有关，所以开发低相对分子量、分子量分布小的聚异丁烯以及小氨基基团的曼尼希类清净剂,并且选用聚醚胺、聚醚多元醇、醇胺等物质作为载体油将会具有良好的效果。

第二节　润滑油脂添加剂基础知识

添加剂的应用是改善润滑油性能的最经济而有效的重要手段,加入少量添加剂,即可大大改善某些质量指标,赋予新的性能而且使用性能提高,并极大地减缓变质速度而延长耐用寿命。换言之,若没有现代的高效添加剂,就不会有现代高质量的润滑油,因而发展添加剂的生产和使用,已成为合理而有效地利用石油资源,节约能源和增加经济效益的重要技术经济战略。

在20世纪30年代以前,国外润滑油中几乎不使用添加剂。但20世纪50年代以来,随着现代工业的发展,特别是汽车行业的发展,对润滑油的质量要求越来越高。现在由于受到法规的影响,要求润滑油要具有良好的抗氧化安定性、抗磨性和清净分散性等。因此,添加剂在内燃机油及工业动力设备用油中得到广泛应用,发展速度也越来越快。国内润滑油添加剂起步较晚,比较系统的开发始于20世纪50年代末期,1963~1965年我国相继建成了石油磺酸盐清净剂与二烷基二硫代磷酸盐抗氧抗腐剂生产装置,目前我国有润滑油添加剂生产厂家30多个,基本满足了国内润滑油工业的发展需求。

近十几年全球润滑油需求量趋于稳定,但随着润滑油,特别是汽油机油、柴油机油的升级换代加快,添加剂的消费量仍稳定增长。据不完全统计,全球年消费润滑油添加剂大约3000kt,销售额约30多亿美元,其中内燃机油添加剂的消费量大于2000kt。添加剂的最大市场在运输领域,包括用于轿车、卡车、公共汽车、铁路机车和船舶的发动机油及传动系统用油。近年来,随着汽油机油和柴油机油的快速发展,推动着添加剂的消费水平进一步提高。

近代机械技术日益向高级、精密、尖端发展,产品应用范围向高低温、高低压、高低速、高负荷、巨型和微型、耐辐射、耐真空、耐有害介质等方向迅速扩展。随之对所有润滑剂也带来了多种多样的特殊要求,因而单靠纯矿物基础油已不能满足,必须在选用合适的基础油的同时,加入各种高效添加剂,用添加剂改变矿物油固有性质的局面,生产出多种性能优越的润滑油脂。

润滑油添加剂主要包括清净剂、无灰分散剂、黏度指数改进剂、极压抗磨剂、抗氧剂等。由于清净分散剂在车用发动机油中的广泛用途,占主要的最终使用的润滑油添加剂产量的一半左右,并且仍将保持优势地位。抗氧剂和其他小产量的添加剂将呈现出较好的增长趋势。

一、清净剂

在内燃机的使用过程中,会有一些燃料燃烧而生成的炭粒、烟尘进入到润滑油中,空气中一些灰尘也会进入油中,同时润滑油自身的高温氧化会产生酸性物质,这些物质结合在一起就会生成积炭、油泥,导致油品质量变坏,磨损增加,腐蚀加重,堵塞油路与滤网,使活塞环粘连,机械不能正常工作。为了防止这些物质形成,保证内燃机正常、持久、经济运行,在润滑油中加入清净分散剂,用来中和油品氧化后产生的酸性化合物,防止酸性化合物进一步氧化,并能吸收氧化颗粒,使之分散在油中,不能结垢和沉积在金属表面上,解决发动机怠速、失速和运转失调的问题。在润滑油添加剂的组成中,约一半成分是清净分散剂。随着润滑油向高档化发展,对油品提出了更高要求,不但需要良好的高温清净性,而且还具有较好的分水性、抗氧化性等。

1. 定义

添加到润滑油中用以抑制或清除发动机供油系统、喷嘴等处沉积物的物质叫清净剂。添加这类物质主要是防止产生高温沉积物。由于这类物质中一般含有金属离子，所以又叫有灰型清净剂。

2. 清净剂的作用机理

(1) 酸中和作用　持续地中和润滑油氢化生成的含氧酸，阻止它的进一步氧化缩合，从而减少漆膜。

(2) 洗涤作用　在油中呈胶束的清净剂对生成的漆膜和积炭有很强的吸附性能，它能将黏附在活塞上的漆膜和积炭洗涤下来而分散在油中。

(3) 吸附作用　清净剂能将已经生成的胶质和炭粒等固体小颗粒加以吸附而分散在油中，防止它们之间凝聚起来形成大颗粒而黏附汽缸或沉降为油泥。

(4) 增溶作用　清净剂对沉积物前驱的增溶作用，就是能够使这些反应性强的官能团的活力降低，从而阻止沉积物的生成。

3. 清净剂的主要类型

(1) 油溶性磺酸盐　磺酸盐清净剂有石油磺酸盐和合成磺酸盐两种，按总碱值(TBN)高低分为低碱值(中性)、中碱值(TBN＝80～160mgKOH/g)及高碱值 TBN＞300)磺酸盐三种。磺酸钙的清净性能取决于中性磺酸钙(即皂含量)的多少，其中和性能主要来自分散在胶束中的碳酸钙，碳酸钙的质量分数越高，中和性能越好。

(2) 酚盐和水杨酸盐　高碱性酚盐使用最广泛的是钙盐，其作用是与碳酸链结合，而不像高碱性磺酸盐那样呈胶束分散。高碱性烷基酚钙主要和其他清净剂及抗氧化剂复合使用，其主要作用是中和腐蚀性酸，清洁及控制活塞积炭，以防止活塞环黏结。酚盐清净剂是重负荷柴油机油(CD)或高负荷、高速汽油机油(SG级)使用的耐热性能和清净性能好的添加剂。高碱性水杨酸钙在润滑油中形成由碳酸钙分子形成的胶束，可以把发动机内部表面的油泥、漆膜和积炭渣洗干来并分散悬浮于润滑油中、经循环过滤除去。烷基水杨酸钙的减磨性能好，主要用于 SF 级和 SG 级节能内燃机油。

(3) 羧酸盐　现在使用的羧酸钙清净剂，其碱值 50～200mg(KOH)/g，金属比是 1～10，皂质量分数为 10%～45%，金属为 Ca，所用羧基酸分子量为 250～1000。

(4) 其他清净剂　烷基硫磷酸钡或烷基磷酸钡清净剂的清净性好，但因硫酸灰分多而不再使用。高碱性磷酸钙制造困难。中性或碱性磷酸盐主要用在重负荷柴油机油及二冲程内燃机油上，其他的磷酸盐热稳定性差，在中高档内燃机油中使用较少。

对金属型清净剂要求最重要的性能是酸中和能力，为此应极力提高金属含量，目前国外使用的金属型清净剂大部分是过碱性的。

过碱性清净剂一般是将碳酸钙和氢氧化钙分散在中性金属清净剂中。目前使用的主要清净剂的碱值：磺酸盐为 300mg(KOH)/g 以上，而水杨酸镁已发展到 340mg(KOH)/g。一般来说，磺酸盐比酚盐的碱值高，价廉，水杨酸盐的价格最贵，酚盐及水杨酸盐的耐热性优异，而且具有抗氧性，而磺酸盐的清净性好。因此必须根据使用目的，选择合适的清净剂。随着发动机油使用条件的苛刻化，从耐热性及价格综合考虑，酚盐正成为主流。

20世纪 90 年代，由于发动机设计向小型化、大功率及高速度方向发展，同时随着环保法规的强化，传统的金属型清净剂不能满足现代润滑油的质量要求，为此，日本某研究所等单位开发了碱值为 400mg(KOH)/g 的硫化烷基酚钙，该产品不仅碱值高，而且耐热性超过了市售的烷基酚盐；开发的硫化烷基水杨酸盐的耐热性及炭分散性均超过市售的烷基酚盐及市售的水杨酸盐。近年来，由于排放法规的强化，使废气净化催化剂中毒的磷系极压剂的使用受限。日本又开发了一种与传统的烷基酚系清净剂具有同等清净性、分散性和酸中和能力，同时还具有与传统的 ZDDP（烷基二硫代磷酸锌）同等或更好的载荷性能及抗磨性能的极压清净剂。该剂是以正丁基酚、叔丁基酚、仲丁基酚为原料，制备成硫化正丁基酚钙、硫化叔丁基酚钙、硫化仲丁基酚钙，因此称新型硫化烷基酚钙为极压性清净剂。

二、分散剂

1. 定义

分散剂（dispersant additive）能使固体污染物以胶体状态悬浮于油中从而防止油泥、漆膜和淤渣等物质沉积在发动机部件上的化学品。主要是防止低温沉积物，常与清净剂复合使用。分散剂一般都是具有表面活性的物质，不含金属离子，所以又称非离子型无灰剂。

2. 分散剂的作用机理

由于分散剂分子结构具有表面活性剂结构特点，其非极性基团（如多烯多胺基团）优先吸附在金属或离子表面，形成一层分子保护膜，防止粒子的聚集沉积或在金属表面黏附，起到保持清洁的作用。极性基团（如聚异丁烯基团）伸入油中，将已形成的沉积物微小颗粒包围起来，形成油溶性胶束分散到油中，随油燃烧，达到清洗的目的。因此，分散剂作用机理在于使油品使用过程中由于氧化或其他化学作用形成的不溶物质保持悬浮，并防止油泥凝聚和不溶物沉积。其另一个作用是防止烟炱颗粒凝聚，并降低润滑油使用过程中的黏度增长。

3. 分散剂的种类

20 世纪 40～50 年代国外汽车逐渐增多，为了减少空气污染，普遍使用正压进排气（PVC）系统，这样会使酸性物质进入曲轴箱内，造成润滑油中漆状物与淤渣沉积物生成趋势增加。产生的大量水汽部分被冷凝下来生成大量乳化油泥，阻塞了管道及滤网，严重影响曲轴箱的正常使用。为了解决低温油泥分散问题，1955 年美国杜邦公司研究出一类新型聚合型分散添加剂，这种无灰分散剂使低温油泥问题得到解决，但效果不够明显，20 世纪 60 年代出现了非聚合型的丁二酰亚胺无灰分散剂。80 年代发现了"黑色油泥"问题，还有阀系磨损严重、抗氧化能力差、清净性不好以及材质易变硬等问题。目前国内外普遍采用的丁二酰亚胺分散剂，对黑色油泥分散和吸附不好，不能解决黑色油泥问题。增加丁二酰亚胺灰分散剂的用量，则对油品低温黏度影响较大，不利于调制多级油品。以上原因要求无灰分散剂除分散性能外，还应提高黏度指数，降低对低温黏度的影响，并可减少黏度指数改进剂的用量。如何解决这些问题，只有合成新的无灰分散剂和丁二酰亚胺的衍生物，才能得到圆满解决。

（1）丁二酰亚胺 丁二酰亚胺是用得较广泛和使用量最多的一种分散剂，20 世纪 60 年代后开始大量使用，根据性能和用途不同，丁二酰亚胺有单丁二酰亚胺、双丁二酰亚胺、多丁二酰亚胺和高分子量分散剂。单丁二酰亚胺的低温分散性能特别好，多用于汽油机油和 API CC 级以下的柴油机油；双和多丁二酰亚胺热稳定性能好，更多地用于增压柴油机油中。

（2）丁二酸酯型分散剂 丁二酸酯是 20 世纪 70 年代发展起来的新型分散剂，具有很好的抗氧和高温稳定性，在高强度发动机运转中可有效控制沉淀物的生成。经过试验室评定试验，酯型分散剂热分解温度明显高于丁二酰亚胺类无灰剂，但从斑点分散数据看。酯型无灰分散剂比双丁酰亚胺稍差，酯类无灰剂氧化安定性比丁二酰亚胺类（T152）好。在兰州石化公司研制的 SF/CD 10W/30 通用油中，为解决油品高温清净性问题，使用了部分酯型无灰分散剂，该油品成功地通过了 L-38、ⅢD、ⅤD、1G2 等台架试验。

（3）丁二酰亚胺的硼化物　硼化分散剂就是指丁二酰亚胺与硼酸反应后得到的产品，这种类型的分散剂改进了过去分散剂的抗磨性能和对橡胶材料的密封性能，埃克森化学公司研制了该类产品，它是通过分子量为 1500～5000 的聚异丁烯和丁二酸反应生成中间体，丁二酸与聚异干烯的摩尔比为 1.05～1.25，多烯多胺、硼酸再进一步反应生成分散剂。

近年来，国内外研制了高分子量无灰分散剂、酯类无灰分散剂、双酐性无灰分散剂、多酰胺无灰分散剂、超高碱烷基水杨酸钙（镁）等新型无灰分散剂，并有部分产品投入工业化生产。这些产品为研制下一代复合剂创造了条件。今后无灰分散剂发展趋势主要表现在以下几方面。

① 更好的油泥和漆膜控制能力。
② 优良的烟炱分散能力。
③ 良好的黏温性能，低温黏度小，黏度指数高。
④ 与其他添加剂的相容性好。
⑤ 耐水性好。
⑥ 对橡胶的密封性好。
⑦ 采用环境友好的生产工艺，产品可满足将来可能提出的对油品中卤素的限制标准。

三、抗氧抗腐剂

1. 定义

具有抗氧化、抗腐蚀性能，并兼具有抗磨作用，主要用于内燃机油抑制润滑油氧化，钝化金属催化作用的添加剂称为抗氧抗腐剂（antioxidant and corrosion inhibitor）。

润滑油脂在储存和使用过程中，会发生老化或腐败，实质上是发生了氧化反应。氧化后会产生酸性物质，对金属有腐蚀作用；氧化后使油品黏度增加，多消耗机械功率并使冷却效能变坏。严重氧化将会产生油泥、沉淀和漆状薄膜，使灵活的机件呆滞等。这些现象的出现，不仅会使机器效率损失，而且还会造成设备的损坏。为此，必须加入抗氧化剂，减缓油品在储存和使用中氧化作用。

在石油产品添加剂中抗氧抗腐剂的产量仅次于清静分散剂和黏度指数改进剂而居于第三位。

2. 抗氧抗腐剂的种类

1914 年，为了改善含烯烃的裂化汽油的氧化稳定性，防止其过快生成胶质沉淀，研制出了一类酚型、胺型抗氧剂。20 世纪 20 年代末，随着透平机的发展，2,6-二叔丁基对甲酚开始用于透平油中，其至今还是用于工业油中的主要抗氧剂。此阶段在变压器油中加入了对苯二酚等抗氧剂，大大地延长了油品的寿命。1 年以后，由于汽车工业的大发展，内燃机压缩比大幅度上升，巴比特合金轴承材料暴露了难以承受高负荷、高温的缺陷，从而使各种硬质合金如铜-铅等材料逐渐得到广泛的应用，但由于润滑油氧化产物对这些硬质合金较易产生腐蚀，要求加入抗氧抗腐剂。因而在 1930 年，美国集中了很大一批力量研究抗氧抗腐剂，筛选出二烷基二硫代磷酸锌产品。尽管该产品用于内燃机油中已有多年的历史，但至今尚无其他类型的更好的抗氧抗腐蚀剂可以代替它。第二次世界大战结束以后，汽车发动机油使用的添加剂已基本成熟，但是用于航空发动机时，由于添加剂中含有灰分而失败。随着无灰分散剂的出现，研制出的双酚型无灰抗氧剂与其复合，用于活塞式航空发动机油中取得了成功。美国在 20 世纪 70 年代出现了内燃机油早期老化问题。在高温、高负荷、变速条件下，润滑油容易在低温下形成胶质和油泥，使其黏度增加，影响发动机的正常运转，目前解决的办法依然是合理使用热稳定性较高的二烷基二硫代磷酸锌盐。

（1）酚型抗氧剂　酚型抗氧剂比较古老，早在20世纪初就开始用于石油产品中。最常用的是2,6-二叔丁基对甲酚，它是我国目前工业用油中的主要抗氧剂。

酚型抗氧剂的使用温度较低，多用于通用机床油、透平油、液压油、变压器油中，一般用量为0.1%～0.5%。由于单环的屏蔽酚使用温度较低，后来发展了一类双酯型化合物，可用于内燃机油中。

（2）芳胺型抗氧化剂　芳胺型化合物抗氧剂的使用温度比酚型的高，为120～150℃。α-萘胺易使油品变色，易生成沉淀，同时毒性较大，因而在工业用油中受到限制，主要用于压缩机油。烷基化二苯胺型抗氧剂由于高温抗氧性能好，主要用于酯类合成油中，作为喷气涡轮发动机的润滑油抗氧剂，也可用于矿物油基础油中，调制各种API质量等级的内燃机油，如SF、SG、SH、SJ等。酚胺型抗氧剂是一类双官能团化合物，具有酚胺型、胺型抗氧剂的特点，目前这种产品种类较少。它与芳胺型不同的是氧化后不产生沉淀，可用于重负荷的工业用油，能耐149℃的高温，但与双酚比较，高温性能稍差。

（3）二烷基二硫代磷酸锌ZDDP　ZDDP是一种含硫、磷的抗氧剂，它兼有抗腐蚀和抗磨的作用，是一种多效添加剂。它的使用已有60多年的历史，使用温度在130℃以上，用量也较多，主要用于内燃机油、抗磨液压油中。在配制高等级机油使用的抗氧抗腐蚀剂仍以ZDDP为主剂。二烷基二硫代氨基甲酸盐（ZDTC）具有抗氧抗腐蚀等性能，而且有钝化金属的作用。因此，40多年前该类化合物已成为润滑油的一种引人注目的多效添加剂，在许多油品中得到广泛的应用。其特点是高温抗氧化性能好，而毒性比胺型抗氧剂小，且不使油品变色，还具有突出的极压性。ZDTC主要兼有抗磨性和极压作用。因此二烷基二硫代氨基甲酸盐在齿轮油和润滑脂中得到了应用，但其价格较贵，目前使用远不如ZDDP广泛。

近年来，为了减少汽车尾气中氮氧化物（NO_x）等有害气体的排放，各大OEM（原设备制造商）开始在汽油机上使用三元催化转化器。

由于发现P元素对汽油机上三元催化转化器有害，含磷的沉淀物尤其是磷酸锌会使三效催化剂中毒及影响氧气传感器，随之出台的内燃机油品规格开始对P元素含量进行越来越严格的限制，ZDDP的使用开始受到限制，而随着ILSAC新出台的GF-4规格即将全面强制实施，这一矛盾将会显得更加突出。

ZDDP的局限性主要体现在以下几个方面。

① 在传统润滑油配方中，P元素的主要来源是作为优秀抗氧抗磨剂的ZDDP为了避免后处理装置中的催化剂中毒，必须使用低磷甚至无磷添加剂，开发低磷化汽油机油。

② ZDDP是除金属清洁剂以外灰分的主要来源之一。灰分因其会堵塞过选系统，对柴油机的微粒捕集器产生影响。这就要求我们尽量使用无灰添加剂，开发低灰分柴油机油。

③ 随着现代机械设备性能的不断提高。包括内燃机润滑油体系在内都要使用无锌多功能添加剂，以避免元素Zn使某些合金轴承（主要指银与铅部件）产生电化学腐蚀。

④ ZDDP在高于160℃的工况下会丧失抗氧化和极压抗磨性能。这主要是因为在温度较高时，其分子急剧裂解，容易引起化学磨损。

目前，虽然ZDDP仍在继续普遍使用，但针对ZDDP的局限性，降低润滑油配方中ZDDP的用量，以及开发新的极压抗磨剂以替代ZDDP，对从事润滑油及摩擦化学研究的工作者来说，是一项迫在眉睫的任务。

四、黏度指数改进剂

1. 定义

能增加油品的黏度和提高油品的黏度指数、改善润滑油的黏温性能的添加剂称为黏度指数改进剂（viscosity index improver，简称VII）。

为了改善润滑油的黏温性能，人们通常在其中添加黏度指数改进剂，以获得低温启动性能好、在高温下又能保持适当黏度的多级发动机油。20 世纪 30 年代末，人们首先将聚甲基丙烯酸酯（PMA）应用于航空液压油，以后又开发出聚异丁烯（PIB），前者具有优异的黏温性能、好的热氧化安定性，但是稠化能力差，用量大；后者具有好的剪切稳定性及稠化能力，价格便宜，但是低温性能差，不能配制中高档多级内燃机油。60 年代末、70 年代初，开发出 2 种新型的黏度指数改进剂：乙烯-丙烯共聚物（OCP）和氢化苯乙烯-双烯共聚物（HSD）。这 2 种黏度指数改进剂有高的稠化能力、好的剪切稳定性及黏温性能并且价格适中，适于配制大功率高速柴油机油。

HSD 制备工艺复杂，而且在高温高剪切速率下的黏度较小，而 OCP 原料易得、工艺简单、综合性能良好，获得了更广泛的应用。我国对于黏度指数改进剂的研究发展速度很快，目前我国已生产应用的有聚异丁烯、聚甲基丙烯酸醇和乙烯-丙烯共聚物。

2. 黏度指数改进剂的作用机理

在高温时，黏度指数改进剂的高分子化合物分子线圈伸展，其流体力学体积增大，导致液体内摩擦增大，即黏度增加，从而弥补了油品由于温度升高而黏度降低的缺陷。反之，在低温时，高分子化合物分子线圈收缩卷曲，其流体力学体积变小，内摩擦变小，使油品黏度相对变小。

3. 黏度指数改进剂类型

一种好的黏度指数改进剂，不仅要求增黏能力高，剪切稳定性好，同时还要求具有良好的低温性能和热氧化安定性。但至今为止还没有一种黏度指数改进剂能满足上述全部要求。人们最为关心的使用性能包括增黏能力、剪切稳定性、热氧化安定性和低温性能。

黏度指数改进剂的品种有聚异丁烯、聚甲基丙烯酸酯、乙烯-丙烯共聚物、氢化苯乙烯-双烯共聚物、苯乙烯聚醇和聚正丁基乙烯基醚等 6 种，大体可以分为三类。

① 聚烯烃-聚异丁烯、乙烯-丙烯共聚物、氢化苯乙烯-双烯共聚物。

② 聚酯类-聚甲基丙烯酸酯、苯乙烯聚酯。

③ 含氮共聚物-分散型聚甲基丙烯酸酯、分散型乙烯-丙烯共聚物。

（1）聚异丁烯　用于多级内燃机油的聚异丁烯，分子量为 5 万左右，低分子量（平均分子量为 1 万左右）的聚异丁烯具有优良的剪切稳定性，可用于液压油和多级齿轮油。聚异丁烯的剪切稳定性和热氧化安定性较好，但低温性能和增黏能力较差，不能配制黏度级别较低和跨度较大的多级内燃机油。目前国内对于聚异丁烯类黏度指数改进剂用量不大，生产厂家也不多。

（2）聚甲基丙烯酸酯　采用不同碳数的甲基丙烯酸烷基酯单体，在引发剂和分子量调节剂存在下通过溶液聚合制备。如烷基碳链足够长，可兼有降凝作用，与含氮极性单体共聚则具有一定的分散作用，在多级油中可降低无灰分散剂用量。

用于配制多级内燃机油的 PMA，分子量一般为 15 万左右。分子量为 2 万～3 万的 PMA，可配制低温性能极好的液压油、多级齿轮油、数控机床油、自动传动液等。PMA 的增黏能力和剪切稳定性较差，不适合单独配制多级柴油机油，但由于其低温性能好，较适合配制低黏度级别的多级汽油机油（如 5W/20、5W/30）。

（3）乙烯-丙烯共聚（OCP）　乙丙共聚物可以通过两种途径获得，其一是直接合成，严格控制聚合物的分子量；其二是将分子量较高的乙丙胶，通过热氢化或机械降解到一定分子量，在乙烯-丙烯链上通过接枝引入含氮极性单体可以得到具有分散性的乙丙共聚物。

由于乙-丙共聚物黏度指数改进剂（OCP）在发动机使用中呈现出综合性能优良、价格便宜等优点，因此，得到广泛应用和发展。目前已开发出三种类型的 OCP：单效 OCP、分散型 OCP（DOCP）和分散抗氧型 OCP（DAOCP）。

我国对于黏度指数改进剂的研发速度很快，目前已生产应用的有聚异丁烯、聚甲基丙烯酸酯和乙烯-丙烯共聚物。国内黏度指数改进剂的用量与国外相当，但品种不平衡，其中PIB的用量达到80%以上。PIB的剪切稳定性和低温性能差，在配制低黏度多级油时受到限制。近年来，随着低档油品的淘汰，OCP的用量逐步上升，并且品种在逐步多样化。随着发动机的法规越来越苛刻，发动机机油对所使用的油溶性的高聚物的要求也越来越高。研制增稠能力强，剪切稳定性好，又不使清净性变差的环保型、可生物降解的高分子聚合物是今后黏度指数改进剂的发展方向。

五、降凝剂

1. 定义

能降低石油产品的倾点和改善低温流动性的添加剂称为降凝剂（pour point depressant）。

我国原油多属高蜡原油。高蜡原油生产和输送的一个关键是降低其凝点，改善原油的流动性能。

2. 降凝剂的作用机理

化学降凝剂是由长链烷基基团和极性基团两部分组成的高分子，可依靠自身的分子特点，改变多蜡原油冷却过程中析出的蜡晶形态，抑制蜡晶在原油中形成三维网状结构，从而改善原油的低温流动性。

降凝剂可以通过晶核作用、共晶作用和吸附作用实现降凝目的。

（1）晶核作用　降凝剂在稍高于原油析蜡点的温度下结晶析出，从而成为蜡晶析出生长的发育中心。

（2）吸附作用　降凝剂在略低于原油析蜡点的温度下结晶析出，因此可吸附在已析出的蜡晶晶核中心上，改变了蜡晶的表面特性，阻碍了晶体的长大或改变了晶体的生长习性，使蜡晶的分散度增加。

（3）共晶作用　共晶作用是指降凝剂在析蜡点时与蜡共晶析出。

不加降凝剂时，蜡晶为二维生长，001面的生长速率较快。易长成菱形片状，当蜡晶长至200pm左右时，连接抽成网，使原油失去流动性。加入添加剂后，降凝剂分子在原油析蜡点析出，由于降凝剂分子与蜡分子的碳链有足够的相似性，降凝剂可以进入蜡晶的晶格中发生共晶，而降凝剂分子中的极性部分阻碍了蜡晶在001面上的生长，却相对加快了蜡晶在Z轴方向上的生长速度，晶型由不规则的块状向四棱锥、四棱柱形变。蜡的这种结晶形态，使比表面积相对减小，表面能下降，因而难于聚集形成三维网状结构。

（4）改善蜡的溶解性　降凝剂如同表面活性剂，加降凝剂以后，增加了蜡在油品中的溶解度，使析蜡量减少，同时又增加了蜡的分散度，且由于蜡分散后的表面电荷的影响。蜡晶之间相互排斥，不容易形成三维网状结构，因此原油的流动性得以改善。

降凝剂的共晶机理是目前为人们所广泛接受的。但是降凝剂的降凝作用不只是一种类型的降凝机理。而是几种机理都可能有，只是在蜡成长的不同阶段有一种起主导作用。

3. 降凝剂种类

根据结构和用途的不同，适于作降凝剂的聚合物的分子量的差异很大。低分子量的聚合物适宜作为轻质合成润滑油的降凝剂，而高分子量的聚合物适宜于重质合成润滑油。分子量为20000～28000的乙烯-乙酸乙烯酯共聚物对原油表现出良好的降凝作用。

降凝剂的分子结构由长链烷基和极性基团两部分组成，长链烷基的结构可以在侧链上，也可以在主链上，或者两者兼有。研究的结果表明，聚合物降凝剂的侧链主要以极性侧链为主。

目前,国产的降凝剂主要有以下几类。

(1) 乙烯-乙酸乙烯共聚物(EVA) 其中,乙酸乙烯酯的含量为35%~45%,分子量20000~28000,这种降凝剂对高含蜡原油有效。EVA 中有乙烯结构和非极性部分,前者与石蜡结构相同,产生共晶作用,而非极性部分隔开蜡晶,防止蜡晶长大成网状结构,从而起到降凝作用。现场使用方便、用量少、成本低。

(2) 三元共聚物 这种降凝剂是一种新型高分子降凝剂,它是由乙烯、乙酸乙烯和乙烯醇氧烷基聚醚聚合而成。

(3) 丙烯酸酯聚合物 这种降凝剂是由丙烯酸与高碳醇酯化后聚合而成,如 GY 系列降凝剂就属此类。

(4) 含氮聚合物 主要是聚胺类或者是烷基胺与含有马来酸富马酸共聚物作用得到的化合物。这类化合物的降凝剂不仅降凝的效果好,同时在石油中稳定性也极好。

第三节　石油产品添加剂类分析

石油添加剂种类繁多,按 SH/T 0398—2007 石化行业标准规定。由石油产品添加剂应用场合分为润滑油添加剂、燃料油添加剂、复合合添加剂和期货添加剂等4个部分。

润滑油和燃料油添加剂按其作用分组;复合添加剂按应用场合分组。

表 6-1 为石油产品添加剂的分组和组号。

表 6-1　石油产品添加剂的分组和组号

组　别	组号	代号	组　别	组号	代号
润滑剂添加剂			消烟剂	20	T20XX
清净剂和分散剂	1	T1XX	助燃剂	21	T21XX
抗氧抗腐剂	2	T2XX	十六烷值改进剂	22	T22XX
极压抗磨剂	3	T3XX	清净分散剂	23	T23XX
油性剂和摩擦改进剂	4	T4XX	热安定剂	24	T24XX
抗氧剂和金属减活剂	5	T5XX	染色剂	25	T25XX
黏度指数改进剂	6	T6XX	复合添加剂		
防锈剂	7	T7XX	汽油机油复合剂	30	
降凝剂	8	T8XX	柴油机油复合剂	31	
抗泡沫剂	9	T9XX	通用汽车发动机油复合剂	32	
燃料添加剂			二冲程汽油机油复合剂	33	
抗暴剂	11	T11XX	铁路机车油复合剂	34	
金属纯化剂	12	T12XX	船用发动机油复合剂	35	
防冰剂	13	T13XX	工业齿轮油复合剂	40	
抗氧防胶剂	14	T14XX	车辆齿轮油复合剂	41	
抗静电剂	15	T15XX	通用齿轮油复合剂	42	
抗磨剂	16	T16XX	液压油复合剂	50	
抗烧蚀剂	17	T17XX	工业润滑油复合剂	60	
流动改进剂	18	T18XX	防锈油复合剂	70	
防腐蚀剂	19	T19XX	其他添加剂	80	

一、清净剂和分散剂技术要求

石油磺酸钙清净剂(T101,T102,T103)SH 0042—91 为润滑油添加剂一类,羟基磺化后的金属盐,即用润滑油馏分进行磺化中和、钙化而得的石油磺酸钙,按其编号及碱值大小分为 T101(低碱值),T102(中碱值),T103(高碱值)3个品种,属于添加剂中一类清净分散剂，是现代润滑剂的 5 大添加剂之一。

石油磺酸钙加到润滑油中，提高了润滑油的使用效能，一是起到酸中和作用，阻止润滑油和燃料油生成酸的作用；二是起到了洗涤作用，能将吸附在活塞上的漆膜、积炭清洗掉；三是起到分散作用，把胶质炭粒吸附而分散在油中；四是起到增溶作用，胶质的溶解等结构为 $(RSO_3)_2 \cdot M \cdot OH$。

技术要求见表 6-2。

表 6-2 石油磺酸钙技术要求

项目	质量指标					试验方法
	T101	T102		T103		
	一级品	一级品	合格品	一级品	合格品	
密度(20℃)/(kg/m³)	950.0~1050	1000~1150	1000~1150	1100~1200	1100~1200	GB/T 13377—2010
运动黏度(100℃)/(mm²/s) ≤	报告	30	40	100	150	GB/T 265—1988
闪点(开口)/℃ ≥	180					GB/T 3536—2008
碱值/[mg(KOH)/g]	20~30	140	130	290	270	SH/T 0251
水分/% ≤	0.08	0.08	0.10	0.08	0.10	GB/T 260—2016
机械杂质/% ≤	0.08	0.08	0.10	0.08	0.10	GB/T 511—2010
有效组分/% ≥	45	40	35	50	48	SH/T 0034
钙含量/% ≥	2.0~3.0	6.0	5.0	11.0	10.0	SH/T 0297
浊度/JTU ≤		200	270	220	270	SH/T 0028
中性磺酸钙/%	报告					

属于清净分散剂的品种还很多，T10X 类都属于这一类产品。现代发展以环丁二酰胺为代表的新分散剂应用更广泛。

二、抗氧抗腐剂技术要求

T202 和 T203 抗氧抗腐剂 SH 0394—1996 是以长、短链混合伯醇或长链伯醇经硫磷化、皂化反应而制得的二烷基二硫化磷酸锌（ZDDP）。

油品在使用过程中的被氧化不可避免，油品本身又不能克服被氧化，所以加入抗氧添加剂就很自然了。抗氧抗腐添加剂首先可以将油品燃烧过程中产生的过氧化游离基捕捉，并抑制进一步氧化作用，然后分解氢过氧化物生成硫酸，再对 ROOH 进行离子态分解；抗氧抗腐添加剂第 2 个作用是由于油品产生的氧化物会造成金属设备的腐蚀，而腐蚀速度与过氧化物的生成速度、油中酸的浓度有关，而加入抗氧抗腐剂（ZDDP）后，由于热分解产生偏磷酸磷吸附在金属设备表面，形成保护膜使金属表面与氧化物不能接触而腐蚀。

技术指标见表 6-3。

表 6-3 T202 和 T203 抗氧抗腐剂技术要求

项目	质量指标				试验方法
	T202		T203		
	一等品	合格品	一等品	合格品	
外观	琥珀色透明液体		淡黄至琥珀色透明液体		目测
色度/号 ≤	2.0	2.5	2.0	2.5	GB/T 6540—1986
密度(20℃)/(kg/m³)	1080~1130	1080~1130	1060~1150	1060~1150	GB/T 13377—2010
运动黏度(100℃)/(mm²/s)	报告	报告	报告	报告	GB/T 265—1988
闪点(开口杯)/℃ ≥	180	180	180	180	GB/T 3536—2008
硫含量(质量分数)/%	14.0~18.0	12.0~18.0	14.0~18.0	12.0~18.0	SH/T 0303
磷含量(质量分数)/%	7.2~8.5	6.0~8.5	7.5~8.8	6.5~8.8	SH/T 0296
锌含量(质量分数)/%	8.5~10	8~10	9~10.5	8~10.5	SH/T 0226

续表

项目		质量指标				试验方法
		T202		T203		
		一等品	合格品	一等品	合格品	
pH 值	≥	5.5	5.0	5.8	5.3	
水分(质量分数)/%	≤	0.3	0.9	0.3	0.9	GB/T 260—2016
机械杂质(质量分数)/%	≤	0.7	0.7	0.7	0.7	GB/T 511—2010
热分解温度/℃		220	220	230	225	SH/T 0561
轴瓦腐蚀试验						
轴瓦失重/mg	≤	25	25	25	25	SH/T 0264
40℃运动黏度增长率/%	≤	50	50	50	25	GB/T 265—1988

三、石油黏度指数改进剂技术要求

T603 黏度指数改进剂（聚异丁烯）ZB E 61004—88 可改进润滑油的黏温性能（提高黏度指数），是一种油溶链状高分子化合物。它能提高增黏能力，提高剪切稳定性，抗高热安全性和改进低温性能。技术指标见表 6-4。

表 6-4　T603 黏度指数改进剂技术指标

项目		质量指标		试验方法
		1	2	
颜色/号	≤	3		GB/T 6540—1986
运动黏度(100℃)/(mm²/s)		300~450	250~400	GB/T 265—1988
黏度指数	≥	135	130	GB/T 1995—1998
分子量(黏均)/×10⁴		4~6	2~3	
酸值/[mg(KOH)/g]	≤	0.1		GB/T 264—1983
闪点(开口)/℃	≥	180		GB/T 267—1988
机械杂质(质量分数)/%	≤	0.04		GB/T 511—2010
水分/%	≤	痕迹		GB/T 260—2016
稠化能力/(mm²/s)	≥	10	报告	GB/T 265—1988
剪切稳定指数	≤	20	5	SH/T 0505—1992
干剂含量(质量分数)/%	≥	25	50	ZB E 61004—88
水溶性酸及碱		无		GB/T 259—1988
灰分(质量分数)/%		0.2		GB/T 508—1985

四、石油降凝剂技术要求

T801 降凝剂 SH 0097—91 是由氯化石蜡和精萘在三氯化铝催化下缩合而成的烷基萘降凝型。化学结构对降凝剂效果影响很大，因为降凝剂是通过其分子上的烷链与油品中的蜡的共晶而实现降凝作用的。技术指标见表 6-5。

表 6-5　T801 降凝剂技术指标

项目		质量指标		试验方法
		一级品	合格品	
运动黏度(100℃)/(mm²/s)		实测		GB/T 265—1988
闪点(开口)/℃	≥	180	180	GB/T 267—1988
倾点/℃		实测		GB/T 3535—2006
色度/号	≤	4	6	GB/T 6540—1986
有效组分/%	≥	40	35	
氯含量/%	≤	2		SH/T 0161

项　目		质量指标		试验方法
		一级品	合格品	
机械杂质/%	≤	0.1	0.2	GB/T 511—2010
水分/%	≤	痕迹	0.2	GB/T 260—2016
灰分/%	≤	0.1	0.2	GB/T 508—1985
残炭/%	≤	4.0	4.0	GB/T 268—1987
降凝度/℃		13	12	GB/T 510—1983

降凝剂也有很多种产品，现今常用的有聚乙烯-苯乙烯类及聚甲基丙烯酸酯类。

习题

1. 何谓清净分散型石油添加剂？清净分散剂有何作用？
2. 抗氧剂、抗磨剂的作用机理。
3. 黏度指数改进剂主要改进了什么？
4. 降凝剂的作用机理。
5. 防水剂有哪些品种？如何起防水作用？

石油添加剂项目分析

实验一　石油产品碱值测定法
（高氯酸滴定法）

[方法概述]

碱值：规定试验条件下，用标准滴定溶液滴定 1g 试样所用高氯酸量，以 mg(KOH)/g 为单位表示。

方法 A 和方法 B 基本操作相同，其差别在于试样量和滴定溶剂量不同。

正滴定方法：试样溶解于滴定溶剂中，以高氯酸冰醋酸标准滴定溶液为滴定剂，以玻璃电极为指示电极、甘汞电极为参比电极进行电位滴定，用电位滴定曲线的电位突跃判断终点。

返滴定方法：试样溶解于滴定溶剂中，加入过量的高氯酸冰醋酸标准滴定溶液，反应完成后，用乙酸钠冰醋酸标准滴定溶液进行滴定，以电位滴定曲线的电位突跃判断终点。

当试样正滴定曲线电位突跃不明显时，再用返滴定方法。

一、仪器

(1) 电位滴定仪（或酸度计）　自动或手工滴定均可。
(2) 玻璃电极　231 型。
(3) 甘汞电极　232 型或 271 型，或银-氯化银电极。电极内电解液需改用非水溶液作盐桥。
(4) 磁力搅拌器　可调速和有良好的接地。
(5) 滴定管　10mL 或 20mL，分度为 0.05mL，校正后刻度允许误差为 ±0.02mL 或具有相同精度的自动滴定管。
(6) 烧杯　100mL、150mL。方法 A 用 150mL 烧杯，方法 B 用 100mL 烧杯。
(7) 滴定台　用于支承滴定管、烧杯、电极对和搅拌器。在滴定台上的排列是以烧杯移动时对电极无干扰为最好。

应注意有的仪器对静电干扰很敏感，表现为当操作人员靠近滴定装置时，电位滴定仪的指针或记录值显示反常的漂移，此时应采用良好的接地方式。

二、试剂

(1) 冰醋酸　分析纯。

(2) 乙酸酐 分析纯。
(3) 氯苯 分析纯。
(4) 石油醚 分析纯，60~90℃。
(5) 高氯酸 分析纯，浓度为70%~72%（质量分数）。
(6) 高氯酸钠 分析纯。
(7) 无水碳酸钠 分析纯。
(8) 苯二甲酸氢钾基准试剂。
(9) 蒸馏水符合GB 6682—2008中的三级水要求。

在以上的试剂中，应注意冰醋酸、乙酸酐和氯苯有毒和刺激性，应在通风橱中使用，而高氯酸和高氯酸钠有毒，有刺激性，是强氧化剂，在干燥或加热时与有机物接触会爆炸，如果溅洒在皮肤上，应立即用水彻底地冲洗。

三、准备工作

(1) 高氯酸钠电解液的配制 制备高氯酸钠的冰醋酸饱和溶液，要保持高氯酸钠溶液中总有不溶解的过量高氯酸钠存在。

(2) 滴定溶剂的配制 1体积的冰醋酸加到2体积的氯苯中，混合均匀。当石油醚能溶解试样时，可用石油醚代替氯苯，但仲裁实验和标定时，必须用氯苯。

(3) $c(HClO_4)=0.1mol/L$ 高氯酸冰醋酸标准滴定溶液的配制与标定

① 配制。将8.5mL高氯酸加到500mL冰醋酸和30mL乙酸酐的混合物中，混合均匀后，用冰醋酸稀释至1L。将此溶液静置24h后标定。每周标定1次，以检测出0.0005mol/L的变化。

在配制溶液时，应避免加入过量的乙酸酐，以防止溶液中少量的伯、仲胺乙酰化。

② 标定。取适量的苯二甲酸氢钾，在120℃烘箱中加热2h后，冷却至室温，称取经0.1~0.2g苯二甲酸氢钾（精确至0.0002g），置于干燥的150mL烧杯中，用温热的40mL冰醋酸溶解，再加入80mL氯苯，冷却后，用高氯酸冰醋酸溶液3(3)进行电位滴定。操作和终点判断同正滴定方法A，同时做40mL冰醋酸和80mL氯苯混合溶剂的空白试验。

高氯酸冰醋酸标准滴定溶液的实际浓度 $c(HClO_4)$ (mol/L)，按式(6-1)计算。

$$c(HClO_4)=\frac{m_1}{0.2042(V_1-V_0)} \quad (6-1)$$

式中 m_1——称取苯二甲酸氢钾的质量，g；
  　　V_1——滴定时所用高氯酸冰醋酸溶液的体积，mL；
  　　V_0——空白试验所用高氯酸冰醋酸溶液的体积，mL。
  　　0.2042——与1.00mL高氯酸冰醋酸标准滴定溶液 $[c(HClO_4)=1.000mol/L]$ 相当的以g表示的苯二甲酸氢钾的质量。

高氯酸冰醋酸标准滴定溶液应在使用前标定，因为有机液体的体积膨胀系数较大，所以高氯酸冰醋酸标准滴定溶液的使用温度，应在它的标定温度±5℃之内。若在高于标定温度5℃时使用，则滴定所用的体积要乘以系数 $[1-(t\times0.001)]$；若在低于标定温度5℃时使用，则滴定所用的体积要乘以系数 $[1+(t\times0.001)]$。其中t是标定温度与使用温度的差值，单位是摄氏度（℃），其值取正值。

(4) $c(CH_3COONa)=0.1mol/L$ 乙酸钠冰醋酸标准滴定溶液的配制与标定

① 配制。称取5.3g无水碳酸钠，溶解于300mL冰醋酸中，完全溶解后用冰醋酸稀释至1L。每周标定1次，以检测出0.0005mol/L的变化。

② 标定。有以下两种方法。

方法 A：在 120mL 滴定溶剂中加入 8.00mL 高氯酸冰醋酸标准滴定溶液 3（3），用乙酸钠冰醋酸溶液 3（4）滴定，操作和终点判断同正滴定方法 A。

乙酸钠冰醋酸标准滴定溶液的实际浓度 $c(CH_3COONa)$（mol/L），按式（6-2）计算。

$$c(CH_3COONa) = \frac{(8.00 - V_0) \times c(HClO_4)}{V_2} \quad (6-2)$$

式中 V_0——空白试验所用高氯酸冰醋酸标准滴定溶液的体积，同式（6-1）中 V_0，mL；

V_2——滴定时所用乙酸钠冰醋酸溶液的体积，mL；

$c(HClO_4)$——高氯酸冰醋酸标准滴定溶液的实际浓度，mol/L。

方法 B：操作步骤与方法 A 相同，只是将方法 A 中所用试剂、滴定溶剂的用量均作相应的减半。

乙酸钠冰醋酸标准滴定溶液实际浓度 $c(CH_3COONa)$（mol/L），按式（6-3）计算。

$$c(CH_3COONa) = \frac{(4.00 - V_3) \times c(HClO_4)}{V_4} \quad (6-3)$$

式中 V_3——空白试验（60mL 滴定溶剂）所用高氯酸冰醋酸标准滴定溶液的体积，mL；

V_4——滴定时所用的乙酸钠冰醋酸溶液的体积，mL；

$c(HClO_4)$——同式（6-2）。

（5）试样的准备 由于试样中的沉淀物都可能是酸性或碱性物质，或者试样中吸收了酸性或碱性物质，因此，保证试样有代表性是很重要的。必要时，可以加热样品（一般不超过 60℃），有助于更好混合。对使用过的油样，在取样前应剧烈地摇动，以确保试样的均匀性。

（6）仪器和电极准备

① 玻璃电极。新的玻璃电极至少要在蒸馏水中浸泡 24h 以上方可使用。试验后的电极应该依次用滴定溶剂、蒸馏水洗净并浸泡在蒸馏水中备用。当玻璃电极连续使用 1 周后，若电极的球表面被污染，则可将电极浸泡在冷的铬酸洗液或其他强氧化性酸的清洗液中，时间不要超过 5min，取出后用水洗净，再浸泡在蒸馏水中备用。

要注意铬酸洗液是强氧化剂、吸湿剂和有毒物质，使用时如果溅洒在皮肤上，易引起严重烧伤。

② 参比电极。选用甘汞电极或银氯化银电极均可。市售参比电极的盐桥均为水溶液，应改为非水溶液盐桥。首先将水溶液排空，用水冲洗出全部氯化钾晶体，然后再用高氯酸钠电解液冲洗盐桥套管多次，最后仔细地向套管中加入高氯酸钠电解液，直至液面达到注入孔处。

当用套管式甘汞电极时，在干净的外套管中注入高氯酸钠电解液，并用高氯酸钠电解液润湿连接头的两个磨砂面，固定好外套管，用氯苯冲洗电极。

电极在使用时，电极内电解液的液面应保持高于滴定烧杯中溶液的液面。电极不用时应该用塞子塞好小孔。

③ 电位滴定仪的调整。自动电位滴定仪或其他类型滴定仪均可，按说明书调整。当用 ZD-2 型仪器时，需用 100mL 冰醋酸将仪器调至冰醋酸的电位域，如 650~700mV（相当于 5~6 个 pH 单位）。

④ 电极电位的检测。新的电极和久置的电极以及电位滴定装置首次使用时都要进行如下检测。

在 100mL 冰醋酸中加入 0.2g（精确至 0.0001g）苯二甲酸氢钾，搅拌溶解后，将电极对插入此溶液中,并读取电位滴定仪的电位值。取出电极,用氯苯洗净。再将电极浸入到加有 1.50mL 高氯酸冰醋酸标准滴定溶液的 100mL,冰醋酸溶液中,读取电位滴定仪的电位值,以上两个读数之差至少为 300mV,否则不得使用,电极应重新处理。

四、实验步骤

1. 正滴定方法 A

(1) 试样量 X_1(g) 按式(7-4) 计算

$$X_1 = 28/BN_1 \tag{6-4}$$

式中 BN_1——预估的碱值,mg(KOH)/g。

如果预估的碱值不知道,则可以用一个简单的实验迅速粗略地估计,即称取 0.2~0.3g 试样,滴定到 570mV 作为终点,计算试样碱值,该值作为试样的预估碱值。

(2) 按表 6-6 规定,在烧杯中称取试样。

表 6-6 称取试样量与称量精度

试样量/g	称量精度/g	试样量/g	称量精度/g
>10~20	0.05	>0.25~1.0	0.001
>5~10	0.02	0.1~0.25	0.0005
>1~5	0.005		

(3) 在称有试样的烧杯中加入 120mL 滴定溶剂,将烧杯放在滴定台上,搅拌直至试样全部溶解。当有些试样难溶时,可先在烧杯中加入 8mL 氯苯溶解试样,然后,再加入 40mL 冰醋酸。有些使用过的油样含有不溶固体物质,是正常现象。

(4) 将已准备好的玻璃-甘汞电极对插入试样溶液中,其浸入位置尽可能低,至少应浸入试样溶液 10mm 以下。开始搅拌,搅拌速度要控制在没有溶液飞溅和产生气泡的情况下尽可能大。

(5) 滴定

a. 手工滴定。用高氯酸冰醋酸标准滴定溶液滴定,滴定管尖端应浸入烧杯内溶液的液面以下。滴定之前和滴定过程中,应间断的记录滴定剂体积和电位滴定仪读数。滴定速度一般控制在 0.1mL/min,滴定过程中可根据溶液的电位值变化大小改变滴定速度。当加入 0.1mL/min 滴定剂,溶液电位值变化大于 30mV 或相当于 0.5 个 pH 时,滴定曲线可能出现拐点。这时,可以减小滴定速度为 0.05mL/min。

滴定到最后阶段,当加入 0.1mL 滴定剂,试样溶液电位变化小于 5mV 或相当于 0.1 个 pH 时,可结束滴定。

b. 自动滴定。按所用仪器的说明书调整仪器,调整滴定速度,最大滴定速度为 1.0mL/min,滴定结束后,自动记录滴定曲线和计算出结果。

(6) 滴定完毕移开烧杯,用滴定溶剂冲洗电极和滴定管尖端,接着用蒸馏水洗,再用滴定溶剂洗,试验结束后,电极不再使用时,应浸泡在蒸馏水中。

用滴定溶剂可洗去电极上的油状物质,用蒸馏水可洗去甘汞电极套管周围的高氯酸钠,同时可以恢复玻璃电极的水溶胶层。

(7) 每一批试验都要做 120mL 滴定溶剂的空白试验。手工滴定时,空白试验的滴定剂增量为每份 0.05mL。每加 1 份滴定剂,待溶液电位稳定后,读取滴定管读数和电位滴定仪的电位值。

(8) 手工滴定时,按记录的滴定剂体积和相应的电位滴定仪的电位值,绘制电位滴定曲线由滴定曲线的拐点确定终点。记录终点的滴定体积，一个实用的方法是按 0.1mL 滴定剂至少使试样溶液的电位值变化 50mV 的标准确定终点。

2. 正滴定方法 B

(1) 试样量 X_2(g) 按式(6-5) 计算

$$X_2 = 10/BN_2 \tag{6-5}$$

式中 BN_2——预估的碱值，mg(KOH)/g。

如果预估的碱值不知道，可以做个简单试验，即称取 0.1~0.15g 试样，滴定到 570mV 作为终点，这样便可迅速地估算试样的碱值。

(2) 按表 6-7 规定，在烧杯中称取试样。

表 6-7 称取试样量与称量精度

试样量/g	称量精度/g	试样量/g	称量精度/g
>5~10	0.02	>0.25~1.0	0.001
>1~5	0.005	0.1~0.25	0.0005

(3) 在称有试样的烧杯中，加入 60mL 滴定溶剂，将烧杯放在滴定台上，搅拌溶液直至试样全部溶解。当有些试样难溶时，可先在烧杯中加入 40mL 氯苯溶解，再加入 20mL 冰醋酸。

(4) 同四 1 (4)。

(5) 同四 1 (5)。

(6) 同四 1 (6)。

(7) 每一批试验都要做 60mL 滴定溶剂的空白试验。其操作同四 1 (7)。

(8) 同四 1 (8)。

3. 计算

方法 A 和方法 B，碱值测定结果计算方法相同。

试样的碱值 BN_3[mg(KOH)/g] 按式(6-6) 计算。

$$BN_3 = \frac{(V_5 - V_0) \times c_{(HClO_4)} \times 0.0561 \times 1000}{m_2} \tag{6-6}$$

式中 V_5——滴定试样时，所用高氯酸冰乙酸标准滴定溶液的体积，mL；

V_0——用方法 A 时，同式(6-1) 中 V_0，用方法 B 时，同式(6-3) 中 V_3，mL；

$c_{(HClO_4)}$——高氯酸冰醋酸标准滴定溶液的实际浓度，mol/L；

0.0561——与 1.00mL 高氯酸冰醋酸标准滴定溶液 [$c_{(HClO_4)} = 1.000$mol/L] 相当的以 g 表示的氢氧化钾的质量；

m_2——试样的质量，g。

4. 返滴定方法 A

在按正滴定方法 A 进行滴定时，对某些试样（特别是使用过的油样）滴定无拐点或拐点不明显时，可采用本方法。

(1) 试样量应小于表 6-6 中的规定量，通常最大试样量为 5g。如果试样量为 5g，滴定无拐点时，还应减少试样量，再进行试验。

(2) 同四 1 (3)。

(3) 用移液管或滴定管准确地向烧杯加入 8.00mL 高氯酸冰醋酸标准滴定溶液。一定要保证加入的高氯酸冰醋酸标准滴定溶液为过量的。

(4) 同四 1 (4)。

(5) 搅拌烧杯中的溶液 2min。

(6) 用乙酸钠冰醋酸标准滴定溶液滴定过量的高氯酸冰醋酸标准滴定溶液。滴定步骤同四 1 (5)。

(7) 另一种方法是如果按四 1 (5) 正滴定的试样，在试样量没超过 5g，滴定又得不到满意拐点时，则可将四 1 (5) 已经滴定过的试样直接进行返滴定（即可不必重新称取试样），但必须准确地记录所用高氯酸冰醋酸标准滴定溶液的体积，再按上面 (6) 进行返滴定。值得注意的是标定乙酸钠冰醋酸标准滴定溶液时，所用的 8.00mL 高氯酸冰醋酸标准滴定溶液的体积，也应作相应的修正，应与试验所用的体积一致。

5. 返滴定方法 B

在按正滴定方法 B 进行滴定时，对某些试样（特别是使用过的油样）滴定无拐点或拐点不明显时，可采用本方法。

(1) 按表 6-7 规定准确地称取试样，最大试样量应不超过 2.5g。如果试样量为 2.5g，滴定无拐点时，还应减少试样量，再进行试验。

(2) 先用 40mL 氯苯溶解试样，然后再加入 20mL 冰醋酸。

(3) 用移液管或滴定管向烧杯中准确地加入 4.00mL，高氯酸冰醋酸标准滴定溶液，高氯酸冰醋酸标准滴定溶液必须过量，必要时，还可以加大用量。

(4) 同四 1 (4)。

(5) 搅拌烧杯中的溶液 2min。

(6) 同四 4 (6)。

(7) 另一种方法是如果按四 2 (5) 正滴定的试样，在试样量没超过 2.5g，滴定又得不到满意拐点时，则可将四 2 (5) 已经滴定过的试样进行返滴定（即可不必重新称取试样），但必须准确地记录所用高氯酸冰醋酸标准滴定溶液 [三 (3)] 的体积，再按四 4 (6) 进行返滴定。但标定乙酸钠冰醋酸标准滴定溶液 [三 (4)] 时，所用的 4.00mL 高氯酸冰醋酸标准滴定溶液 [三 (3)] 的体积也应作相应的修正，应与试验所用的体积一致。

6. 计算

方法 A 和方法 B 碱值测定结果计算相同。

试样的碱值 BN_4(mg KOH/g) 按式(6-7) 计算。

$$BN_4 = \frac{(V_2 - V_6) \times c(CH_3COONa) \times 0.0561 \times 1000}{m_3} \tag{6-7}$$

式中　　V_2——用高氯酸冰醋酸标准滴定溶液 [三 (3)] 标定时所用乙酸钠冰醋酸标准滴定溶液 [三 (4)] 的体积，mL；

V_6——滴定试样时所用乙酸钠冰醋酸标准滴定溶液 [三 (4)] 的体积，mL；

$c(CH_3COONa)$——乙酸钠冰醋酸标准滴定溶液 [三 (4)] 的实际浓度，mol/L；

m_3——试样的质量，g；

0.0561——同式(6-6)。

五、讨论

(1) 当石油产品加有添加剂时，石油产品就可能出现碱性成分，所以要测定它。

(2) 要严格按电位滴定操作做好每一步实验。

(3) 测定碱值可以衡量添加剂降解性能，以便确定实际废弃极限。

实验二　添加剂中有效组分的测定方法

[方法概述]

所谓添加剂的有效组分是指添加剂稀释油除外的那个部分，大多是聚合物大分子。

根据添加剂与稀释油分子半径大小不同，稀释油分子半径小能渗透过薄膜，添加剂的分子半径大渗透不出来而留在膜内，膜内物质经处理后并恒重，即为添加剂有效组分。

一、仪器与材料

(1) 脂肪抽提器　250mL。

(2) 锥形烧瓶　100mL。

(3) 锥形洗瓶　250mL。

(4) 干燥器

(5) 两头通气的玻璃球直径为30mm

(6) 恒温水浴锅　两孔或4孔。恒温温度不超过±1℃。

(7) 电热恒温干燥箱　恒温温度不超过±1℃。

(8) 分析天平感量0.1mg。

(9) 橡胶薄膜套渗透装置　如图6-1所示。

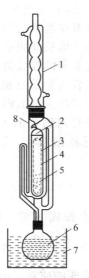

图 6-1　橡胶薄膜套渗透装置图
1—冷凝管；2—玻璃球；3—滤纸筒；4—橡胶薄膜套；
5—试样；6—石油醚；7—水浴；8—脂肪抽提器

(10) 材料

① 橡胶薄膜套。符合GB/T 7544—2009标准要求，天津乳胶厂产，康乐牌，中号。

② 滤纸筒。直径30mm，高100mm。

③ 棉线。

④ 医用剪刀。

⑤ 橡胶工业用溶剂油，符合SH 0004要求。

二、试剂

(1) 石油醚分析纯　30～60℃和60～90℃。
(2) 重铬酸钾　配成浓度为50g/L的铬酸洗液。

三、准备工作

(1) 橡胶薄膜套的处理　松开橡胶薄膜套，用60～90℃石油醚洗涤橡胶薄膜套内外，然后用30～60℃石油醚洗涤，主要把橡胶薄膜套上的油脂及杂质除掉。随后立即用风将其吹干，并检查是否漏气，再卷成原来式样放入滤纸筒，将橡胶薄膜套的卷边卡在滤纸筒的上口。

(2) 样品的处理　将装在玻璃瓶中的样品（不超过容积的3/4）摇动5min，使其混合均匀，黏稠的添加剂应预先加热到70～80℃使其能流动，然后用玻璃棒仔细地搅拌5min。

(3) 称样前的准备　将处理过的橡胶薄膜套及滤纸筒放入干燥器中干燥，直至连续两次称量之差．不超过0.0004g为止。

(4) 锥形烧瓶的洗涤　用橡胶工业用溶剂油浸泡100mL锥形烧瓶，再用洗衣粉洗涤锥形烧瓶，用水冲去碱性，将其放在铬酸洗液中浸泡，最后用水冲洗干净，放入恒温干燥箱内，在105～110℃烘至恒重。

四、试验步骤

(1) 称取试样1～2g（称准至0.0002g）于处理好的橡胶薄膜套中，放长橡胶薄膜套与滤纸筒长短一样，放入滤纸筒内，卷边卡在滤纸筒口上。

(2) 在滤纸筒口上套上玻璃球，松开橡胶薄膜套，让橡胶薄膜套罩过整个玻璃球，把橡胶薄膜套口用棉线缚紧于玻璃球口，把多余的橡胶薄膜套剪掉。

(3) 把滤纸筒连同橡胶薄膜套一起装入脂肪抽提器内，加入250mL 30～60℃石油醚于脂肪抽提器的蒸馏瓶内，放入水浴，在(70±1)℃温度下回流6～8h。如图6-1所示。

(4) 取出橡胶薄膜套，将橡胶薄膜套内物质倒入已在105～110℃温度下恒重好的锥形烧瓶内，用30～60℃石油醚仔细洗涤橡胶薄膜套，洗涤液装入同一锥形烧瓶中，蒸脱石油醚后，放入烘箱，烘至恒重。

五、计算

试样中有效组分$X(\%)$（质量分数）按式(6-8)计算。

$$X = \frac{m_1 - m_2}{m} \times 100 \quad (6\text{-}8)$$

式中　m_1——添加剂有效组分和锥形烧瓶的质量，g；
　　　m_2——锥形烧瓶的质量，g；
　　　m——试样的质量，g。

六、讨论

(1) 标准适用于清净分散剂和黏度指数改进剂等聚合物大分子。
(2) 认真按规定使用脂肪抽提器，否则会得出错误结果。

实验三　含添加剂润滑油的钙、钡、锌含量测定法
（配位滴定法）

[方法概述]

本方法规定了用配位滴定法测定含添加剂润滑油的钙、钡、锌含量。

本方法只适用于未使用过但加有添加剂的润滑油。测定范围（质量分数）为 Zn0.02%～1.2%、Ca0.03%～1.2%、Ba0.05%～3.00%。

若测定添加剂的钙、钡、锌，本方法也可使用，但试样量要适当减少一些。

试样经甲苯-正丁醇稀释后，用盐酸将试样中的钙、钡、锌抽提出来，抽提出来的试液在 pH 为 5.5 时，用二甲酚橙作指示剂测定锌含量；试样用铜试剂作沉淀剂，将锌及可能存在的重金属元素沉淀除去后，以铬黑 T 为指示剂，在 pH 为 10 时，用 EDTA 标准滴定溶液及氯化镁标准滴定溶液返滴定，测定其钙、钡总量；试液除加铜试剂外，再加入一定量的硫酸钾除去锌、钡后，在 pH＞13 条件下，用钙指示剂作指示剂，测定钙含量。钙、钡总量与钙含量之差为钡含量。

一、仪器

(1) 梨形分液漏斗　300mL。
(2) 滴定管　25mL。
(3) 容量瓶　250mL 和 1L。
(4) 移液管　50mL，20mL。
(5) 振荡器　上面装有一个可固定分液漏斗用的木架。
(6) 三角烧瓶　250mL。
(7) 烧杯　100mL，250mL。
(8) 材料滤纸　中速定性滤纸，直径 11cm。

二、试剂

(1) 铜试剂（二乙基二硫代氨基甲酸钠）　配成 50g/L 铜试剂溶液。
(2) 盐酸分析纯，浓度为 36%～38%（质量分数）　配制成 19%（质量分数）、7%（质量分数）盐酸溶液。
(3) 氢氧化钠　分析纯，配成 100g/L 氢氧化钠溶液。
(4) 氨水　分析纯，氨含量为 25%～28%（质量分数）。配制成浓度为 4%（质量分数）的氨水溶液。
(5) 甲苯　分析纯。
(6) 正丁醇　分析纯。
(7) 氯化钠　分析纯。
(8) 硫酸钾　分析纯，配成 20g/L 硫酸钾溶液。
(9) 甲基橙指示剂　配成 1g/L 甲基橙指示液。
(10) 铬黑 T 指示剂　将 1g 铬黑 T 与 100g 氯化钠混合研细后保存于磨口瓶中。
(11) 二甲酚橙指示剂　将 1g 二甲酚橙与 100g 氯化钠混合研细后保存于磨口瓶中。
(12) 锌粒　无砷基准试剂。
(13) 孔雀石绿指示剂　配制成 1g/L 乙醇指示液。

(14) 钙指示剂 ($C_{21}H_{14}N_2O_7S$) 又名 2-羟基-1-(2-羟基-4-磺基-1-萘基偶氮)-3-萘甲酸或钙-羧酸指示剂 (calcon-carboxy licacid)，将 1g 钙指示剂与 100g 氯化钠混合研细后保存于磨口瓶中。

(15) 氧化锌　基准试剂。

(16) 其他试剂　本方法还要使用氯化铵、冰乙酸、无水乙酸钠、氯化镁、无水乙醇等试剂。本方法所用试剂其纯度除有专门说明外均为分析纯。

三、准备工作

(1) 配制混合溶剂　用甲苯与正丁醇以 1∶1（体积比）混合均匀。

(2) 氯化锌标准滴定溶液或氧化锌基准溶液的配制

① $c(ZnCl_2)=0.015mol/L$ 氯化锌标准滴定溶液的配制。取锌粒约 5g 放在 100mL 烧杯中，加入 19%（质量分数）盐酸溶液 20mL，作用 3min 后，迅速用蒸馏水洗净残留的酸，再用无水乙醇洗两次，于 105～110℃的烘箱中烘 10min，取出，在干燥器中冷却 30min 后，准确移取上述锌粒 0.9807g 于 1L 容量瓶中，将此容量瓶斜置成 45°后，加入 19%（质量分数）盐酸溶液 20mL，待锌粒全部反应完后，用蒸馏水稀释至刻度。

氯化锌标准滴定溶液的实际浓度 $c(ZnCl_2)(mol/L)$，按式(6-9) 计算。

$$c(ZnCl_2)=\frac{m_1}{65.38\times 1} \qquad (6-9)$$

式中　m_1——锌粒质量，g；

　　65.38——基本单元为 (Zn^{2+}) 的 1mol 锌的质量，g/mol；

　　　　1——氯化锌溶液的体积，L。

② $c(ZnO)=0.015mol/L$ 氧化锌基准溶液的配制。称取于 800℃灼烧至恒重的基准氧化锌 1.221g，称精确至 0.0002g。加 5mL 19%（质量分数）盐酸溶液溶解后，移入 1L 容量瓶中，稀释至刻度，摇匀。

氧化锌基准溶液的实际浓度 $c(ZnO)$，mol/L，按式(6-10) 计算。

$$c(ZnO)=\frac{m_2}{81.38\times 1} \qquad (6-10)$$

式中　m_2——氧化锌的质量，g；

　　81.38——基本单元为 (ZnO) 的 1mol 氧化锌的质量，g/mol；

　　　　1——氧化锌基准溶液的体积，L。

(3) $c(EDTA)=0.015mol/L$ 标准滴定溶液的配制　称取乙二胺四乙酸二钠 5.6g 加热溶于 1L 蒸馏水中，待全部溶解后摇匀。用上述氯化锌标准滴定溶液［三 (2) ①］或氧化锌基准溶液［三 (2) ②］进行标定。标定时，用移液管移取上述溶液［三 (2) ①或三 (2) ②］20.00mL 于 250mL 三角烧瓶中，加甲基橙指示剂 1 滴，用 4%（质量分数）氨水溶液中和溶液至黄色，再用 7%（质量分数）盐酸溶液调至呈红色，加入 pH 为 5.5 的乙酸-乙酸钠缓冲溶液 10mL，二甲酚橙指示剂 20mg，用待标定的 EDTA 溶液将溶液由红色滴定至黄色。

EDTA 标准滴定溶液的实际浓度 $c(EDTA)(mol/L)$，按式(6-11) 计算。

$$c(EDTA)=\frac{c\times 20.00}{V_1} \qquad (6-11)$$

式中　c——氯化锌标准滴定溶液（或氯化锌基准溶液）的实际浓度，mol/L；

　　20.00——所取氯化锌标准滴定溶液（或氧化锌基准溶液）的体积，mL；

　　V_1——滴定时所消耗 EDTA 溶液的体积，mL。

(4) $c(MgCl_2)=0.015mol/L$ 氯化镁标准滴定溶液的配制　称取六水氯化镁（$MgCl_2$·

$6H_2O$) 3.1g 用蒸馏水溶解后,稀释成 1L,用上述 EDTA 标准滴定溶液进行标定。标定时,用移液管移取 EDTA 标准滴定溶液 20.00mL 于 250mL 三角烧瓶中,加入甲基橙指示剂 1 滴。用 4%(质量分数)氨水溶液中和溶液至刚呈黄色,加入 pH 为 10 的氨-氯化铵缓冲溶液 10mL,铬黑 T 指示剂约 20mg。用待标定浓度的镁溶液将溶液滴定至灰紫色。

氯化镁标准滴定溶液的实际浓度 $c(MgCl_2)$(mol/L),按式(6-12)计算。

$$c(MgCl_2) = \frac{c(EDTA) \times 20}{V_2} \tag{6-12}$$

式中　$c(EDTA)$——EDTA 标准滴定溶液的实际浓度,mol/L;
　　　V_2——滴定时所消耗的氯化镁溶液的体积,mL;
　　　20——所取 EDTA 标准滴定溶液的体积,mL。

(5) pH 为 5.5 的乙酸-乙酸钠缓冲溶液　取无水乙酸钠 200g,冰醋酸 9mL,用蒸馏水稀释至 1L。

(6) pH 为 10 的氨-氯化铵缓冲溶液　取氨水 570mL,加入氯化铵 67g,用蒸馏水稀释至 1L。

(7) 50g/L 铜试剂溶液　取铜试剂 5g 于 250mL 烧杯中,加水 95mL,加热(勿沸)溶解。如有不溶物时,用中速定性滤纸过滤后再使用。

四、试验步骤

(1) 在 100mL 小烧杯中,按表 6-8 规定称取试样(精确至 0.01g),加入混合溶剂 30mL,搅拌均匀后移入 300mL 分液漏斗中,再用 50mL 混合溶剂分 3 次洗涤烧杯,洗涤液一并加入上述分液漏斗中。

表 6-8　试样的用量

锌含量(质量分数)/%	试样用量/g	锌含量(质量分数)/%	试样用量/g
0.02~0.1	20~25	>0.4~0.8	5~10
>0.1~0.4	15~20	>0.8~1.2	2~3

(2) 向分液漏斗中加入 30mL 7%(质量分数)盐酸溶液,将其在振荡器上振荡 10min,取下。静置分层后,将下层酸液放至 250mL 的容量瓶中,先用约 40mL 热蒸馏水(70~80℃)洗漏斗中试样 1 次,再用 5mL 7%(质量分数)盐酸溶液及约 40mL 热蒸馏水洗漏斗 1 次,这两次洗涤均应将分液漏斗置于振荡器上振荡 5min,再向分液漏斗中加入热蒸馏水 20mL,用振荡器再振荡 1min。上述 3 次洗涤后的洗涤液合并加入 250mL 容量瓶中,用水稀释至刻度,待用。

(3) 锌含量测定

a. 从上述 250mL 容量瓶中,吸取 50.00mL 试液于 250mL 三角烧瓶中,加入甲基橙指示液 1 滴,先用氨水将溶液调至黄色,再用 7%(质量分数)盐酸溶液调至微红色,加入乙酸-乙酸钠缓冲溶液 10mL,二甲酚橙指示剂约 20mg,用已知浓度的 EDTA 标准滴定溶液滴定至溶液由红色变为黄色。

b. 试样中锌的含量(质量分数)X_1(%)按式(6-13)计算。

$$X_1 = \frac{c(EDTA)V_3 \times 0.06538 \times 5}{m} = \frac{c(EDTA)V_3 \times 32.69}{m} \tag{6-13}$$

式中　$c(EDTA)$——EDTA 标准滴定溶液的实际浓度,mol/L;

V_3——滴定时所消耗的 EDTA 标准滴定溶液的体积，mL；

m——试样的质量，g；

0.06538——与 1.00mL EDTA 标准滴定溶液 [c(EDTA)＝1.000mol/L] 相当的以 g 表示的锌的质量。

（4）钙含量测定

a. 从上述 250mL 容量瓶中，另取 50.00mL 试液于 100mL 烧杯中，加甲基橙指示液 1 滴，先用氨水将溶液调至橙色，再用 4%（质量分数）氨水溶液将溶液调至黄色，后加 50g/L 铜试剂溶液 5mL（如无锌，省去此步），20g/L 硫酸钾溶液 5mL（如无钡，省去此步），再加热至 80℃左右。冷却 40min 后用中速定性滤纸将溶液过滤入 250mL 三角烧瓶中，烧杯及滤纸用热蒸馏水（60～70℃）洗 3～4 次，洗涤液一并加入三角烧瓶中。

b. 滤液中加孔雀石绿指示液 1 滴，用 100g/L 氢氧化钠溶液将滤液调至由蓝色变绿直至无色。

c. 加入钙指示剂约 0.1g，摇匀后再加入 c(MgCl$_2$)＝0.015mol/L 氯化镁标准滴定溶液 5mL 然后用已知浓度的 EDTA 标准滴定溶液滴定至溶液由红色变为蓝色。

d. 试样中钙的含量（质量分数）X_2(%)，按式(6-14) 计算。

$$X_2 = \frac{c(\text{EDTA})V_4 \times 0.0408 \times 5}{m} \times 100 \qquad (6\text{-}14)$$

式中　c(EDTA)——EDTA 标准滴定溶液的实际浓度，mol/L；

V_4——滴定时所消耗的 EDTA 标准滴定溶液的体积，mL；

m——试样的质量，g；

0.0408——与 1.00mLEDTA 标准滴定溶液 [c(EDTA)＝1.000mol/L] 相当的以 g 表示的钙的质量。

（5）钡含量测定

a. 测定钡含量时，要先测定钡、钙的总量，再减去钙含量而求出钡含量。

b. 从上述 250mL 容量瓶中取 50.00mL 试液于 100mL 烧杯中，加甲基橙指示液 2 滴，先用氨水将溶液调至橙色，再用 4%（质量分数）氨水溶液将溶液调至黄色，后加 50g/L 铜试剂溶液 5mL（如无锌，可省去此步），试液加热至 80℃左右，冷却后用中速定性滤纸将溶液滤入 250mL 三角烧瓶中，烧杯及滤纸用热蒸馏水（60～70℃）洗 3～4 次，洗涤液一并加入三角烧瓶中。

c. 滤液中依次加入氨-氯化铵缓冲溶液 10mL，已知浓度的 EDTA 标准滴定溶液 20～35mL 和铬黑 T 指示剂约 50mg。此时溶液呈蓝色。

d. 用 c(MgCl$_2$)＝0.015mol/L 氯化镁标准滴定溶液返滴定过量的 EDTA 标准滴定溶液，溶液由蓝绿色变为灰紫色时为滴定终点。

e. 试样中钡的含量（质量分数）X_3(%)，按下式计算。

$$X_3 = \frac{[c(\text{EDTA})(V_5 - V_4) - c(\text{MgCl}_2)V_6] \times 0.1374 \times 5}{m} \times 100$$

$$= \frac{c(\text{EDTA})(V_5 - V_4) - c(\text{MgCl}_2)V_6}{m} \times 68.7$$

式中　c(EDTA)——EDTA 标准滴定溶液的实际浓度，mol/L；

V_5——加入的 EDTA 标准滴定溶液的体积，mL；

V_4——在钙含量测定时所用 EDTA 标准滴定溶液的体积，mL；

$c(MgCl_2)$——氯化镁标准滴定溶液的实际浓度,mol/L;

V_6——返滴定时所消耗的氯化镁标准滴定溶液的体积,mL;

m——试样的质量,g;

0.1374——与1.00mLEDTA标准滴定溶液[$c(EDTA)=1.000mol/L$]相当的以g表示的钡的质量。

五、讨论

(1) 本方法可同时测定三元素,也可以分开测定,当钙、钡同时存在时,钙钡比可达0.2~10倍。

(2) 注意EDTA标准溶液滴定终点的控制。

实验四　添加剂和含添加剂润滑油水分测定法（电量法）

[方法概述]

用电量法测定石油添加剂以及含添加剂润滑油中的水含量。

用一定量的脱水溶剂（苯或甲苯）和试样混合并进行共沸蒸馏，馏出液以一定比例混合的卡尔·费休试剂、甲醇、三氯甲烷混合液为电解液，以电量法测定其水含量。

当馏出液中有水时，碘氧化二氧化硫，发生如下化学反应

$$I_2 + SO_2 + 3 \text{[吡啶]} + H_2O \longrightarrow 2 \text{[吡啶]} \cdot HI + \text{[硫酸吡啶]}$$

$$\text{[硫酸吡啶]} + CH_3OH \longrightarrow \text{[甲基硫酸吡啶]}$$

生成的硫酸吡啶又同甲醇反应生成稳定的甲基硫酸吡啶，消耗的碘由溶液中碘离子在阳极发生氧化反应来补充

$$2I^- - 2e \longrightarrow I_2$$

测量补充消耗的碘所需要的电量，根据法拉第电解定律，可求出试样中的水含量。

一、仪器

（1）库仑仪　能供给恒定的至少 10mA 以上电解电流和检测装置的库仑仪，如江苏电分析仪器厂生产的 YS-2 型库仑仪或其他类型仪器。

（2）电解池　如图 6-2 所示。

（3）半微量蒸馏装置　如图 6-3 所示。

（4）注射器　1mL，2mL，5mL，30mL。

（5）微量注射器　0.5μL，1.0μL。

（6）酒精灯或小电炉。

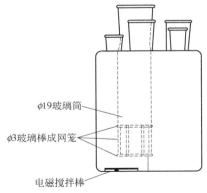
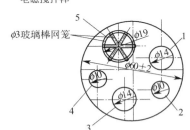

图 6-2　电解池
1—14 号标准磨口，接指示电极；
2—10 号标准磨口，接干燥管；
3—14 号标准磨口，接阳极电极；
4—10 号标准磨口，进样口盖橡胶盖；
5—19 号标准磨口，接阴极电极

二、试剂

（1）无水甲醇　分析纯。

（2）吡啶　分析纯。

（3）碘　分析纯。

（4）苯　用 5A 分子筛或其他能脱水的分子筛脱水后使用。

（5）分子筛　5A 或其他类型可供脱水用的分子筛。

（6）二氧化硫　可用工业钢瓶装的二氧化硫或将一定量的无水亚硫酸钠放在 2L 圆底烧瓶中，逐滴加入硫酸产生的二氧化硫。使用前须经硫酸脱水。

（7）三氯甲烷　分析纯。

第六章 石油产品添加剂分析 177

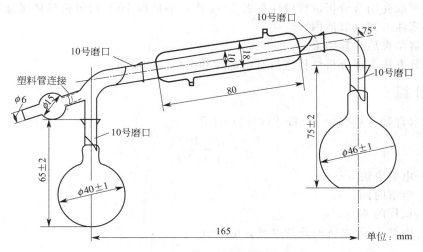

图 6-3 半微量蒸馏装置

(8) 卡尔·费休试剂 以下称卡氏试剂，按下法配制

甲液：将50g碘溶于80mL吡啶中，不停摇动，使碘全部溶解，然后加入260mL无水甲醇，此时溶液应出现橙色结晶物。

乙液：在40mL吡啶中加入40mL液体二氧化硫或等量的气体二氧化硫，此时溶液呈淡黄色。

在冷浴中将乙液慢慢地加入甲液中，此时甲液结晶物慢慢地溶解，即得到褐色卡氏试剂。待溶液冷却后，旋紧瓶塞储存于干燥器中，稳定24h后方可使用。

(9) 电解液 电解液的配制是按甲醇与吡啶体积比为2∶1和三氯甲烷与甲醇体积比为1∶1的比例混合均匀，装入具塞棕色瓶中保存。

三、准备工作

(1) 在预先干燥的电解池阳极室内放入搅拌棒，再在阳极室加入50～60mL电解液，然后加入卡氏试剂至电解液呈红棕色，取此电解液2mL加入阴极室内，盖好滴定池帽，在磨口处均涂以真空润滑脂，以防止吸湿，使电解池处于密闭状态，以备使用。

(2) 按库仑仪说明书调节好仪器。

(3) 把电解池的导线和库仑仪连接好。

四、试验步骤

(1) 用注射器向电解池内注入适量含水甲醇，使电解液中含微量水，记录器指示接近零点位置，然后再电解到预定终点，若此时终点能稳定1min，即可校对电流值，准备进样。

(2) 共沸蒸馏。库仑法进行测定时，将油样充分摇动均匀后，按表6-9规定取一定量的试样和脱水苯于微量蒸馏烧瓶中，迅速装好微量蒸馏装置进行共沸蒸馏，蒸馏速度为每分钟30～50滴，待95%的苯蒸出（即没有馏出物滴出）后，取下馏出物接受瓶，并立即加盖称重。

表 6-9 共沸蒸馏时试样量与苯量的选用范围表

试样水含量范围/$\times 10^{-6}$	试样量/g	苯量/g	试样水含量范围/$\times 10^{-6}$	试样量/g	苯量/g
<300	3	10	>1000～3000	1	15
300～500	2	15	>3000	1	20
>500～1000	2	20			

(3) 进样前先用待分析试样洗注射器 5~7 次,然后取 1mL 待分析试样迅速通过电解池进样口橡胶塞注入到电解池内。

(4) 电解结束后计算结果。

(5) 按此方法不加分析试样进行空白试验和空白值的测定。

五、计算

试样的水含量 $X(\times 10^{-6})$ 按式(6-16) 计算。

$$X = \frac{It \times 1000}{10722m} \qquad (6-15)$$

式中 I ——电解电流,mA;
t ——电解时间,s;
m ——试样的质量,g;
10722——电解 1mg 水所消耗的电量,mC/mg。

六、讨论

(1) 严格按操作要求进行操作,防止空气中和环境中水分的渗入。

(2) 装置要按规定进行安装、调试,使用试剂甲醇、苯等要注意安全。

实验五　抗氧抗腐添加剂热分解温度测定法
（毛细管法）

［方法概述］

毛细管法测定有机化合物的热分解温度，添加剂多为有机化合物可以测定。

将试样注入一定规格的毛细管内，在规定条件下加热，测量试样变成白色晶状物质时的最低温度，即为试样的热分解温度。

一、仪器与材料

(1) 烧杯　500mL

(2) 温度计　符合 GB/T 514—2005 中规定的开口闪点用 11 号温度计。

(3) 玻璃试管　圆底，高度 (160±10)mm，内径 (20±1)mm。

(4) 环状玻璃棒或金属丝搅拌器。

(5) 注射器　2mL，分度值 0.1mL。

(6) 6 号封闭针头。

(7) 毛细管　长 (80±1)mm，内径 (1.5±0.1)mm，一头封死，壁厚约 0.15mm。材质为硬质玻璃。

(8) 电炉可调节温度。

(9) 石棉网。

(10) 材料　甲基硅油（工业用）。

二、准备工作

(1) 于 500mL 烧杯中注入 2/3 体积的甲基硅油。

(2) 于玻璃试管中注入高度约 50mm 的甲基硅油。

三、试验步骤

(1) 将试样充分摇动均匀，用注射器向毛细管内注入液层高度为 5～6mm 的试样，注样时，注射器针头应插至毛细管底部，使所注入的试样内不存气泡。

(2) 将装有试样的毛细管用橡胶套套在带有软木塞的温度计上，并使试样液柱中心与温度计水银球的中部在同一高度上。

(3) 用软木塞将毛细管和温度计固定于玻璃试管中心位置，并使温度计水银球底部距离玻璃试管底部 8～10mm。

(4) 将玻璃试管垂直放入装有甲基硅油的烧杯的中间位置，使玻璃试管底部距离烧杯底部 15～20mm，并使烧杯中的甲基硅油液面高出玻璃试管内甲基硅油液面至少 10mm。将搅拌器放入烧杯中。

(5) 在电炉上垫上石棉网加热烧杯，调节温度，使其均匀上升。当温度达到预计热分解温度前 40℃时，调节加热速度，使其在预计热分解温度前 20℃时，升温速度控制在每分钟升高 2～3℃，并要不断搅拌。

(6) 当试样刚由透明液体转变为白色晶状物质时，立即读取温度计读数（读至 0.5℃），此温度即为试样的热分解温度。

四、讨论

(1) 按要求装好测定装置，毛细管直径要合适。
(2) 加温要均匀，升温速度按规定要求进行。

第七章
高分子材料的鉴别和分析及物理性能测试

知识目标

1. 掌握高分子材料中的元素检测。
2. 掌握常见橡塑材料及其助剂的鉴定和分析的方法。
3. 了解橡塑材料的用途和外观。
4. 掌握橡塑材料的基本物理性能的测定。
5. 了解橡塑材料的溶解性、透气性和透湿性。
6. 了解未硫化橡胶的硫化性能。

能力目标

1. 能测定高分子中的 N、Cl、F、S、P、Br、C、H。
2. 能对塑料进行鉴别和分析测定。
3. 能对橡胶进行鉴别和分析测定。
4. 能对高聚物不同添加剂的各项指标进行测定。
5. 能测定塑料吸水性，含水量和密度。
6. 能测定高分子的溶解性和黏度。
7. 能测定高分子的透气性和透湿性。
8. 能测定未硫化橡胶的硫化性能。

第一节 高分子材料的外观和用途

对一个未知的高分子试样进行剖析时，首先应该通过眼看手摸，从其外观上初步判断其是属于哪一类，另外还要了解其来源，并尽可能多地知道使用情况。这些信息对指引下一步的剖析方向是很重要的。

一、高分子材料的外观

1. 透明性和颜色

大部分塑料由于部分结晶或有填料等添加剂而呈半透明或不透明,大多数橡胶也因为含有填料而不透明,所以完全透明的橡塑制品较少。常见用于透明制品的高分子材料主要有:丙烯酸酯和甲基丙烯酸酯类、聚碳酸酯、聚苯乙烯、聚氯乙烯等。

透明性一般与试样的厚度、结晶性、共聚组成和所加添加剂等有关。一些材料往往在厚度较大时呈半透明或不透明,而在厚度小的时候呈现透明状态。少量的有机颜料对制品的透明性影响不大,但无机颜料则会明显影响透明性。一些塑料材料在结晶度低的时候是透明的,但结晶度高时则成为不透明的。

大多数塑料制品和化纤可以自由着色,只有少数有相对固定的颜色。未加填料或颜料的树脂本色可分为三类:一为无色透明或半透明,二为白色,三为其他颜色。固态树脂通常有两种形态:一种为粉末,另一种为颗粒。

2. 塑料制品的外形

(1) 塑料薄膜 常见的品种有聚乙烯膜、聚氯乙烯膜、聚丙烯膜、聚苯乙烯膜、尼龙膜等。

(2) 塑料板材 主要有PVC硬板、塑料贴面板、酚醛层压纸板、酚醛玻璃布板等。

(3) 塑料管材 用做管材的树脂有聚乙烯、聚氯乙烯、聚丙烯、尼龙、ABS、聚碳酸酯、聚四氟乙烯等。

(4) 泡沫塑料 主要有聚苯乙烯泡沫、聚氨酯泡沫、聚氯乙烯、聚乙烯、EVA、聚丙烯、酚醛树脂、脲醛树脂、环氧树脂、丙烯腈和丙烯酸酯共聚物、ABS、聚酯、尼龙等。

3. 手感和机械性能

高密度聚乙烯、聚丙烯、尼龙6、尼龙610和尼龙1010等,表面光滑、较硬、强度较大,尤其尼龙的强度明显优于聚烯烃。

低密度聚乙烯、聚四氟乙烯、EVA、聚氟乙烯和尼龙11等,表面较软、光滑、有蜡状感,拉伸时易断裂,弯曲时有一定韧性。

硬聚氯乙烯、聚甲基丙烯酸甲酯等,表面光滑、较硬、无蜡状感,弯曲时会断裂。

软聚氯乙烯、聚氨酯有橡胶般的弹性。

聚苯乙烯质硬、有金属感,落地有清脆的金属声。

ABS、聚甲醛、聚碳酸酯、聚苯醚等质地硬,强韧,弯曲时有强弹性。

二、高分子材料的用途

高聚物材料在日常生活和国民经济中应用广泛,这里简单列举一些例子。

1. 聚烯烃类

低密度聚乙烯:薄膜,日用品、容器、管子、线带等。

高密度聚乙烯:容器、各种型号管材、薄膜、日用品、机械零件等。

聚丙烯:容器、日用品、电器外壳、电器零件、包装薄膜、纤维、管、板、薄片、医院和实验室器具等。

2. 苯乙烯类

聚苯乙烯:日用品、设备仪表盘及零件、光学仪器、透镜、泡沫,硬容器、透明模型等。

ABS:电子电器、汽车、手提箱、化妆品容器、玩具、钟表、照相机零件等。

3. 含卤素高聚物

聚氯乙烯：农用薄膜、包装用薄片、人造革、电器绝缘层、防腐蚀管道、储槽、玩具、容器、建材、纤维等。

聚四氟乙烯：机械轴承、活塞环、衬垫、密封材料、阀、隔膜、电器、不粘器具、医疗器材、纤维等。

4. 其他碳链高聚物

聚乙烯醇：胶黏剂、助剂、涂料、薄膜、胶囊、化妆品等。

丙烯酸酯类：机械、仪表箱、电话机、笔、扣子、黏合剂、光学配件等。

聚甲基丙烯酸甲酯：灯罩、仪表板和罩、防护罩、光学产品、医疗器械、文具、装饰品等。

聚丙烯腈：纤维、用于化妆品、药品的容器等。

5. 杂链高聚物

聚乙二醇：水溶性包装薄膜、织物上浆剂、保护胶体等。

尼龙：纤维、机械、电器、管材、包装用薄膜、粉末涂料、汽车刮水器传动装置、散热器风扇、拉杆等。

6. 树脂

酚醛树脂：电子电器、机械、汽车制动器、厨房用具把柄、涂料、层压板、黏合剂、纸张上胶剂等。

脲醛树脂：电器旋钮、插塞、开关、文具、钟表外壳、黏合剂、涂料、层压板等。

不饱和聚酯：交通工具、建材、电器、化工管路、压滤器、钓竿、滑雪板、高尔夫球、雪橇、家具、雕塑、工程挡板、涂料、胶泥、黏合剂、层压板、预埋和封装材料等。

环氧树脂：玻璃钢、胶黏剂、涂料、层压板、树脂模具、电器绝缘、聚氯乙烯的稳定剂等。

7. 橡胶

天然橡胶、异戊橡胶、丁苯橡胶、顺丁橡胶：用于轮胎、胶管、胶带、鞋业、模型制品、电线电缆绝缘、减震制品、医疗制品、胶黏剂、运动器材、浸渍制品、织物涂料等。

氯丁橡胶：用于阻燃制品、消防器材、井下运输皮带、电缆绝缘、胶黏剂、模型制品、胶布制品、耐热运输带等。

丁腈橡胶：特别用于耐油制品、输油管、工业用胶辊、储油箱、油管、耐油运输带、化工衬里、耐油密封垫圈等。

第二节 显色和分离提纯试验

显色试验是在微量或半微量范围内用点滴试验来定性鉴别高聚物的方法。一般添加剂通常不参与显色反应，所以可直接采用未经分离的高聚物材料，但为了提高显色反应的灵敏度，最好还是先将其分离后再测定。

一、塑料的显色试验

1. Liebermann Storch-Morawski 显色试验

取几毫克试样于试管中，令其溶于 2mL 热乙酐中，待冷却后加 3 滴质量分数为 50% 硫酸，立即观察颜色变化。放置 10min 同时用水浴加热至约 100℃（比沸点略低），再次观察记录颜色变化。该方法试剂的温度和浓度必须稳定，否则同一聚合物会出现不同的颜色。表 7-1 列出高聚物材料的 Liebermann Storch-Morawski 显色试验。

表 7-1　高聚物材料的 Liebermann Storch-Morawski 显色试验

高聚物材料	立即观察	10min 后观察	加热到 100℃ 后观察
聚乙烯醇	无色或微黄色	无色或微黄色	绿至黑色
聚乙酸乙烯	无色或微黄色	无色或蓝灰色	海绿色,然后棕色
乙基纤维素	黄棕色	暗棕色	暗棕至暗红色
酚醛树脂	红紫、粉红或黄色	棕色	红黄至棕色
不饱和聚酯	无色,不溶部分为粉红色	无色,不溶部分为粉红色	无色
环氧树脂	无色至黄色	无色至黄色	无色至黄色
聚氨酯	柠檬黄	柠檬黄	棕色、带绿色荧光
聚丁二烯	亮黄色	亮黄色	亮黄色
氯化橡胶	黄棕色	黄棕色	红黄至棕色

2. 对二甲氨基苯甲醛显色试验

在试管中小火加热 5mg 左右的试样令其裂解，冷却后加 1 滴浓盐酸，然后加 10 滴质量分数为 1% 的对二甲氨基苯甲醛的甲醇溶液。放置片刻，再加 0.5mL 左右的浓盐酸，最后用蒸馏水稀释，观察整个过程中颜色的变化。表 7-2 列出高聚物材料与对二甲氨基苯甲醛的显色试验。

表 7-2　高聚物材料与对二甲氨基苯甲醛的显色试验

高聚物材料	加浓盐酸后	加对二甲氨基苯甲醛后	再加浓盐酸后	加蒸馏水后
聚乙烯	无色至淡黄色	无色至淡黄色	无色	无色
聚丙烯	淡黄色至黄褐色	鲜艳的红紫色	颜色变淡	颜色变淡
聚苯乙烯	无色	无色	无色	乳白色
聚甲基丙烯酸甲酯	黄棕色	蓝色	紫红色	变淡
聚碳酸酯	红至紫色	蓝色	紫红至红色	蓝色
尼龙 66	淡黄色	深紫红色	棕色	乳紫红色
聚甲醛	无色	淡黄色	淡黄色	更淡的黄色
聚氯丁二烯	不反应	不反应	不反应	

3. 吡啶显色试验鉴别含氯高聚物

（1）与冷吡啶的显色反应　取少许无增塑剂的高聚物试样，加入约 1mL 吡啶，放置几分钟后加入 2～3 滴质量分数约为 5% 氢氧化钠的甲醇溶液，立即观察产生的颜色，过 5min 和 1h 后分别观察并记录颜色变化。表 7-3 列出用冷吡啶处理含氯高聚物的显色反应。

表 7-3　用冷吡啶处理含氯高聚物的显色反应

高聚物材料	立即	5min 后	1h 后
聚氯乙烯粉末	无色至黄色	亮黄色至棕红色	黄棕色至暗红色

（2）与沸腾的吡啶的显色反应　取少许无增塑剂的高聚物试样，加入约 1mL 吡啶煮沸，将溶液分成两份。第一部分重新煮沸，小心加入 2 滴质量分数为 5% 氢氧化钠的甲醇溶液，分别记录立即观察和 5min 后观察到的颜色变化；第二部分在冷溶液中加入 2 滴同样的氢氧化钠的甲醇溶液，分别记录立即观察和 5min 后观察到的颜色变化。表 7-4 为用沸腾的吡啶处理含氯高聚物的显色反应。

表 7-4　用沸腾的吡啶处理含氯高聚物的显色反应

高聚物材料	在沸腾溶液中		在冷溶液中	
	立即	5min 后	立即	5min 后
聚氯乙烯	橄榄绿	红棕色	无色或微黄色	橄榄绿
氯化聚氯乙烯	血红色至棕红色	血红色至棕红色	棕色	暗棕红色
聚偏二氯乙烯	棕黑色沉淀	棕黑色沉淀	棕黑色沉淀	棕黑色沉淀
聚氯丁二烯	无反应	无反应	无反应	无反应
氯化橡胶	暗红棕色	暗红棕色	橄榄绿	橄榄棕
氢氯化橡胶	一般无可观察到的反应			

4. 一氯乙酸和二氯乙酸显色试验鉴别单烯类高聚物

取几毫克粉碎了的试样于试管中，加入约 5mL 二氯乙酸或熔化了的一氯乙酸，加热至沸腾约 1~2min。观察颜色变化。若煮沸 2min 后仍不显色，则为否定的负结果。表 7-5 为单烯类高聚物与一氯乙酸和二氯乙酸的显色反应。

表 7-5　单烯类高聚物与一氯乙酸和二氯乙酸的显色反应

高聚物材料	一氯乙酸	二氯乙酸
聚氯乙烯	蓝色	红色至紫色
氯化聚氯乙烯	无色	无色
聚乙酸乙烯	红色至紫色	蓝色至紫色
聚氯代乙酸乙烯	蓝色至紫色	蓝色至紫色

5. 铬变酸显色实验鉴别含甲醛高聚物

取少量试样放入试管中，加入 2mL 浓硫酸及少量铬变酸，在 60~70℃ 下加热 10min，静置 1h 后观察颜色，出现深紫色表明有甲醛。同时做一空白试验对比。

6. Gibbs 靛酚显色试验鉴别含酚高聚物

在试管里加热少许试样不超过 1min，用一小片浸有 2,6-二氯（或溴）苯醌-4-氯亚胺的饱和乙醚溶液并风干的滤纸盖住管口。试样分解后，取下滤纸置于氨蒸气中或滴上 1~2 滴稀氨水，若出现蓝色的靛酚蓝斑点表明有酚（包括甲酚、二甲酚）。

二、橡胶的显色试验

在试管中裂解 0.5g 试样（必要的话，先用丙酮萃取），将裂解气通入 1.5mL 的反应试剂中。冷却后，观察在反应试剂中的裂解产物的颜色。氯磺化聚乙烯的裂解产物会浮在液面上，丁基橡胶的裂解产物则悬浮在液体中，而其他橡胶的裂解产物或溶解或沉在底部。进一步将裂解产物用 5mL 甲醇稀释，并煮沸 3min，观察颜色。

反应试剂制备：将 1g 对二甲氨基苯甲醛和 0.01g 对苯二酚在温热的条件下溶解于 100mL 甲醇中，加入 5mL 浓盐酸和 10mL 乙二醇，在 25℃ 下用甲醇或乙二醇调节溶液的相对密度到 0.851，该反应试剂在棕色瓶中可保存几个月。表 7-6 列出了橡胶的 Burchfield 显色反应。

表 7-6　橡胶的 Burchfield 显色反应

橡　胶	裂解产物	加甲醇和煮沸后
空白	微黄	微黄
天然橡胶、异戊橡胶	红棕色	红至紫色
聚丁二烯橡胶	亮绿	蓝绿
丁苯橡胶	黄至绿色	绿色
丁腈橡胶	橙至红色	红至红棕色
丁基橡胶	黄色	蓝至紫色
硅橡胶	黄色	黄色
聚氨酯弹性体	黄色	黄色

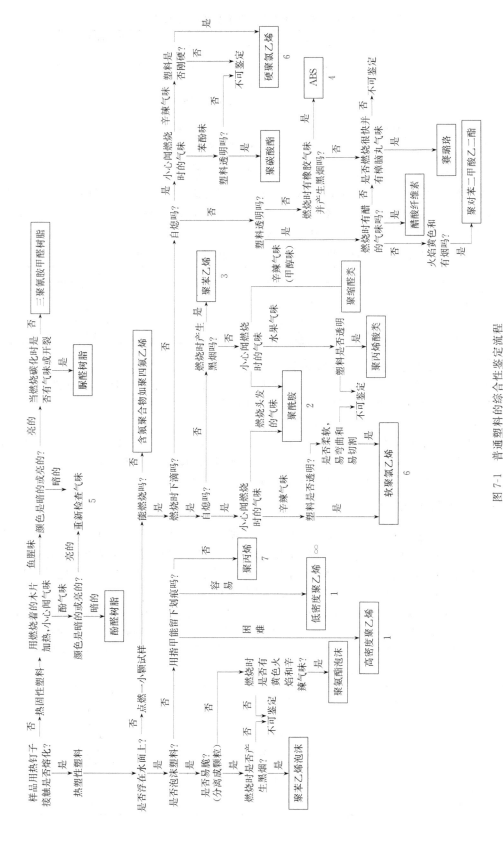

图 7-1 普通塑料的综合性鉴定流程

1—聚乙烯燃烧时带烧蜡烛味的气体；2—聚酰胺用以下方法证实：使用一根冷的金属针（如钉子，接触熔融的塑料并迅速拉开，尼龙能形成丝；3—聚苯乙烯用以下方法证实：敲击时有金属声；4—丙烯腈-丁二烯-苯乙烯共聚物；5—酚醛树脂通常是黑色或棕色，其他树脂通常色泽较亮；6—聚氯乙烯用绿色证实：呈绿色；7—聚丙烯燃烧时有热机油的气味

三、鉴别

综合性的鉴别可采用如图 7-1 所示的流程进行。

四、分离提纯试验

由于高聚物中加有各种添加剂和加工助剂，所以在进行高聚物分析鉴别前往往要对其进行分离提纯，一般分离的方法主要有三种：用溶剂和沉淀剂进行的溶解-沉淀分离，用萃取剂进行的萃取提纯，真空蒸馏提纯分离。在高聚物分离提纯中经常采用的是前两种。

1. 溶解-沉淀法

对于可溶性的高聚物材料，可以选择一种适当的溶剂将高聚物完全溶解。先过滤或离心除去不溶解的无机填料、颜料等，然后加入过量（5~10倍）的某沉淀剂使高聚物沉淀，将一些可溶性添加成分留在溶液中。通过过滤或离心除去高聚物沉淀后，蒸发掉溶剂而回收添加成分。所选的溶剂应当能溶解有机添加成分，而所选的沉淀剂须与该溶剂无限互溶。

2. 萃取提纯法

萃取可用两种方法，一种是回流萃取，另一种是用索氏抽提器连续萃取。如果高聚物材料中的可溶性添加成分含量较少，用回流萃取的方法较方便快捷，有时甚至不用加热回流，只需与溶剂混合后静置，或经常性给予摇振即可。但如果添加成分含量大，回流萃取常不完全，因为溶解会达到饱和而终止。这时可采用索氏抽提器连续萃取，这时所用溶剂的密度应小于试样，否则试样会流出器皿。

萃取法主要是选择好溶剂，溶剂不能与试样中的有关组分发生反应，还要避免部分溶解高聚物或被高聚物强烈吸附。另外应尽可能增大试样的比表面积，以增加与萃取剂的接触。为防止高聚物氧化，萃取时最好在氮气保护下进行。

第三节　元素检测

一般用于检测元素的系统方法主要有两种，一种为钠熔法，可用于元素的定性分析；另一种为氧瓶燃烧法，既可用于元素的定性分析，也可用于元素的定量分析。这两种方法都是将高分子试样进行分解后，使其中的元素转化为离子形式，然后对其进行测定的。

由于高分子材料中往往含有各种添加剂或杂质，所以在进行元素检测之前，应对试样进行预处理，先将其经过分离和提纯后再进行元素检测，以正确判断元素的来源，得到正确的剖析结果。

一、钠熔法

1. 试液的制备

在裂解管中放入 50~100mg 粉末试样及一粒豌豆大小的金属钠（或钾）。在本生灯上加热至金属熔化，趁热把此裂解管放入盛有 10mL 蒸馏水的小烧杯内，让玻璃管炸裂，反应产物溶于水后，用移液管吸取烧杯中液体，作分析元素用。

该反应主要是金属钠在熔化状态时与试样中的杂原子反应生成氰化钠、硫化钠、氯化钠、氟化钠、磷化钠等化合物，由鉴别这些化合物而推测试样的类型。

2. 氮的测定

在制得的试液中加入一小勺硫酸亚铁，迅速煮沸，冷却后，加几滴质量浓度为 15g/L 的三氯化铁溶液，再用稀盐酸酸化至氢氧化铁恰好溶解。若溶液变成蓝绿色，并出现普鲁士蓝沉淀，则含有氮元素；若试样中氮元素含量少，则形成微绿色溶液，静置几小时后才有沉淀产生；若试样中无氮元素，则溶液仍为黄色。

$$6NaCN + FeSO_4 = Na_2SO_4 + Na_4[Fe(CN)_6]$$

$$3Na_4[Fe(CN)_6] + 4FeCl_3 = Fe_4[Fe(CN)_6]_3 \downarrow + 12NaCl$$

3．氯的测定

把所得试液用稀硝酸酸化并煮沸，以除去硫化氢、氰氢酸。加入质量浓度为20g/L的硝酸银溶液几滴。若有白色沉淀，再加入过量的氨水，若沉淀溶解，则试样中含有氯元素。若出现浅黄色沉淀，且难溶于过量的氨水中，则试样中含有溴元素；若产生黄色沉淀，不溶于氨水，则含有碘元素。

$$Ag^+ + Cl^- = AgCl \downarrow$$
$$Ag^+ + Br^- = AgBr \downarrow$$
$$Ag^+ + I^- = AgI \downarrow$$

4．氟的测定

在用乙酸酸化的试液中，加入0.5mol/L的氯化钙溶液，若有凝胶状沉淀生成，则试样中含有氟元素。

$$Ca^{2+} + 2F^- = CaF_2 \downarrow$$

5．硫的测定

在制得的试液1～2mL中加入质量浓度为10g/L的亚硝酸铁氰化钠溶液，若出现深紫色，则表示有硫元素存在。

$$Na_2S + Na_2[Fe(CN)_5NO] = Na_4[Fe(CN)_5NOS]$$

还可以在1～2mL试液中加几滴乙酸酸化之后，再加入2mol/L乙酸铅溶液几滴，有黑色沉淀生成则表明试样中含有硫元素。

$$S^{2-} + Pb^{2+} = PbS \downarrow$$

6．磷的测定

把所得试液用浓硝酸酸化后，加入钼酸铵溶液，加热1min，若有黄色沉淀，则试样中含有磷元素。

$$PO_4^{3-} + 3NH_4^+ + 12MoO_4^{2-} + 26H^+ + 2NO_3^- = (NH_4)_3PO_4 \cdot 12MoO_3 \cdot 2HNO_3 \cdot 2H_2O + 10H_2O$$

7．溴的测定

取1mL的试液、1mL冰醋酸和几毫克二氧化铅，在小试管中进行混合，用一张以质量浓度为10g/L的荧光黄的乙醇溶液浸湿的滤纸盖在试管口。若发现滤纸变为品红色，则说明存在溴元素；若变为棕色，则存在碘元素。

二、氧瓶燃烧法

氧瓶燃烧法操作简便，可以用于定性或定量地分析卤素、硫、磷、硼等元素。

1．溶液的制备

仪器装置如图7-2所示，燃烧瓶为300mL或500mL的磨口、硬质玻璃锥形瓶，瓶塞应严密、空心，瓶塞底部熔封铂丝一根（直径为1mm），铂丝下端作成网状或螺旋状，长度约为40mm，可伸到瓶的中部。

精密称取研细的高分子试样（约10～50mg），用一小块定量滤纸包好后，紧紧固定于铂丝下端的网内或螺旋处，使尾部露出。在燃烧瓶的底部注入5mL浓度为0.2mol/L的氢氧化钠作为吸收液，并将瓶口用水湿润，小心急速通入氧气约1min（通气管应接近液面，使瓶内空气排尽），立即用表面皿覆盖瓶口，移置他处；在通氧的最后阶段，点燃包有高分子试样的滤纸尾部,迅速放入燃烧瓶中,按紧瓶塞,并将燃烧瓶小心倾斜。燃烧刚开始时,应压紧瓶塞,勿使其冲出。燃烧完毕(应无黑色碎片),使燃烧瓶恢复直立,充分振摇,使生成的烟雾完全吸入吸收液中,放置 15min,用 20mL 蒸馏水冲洗瓶塞及铂丝,合并洗液及吸收液,得到 25mL 的测试溶液。并按同样的方法,另外做一个空白燃烧试验,以作比较。

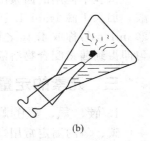

图 7-2 氧瓶燃烧法仪器装置

2. 氯的测定

取 5mL 试液,加入 1mL 硫酸铁铵溶液混匀。加入 1.5mL 硫氰酸汞溶液。若试样中含氯,则溶液将变成橘红色。将溶液放置 10min 后,可利用分光光度计在 460nm 的波长下用标准曲线法进行定量分析。应注意以下几点。

(1) 硫酸铁铵溶液配制。将 12g 硫酸铁铵溶于水中,加入 40mL 浓硝酸,用蒸馏水稀释到 100mL 并过滤。

(2) 硫氰酸汞溶液的配制。将 0.4g 硫氰酸汞溶于 100mL 无水乙醇中。

(3) 若试样中存在溴和碘,也会出现正结果,不过一般高分子中不含这两个元素。

3. 硫的测定

取 5mL 试液,加入 2 滴过氧化氢及 1.2mL 1mol/L 的盐酸,混合均匀后,一边摇动,一边加入 2.0mL 的沉淀剂。当试样中含有硫元素时,溶液中将出现局部浑浊的现象。将混合溶液静置 30min 后摇匀,可用分光光度计于 700nm 波长下采用标准曲线法进行定量测定。

沉淀剂在配制过程中应注意以下几点。

① 将 0.2g 胨溶解在 50mL 质量浓度为 10g/L 的氯化钡($BaCl_2 \cdot 2H_2O$)溶液中。用 0.02mol/L 的盐酸中和至 pH=5.0,加入 10g 分析纯的氯化钠并稀释至 100mL。在水浴上加热 10min,然后滴入几滴氯仿,必要时过滤,制得沉淀剂甲液。

② 将 0.4g 印度胶微热溶解于 200mL 蒸馏水中,加入 2.0g 氯化钡($BaCl_2 \cdot 2H_2O$),必要时过滤,制得沉淀剂乙液。

③ 使用时,将 10mL 甲液用 100mL 乙液稀释成沉淀剂使用。

4. 氮的测定

称取 0.1g 间苯二酚,用 0.5mL 冰醋酸溶解,加入 5mL 试液,混匀后加入 0.1g 硫酸铁铵。若试样中含有氮元素,溶液将呈绿色,而空白应为灰黄色。将溶液静置 20min 后可用分光光度计在 690nm 的波长下用标准曲线法进行定量测定。

5. 磷的测定

取 2mL 试液,加入 40mL 蒸馏水和 4mL 钼酸铵溶液,完全混匀后加入 0.1g 抗坏血酸,煮沸 1min。在流水中冷却 10min,用蒸馏水稀释至 50mL。若试样中含有磷元素,则溶液将呈蓝色,空白试验为灰黄色。静置 20min 后,可用分光光度计在 820nm 下用标准曲线法对其进行定量测定。

试验中使用的钼酸铵溶液的配制过程:在水中溶解 10g 钼酸铵,稀释至 100mL,再于搅拌下加入到 300mL 体积比为 1:1 的硫酸中。

6. 氟的测定

取 20mL 蒸馏水和 2.4mL 茜素配合物溶液混匀,加入 1mL 试液,混匀后离心分离。再加入 0.0005mol/L 的硝酸铈溶液 2mL 后混匀。若试样中存在氟元素,溶液呈紫红色,空白为粉红色。静置 10min 后,可用分光光度计于 600nm 波长下用标准曲线法进行定量分析。

试验中使用的茜素配合物溶液的配制过程：称取 40.1mg 的 3-氨基甲基茜素-N,N-二乙酸，加入 1 滴 1mol/L 氢氧化钠溶液和约 20mL 蒸馏水，温热使试剂溶解，冷却并稀释至 208mL。另称取 4.4g 乙酸钠，用水溶解，再加入 4.2mL 冰醋酸并稀释至 42mL。将两者混匀即得到茜素配合物溶液。

三、元素的定量分析

1. 碳、氢、氧的测定

碳、氢的测定常用燃烧法进行，将试样在氧气流中及催化剂存在的条件下燃烧。将燃烧后生成的二氧化碳和水分别用碱和氯化钙吸收后称量，根据下式计算结果。

$$w_C = \frac{m_1}{m} \times 27.27\% \tag{7-1}$$

$$w_H = \frac{m_2}{m} \times 11.19\% \tag{7-2}$$

式中，w_C 为碳的质量分数；w_H 为氢的质量分数；m_1 为试样燃烧后生成的 CO_2 的质量，mg；m_2 为试样燃烧后生成的水的质量，mg；m 为试样的质量，mg；27.27% 为 CO_2 气体中碳的百分含量；11.19% 为水中氢的百分含量。

氧含量通常是在测完其他元素含量后用减法推算即可。

2. 氮的测定

在凯氏烧瓶里将 0.3~0.4g 试样、40mL 浓硫酸、1g 硫酸铜（$CuSO_4 \cdot 5H_2O$）、0.7g 氧化汞、0.5~0.7g 汞和 9g 无水硫酸钠进行混合，缓慢加热，煮沸 1h。然后将其转移到水蒸气蒸馏装置中，加入过量的 40% NaOH 溶液（其中加有 7g 硫代硫酸钠）。随水蒸气冷凝的氨（约 300mL）用一个装有 50mL 0.1mol/L 硫酸的接收器接收。用 0.2mol/L NaOH 滴定接收液，同时做空白试验。

氮的百分含量的计算。

$$w_N = \frac{14 \times (V_0 - V)c}{1000m} \times 100\% \tag{7-3}$$

式中，w_N 为氮的质量分数；V_0 为滴定空白所用氢氧化钠溶液的体积，mL；V 为滴定试样所用氢氧化钠溶液的体积，mL；c 为氢氧化钠溶液的浓度，mol/L；m 为试样的质量，g。

3. 硫的测定

硫的测定分为总硫的测定和游离硫的测定两类，下面分别进行介绍。

（1）总硫的测定　称量 0.1~0.3g 试样放入干燥洁净的镍弹中，加入 6~8 滴乙二醇，用 10~12g 过氧化钠覆盖。将镍弹盖好，用小煤气火焰加热（该操作应有防护措施以防意外）。10~30s 后电子点火，产生轻微的爆炸。让其反应 1min，然后用水冷却镍弹。打开盖后，用蒸馏水淋洗弹盖，把弹内物质和淋洗液都收集于烧杯中，待熔融物全部溶解后加蒸馏水至总体积为 200mL。加入 50mL 浓盐酸煮沸，缓慢加入 10mL 质量浓度为 10% 氯化钡溶液，进一步煮沸 10min，静置过夜，待析出硫酸钡沉淀。过滤出沉淀，经水洗后转移至瓷坩埚中放入马弗炉内于 800℃ 下灼烧 20~30min 至恒重，称量。

总硫的百分含量的计算。

$$w_{1S} = 13.74 \times \frac{m_1}{m}\% \tag{7-4}$$

式中，w_{1S} 为总硫的质量分数；m_1 为硫酸钡的质量，g；m 为试样的质量，g。

（2）游离硫的测定　取约 2g 压成薄片的试样放入 250mL 的锥形瓶中，加入 100mL

0.05mol/L 亚硫酸钠溶液，并加入 3~5mL 液体石蜡消泡。用表面皿盖住锥形瓶，慢慢加热沸腾 4h，此过程中亚硫酸钠会反应生成硫代硫酸钠，冷却后加入 5g 活性炭，静置 30min，吸附掉残余促进剂。过滤除去不溶的残渣，在滤液中加入 10mL 甲醛溶液（400g/L）以配合过量的亚硫酸钠。静置 5min 后，加入 5mL 冰醋酸及过量的 0.025mol/L 的碘溶液，使之与形成的硫代硫酸钠作用。过量的碘以 0.05mol/L 的硫代硫酸钠标准溶液回滴。

游离硫的百分含量的计算。

$$w_{2S} = \frac{32.06 \times (V_1 c_1 - V_2 c_2)}{1000m} \times 100\% \tag{7-5}$$

式中，w_{2S} 为游离硫的质量分数；V_1 为所加碘溶液的体积，mL；V_2 为滴定所消耗的硫代硫酸钠标准溶液的体积，mL；c_1 为碘溶液的浓度，mol/L；c_2 为硫代硫酸钠标准溶液的浓度，mol/L；m 为试样的质量，g。

4. 氯的测定

在总硫测定所得的试液中加入浓硝酸酸化，并慢慢加入 50.0mL 0.1mol/L 硝酸银，加热至沸腾。冷却后，过滤沉淀，用弱酸性（硝酸）的水溶液洗涤沉淀，然后将沉淀与 5mL 冷的饱和硫酸铁铵的弱酸性（硝酸）溶液混合。用 0.1mol/L 硫氰酸铵溶液回滴溶液中过量的银至出现微粉红色为终点。

氯的百分含量的计算。

$$w_{Cl} = \frac{35.46 \times (V_1 - V_2)c}{1000m} 100\% \tag{7-6}$$

式中，w_{Cl} 为氯的质量分数；V_1 为所加的 0.1mol/L 硝酸银的体积，mL；V_2 为消耗硫酸铁铵溶液的体积，mL；c 为硫酸铁铵溶液的浓度，mol/L；m 为试样质量，g。

5. 氟的测定

称取 0.15g 试样和约 3 倍于试样质量的金属钠一起放在镍坩埚中，小心用强火加热 90min。冷却后加入 10mL 无水乙醇，用热蒸馏水洗涤，转入 100mL 容量瓶中。用 15mL 蒸馏水煮沸坩埚三次，每次煮沸液均并入容量瓶，用蒸馏水定容，混匀。取 20mL 该溶液经过一个阳离子交换柱，用总量 100mL 蒸馏水淋洗，用 0.1mol/L 氢氧化钾滴定洗出液，以混合指示剂指示终点。

当有氯存在时，可用弱硝酸溶液中和，以 0.1mol/L 硝酸银测定氯含量（见氯含量的测定）。

混合指示剂：溶解 125mg 甲基红和 85mg 亚甲基蓝于 100mL 甲醇中即可。

氟的百分含量
$$w_F = \frac{19 \times 5 \times (V_1 c_1 - V_2 c_2)}{1000m} \times 100\% \tag{7-7}$$

氯的百分含量
$$w_{Cl} = \frac{35.46 \times 5 \times V_2 c_2}{1000m} \times 100\% \tag{7-8}$$

式中，w_F 为氟的质量分数；w_{Cl} 为氯的质量分数；V_1 为氢氧化钾溶液的体积，mL；V_2 为硝酸银溶液的体积，mL；c_1 为氢氧化钾溶液的浓度，mol/L；c_2 为硝酸银溶液的浓度，mol/L；m 为试样的质量，g。

第四节　塑料的鉴别和分析

一、聚烯烃

1. 熔点测定

聚烯烃的熔点差别较大，故可作为鉴别的依据。不同的聚烯烃举例如下。

聚乙烯（$\rho=0.92\text{g/cm}^3$）约为110℃；聚乙烯（$\rho=0.94\text{g/cm}^3$）约为120℃；聚乙烯（$\rho=0.96\text{g/cm}^3$）约为128℃；聚丙烯（$\rho=0.90\text{g/cm}^3$）约为160℃；聚异丁烯（$\rho=0.91\sim0.92\text{g/cm}^3$）约为124～130℃；聚4-甲基-1-戊烯（$\rho=0.83\text{g/cm}^3$）约为240℃。

2. 汞盐试验

在试管中裂解试样，用浸润过氧化汞硫酸溶液（将5g氧化汞溶于15mL浓硫酸和80mL水中制得）的滤纸盖住管口。滤纸上若呈现金黄色斑点表明是聚异丁烯、丁基橡胶或聚丙烯（后者要在几分钟后才出现斑点），聚乙烯没有该现象产生。天然橡胶、丁腈橡胶和聚丁二烯橡胶呈现棕色斑点。

聚丙烯与聚异丁烯的区分可将裂解气引入质量浓度为50g/L的乙酸汞的甲醇溶液中，然后将溶液蒸发至干，用沸腾的石油醚萃取剩下的固体，过滤去不溶物，浓缩滤液。聚异丁烯会结晶出熔点为55℃的长针状晶体，而聚丙烯则没有晶体形成。

二、苯乙烯类高分子

1. 定性鉴定

（1）靛酚试验检验苯乙烯　苯乙烯类共聚物和发烟硝酸反应形成硝基苯化合物，热解时有苯酚释出，因而可用靛酚试验鉴别，在小试管中放少许试样和4滴发烟硝酸，蒸发酸至干，然后用小火加热试管中部，慢慢将试管上移，让火焰直接加热试管内残留物令其分解。

试管口用一张事先浸有2,6-二溴苯醌-4-氯亚胺的饱和乙醚溶液并风干了的滤纸盖住。热解后，取下滤纸在氨蒸气中熏或滴上1～2滴稀氨水，若有蓝色出现表明有苯乙烯存在。

（2）二溴代苯乙烯试验　取少量试样于小试管中裂解，用一团玻璃棉塞住试管口让裂解产物凝聚在玻璃棉上，冷却后用乙醚萃取玻璃棉。让溴蒸气通过萃取液直至溴过量而刚好出现黄色为止，在表面皿上蒸去乙醚，产物用苯重结晶，所得的二溴代苯乙烯晶体的熔点应为74℃。

（3）聚苯乙烯、ABS和丁二烯-苯乙烯共聚物的鉴别　ABS由于在杂原子试验中含有氮而得以区分。丁二烯-苯乙烯共聚物可用偶氮染料反应检测，方法如下。

取1～2g用丙酮萃取过的试样与20mL硝酸（$\rho=1.42\text{g/cm}^3$）一起回流1h。回流完毕，加入100mL蒸馏水稀释，用乙醚分三次（50mL、25mL、25mL）萃取。合并萃取液，并用15mL蒸馏水洗涤一次，弃掉水层。乙醚层用15mL 1mol/L氢氧化钠萃取三次，合并碱液层。最后再用20mL蒸馏水洗涤乙醚层，将洗液与碱液合并，以浓盐酸调节到恰呈酸性，然后加入20mL浓盐酸。在蒸汽浴上加热，接着加入5g锌粒还原，冷却后加入2mL 0.5mol/L亚硝酸钠。将此重氮化了的溶液倒入过量的β-萘酚的碱溶液中。若形成红色溶液，表明有丁二烯-苯乙烯共聚物，而聚苯乙烯则生成黄色溶液。

2. 定量分析

（1）聚苯乙烯中苯乙烯含量的测定　称取约2g试样放入250mL锥形瓶里，用50mL四氯化碳溶解。加入10mL Wijs溶液（三氯化碘和碘的冰醋酸溶液），塞住锥形瓶，在暗处15～20℃下放置15min。然后加入15mL质量浓度为100g/L的碘化钾溶液和100mL蒸馏水，立即塞住锥形瓶并振摇。以0.05mol/L硫代硫酸钠标准溶液，用淀粉为指示剂滴定过量的碘。同时做一空白试验。

苯乙烯的质量分数
$$w=104\times\frac{(V_0-V)c}{1000m}\times100\% \tag{7-9}$$

式中，w为苯乙烯的质量分数；V_0为滴定空白所需硫代硫酸钠标准溶液体积，mL；V为滴定试样所需硫代硫酸钠标准溶液体积，mL；c为硫代硫酸钠标准溶液的浓度，mol/L；m为试样质量，g。

(2) 丁二烯-苯乙烯共聚物中聚苯乙烯均聚物含量的测定试剂的配制如下
① 叔丁基过氧化氢溶液。将 6 份叔丁基过氧化氢和 4 份叔丁醇混合均匀即可。
② 四氧化锇溶液。在 100mL 苯中溶解 80mg OsO_4。

测定步骤：取约 0.5g 试样放入 250mL 锥形瓶中，加入 50mL 对二氯苯（温热到 60℃），在 130℃下加热直至试样溶解。冷却溶液到 80～90℃，加入 10mL 质量浓度为 600g/L 的叔丁基过氧化氢溶液，然后加入 1mL 用苯处理过的 0.003mol/L OsO_4 溶液。在 110～115℃下加热混合液 10min，然后冷却至 50～60℃，加入 20mL 苯，再缓慢加入 250mL 乙醇，边搅拌边用几滴浓硫酸酸化，若有均聚苯乙烯，则有沉淀生成，待沉淀沉降后，用适宜的熔砂漏斗定量地过滤溶液，沉淀用乙醇洗涤，在 110℃下干燥 1h。

$$聚苯乙烯均聚物的质量分数(w) = m_0/m \times 100\% \tag{7-10}$$

式中，m_0 为沉淀的质量，g；m 为试样的质量，g。

(3) ABS 的共聚组成分析　将研磨细的最多为 0.5g 的试样与 20～30mL 甲乙酮，在 50mL 圆底烧瓶中煮沸，然后在约 60℃下加入 5mL 叔丁基过氧化氢和 1mL 四氯化锇，煮沸 2h，如果仍未溶解，再补加 5mL 叔丁基过氧化氢和 1mL 四氯化锇溶液，煮沸 2h。

上述试液用 20mL 丙酮稀释，用 2 号熔砂漏斗过滤，滤渣为填料，用丙酮洗涤，干燥并称重。将滤液逐滴加入到 5～10 倍于滤液体积的甲醇中。通过加热或冷却，或加入几滴氢氧化钾的乙醇溶液，使苯乙烯-丙烯腈共聚物组分沉淀下来。用 2 号熔砂漏斗过滤，在 70℃下真空干燥，并称重。

通过微量分析或半微量分析，分别测定原始试样和苯乙烯-丙烯腈共聚物组分（SA）的氮含量。

$$丙烯腈的质量分数(w_1) = 3.787 \times 试样中氮的质量分数 \tag{7-11}$$

$$苯乙烯的质量分数(w_2) = (SA 沉淀质量/试样质量) \times 100\% - 3.787 \times SA 中氮的质量分数 \tag{7-12}$$

$$丁二烯的质量分数(w_3) = 100\% - [(SA 质量 + 填料质量)/试样质量] \times 100\% - 3.787 \times (试样中氮的质量分数 - SA 中氮的质量分数) \tag{7-13}$$

三、含卤素类高分子

1. 含氯高分子

(1) 定性鉴别

① 聚氯乙烯。将几毫克试样溶于约 1mL 吡啶中，煮沸 1min，冷却后加入 1mL 0.5mol/L 氢氧化钾乙醇溶液，若有聚氯乙烯存在会快速呈现棕黑色。接着在其中加入 1mL 质量浓度为 1g/L 的 β-萘胺在质量浓度为 200g/L 的硫酸水溶液中形成的溶液，并加入 5mL 戊醇，激烈振摇，在几小时内有机层呈现粉红色。分离出有机层，用 10mL 1mol/L 氢氧化钠溶液碱化时颜色变黄，酸化后使颜色又变回粉红色。

② 聚偏二氯乙烯。聚偏二氯乙烯与吗啉能产生特征的显色反应。将一小块试样浸入 1mL 吗啉中，如果试样中有聚偏二氯乙烯，2min 就出现暗红棕色，然后很快就变黑，几小时后溶液变浑且几乎完全成为黑色。另外，聚偏二氯乙烯不溶于四氢呋喃和环己酮，可以与聚氯乙烯区分开。

③ 氯化聚氯乙烯。氯化聚氯乙烯与吗啉也能产生特征的显色反应，生成的溶液是红棕色。氯化聚氯乙烯在乙酸乙酯中具有良好的溶解性，是可用于鉴定的另一个性质。

④ 聚氯丁二烯。聚氯丁二烯在 200℃下能快速释放出氯化氢气体。测定方法是将少许试

样放在试管中,于 210℃ 油浴中加热。待 10min 后,用吹管吹气驱去所形成的氯化氢,然后将试纸放在管口上,再将油浴的温度降至 190~200℃,如果有聚氯丁二烯存在,试纸上会出现蓝色斑点。

⑤ 氯乙烯-乙酸乙烯共聚物。氯乙烯-乙酸乙烯共聚物裂解时有乙酸释出,可用碘或硝酸镧与之反应进行检测。

将装有试样的试管在小火上加热 20min。冷却后,用 1~2mL 蒸馏水将试管壁上的冷凝物冲下。将溶液过滤至另一试管内,加 0.5mL 质量浓度为 50g/L 的硝酸镧溶液,再加入 0.5mL 0.005mol/L 碘溶液。将混合物煮沸,稍冷却后,用移液管小心加入 1mol/L 的氨溶液,使之明显分层,若有乙酸存在,界面处产生蓝色环。

⑥ 氯化橡胶与氯丁橡胶的辨别。橡胶氯化时,氯不仅加在双键上,而且会使橡胶分子链断裂,而形成 $-CH_2Cl$ 端基。这些伯烷基氯在硫代硫酸钠存在下可发生热解,产生二氧化硫而得到鉴定。氯丁橡胶则由于只含仲、叔结合的氯,不发生这个反应。

(2) 定量分析 聚氯乙烯中常添加有含铅稳定剂,采用重量法无须分离试样就可以测定铅的含量。取约 10g 研细的聚氯乙烯放在烧杯中,加入 50mL 浓硫酸,加热直至试样变为暗色和黏稠,冷却片刻,小心加入 20mL 浓硝酸,再次加热,重复加硝酸和加热直到溶液变为亮黄色。然后煮沸浓缩成 10~15mL,令其冷却,用约 80mL 水稀释,用氨水使它略带碱性,加入 100mL 乙酸铵溶液(120mL 25% 氨水+140mL 冰醋酸+170mL 水),煮沸片刻,滤出残渣,将其连同漏斗放在乙酸铵溶液中再次煮沸,然后再次过滤。用少量热的乙酸铵溶液洗涤残渣,然后用水洗涤。把所有滤液和洗涤液合并,煮沸,加入重铬酸钾作为沉淀剂,使铅以铬酸铅的形式沉淀下来。将其再多煮沸 15min,令沉淀沉下,过滤,用水洗后在 150℃ 下干燥 2h,称重。

$$铅的质量分数(w)=64.01\% \times (沉淀质量/试样质量) \tag{7-14}$$

2. 含氟高分子

含氟树脂与其他高分子的区别主要根据以下性质予以区别。

① 可以耐各种浓的无机酸和碱,室温下不溶于任何溶剂。

② 高的密度值(2.1~2.2g/mL)。

常见的聚四氟乙烯和聚三氟氯乙烯可以用简单的方法加以鉴别。聚三氟氯乙烯的耐化学腐蚀性不如聚四氟乙烯好,而且熔点较低,前者是 220℃,而后者是 327℃。

四、其他单烯类高分子

1. 聚乙烯醇

(1) 定性鉴别

① 碘试验。取 5mL 聚乙烯醇水溶液与 2 滴 0.05mol/L 碘的碘化钾溶液,用水稀释到刚刚能辨认颜色(蓝、绿或黄绿色)。取 5mL 此溶液与几毫克硼砂一起振摇,使之充分反应,然后用 5 滴浓盐酸酸化,若出现深绿色表明是聚乙烯醇。

② 硼砂试验。先配制浓度较高的聚乙烯醇溶液,然后取 1 滴于点滴板上,加上 1 滴饱和的硼砂溶液,聚乙烯醇立即交联而变成黏胶状。

③ 氧化试验。将少许试样与浓硝酸煮沸,所产生的草酸在酸性介质中会使高锰酸钾褪色,也可通过形成草酸钙沉淀来检验。该方法不具特征性,因为聚乙烯基醚类也有正反应。

(2) 定量分析

① 聚乙烯醇含量的比色分析。取 2mL 中性或弱酸性的聚乙烯醇溶液,在 20℃ 下加入 80mL 0.003mol/L 碘和 0.32mol/L 硼酸的混合溶液,混合后测量在 670nm 下的吸光度。同时配制已知溶液作为参比。

② 残留乙酸基含量的分析。准确称取约 1.5g 试样于 250mL 锥形瓶中，用 70~80mL 水回流溶解。所得溶液以酚酞为指示剂，用 0.1mol/L 氢氧化钠中和，然后加入 20mL 0.5mol/L 氢氧化钠，回流 30min，冷却后，以酚酞为指示剂，用 0.5mol/L 的盐酸滴定，同时做一空白试验。

$$乙酸基的质量分数(w) = \frac{59.04 \times c(V_0 - V)}{1000m} \times 100\% \tag{7-15}$$

式中，V_0 为滴定空白所消耗的盐酸标准溶液的体积，mL；V 为滴定试样所消耗的盐酸标准溶液的体积，mL；c 为盐酸标准溶液的浓度，mol/L；m 为试样质量，g。

2. 聚(甲基)丙烯酸酯

(1) 区分聚丙烯酸酯类和聚甲基丙烯酸酯类的方法

① 裂解蒸馏。聚甲基丙烯酸酯类几乎能定量地解聚成单体；而聚丙烯酸酯类降解时只产生少量单体，且降解产物呈黄色或棕色，带酸性并有强烈气味。

② 碱解试验。将试样和 0.5mol/L 氢氧化钾乙醇溶液一起煮沸。聚丙烯酸酯能缓慢水解而溶解掉，而聚甲基丙烯酸酯根本不水解。

(2) 聚甲基丙烯酸甲酯的特征显色试验　将收集到的裂解馏出物与少量浓硝酸（$\rho = 1.4\text{g/cm}^3$）一起加热，直到得到黄色的清亮溶液。冷却后，用它体积一半的蒸馏水稀释，然后滴加质量浓度为 50~100g/L 的硝酸钠溶液，用氯仿萃取，出现海绿色溶液表明有甲基丙烯酸甲酯。

3. 聚丙烯酸

酸解试验：将试样在 60~70℃下与 20~30mL 浓度为 50% 的硫酸混合，直至完全溶解。将溶液倒入 100mL 冷水中，聚丙烯酸呈黏稠状物质从溶液中分离出来。

4. 聚丙烯腈

(1) 定性鉴别

① 酸解试验。当聚丙烯腈与浓无机酸溶液共热时，即沉淀出不可溶的聚丙烯酸。

② 氰基试验。将少许聚丙烯腈与 10mg 硫在试管中加热，试管口盖上一片在酸化的质量浓度为 10g/L 的硝酸铁溶液中浸湿过的滤纸，在滤纸上生成的硫氰酸铁将使滤纸变红。

③ 与聚酰胺和聚氨基酯区别的试验。将试样溶于二甲基甲酰胺中，用氢氧化钠调成强碱性，然后加热。若有聚丙烯腈存在，呈现明亮的橙红色。聚酰胺和聚氨酯不发生该显色反应。

(2) 聚丙烯腈及相关共聚物中氰基的定量分析　将试样与浓无机酸一起回流，水解后产生聚丙烯酸沉淀。过滤后用水洗涤沉淀，然后用碱量法测定沉淀物中的羧基含量，从而可以计算出氰基的含量。必要时，用氢氧化钠将滤液调成强碱性后，水蒸气蒸馏出氨气，定量测定。

5. 聚乙烯基吡咯烷酮

(1) 定性鉴别　用一氯乙酸、二氯乙酸显色反应。

(2) 定量分析　与聚氧化乙烯和其他聚醚的分离。用水萃取试样，以盐酸酸化萃取，若必要，用醚萃取以分离脂肪酸。中和该水溶液，在蒸汽浴上蒸发，残留物在 105℃下干燥或在 80℃下真空干燥。用四氯化碳萃取该残留物，聚氧化乙烯和聚醚进入溶液。萃取完毕，用氯化甲烷溶解残渣，过滤溶液，将溶液煮沸，然后用乙醇萃取其中的聚乙烯基吡咯烷酮。分别蒸发四氯化碳溶液和乙醇溶液，用重量法测定组成。

五、杂链高分子及其他高分子

1. 聚氧化烯烃类（聚缩醛）

（1）定性鉴别

① 聚氧化乙烯（聚乙二醇）的鉴别。溶解约 0.5g 试样于 1mL 甲醇中，加入 0.5mL 质量浓度为 100g/L 的香草醛的乙醇溶液，然后边旋摇边加入 0.5mL 浓硫酸，呈现紫红色。

② 聚氧化乙烯和聚氧化丙烯的区别。在试管里将试样与浓磷酸一起裂解，用浸有硝普酸钠溶液的滤纸检测分解出的醛。呈现蓝色表明是聚氧化乙烯，橙色（可能转化为暗棕色）表明是聚氧化丙烯。

（2）定量分析 环氧乙烷-环氧丙烷共聚物的组成分析：试样用铬硫酸（H_2CrSO_7）氧化，氧化乙烯单元会产生 2mol 二氧化碳，氧化丙烯单元则产生 1mol 二氧化碳和 1mol 乙酸。测定这两种氧化产物，就可以计算出共聚物组成比。

2. 聚酯

（1）定性鉴别

① 对苯二甲酸。将试样放入试管中热解，在试管口盖一片浸有新配制的邻硝基苯甲醛溶于 2mol/L 氢氧化钠的饱和溶液的滤纸。滤纸呈现蓝绿色，并对稀盐酸稳定，表明有对苯二甲酸。

② 邻苯二甲酸。将试样在试管中热解，若有邻苯二甲酸，在试管壁上会附有邻苯二甲酸酐针状结晶。必要时将其用乙醇重结晶，熔点为 131℃。

③ 丁二酸。将含树脂的溶液用氨中和，并蒸发至干。将残留物用喷灯急剧加热，并将松木片伸向放出的烟气中，松木片变红说明有丁二酸存在。

④ 马来酸（顺丁烯二酸）。马来酸酐与二甲基苯胺形成黄色络合物，试样中只需有少量质量浓度为 1g/L 的马来酸酐就可检验到。

⑤ 富马酸（反丁烯二酸）。将少许试样由 4mL 质量浓度为 100g/L 的硫酸铜、1mL 吡啶和 5mL 水组成的混合液处理，生成蓝绿色的结晶，表明有富马酸。

（2）定量分析 二元羧酸、脂肪酸和多元醇的分离和分析。

① 皂化。称取 0.2～0.5g 试样放入 300mL 锥形瓶中，用苯溶解，加入 125mL 0.5mol/L 氢氧化钾乙醇溶液。塞好瓶塞，在（52±2）℃下加热回流 18h。冷却后，用玻璃砂芯漏斗收集沉淀，用无水乙醇洗涤，在 110℃下干燥。

② 二元羧酸钾盐的酸化。将上述钾盐沉淀溶解在 75mL 水中，用硝酸调到 pH 恰好等于 2.0。由于其溶液很容易变浑浊，所以必要时可稍作稀释直至溶液澄清。30min 后，用双层粗滤纸将此酸液过滤到 100mL 容量瓶中，用水洗漏斗，定容摇匀，分成以下两份：Ⅰ. 10.0mL 放入 300mL 锥形瓶，用于邻苯二甲酸的测定；Ⅱ. 25.0mL 溶液放入 250mL 烧杯中，用于马来酸/富马酸测定。

a. 邻苯二甲酸测定。在Ⅰ中加入 5mL 冰醋酸，盖好瓶塞，在 60℃下加热 30min。加入 100mL 无水甲醇，盖好，于 60℃下再加热 30min。加 2mL 质量浓度为 250g/L 的乙酸铅 $[Pb(CH_3COO)_2 \cdot 3H_2O]$ 的冰醋酸溶液到温热的溶液中，盖好再加热 1h，反复振摇。将其冷却后静置 12h，过滤，用无水乙醇洗涤，在 110℃下干燥 1h，称重。

$$邻苯二甲酸酐的质量分数(w) = \frac{0.30254 \times 10 \times m_1}{m} \times 100\% \tag{7-16}$$

式中，m_1 为沉淀质量，g；m 为试样质量，g。

b. 马来酸/富马酸测定。在Ⅱ中加入 75mL 新煮沸的水，溶解后转移到 100mL 容量瓶中,准确加入 2.5mL 质量浓度为 7.5g/L 的溴在质量浓度为 500g/L 的溴化钠水溶液中。同时做一空白试验。用水加满至刻度,混匀。在暗处静置 24h,然后在 425nm 波长下,以空白为参比,测吸光度,从校正曲线上查出浓度。此方法能检测 1~6mg 马来酸/富马酸。

3. 聚碳酸酯

聚碳酸酯是碳酸的芳香酯,在与质量浓度为 100g/L 的氢氧化钾无水乙醇溶液加热皂化时,只需几分钟就能完全皂化,产生碳酸钾结晶。过滤出结晶,并酸化使之释放出二氧化碳,二氧化碳可通过与氢氧化钡溶液或石灰水反应产生白色沉淀而检测,由此对聚碳酸酯进行鉴别。

4. 聚酰胺

(1) 定性鉴别

① 根据熔点不同区别不同品种的尼龙。主要的尼龙共混物的熔点有较明显的差别,可见表 7-7。

表 7-7 不同品种尼龙的熔点

品　种	熔点/℃	品　种	熔点/℃
尼龙 46	300	尼龙 11	184~186
尼龙 66	250~260	尼龙 66(60%)和尼龙 6(40%)的共混物	180~185
尼龙 6	215~220	尼龙 66 和尼龙 6(33%)和聚己二酸对二氨基	175~185
尼龙 610	210~215	环己烷(67%)的共混物	
尼龙 1010	195~210	尼龙 12	175~180

② 盐酸溶解试验。见表 7-8。

表 7-8 尼龙在盐酸中的溶解性

尼龙品种	14%盐酸	30%盐酸
尼龙 6	溶	溶
尼龙 66	不溶	溶
尼龙 11	不溶	不溶

(2) 定量分析酸解和电位滴定　该方法适用于尼龙 6、尼龙 66 或尼龙 610,以及尼龙与其他高分子的共混物,但不适用于共缩聚的尼龙以及不同尼龙的混合物。

用过量盐酸酸解试样,然后用碱溶液进行电位滴定。

5. 苯酚-甲醛树脂

(1) 定性鉴别

① 酚类。取 1g 试样放在瓷蒸发皿中,加入等量邻苯二甲酸酐和 3 滴浓硫酸一起加热,直至出现深棕色熔融物。冷却后,用水稀释熔融物,并用质量浓度为 100g/L 的氢氧化钠溶液调节成碱性,呈现特征的红色表明是酚醛树脂。若有柏油状物质掩盖了颜色,可再用水稀释溶液并逐滴加入 1mol/L 酸溶液,到达中和点时即出现明显的红色。

② 苯酚树脂和甲酚树脂的区别。用氢氧化钾在乙二醇单乙醚中回流皂化试样。然后将 2 滴溶液加入到 10mL 水、10mL 质量浓度为 100g/L 的氢氧化钠和 10mL 甲醇的混合液中,加 1 滴苯胺,振摇,加 6 滴 3%过氧化氢,再振摇,最后加几滴次氯酸钠溶液,5min 后呈现十分稳定的红棕色表明有苯酚,而蓝色到蓝绿色表明为甲酚。

③ 甲醛。取 1~2mL 树脂的裂解液,加入 0.5mL 质量浓度为 1g/L 的均苯三酚溶液,再加 1~2 滴稀氢氧化钠溶液,红色出现表明有甲醛,乙醛呈橙黄色,且过片刻颜色加深。

(2) 定量分析

① 游离苯酚测定。称取 2~10g 试样放入 1000mL 烧瓶,加入 100mL 浓度为 10%的乙

酸，用水蒸气蒸馏，准确蒸馏出 500mL 于 500mL 容量瓶中。移取 50mL 馏出液到 300mL 锥形瓶中，加入 50.0mL 0.05mol/L 溴的溴化钾溶液和 10mL 浓盐酸，塞好，静置 20min。然后，再加入 10mL 质量浓度为 200g/L 的碘化钾溶液，用 0.05mol/L 硫代硫酸钠溶液滴定游离碘，临近终点时加少许淀粉溶液作为指示剂。

$$游离苯酚的质量分数(w) = 94 \times \frac{10 \times c(50.0 - V)}{1000m} \times 100\% \tag{7-17}$$

式中，V 为滴定所需硫代硫酸钠溶液的体积，mL；c 为硫代硫酸钠溶液的浓度，mol/L；m 为试样质量，g。

② 总羟基含量的测定。准确称取 0.5~3g 试样放入 250mL 锥形瓶中，准确加入 20.00mL 乙酰化试剂（无水乙酸酐与无水吡啶按 1:3 的体积比混合而成），装上冷凝管在沸腾的水浴上回流 30min。如果试样难溶，应预先加入 20mL 另一溶剂（如苯或氯乙烷）以帮助溶解，或将试样很好地分散开。冷却至室温后通过冷凝管加入 50mL 蒸馏水，然后在剧烈振摇下，以酚酞为指示剂，用 1mol/L 氢氧化钾滴至刚出现粉红色，并至少保持 1min 不褪色。同时做一空白试验。

$$羟值(w) = 17.0 \times \frac{c(V_0 - V)}{1000m} \times 100\% \tag{7-18}$$

式中，V_0 滴定空白所需的氢氧化钾溶液的体积，mL；V 为滴定试样所需的氢氧化钾溶液的体积，mL；c 为氢氧化钾溶液的浓度，mol/L；m 为试样的质量，g。

6. 环氧树脂

(1) 定性鉴别

① 乙醛试验。将固化或未固化的环氧树脂在小试管中于 240~250℃下加热，都会分解出乙醛。在试管口盖一张浸过新制备的质量浓度为 50g/L 的硝普酸钠和质量浓度为 50g/L 的吗啉的滤纸，滤纸变蓝色表明有环氧树脂。

② 间二硝基苯磺酸试验。将几毫克试样溶于 0.5mL 二氧杂环己烷中，加入 0.5mL 质量浓度为 5g/L 的 2-甲基-3,5-二硝基苯磺酸的二氧杂环己烷溶液，30min 后加入 2mL 质量浓度为 50g/L 的正丁胺的二甲基甲酰胺溶液，如立即出现蓝绿色，表明有游离环氧基存在。这个反应非常灵敏，能检验出 0.001% 的环氧基团。

(2) 定量分析

① 环氧树脂和改性环氧树脂的浓度测定。称取 0.5g 试样溶解于少量甲乙酮中，然后装入 100mL 容量瓶中并稀释到刻度。取 3mL 此溶液（含 15mg 试样）于 25mL 锥形瓶中，在 105~110℃下蒸发，冷却后加入 3mL 浓硫酸，用带氯化钙干燥管的塞子盖好，在 40℃下加热 30min，直至全部溶解。溶解后再加入 2mL 新配溶液（0.15g 多聚甲醛＋9mL 浓硫酸＋1mL 水），进一步在 40℃加热 30min。在剧烈搅拌下将该热溶液倒入约 150mL 水中，再转移到 200mL 容量瓶里，用水稀释到刻度，静置 2h。在 650nm 下测量其吸光度值，通过标准工作曲线查出其浓度。

② 环氧基团的测定。准确称取约含 2~4mmol 环氧基的试样于 250mL 锥形瓶中，加入 25mL 纯化二氧杂环己烷，温热到 40℃，并振摇使试样完全溶解。冷却后准确加入 25mL 0.2mol/L 盐酸二氧杂环己烷，盖好瓶塞，摇匀并静置 15min。加入 25mL 中和过的甲酚红指示剂溶液，用 0.1mol/L 氢氧化钠甲醇溶液滴至出现紫色为终点。同时做一空白试验。

$$环氧基团的质量分数(w) = 16 \times \frac{V_c c}{1000m} \times 100\% \tag{7-19}$$

式中，V_c 为滴定所需氢氧化钾溶液的体积，mL；c 为氢氧化钾溶液的浓度，mol/L；m 为试样的质量，g。

$$环氧值 = 0.0625 \times 环氧基团的质量分数$$

③ 羟基的测定。称取 2.5~3.0g 试样，加入足量的吡啶高氯酸盐（约 0.3g，取决于环氧值。制备方法是：将 144g 70%高氯酸滴加到 120g 吡啶中，用水重结晶两次），在 300mL 锥形瓶中混匀，加入 25.0mL 乙酰化试剂（12g 乙酸酐+88g 吡啶），在水浴上缓慢加热到完全溶解，然后煮沸回流 30min。用 2mL 水处理反应液，用 10~15mL 吡啶淋洗冷凝管，冷却后以酚酞为指示剂，用 1mol/L 氢氧化钾甲醇溶液回滴到浅粉红色。同时做一空白试验。

$$羟基含量(mol/100g 试样) = \frac{5.569m_1 + c(V_0 - V)}{10m} - 2 \times 环氧基团的质量分数 \qquad (7\text{-}20)$$

式中，V_0 为滴定空白所需氢氧化钾标准溶液的体积，mL；V 为滴定试样所需氢氧化钾标准溶液的体积，mL；c 为氢氧化钾标准溶液的浓度，mo/L；m 为试样的质量，g；m_1 为吡啶高氯酸盐的质量，g。

7. 聚氨酯

(1) 定性鉴别

① 亚硝酸钠试验。在试管中加热试样，将裂解气导入无水丙酮中，加 1 滴质量浓度为 100g/L 的亚硝酸钠溶液，出现橙至红棕色表明是聚氨酯。

② 对二甲氨基苯甲醛试验。将 0.5g 试样溶于 5~10ml 冰醋酸中（若不溶解可加热，或加适当溶剂后再加冰醋酸），加入 0.1g 对二甲氨基苯甲醛，有异氰酸酯存在时，几分钟溶液就变为黄色。

③ 区分聚醚型和聚酯型聚氨酯的试验。在聚氨酯制品表面滴几滴 2mol/L 氢氧化钾甲醇溶液（用酚酞使之带色），在同一区域内加几滴饱和的盐酸羟胺甲醇溶液，不要使酚酞褪色。待至少 10s 后（生成了羟肟酸），用几滴 1mol/L 盐酸酸化至粉红色消失，加几滴质量浓度为 30g/L 的氯化铁水溶液。聚酯型聚氨酯应有紫色（配合物盐）出现（由蓖麻油或二聚的脂肪酸合成的聚酯型聚氨酯应为棕色或紫棕色），聚醚型聚氨酯则只有黄色（$FeCl_3$ 的颜色）。

(2) 定量分析　预聚物中异氰酸酯基的测定：准确称取约含 1：1mmol 异氰酸酯基的预聚物试样于 250mL 锥形瓶中，加 25mL 干燥的甲苯（或二氧杂环己烷），塞好，摇动约 15min，然后加入 80mL 异丙醇和 4~6 滴溴酚蓝指示剂，用盐酸标准溶液滴定至出现黄色为终点。同时做一空白试验。

$$异氰酸酯基的质量分数(w) = 42 \times \frac{c(V_0 - V)}{1000m} \times 100\% \qquad (7\text{-}21)$$

式中，V_0 为滴定空白所用盐酸溶液的体积，mL；V 为滴定试样所用盐酸溶液的体积，mL；c 为盐酸溶液的浓度，mol/L；m 为试样的质量，g。

第五节　橡胶的鉴别和分析

一、定性鉴别

1. 双键的测定

大多数橡胶都含不饱和键，可以用 Wijs 试剂鉴定。将试样溶解于四氯化碳或熔融的对二氯苯（熔点 50℃）中，滴加试剂（6~7mL 纯氯化碘溶于 1L 冰醋酸中，保存于暗处），试剂褪色表明存在双键。

2. 天然橡胶

天然橡胶可用 Weber 试剂进行试验，该法是基于溴化的橡胶与苯酚能形成有色化合物。

取约 0.05g 用丙酮萃取过的试样放在试管中，加入 5mL 浓度为 10% 的溴的四氯化碳溶液，在水浴上缓慢升温至沸点，继续加热直至不留痕量的溴。然后再加入 5～6mL 浓度为 10% 苯酚的四氯化碳溶液，进一步加热 10～15min，几分钟内出现紫色说明是天然橡胶。当天然橡胶与其他橡胶的混合物中天然橡胶含量不多时，紫色出现较慢。

其他橡胶也显示不同颜色。如果进一步将几滴反应混合物滴入各种不同的有机溶剂，根据一系列颜色的差异可鉴别其他多种橡胶。表 7-9 列出不同橡胶的 Weber 效应。

表 7-9　不同橡胶的 Weber 效应

橡胶品种	苯酚溶液中的颜色	接着滴入其他溶剂中的颜色			
		氯仿	醋酐	醚	醇
烟片	紫色	浅紫色	浅紫色	浅紫色	浅紫色
绉片	紫色	浅紫色	浅紫色	灰棕色	浅紫色
天然胶乳	棕紫色	红橙色	灰黄色	黄棕色	橙黄色
巴拉塔树胶	深红色	浅紫色	红紫色	灰棕色	黑棕色
聚硫橡胶	灰草黄色	灰黄色	灰黄色	浅紫色	灰草黄色
丁腈橡胶 (Hycar)	橙棕色	黄色	黄橙色	无色	柠檬黄
丁腈橡胶 (Perbunan)	黄棕色	暗黄色	黄色带白色沉淀	黄色带白色沉淀	黄色带棕色沉淀
氯丁橡胶	红棕色	红紫色	白色带棕色沉淀	棕色带黑色沉淀	白色带棕色沉淀
丁苯橡胶	绿灰色	几乎无色，略带浑浊			

注：美国 Goodrich 化学公司丁腈橡胶品种牌号由商品名 Hycar 后缀四位数字组成；德国 Bayer 公司商品名 Perbunan 后缀四位数字组成。

3. 丁苯橡胶

可参见第四节中"聚苯乙烯、ABS 和丁二烯-苯乙烯共聚物鉴别"中的偶氮染料试验鉴别法。

4. 丁基橡胶

可采用汞化试验。具体操作如下。

用浸润过氧化汞硫酸溶液的滤纸（0.5g HgO 溶于 1.5mL 浓硫酸和 8mL 水中）试验裂解气体，产生金黄色斑点表明是丁基橡胶。聚异丁烯和聚丙烯有正反应，乙丙橡胶只有很淡的黄色，而二烯烃则产生棕色。

若有疑问，可进一步试验，将裂解气通往另一支用冰冷却的试管，试管内预先装 0.5g 醋酸汞溶在 10～15mL 甲醇形成的溶液，以吸收裂解气，然后在水浴中蒸干甲醇。加入 25mL 轻石油（沸点为 40～60℃），与残渣同煮沸，过滤掉不溶物，蒸发浓缩滤液，用冰冷却并摩擦器壁以产生结晶。在 30～40℃下烘干结晶，测定熔点（约 55℃）。该结晶是甲氧基异丁基醋酸汞，有毒。

5. 氯磺化聚乙烯

取约 10mg 经粉碎的试样与 3mL 吡啶一起加热，使试样至少能部分溶解，加入 25mg 2-氨基芴（致癌物！）。在 1h 内生成微红色表明有 $-SO_2Cl$ 基团。

二、定量分析

1. 丁二烯共聚物中丁二烯含量的测定

取 0.06g 试样放入 500mL 锥形瓶中与 50g 纯对二氯苯一起加热沸腾（约 175℃），直至试样溶解（需 20～180min）。试样冷却后加 50mL 氯仿，然后加 25mL Wijs 溶液（以四氯化碳为溶剂），塞好瓶塞。令其在暗处静置1h，最后加入25mL质量浓度为150g/L的碘化钾溶液和50mL蒸馏水。以淀粉为指示剂，用0.05mol/L硫代硫酸钠溶液滴定游离碘。临近终点时，加入25mL乙醇以消除乳液。同时做一空白试验。注意试样中不能有除丁二烯外的其他不饱和基团。

$$\text{丁二烯的质量分数}(w) = 54.1 \times \frac{c(V_0 - V)}{1000m} \times 100\% \tag{7-22}$$

式中，V_0为滴定空白所需硫代硫酸钠溶液的体积，mL；V为滴定试样所需硫代硫酸钠溶液的体积，mL；c为硫代硫酸钠溶液的浓度，mol/L；m为试样的质量，g。

2. 氧化法测定聚异丁烯的含量

准确称取约0.25g试样，用丙酮萃取16h，若怀疑存在沥青或油膏，应继续用氯仿萃取4h。将萃取过的试样放在100mL烧杯中，加入25mL试剂（由20g三氧化铬、50mL水和15mL浓硫酸组成），煮沸至试样完全分解。水蒸气蒸馏出15.0mL液体，冷却后以30mL/s的速度向馏出液通空气30min。然后用酚酞作指示剂，以0.1mol/L的氢氧化钠标准溶液滴定异丁烯氧化形成的乙酸。计算聚异丁烯含量时，必须注意实际生成的乙酸只能达到其理论收率的70%。

第六节　添　加　剂

高聚物中所使用的添加剂种类繁多，往往一个产品内同时含有多种添加剂，所以分析添加剂时应先对高分子材料进行分离，以防止其他物质的干扰。

一、增塑剂

增塑剂主要是酯类化合物，最常用的酯类是邻苯二甲酸、磷酸、己二酸、癸二酸、壬二酸或脂肪酸的酯。一般来说，醇的碳原子数为8~10的酯适合做聚氯乙烯的增塑剂，而较小的醇适合于做纤维素酯、丙烯酸类树脂和丁腈橡胶的增塑剂。非极性的高分子如天然橡胶、丁苯橡胶等要用矿物油做增塑剂。另外，目前越来越多地使用高分子化合物，如聚脂肪二酸的乙二醇酯等作增塑剂。

1. 增塑剂的化学分析

（1）混合增塑剂的鉴别方法　因为塑料的增塑剂经常混合应用，因而用萃取或其他方法分离出的增塑剂不一定就是单纯化合物，可能是混合物，所以在鉴别之前，有必要将其进一步分离。

初步判别的方法是将萃取物溶于四氯化碳，在一根硅胶/寅式盐柱中用质量浓度分别为15g/L、20g/L、30g/L和40g/L的异丙醚洗提，收集级分。将每个级分的溶剂除掉，然后测量各级分的密度、折射率、沸点以及用紫外光谱测定。若各级分的测定结果一样，则说明是一种成分，否则为混合物。另一种方法是真空分馏萃取液，在判别的同时就进行了分离工作。

经萃取得到的增塑剂最好进行一次精馏，然后测定其密度、折射率和沸点，然后根据文献值进行初步鉴定，一般试样只需几滴即可。

（2）增塑剂酸值和皂化值的测定

① 酸值的测定。酸值指中和1g增塑剂所需氢氧化钾的毫克数。酸值的测定如下。

取100mL石油醚-乙醇混合液，加1mL溴甲酚紫指示剂，用0.05mol/L氢氧化钾标准溶液中和至绿色。称取试样5~10g（准确至0.01g），置于具有磨口塞锥形瓶中，然后分别加50mL已经中和的石油醚-乙醇混合液，待试样完全溶解后，以0.05mol/L氢氧化钾乙醇标准溶液滴定至与标准颜色相同（滴定需在30s内完成），保持15s不褪色即为终点，同时用不加试样的石油醚-乙醇混合液作为终点的比色标准。

$$酸值 = \frac{56.11Vc}{m} \qquad (7\text{-}23)$$

式中，V为滴定试样所消耗的氢氧化钾乙醇标准溶液的体积，mL；c为氢氧化钾乙醇标准溶液的浓度，mol/L；m为试样的质量，g。

② 皂化值的测定。皂化1g增塑剂所需氢氧化钾的毫克数称为增塑剂的皂化值。增塑剂的皂化值可用下法测定：称取0.5～1g试样（准确至0.0002g），置于锥形瓶中，加50mL 0.5mol/L的氢氧化钾乙醇溶液，然后于沸水浴中回流30min～2h，用少量无二氧化碳蒸馏水（约10mL）冲洗冷凝管壁，趁热取下皂化瓶，加2～4滴酚酞指示剂，以0.5mol/L的盐酸标准溶液滴定至红色消失为终点。同时做一空白试验。

$$皂化值 = \frac{56.11c(V_0 - V)}{m} - 酸值 \qquad (7\text{-}24)$$

式中，V_0为滴定空白所用盐酸标准溶液的体积，mL；V为滴定试样所用盐酸标准溶液的体积，mL；c为盐酸标准溶液的浓度，mol/L；m为试样的质量，g。

$$酯的质量分数(w) = \frac{c(V_0 - V) \times \frac{M}{n}}{10m} - 酸值 \qquad (7\text{-}25)$$

式中，M为试样分子量；n为酯的价数。

2. 元素分析

根据元素分析的方法对增塑剂进行检测，确定除C、H、O外，是否还有N、S、P、Cl等元素，若有，则可以判断增塑剂的类别。

① 测得大量的氯，表明存在氯化石蜡。
② 同时测得硫和氮，存在磺酰胺。
③ 同时测得硫和少量氯，说明存在烷基磺酸芳香酯。
④ 检测到痕量的硫，可能存在脂肪烃或芳烃类增塑剂。
⑤ 检测到磷，存在磷酸酯类。

3. 几类主要增塑剂的定性定量分析

(1) 邻苯二甲酸酯类

① 定性鉴别。取约0.05g间苯二酚和苯酚分别放入两支试管，在每一试管中分别加入3滴增塑剂和1滴浓硫酸。将试管浸入160℃油浴中3min，冷却后，加入2mL水和2mL质量浓度为100g/L的氢氧化钠溶液，混匀。若有邻苯二甲酸酯类存在，间苯二酚试验应呈现显著的绿色荧光，而苯酚试验则出现酚酞的红色。

② 定量分析。取2g试样与50mL 1mol/L氢氧化钾的绝对乙醇溶液一起回流2h，回流冷凝管上应装有氯化钙干燥管。过滤邻苯二甲酸二钾盐沉淀，用50mL沸腾的乙醇洗涤，操作要快速，以避免沉淀受碳酸钾的污染，沉淀连同坩埚一起在150℃下干燥4h，再次称重，计算在增塑剂中邻苯二甲酸酯所占的百分比。该法适用于单独存在的邻苯二甲酸酯的定量分析，以及与磷酸三甲苯酯、乙酰蓖麻油酸丁酯或烷基磺酸芳香酯混合使用的邻苯二甲酸酯的定量分析。

(2) 酚类增塑剂的定性鉴别　溶解10mg试样于5mL 0.5mol/L氢氧化钾乙醇溶液中。将烧杯浸入沸水浴中10min以挥发大部分乙醇，加入2mL水溶解并加入2.5mL 1mol/L盐酸中和。移取1mL此溶液到试管中，加入2mL硼酸盐缓冲溶液（取23.4g $Na_2B_4O_7 \cdot 10H_2O$ 溶于900mL温水中，加入3.27g氢氧化钾，冷却后加水至1L）和5滴新配的指示剂溶液（0.1g

2,6-二溴苯醌-4-氯亚胺溶解于 25mL 乙醇中），若立即出现靛酚蓝色，表明存在酚类增塑剂。

（3）环氧增塑剂的定性鉴别　取 1 滴试样，加入 4 滴葡萄糖的水溶液和 6 滴浓硫酸，缓慢旋摇，出现紫色，表明有环氧化合物。

二、抗氧剂

抗氧剂都是小分子化合物，很容易溶于普通有机溶剂中，所以可用萃取法进行分离后再测定。聚烯烃中的抗氧剂的分离，也常用甲苯溶解后再用乙醇沉淀聚合物的方法来进行。

1. 定性鉴别

（1）酚类　向萃取液中加几滴稀氢氧化钠溶液，再加几滴质量浓度为 10g/L 的氟硼酸的 4-硝基苯重氮盐甲醇溶液，若有酚类抗氧剂会出现有色偶氮染料。当邻位或对位取代的酚没有反应时，可按下法进行，加入等体积的 Millon 试剂（将 10g 汞溶于 10mL $\rho=1.42g/cm^3$ 的硝酸中，并温和加热，随后用 15mL 蒸馏水稀释）到溶于甲醇的萃取液中，酚类将呈现黄色到橙色。

（2）对苯二胺　向萃取液中加少许新配的质量浓度为 10g/L 的氟硼酸的 4-硝基苯重氮盐的甲醇溶液（含几滴浓盐酸），芳香胺呈现出红、紫或蓝色。或向萃取液中加少许质量浓度为 40g/L 的过氧化苯甲酰的苯溶液，芳香取代的对苯二胺呈现出黄色到橙黄色，加入氯化亚锡后变为红紫色到蓝色。

2. 定量分析

（1）受阻酚类抗氧剂含量的可见光谱分析　称取 2.00g 粉末试样，用 95% 乙醇或甲醇萃取 16h。萃取液转移到 100mL 容量瓶中，用萃取溶剂调至刻度。取其中 10mL 放入 100mL 容量瓶中，加入 2mL 偶合试剂，再加入 3mL 4mol/L 氢氧化钠溶液，混匀后加萃取熔剂到刻度。颜色稳定需 2h 左右，在 400~700nm 下测定吸光度，从相应标准工作曲线上查出抗氧剂含量。

某些酚类抗氧剂的最大吸收波长分别为：对苯二酚苄醚，565nm；抗氧剂 2246，578nm；α-萘酚，598nm；β-萘酚，540nm；三（壬基苯基）磷酸酯，565nm；4,4′-硫二（6-叔丁基-2-甲基苯酚），565nm。

偶合试剂的配制：将 2.800g 对硝基苯胺溶于 10mL 热浓盐酸中，用水稀释至 250mL，冷却后用水调至刚好 250mL，得到甲液；取 1.44g 亚硝酸钠溶于水调至刚好 250mL，得到乙液；各取甲、乙液 25mL，用冰冷却至 10℃ 以下，混合两液。通入氮气鼓泡，令其回到室温，最后加入 10mg 尿素以消除过剩的亚硝酸，该试剂要现用现配。

（2）聚乙烯中抗氧剂 N,N'-二（β-萘基）对苯二胺的测定　配制过氧化氢的硫酸溶液：加 25mL 浓度为 20% 的硫酸到 4mL 浓度为 30% 的过氧化氢中，用水稀释到 100mL。

准确称取约 1g 聚乙烯试样于 50mL 烧瓶内，加入 2g 碎玻璃，再加入 10mL 甲苯。水浴回流，时而摇晃烧瓶直至溶解，整个过程约需 1~1.5h。用 15~20mL 乙醇洗冷凝管，取出烧瓶塞好，然后剧烈摇动，令聚合物沉淀。冷却后过滤，滤液放入 100mL 容量瓶，以乙醇定容。取 20mL 该溶液到试管中，加入 2mL 过氧化氢的硫酸溶液，混匀后静置。在 430nm 下测定吸光度，将 25~40min 后达到的最大读数作为测定值，从标准工作曲线上查出抗氧剂的含量。做工作曲线时，所用标准试样[N,N'-二（β-萘基）对苯二胺]的浓度范围在 0~0.0008g/20mL。

三、填料

填料是与高聚物性质完全不同的不相容的固体物质，因此一般采用较简单的方法就可以分离出来。如果是单一填料，分离后直接称重就得到其含量；如果是混合物，再根据化学性质的差别予以进一步分离。分离和定量分析的方法主要有灰化法和溶解法。

1. 灰化法

将含填料的高聚物在高温下焙烧,高聚物被烧掉,剩下无机填料。但有机填料就不可用这种方法分离了。灰化时最好在裂解管中进行,样品装在小舟里,裂解管通有惰性气体。加热温度一般应控制在500℃左右,因为在高温下填料会因分解或失去结晶水而有质量损失,而低温下高聚物材料分解不完全,所以加热温度要严格控制。对热塑性高聚物加热温度可低些,对热固性高聚物则要适当高一些,在加热会导致高聚物交联的情况下,则要在更高的温度下才可以使交联产物分解。

另外炭黑在500℃的空气中燃烧会完全变成二氧化碳,而在氮气中燃烧时质量损失小于1%,所以,测量炭黑必须在氮气氛下灰化。但一般填料的测定则应在空气中灼烧,因为高聚物在加热裂解后首先会产生不同大小的碎片,有的不能挥发而成为残渣,它们在较高温度下炭化,形成的炭黑在空气中才能灼烧完全而不至于影响测定。

2. 溶解法

对未交联高聚物材料,常能选择适当的溶剂将高聚物溶解,而留下填料。对交联高聚物或其他难溶高聚物,则可用化学分解的方法如水解、酸解等使高聚物分解而溶于溶剂。

四、防老剂

常用的防老剂大都是抗氧剂,并且多数兼有其他方面的防护作用,能有效防止橡胶老化。常用的防老剂可分为胺类、酚类和杂环类等几大类。其中胺类防老剂的防护效果最为突出,也是发现最早、品种最多的一类。它的主要作用是抗热氧老化、抗臭氧老化,并对铜离子、光和屈挠等老化的防护也有显著的效果。这是酚类防老剂、杂环类防老剂及其他类型的防老剂所无法比拟的。本节主要介绍 N-苯基-α-萘胺(俗称防老剂 A)的分析。

防老剂 A 对热、氧、屈挠及天候老化等老化作用均有良好的防护效果,为天然橡胶、合成橡胶及再生胶的通用防老剂。

1. 凝固点的测定

将试样倒入凝固点测定器中,加热熔化(在60℃左右熔融,熔化后的体积约为凝固点测定器体积的4/5),插入分度值为0.1℃的温度计,温度计不得触及测定器的壁和底,不断搅拌,使试样自然冷却,同时仔细观察渐渐冷却的防老剂 A,当液体开始浑浊并成糊状时,微微搅动试样,当温度上升到最高点并保持一定时间,此最高温度即为防老剂 A 的凝固点。平行测定两次,凝固点的差数不应超过 0.2℃,用平行测定两次结果的算术平均值作为试样的凝固点。

2. 游离胺含量的测定

称取样品10g(准确至0.01g),放入300mL烧杯中,加入150mL蒸馏水,在60~70℃的水浴上加热30min并充分搅拌,使游离胺溶解,放置冷却到15~20℃冷凝后取出防老剂 A,并以少量水洗涤之,滤液和洗液并入400mL烧杯中,加入4mL盐酸溶液(1:1)及5ml质量浓度为100g/L的溴化钾溶液,以0.1mol/L亚硝酸钠标准溶液滴定之,以淀粉-碘化钾试纸为指示剂,滴至保持5min后仍对淀粉-碘化钾试纸显微蓝色为终点。同时做一空白试验。

游离胺质量分数 X(以苯胺计)按下式计算:

$$X=\frac{c(V-V_0)\times 93.13}{1000m}\times 100\% \tag{7-26}$$

式中,V 为试样所消耗亚硝酸钠标准溶液的体积,mL;V_0 为空白所消耗亚硝酸钠标准溶液的体积，mL；c 为亚硝酸钠标准溶液的浓度，mol/L；m 为试样的质量，g；93.13 为苯胺的摩尔质量，g/mol。

五、硫化剂

在橡胶硫化的过程中，常采用的传统硫化剂是硫黄，主要用于硫化不饱和橡胶，对于饱和橡胶则采用其他非硫硫化体系，其中最常用的就是氧化锌。下面即对氧化锌的含量测定作介绍。

1. EDTA 标准溶液的配制与标定

称取 19g 分析纯的 EDTA 溶于 1000mL 热水中，冷却后过滤，用精锌标定。称取经过表面处理干净的精锌 0.12g（准确至 0.0001g），放入 500mL 锥形瓶中，加少量水润湿，加盐酸溶液（1:1）3mL，加热溶解，冷却后加水至 200mL，用氨水溶液（1:1）中和至 pH 值为 7~8，再加 NH_3-NH_4Cl 缓冲溶液 10mL 和铬黑 T 指示剂 5 滴，以 0.05mol/L 的 EDTA 标准溶液滴定，溶液由葡萄紫色变为正蓝色即为终点；同时做空白试验。

EDTA 标准溶液对锌的滴定度按下式计算。

$$T = \frac{m}{V - V_0} \tag{7-27}$$

式中，T 为 EDTA 标准溶液对金属锌的滴定度，g/mL；m 为金属锌的质量，g；V 为滴定锌所消耗 EDTA 标准溶液的体积，mL；V_0 为空白试验所消耗 EDTA 标准溶液的体积，mL。

2. 试样的测定

称取烘去水分的氧化锌试样 0.13~0.15g（准确至 0.0001g），置于锥形瓶中，加少量水润湿，加盐酸溶液（1:1）3mL，加热溶解后，加水至 200mL，用氨水溶液（1:1）中和至 pH 为 7~8（有氢氧化锌沉淀生成），再加 NH_3-NH_4Cl 缓冲溶液 10mL 和铬黑 T 指示剂 5 滴，以 0.05mol/L 的 EDTA 标准溶液滴定，溶液由葡萄紫色变为正蓝色即为终点。

氧化锌的质量分数按下式计算。

$$w(ZnO) = \frac{T \times V \times 1.2447}{m} \times 100\% \tag{7-28}$$

式中，T 为 EDTA 标准溶液对金属锌的滴定度，g/mL；V 为试样消耗 EDTA 标准溶液的体积，mL；m 为试样的质量，g；1.2447 为锌换算成氧化锌的系数。

习题

1. 在进行显色试验时，为什么先进行分离提纯后再进行显色效果更好？
2. 为什么在 Liebermann Storch-Morawski 显色试验中要求试剂的温度和浓度必须稳定？
3. 有一未知试样可能是聚乙烯或聚氯乙烯，请采用显色试验进行判断。
4. 一未知热塑性塑料试样，外观不透明，燃烧时产生黑烟，无熔滴，密度大于水，请判断该试样可能是什么。
5. 如何挑选在溶解-沉淀法提纯中所用的溶剂？
6. 对萃取法提纯中所用的萃取剂的要求是什么？
7. 钠熔法的原理是什么？
8. 请设计一实验流程对某聚氯化乙酸乙烯中的氯、氧元素进行定性定量测定。
9. 有一试样大概是环氧树脂，现在需对其进行必要的定性定量分析，请设计相应最简洁方便的实验方案。
10. 通过对本章的学习后，请自行设计整理出一套你认为能较全面并很方便对高聚物材料进行全方面分析鉴定的鉴定流程方案。

第七节　塑料的吸水性及含水量测定

塑料吸水后会引起许多性能变化，例如会使塑料的电绝缘性能降低、模量减小、尺寸增大等机械物理性能的变化。塑料吸水性大小决定于自身的化学组成。分子主链仅由碳、氢元素组成的塑料，例如聚乙烯、聚丙烯、聚苯乙烯等，吸水性很小。分子主链上含有氧、羟基、酰氨基等亲水基团的塑料，吸水性较大。

一、塑料的吸水性

1. 定义及原理

塑料吸水的性能叫吸水性，是指塑料吸收水分的能力。塑料吸水试验的原理为：将试样浸入保持一定温度（通常温度为23℃）的蒸馏水中经过一定时间后（24h）或浸泡到沸水中一定时间（30min）后，测定浸水后或再干燥除水后试样质量的变化，求出其吸水量。通常以试样原质量与试样失水后的质量之差与原质量之比的百分比来表示；也可用单位面积的试样吸收水分的量来表示；还可以直接用吸收的水分量来表示其吸收水分的能力。可参照 GB/T 1034—2008 塑料吸水性试验方法。

2. 试验步骤及计算

（1）试验步骤

① 将试样放入 (50±2)℃烘箱中干燥 (24±1)h，然后在干燥室内冷却到室温，称量每个试样质量，表示为 m_1，精确至1mg。

② 将试样浸入蒸馏水中，水温控制在 (23±0.5)℃；浸水 (24±1)h 后，取出试样，用清洁、干燥的布或滤纸迅速擦去试样表面的水，再次称量试样质量，表示为 m_2，精确至1mg。

③ 或将试样浸入沸腾蒸馏水中经 (30±1)min 后，取出试样浸入处于室温的蒸馏水中，冷却 (15±1)min，从水中取出试样，同样用清洁、干燥的布或滤纸擦去试样表面的水，再次称量试样质量，精确至1mg，试样从水中取出到称量完毕必须在1min之内完成，也表示为 m_2。

④ 若要考虑抽取出的水溶性物质，完成上述②或③后，可将浸水后的试样，再放入 (50±2)℃烘箱中再次干燥 (24±1)h；将试样放入干燥器内冷却到室温，再次称量试样，表示为 m_3，精确至1mg。

（2）试样的吸水量

① 用吸水率来表示，试样的吸水率为 W_m。

$$W_m = \frac{m_2 - m_1}{m_1} \tag{7-29}$$

或

$$W_m = \frac{m_2 - m_3}{m_3} \tag{7-29a}$$

② 用单位表面积的吸水量来表示，单位面积的吸水量为 $W_s(mg/mm^2)$。

$$W_s = \frac{m_2 - m_1}{A} \tag{7-30}$$

或

$$W_s = \frac{m_2 - m_3}{A} \tag{7-30a}$$

③ 用吸水量表示，试样的吸水量为 $W_a(mg)$。

$$W_a = m_2 - m_1 \tag{7-31}$$

或 $$W_a = m_2 - m_3 \tag{7-31a}$$

式中，A 为试样原始表面积 mm^2；m_1 为试样干燥处理后，浸水前的质量，mg；m_2 为试样浸水后的质量，mg；m_3 为含水溶性物质试样浸水后，第二次干燥后的质量，mg。

3. 试样

表 7-10 列出了试样的具体尺寸。

表 7-10 试样尺寸

试样类型	试样尺寸/mm	总表面积/mm^2	备注
模塑料	直径为 50 ± 1，厚度为 3 ± 0.2 的圆片	$D\pi h + 2(\frac{\pi}{4}D^2)$ （D 为外径；h 为长度）	也可用边长为 $(50\pm1)mm$，厚度为 $(4\pm0.2)mm$ 的正方形试样
挤塑料	直径为 50 ± 1，厚度为 3 ± 0.2 的圆片	$D\pi h + 2(\frac{\pi}{4}D^2)$ （D 为外径；h 为长度）	从厚度为 $(3\pm0.2)mm$ 的板材中加工得到
板材	边长为 50 ± 1 的正方形	$6a^2$（a 为正方形的边长）	厚度小于或等于 $25mm$，试样厚度与板材厚度相同；大于 $25mm$ 时，试样厚度为 $25mm$。
管材	长度为 50 ± 1	$\pi h(D+d)+\frac{\pi}{4}(D^2+d^2)$ （D 为外径；d 为内径；h 为长度）	外径小于或大于 $50mm$，在中心轴的平面上切取；外径大于 $50mm$，使试样外表面的弧长为 $(50\pm1)mm$
棒材	长 50 ± 1 的一段	$\pi dh + \frac{\pi}{4}d^2$ （d 为内径；h 为长度）	外径大于 $50mm$，先车削再截取
型材	切取 50 ± 1 的一段型材		厚度尽可能接近 $(3\pm0.2)mm$

4. 试验设备及影响因素

(1) 试验设备

① 天平，感量 $0.1mg$。

② 烘箱，常温到 $200℃$，温控精度为 $\pm2℃$。

③ 干燥器，内装无水 $CaCl_2$。

④ 恒温水浴，控制精度为 $\pm0.1℃$。

⑤ 量具，精度为 $0.02mm$。

(2) 影响因素

① 试样尺寸 试样尺寸不同，吸水量则不同。因此标准规定每一类型的材料的统一尺寸。尺寸不同，试样吸水率也不同，只有尺寸相同时，才能相互比较。

② 材质均匀性 对均质材料可以进行比较，对非均质材料，无论是吸水量或吸水率或单位面积吸水量，只有在试样尺寸相同时才可作比较。

③ 试验的环境条件 试验环境有一定要求，要求尽可能在标准环境下进行，因为试样浸水后擦干再称量，如果环境温度高、湿度低，则在称量时就一边称一边在减轻，使结果偏低，反之结果就偏高。

④ 试验温度。试验温度要严格按照标准规定，太高太低都会给结果带来影响。

二、塑料的水分测定

塑料中含有一定量的水分，通常以试样原质量与试样失水后的质量之差与原质量之比的百分比来表示。一般水分的存在对塑料的性能及成型加工会产生有害的影响，而且水在高温、下会汽化，使制品产生气泡。目前广泛使用的测定水分含量的方法有：干燥恒重法、汽化测压法和卡尔·费休试剂滴定法。

1. 干燥恒重法

是将试样放在一定温度下干燥到恒重，根据试样前后的质量变化，计算水分含量。

2. 汽化测压法

是利用水的挥发性。在一个专门设计的真空系统中，加热试样，试样内部和表面的水蒸发出来，使系统压力增高，由系统压力的增加，求得试样的含水量。

3. 卡尔·费休试剂滴定法

用专门配制的试剂（卡尔·费休试剂），利用碘氧化二氧化硫时，需要定量的水这一原理来测量水分含量。以甲醇为例，卡尔·费休试剂与水的反应式如下。

$$C_5H_5N \cdot I_2 + C_5H_5N \cdot SO_2 + C_5H_5N + H_2O + CH_3OH \longrightarrow 2C_5H_5N \cdot HI + C_5H_5N \cdot HSO_4CH_3$$

（1）卡尔·费休试剂的配制 在1000mL干燥棕色磨口瓶中溶解（133±1）g 碘于（425±2）mL 无水吡啶中，摇匀。再加入（425±2）mL 无水甲醇，摇匀后在冰浴中冷至4℃以下。缓缓通入二氧化硫，使其增重102～105g，盖紧瓶塞，摇匀，于暗处放置24h备用。使用前用同体积无水甲醇稀释。每毫升该试剂约相当于3mg水。

（2）滴定 滴定终点用卡尔·费休水分测定仪滴定，在浸入溶液的两铂电极间加上适当的电压，因溶液中存在着水而使阴极极化，电极间无电流通过。当滴定至终点时，阴极去极化，电流突然增加至一最大值，并保持1min左右，即为滴定终点。

（3）含水量计算

$$W_s = \frac{(V_1 - V_2)T}{m} \times 100\% \tag{7-32}$$

或

$$W_s = \frac{V_2 T}{m_2} \times 100\% \tag{7-32a}$$

式中，W_s 为含水量；V_1 为滴定试样用卡尔·费休试剂体积，mL；V_2 为滴定空白用卡尔·费休试剂体积，mL；m 为试样量，g；m_2 为试样质量，g。

第八节 密度和相对密度的测定

密度和相对密度是塑料不可缺少的物理参数之一，可作为橡塑材料的产品鉴别、分类、命名、划分牌号和质量控制的重要依据，为科研及产品加工应用提供基本性能指标。

一、概念

1. 密度

密度是规定温度下单位体积内所含物质的质量数，用符号 ρ 表示。由于密度随温度的变化，故引用密度时必须指明温度，温度 t ℃时的密度用 ρ_t 表示。一般塑料密度都在 0.80～2.30g/cm³ 之间。

2. 相对密度

相对密度指一定体积物质的质量与同温度情况下等体积的参比物质质量之比（常用的参比物为水）。温度 t/t ℃时的相对密度用 d_t^t 表示。

$$d_t^t = \rho_t / K \tag{7-33}$$

式中，ρ_t 为 t ℃时物质的密度；K 为 t ℃时水的密度。

3. 表观密度

对于粉状、片状、颗粒状、纤维状等模塑料的表观密度是指单位体积中的质量，用 D_a 表示；对于泡沫塑料的表观密度是指单位体积的泡沫塑料在规定温度和相对湿度时的质量。

故又称体积密度或视密度。用 ρ_a 表示，单位为 g/cm^3。

二、塑料和橡胶的密度及相对密度的测定

泡沫塑料以外的塑料密度及相对密度的测定可以参考国家标准 GB/T 1033.1—2008 塑料密度和相对密度试验方法。

1. A 法——浸渍法

（1）测试原理　试样在规定温度的浸渍液中，所受到浮力的大小，等于试样排开浸渍液的体积与浸渍液密度的乘积。而浮力的大小可以通过测量试样的质量与试样在浸渍液中的表观质量求得。

由
$$m - m_1 = V\rho_0$$
得
$$V = \frac{m - m_1}{\rho_0} \tag{7-34}$$

式中，V 为试样的体积，cm^3；m 为试样的质量，g；m_1 为试样在浸渍液中的表观质量，g；ρ_0 为浸渍液的密度，g/cm^3。

试样的体积和质量均可测得，则试样的密度即可求出。

$$\rho = \frac{m}{V} = \frac{m\rho_0}{m - m_1} \tag{7-35}$$

利用公式(7-34)可求其相对密度。

（2）方法要求

① 标准环境温度下，准备好试样，试样表面应平整、清洁、无裂缝、无气泡等缺陷，尺寸适宜，在空气中称量，大约 1～3g，并称量金属丝质量，试样上端距液面不小于 10mm，试样表面不能黏附空气泡。

② 用直径小于 0.13mm 的金属丝悬挂着试样，试样全部浸入浸渍液中，金属丝挂在天平上进行称量。

③ 浸渍液放在固定支架的烧杯或容器里，浸渍液的温度控制在 $(23\pm1)℃$。

④ 若试样密度小于 $1g/cm^3$ 时，需加一小铜锤或不锈钢锤，使试样能浸没于浸渍液中。

⑤ 称量金属丝与重锤在浸渍液中的质量。

⑥ 浸渍液选用新鲜蒸馏水或其他不与试样作用的液体，必要时可加入几滴湿润剂，以便除去气泡。

（3）试验设备

① 天平，感量 0.1mg，最大称量 200g。

② 金属丝，直径小于 0.13mm。

③ 玻璃容器及固定支架。

④ 恒温水浴，温度波动不大于 ±0.1℃。

⑤ 温度计，分度为 0.1℃。

2. C 法——浮沉法

（1）测试原理　用两种轻重不同密度的浸渍液配制而成的混合浸渍液，将试样剪成 5mm×5mm 的小块，然后放入混合浸渍液中，不要使试样附有气泡，观察试样沉浮，若浮起来，则加轻浸渍液；若沉下去，则加重浸渍液，每次加完，轻摇几下三角瓶，直至试样长久漂浮在混合浸渍液中，不浮起来也不沉下去，测定的混合浸渍液的密度就是试样的密度。

其密度的计算式按下式计算。

$$\rho = \frac{m}{V} \tag{7-36}$$

式中，m 为容量瓶中装满混合浸渍液的质量，g；V 为容量瓶的体积，cm^3；ρ 为试样（混合浸渍液）的密度，g/cm^3。

(2) 方法要求

① 试样表面应平整、清洁、无裂缝、无气泡等缺陷，尺寸以 5mm×5mm 的小块最为适宜。

② 试样上不能吸附气泡，试样上有气泡，会增加试样的浮力，导致结果偏高。

③ 称量已干燥的 25mL 的容量瓶 m_1，将配好的混合浸渍液装入容量瓶中，在规定温度下恒温 40min，擦净恒温好的容量瓶，并称其质量 m_2。则 $m = m_2 - m_1$。

④ 轻重两种浸渍液的选择，轻浸渍液密度一定要比试样密度小，重浸渍液一定要比试样密度大。

⑤ 混合浸渍液的配制用 100mL 的磨口三角瓶来配制。

(3) 试验设备

① 天平，感量 0.1mg，最大称量 200g。

② 容量瓶，25mL，带塞。

③ 磨口三角瓶，100mL。

④ 恒温水浴，温度波动不大于±0.1℃。

⑤ 温度计，分度为 0.1℃。

⑥ 密度计，能直接测出轻重浸渍液的密度。

3. 密度柱法测定密度

(1) 试样及浸渍液　试样可以是片状、粒状或容易鉴别的形状，但应使操作者精确测量试样体积中心位置。试样表面应平整、清洁、无裂缝、气泡、凹陷等，一般厚度不低于 0.13mm。根据试样密度值的范围，选择与试样不起作用的溶液体系，或其他适用的混合物作为浸渍液。

(2) 玻璃浮标的制备　制备直径为 3~8mm、近似球形，经过充分退火的玻璃球。选择适当的溶液体系，注入容积为 100mL 的量筒中，将此量筒置于温度为（23±1）℃的恒温水浴中恒温。装入被校准的玻璃浮球，搅拌均匀，如果浮标下沉，则加入密度较大的液体，反之，加入密度较小的液体，再充分搅拌均匀，待浮标在溶液中悬浮静止不动至少 30min，测定浮标保持平衡状态的液体密度，即为该浮标的密度。精确到 0.0001g/mL。对每一个浮标依次这样校正。

(3) 密度柱的配制　用两个尺寸相同的玻璃容器，如图 7-3 所示，选择适当的溶液体系，将选用的两种液体用缓慢加热或抽真空等方法除去气泡，玻璃容器 A 中是密度较小的液体，B 中是密度较大的液体，容器 B 中所需液体的体积应大于所配梯度管总体积的一半。打开旋塞 a 和 b，立即启动电磁搅拌器，液面不能波动太大，使 B 中混合液缓慢沿着梯度管壁流入管中，直至所需液位。选用 5 个以上的玻璃浮标，用容器 A 中轻液浸渍后沿壁轻轻放入梯度柱中。将配制好的密度梯度柱放在温度为（23±1）℃下静置不少于 8h，恒温浴的液面应高于梯度柱的液面，待浮标位置稳定后，测量每个浮标的几何中心高度，精确到

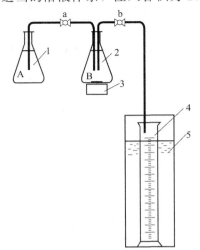

图 7-3　配制密度柱配管装置
1—轻液容器；2—重液容器；3—电磁搅拌器；4—梯度管；5—恒温水浴

1mm。绘制密度（ρ）-浮标高度（H）的工作函数曲线图。

（4）测定试样密度 测定三个试样，用容器 A 中的轻液浸湿后，轻轻放入梯度柱中，一般试样放入 30min，其高度位置处于稳定平衡，测量其几何中心高度，在所绘制的浮标密度（ρ）-浮标高度（H）的工作函数曲线图上，读取试样位于梯度柱中的高度所对应的密度值，即为该试样的密度。或用内插法计算如下。

$$\rho = a + \frac{(x-y)(b-a)}{z-y} \tag{7-37}$$

式中，ρ 为试样的密度，g/cm³；x 为试样的高度，mm；y 和 z 为试样上下相邻两个标准玻璃浮标的高度，mm；a 和 b 分别为两个标准玻璃浮标的密度，g/cm³。

4. 天平法测相对密度

天平法测相对密度是利用试样在水中减轻的重量以测定橡胶的密度（如图 7-4 所示）。称取表面光滑无气孔的试样 1~2g（准确至 0.001g），将一小架跨放在天平盘上，将盛有蒸馏水的烧杯放置在小架上。用毛发系住试样，并挂在天平钩上，试样浸没于烧杯的蒸馏水中，稳定后称量。测量蒸馏水的温度，求得水的密度。计算式如下。

$$\rho = \frac{m d_4^t}{m - m_1} \tag{7-38}$$

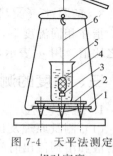

图 7-4　天平法测定相对密度
1—天平盘；2—架子；
3—坠子；4—试样；
5—烧杯；6—毛发；
7—天平架臂

式中，ρ 为试样的相对密度，g/cm³；m 为试样在空气中的质量，g；d_4^t 为试验时水的密度，g/cm³；m_1 为试样在水中的质量，g。

若试样的相对密度小于 1 时，要加坠子，使之浸没于水中，加坠子试样的相对密度可按下式计算。

$$\rho = \frac{m d_4^t}{m + m_2 - m_3} \tag{7-39}$$

式中，m_2 为坠子在水中的质量，g；m_3 为坠子和试样在水中的质量，g；其他符号同前。

第九节　溶解性和黏度

一、溶解性

高分子材料的溶解性除了与化学组成有关外，很大程度上还受分子量、等规度和结晶度等结构因素的影响。一般来说，分子量、等规度和结晶度越大，溶解性越差。分子链的形状对溶解性也有显著影响，例如交联的高分子一般不能溶解，只能溶胀。材料中的添加成分也会影响其溶解性。此外，一种高分子能否溶解于某种溶剂往往与温度有决定性关系，比如非极性结晶聚乙烯，要在 120℃以上结晶熔化后才能溶于四氢萘、对二甲苯等非极性溶剂中。因此，说一种高分子材料能否溶于某种溶剂往往比较困难，因为高分子化合物的溶解速度远比小分子化合物小得多。由于高分子不易运动，溶解的第一步先是溶剂分子渗入高分子内部，使高分子体积膨胀，称为溶胀，然后才是高分子均匀分散到溶剂中而溶解。然而溶解性试验易于操作，因此，判断其高分子材料的溶解性还是方便可行的。

溶解性一般操作是取大约 100g 粉碎了的试样于试管中，加入 10mL 溶剂，不断振动，观察数小时或更长时间，必要时可用酒精灯或水浴加热。注意的是当含有不溶的无机填料、玻璃纤维等时，不易观察到是否易于溶解，可进一步试验过滤溶液或静止过夜后倾去上层清液，在表面皿上滴几滴溶液，观察其干燥后是否有残留物，如有，则说明能溶解。

二、黏度的表示

黏度是流体黏性的表现，溶液的黏度一方面与聚合物的分子量有关，同时黏度能提供黏性液体性质、组成和结构方面的许多信息，是评定塑料和橡胶的重要指标，也是塑料、合成树脂聚合度控制的一种方法，为塑料、合成树脂和橡胶的成型加工提供工艺参数。

1. 黏度（又称绝对黏度或动力黏度）

黏度是表示流体在流动过程中，单位速度梯度下所受的剪切应力的大小。公式表示为 $\sigma = \mu \cdot dr/dt$，其中 μ 为黏度，SI 制中的单位为 Pa·s。

2. 运动黏度

液体的绝对黏度与其密度之比值。用 ν 表示，SI 制中的单位为 $m^2 \cdot s$。

3. 黏度比（又称溶液溶剂黏度比或相对黏度）

指在相同温度下，聚合物溶液黏度与溶剂黏度之比值；在试验中，是溶液和溶剂流经时间之比值。用 μ_r 表示，是一个无量纲数。

三、黏度的测定

1. 毛细管法

（1）测量原理及计算　在规定温度和环境压力的条件下，在同一黏度计内测定给定体积的溶液和溶剂流出时间，求得黏度。

相对黏度 μ_r：

$$\mu_r = t/t_0 \tag{7-40}$$

式中，μ_r 为相对黏度；t 为溶液流经黏度计的时间，s；t_0 为溶剂流经黏度计的时间，s。

（2）方法要求

① 测量不同待测试样的黏度时，注意溶液的配制。

② 将黏度计安装在恒温浴中，恒温浴的温度波动为（工业测量）±0.1℃ 或（精密测量）±0.01℃，恒温时间隔 10min，液面高过 D 球 5cm。

③ 使毛细管保持垂直，同时待气泡消失。

④ 将约 10mL 的溶液和溶剂分别装入黏度计内，在恒温下测量其流过黏度计的时间 t_0 和 t。其中溶剂要测量三次，取其平均值。

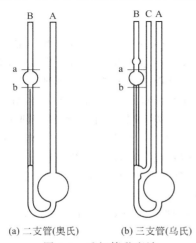

(a) 二支管(奥氏)　(b) 三支管(乌氏)

图 7-5　毛细管黏度计

（3）试验设备

① 黏度计，如图 7-5 所示。

② 恒温槽一套，恒温温度波动为 ±0.05℃。

③ 秒表，分度值为 0.1s。

④ 容量瓶，25mL。

⑤ 分度吸管和无分度吸管，10mL。

⑥ 针筒，50mL 或 20mL。

⑦ 玻璃砂心漏斗，溶剂储存管。

⑧ 分析天平，分度值为 0.1mg。

⑨ 洗耳球、水泵、吸滤瓶、乳胶管和铁架等。

⑩ 相应的试剂及稳定剂。

2. 落球法及落球黏度

（1）落球黏度　是根据测定已知质量和体积的小球在

被测液体中通过一定高度的液体柱所需要的时间,从而测定黏液的黏度。落球黏度用落球黏度计测定,操作方便,适用于牛顿流体。

(2) 测量原理及计算 图 7-6 是最简单的落球式黏度计,测定钢球通过刻度所需要的时间,如果在使用前用一种已知黏度的液体进行同样的测定,二者比较即可知道被测溶液的黏度 μ。其数学表达式如下:

$$\mu = K(\rho_1 - \rho_2)t \tag{7-41}$$

式中,μ 为液体的黏度,Pa·s;K 为黏度计常数,Pa·s·m³/(kg·s);ρ_1 为钢球的密度,kg/m³;ρ_2 为液体的密度,kg/m³;t 为流经时间,s。

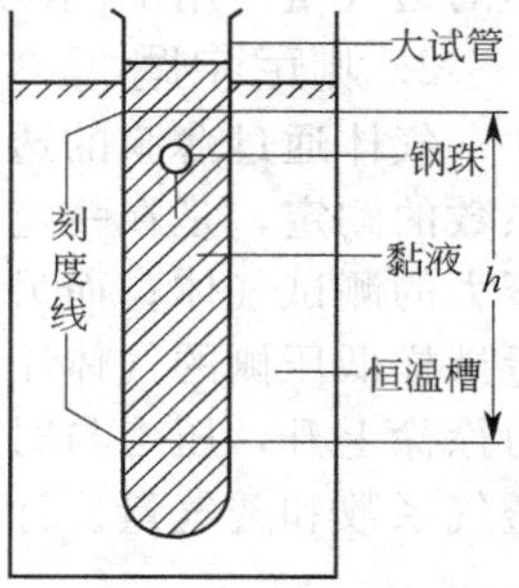

图 7-6 落球式黏度计

(3) 方法要求
① 液体倒入试管内,放入适当的球,注意球上不应黏附任何气泡。
② 黏液需在恒温槽内恒温 15min。不同的球测量的精度是不同的。
③ 测天然乳胶黏度时,用 0.8% 氨水调胶乳至总固体为 55%,其胶乳温度控制为 (25 ± 1)℃。

(4) 试验设备
① 试管。
② 恒温槽,恒温温度波动为 ± 0.05℃。
③ 钢球。
④ 温度计,最小分刻度值为 0.2℃。
⑤ 秒表,分度值为 0.1s。

第十节 透气性和透湿性

透气性是聚合物重要的物理性能之一。没有一种聚合物材料能阻挡住气体和蒸汽分子的渗透。用高分子聚合物制作的薄膜或薄片,有时要求对水蒸气和各种气体有良好的阻隔性,有时又要求有良好的气体透过性。例如:塑料薄膜在用于农作物的保湿时,对水蒸气就需要有好的阻隔性,而对氧气和二氧化碳又需要有良好的透过性能;在用于食品包装时对水蒸气和氧气需要良好的阻隔性,既可防腐、防潮,又可保湿;充气轮胎的内胎、输送气体的胶管和某些密封制品,均要求透气性低,气体难以通过。各种高分子材料的阻隔性能相差很大,从透气性较好的硅橡胶到阻隔性较好的聚偏氯乙烯,气体透过系数相差 100 万倍。因此对高分子材料的透气性和透湿性的测定是十分重要的。

气体和蒸汽的渗透一般要经过溶解、扩散、蒸发三个过程。第一阶段是气体或蒸汽被聚合物表面层吸附(溶解),通常用溶解度 S 表示;第二阶段是被吸收或溶解的气体在聚合物内部进行扩散,通常用扩散系数 D 表示;第三阶段是穿过聚合物的气体或蒸汽在另一侧解析出来。而透过聚合物的总能力通常用透气系数 P 表示,三者关系符合公式:$P=SD$。

一、透气性及其测定

塑料薄膜透气系数或透气量的测定,参照国标 GB/T 1038—2000《塑料薄膜和薄片气体透过性试验方法压差法》进行。

1. 定义

(1) 气体透过量 标准状态下,单位透过面积、单位压差内在 24h 透过的气体量,用

Q_g 表示，单位为 $m^3/(m^2 \cdot Pa \cdot 24h)$。

(2) 透气系数　标准状态下，在单位时间内，单位压差下，透过单位面积、单位厚度薄膜的透气量。用 P_g 表示，单位为 $m^3 \cdot m/(m^2 \cdot Pa \cdot s)$。

2. 测定原理

气体通过薄膜的透过过程，从热力学的观点来看，是单分子扩散过程。其透气量或透气系数的测定，是在一定温度下，让试样两侧保持一定的气体压差，即在试样的一侧施加一定压力的测试气体；而另一侧真空减压，使试验气体在试样中溶解及扩散，气体透过试样，测量试样低压侧的气体压力变化，计算透气系数。在透气性试验中，由于气体透过，低压侧压力徐徐上升，压力与时间成直线变化时，透过稳定后，$\Delta p/t$ 是稳定的，根据斜率可计算出透气系数和透气量。计算公式如下。

$$P_g = \frac{\Delta p}{\Delta t} \times \frac{V}{A} \times \frac{IT_0}{p_0 T} \times \frac{1}{(p_1 - p_2)} \tag{7-42}$$

$$Q_g = \frac{\Delta p}{\Delta t} \times \frac{V}{A} \times \frac{T_0}{p_0 T} \times \frac{24}{(p_1 - p_2)} \tag{7-43}$$

式中，P_g 为透气系数，$m^3 \cdot m/(m^2 \cdot Pa \cdot s)$；$Q_g$ 为透气量，$m^3/(m^2 \cdot Pa \cdot 24h)$；$\Delta p/\Delta t$ 为稳定渗透时，单位时间内低压侧气体压力变化的算术平均值，Pa/s；A 为薄膜面积，m^2；I 为薄膜厚度，m；T 为试验温度，K；V 为低压侧体积，m^3；$(p_1 - p_2)$ 为试样两侧压差，Pa；T_0、p_0 为标准状态下的温度（K）和压力（Pa）。

3. 测定方法及设备

测量聚合物透气性的方法很多，有真空法、恒压法、恒容法，还有近年来发展起来的 MC3 型气体透过率测试仪等。

(1) 真空法　见图 7-7，在低压侧抽真空，高压侧为 101.325kPa 的试验气体，通过测量低压侧的压力、浓度的变化或流量的大小来测量流速。

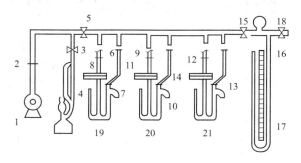

图 7-7　透气仪结构

1—真空泵；2，3，5，15，16—真空活塞；4—麦氏压力计；6，9，12—高压侧真空活塞；
7，10，13—低压侧真空活塞；8，11，14—透气室；17—U 形压力计；18—储气槽；19～21—透气室压力计

① 测试步骤。

a. 测量试样厚度。试样直径为 75mm，无褶皱、表面清洁，在无水氯化钙干燥器中干燥 24h，每组试样三个。测量试样厚度，至少测量五点，取算术平均值。将试样装置于透气室中，并使试样高压侧与低压侧能密封好。

b. 开启透气仪真空泵。使试样高、低压侧均抽真空，当两侧均达到大约 1.33Pa 时，关闭高、低压侧真空活塞阀。

c. 通气。将所测气体通入高压侧，使高压侧达到所需压力，关闭通气口，气体开始透过。

d. 当气体透过达到稳定时,每隔一定时间记录透气室低压侧的压力值,至少连续记录三次,计算其平均值 $\Delta p/\Delta t$。

e. 依据公式(7-42)、公式(7-43) 可计算出其透气系数与透气量。

② 试验设备见图 7-7。

a. 真空泵。

b. 麦氏真空计 (或其他真空计),可测量至 1×10^{-3} mmHg (1mmHg=133.322Pa)。

c. 封闭式 U 形压差计,量程 760mmHg 以上,准确度为 1mmHg。

d. 储气瓶,体积 2L 以上。

e. 透气室和透气室压力计。

f. 量具,准确度为 0.002mm。

g. 高频真空检漏计。

h. 吹风机。

③ 试验条件温度为 (25±2)℃或按产品标准规定;高压侧压力为 760mmHg 或按产品标准规定,低压侧的压力 $p=(1\times10^{-2}\sim1\times10^{-3})$ mmHg;气体种类按使用要求选择,并需干燥。

(2) MC3 型气体透过率测试仪　见图 7-8,其原理也是基于试样两侧形成压差,压力与时间成直线关系,将其转变为电气信号,从而计算出气体透过率。

$$R=\frac{T_0 V}{p_0 T}\times\frac{1}{A}\times\frac{1}{p_d}\times\frac{dp}{dt}[m^3/(m^2\cdot Pa\cdot h)] \tag{7-44}$$

式中,T_0、p_0 为理想状态下的温度、压力;T、V 为测定时的温度、体积;dp/dt 为气体透过成定态的低压侧压力斜率;A 为透过面积;p_d 为在试样上施加的压力差。

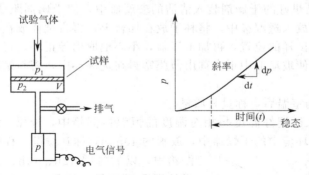

图 7-8　MC3 气体透过率测定仪原理

透过系数的计算如下。

$$P=1.15\times10^{-20}eR[cm^3\cdot cm/(cm^2\cdot Pa\cdot s)] \tag{7-45}$$

式中,R 为气体透过率;e 为试样厚度,μm。

二、透湿性及其测定

液体及其蒸气对聚合物材料的透过性,一般采用测定透过物浓度变化的方法来测量透过性。试验结果一般表示为透过速度,而不采用渗透系数。塑料薄膜和片材透水性的测定,参照国标 GB 1037—88《塑料薄膜和片材透水蒸气性试验方法　杯式法》进行。

1. 定义

(1) 透湿量　即水蒸气透过量,薄膜两侧水蒸气压差和薄膜厚度一定、温度一定、相对湿度一定的条件下,1m² 聚合物材料在 24h 内所透过的水蒸气量,用 Q_v 来表示,单位为 kg/(m²·24h)。

(2) 透湿系数　水蒸气透过系数,在一定的温度和相对湿度以及单位水蒸气压差下,单位时间内透过单位面积单位厚度的水蒸气量,用 P_v 来表示,单位为 kg·m/(m²·Pa·s)。

2. 测试原理

水蒸气对薄膜的透过跟气体相似,水蒸气分子先溶解于薄膜中,然后在薄膜中向低浓度处扩散,最后在薄膜的另一侧蒸发。在规定温度和相对湿度及试样两侧保持一定蒸气压差条件下,测定透过试样的水蒸气量,计算出透湿量及透湿系数。

$$Q_v = \frac{24\Delta m}{At} \tag{7-46}$$

$$P_v = \frac{\Delta m I}{t A \Delta p} \tag{7-47}$$

式中,Q_v 为水蒸气透过量,kg/(m²·24h);P_v 为水蒸气透过系数,kg·m/(m²·Pa·s);t 为质量增量稳定后的两次间隔时间,h;Δm 为 t 时间内的质量增量,kg;Δp 为试验两侧水蒸气压差,Pa;A 为薄膜面积,m²;I 为薄膜厚度,m。

3. 测试方法及设备

测定液体及蒸气对聚合物的透过性,有"杯"法、"盘"法、静水压法等。"杯"法的测试如下。

(1) 试验步骤

① 制样。将薄膜切成与透湿杯相应大小的尺寸,并检查有无缺欠,如针眼、褶皱、划伤、孔洞等,每一组至少取三个试样。对于表面材质不相同的样品,在正反两面各取一组试样;对于透湿量低或精确度要求高的样品,应取一个或两个试样进行空白试验。

② 装样。先将已烘好的干燥剂装入清洁的玻璃皿中,使干燥剂距试样表面约 3mm。将盛有干燥剂的玻璃皿放入透湿杯中,将杯子放在杯台上,再将试样放在杯子正中,加上杯环后,用导正环固定好试样的位置,再加上压盖,小心地取出导正环,将熔融好的密封蜡浇灌在透湿杯的凹槽中,使玻璃皿中干燥剂由薄膜密封在透湿杯中,密封蜡凝固后,不允许产生裂纹及气泡。

③ 待透湿杯达到室温后,称量其质量。

④ 将透湿杯放入已调好温度与相对湿度的恒温恒湿箱中,通常 16h 后,从箱中取出,放入处于 (23±2)℃环境中的干燥器中,放置约 40min,称其质量,称量后重新放入恒温恒湿箱中,以后每隔 12h、14h、48h 或 96h 取出,同样处理后再称量,称量后,再放入恒温恒湿箱中,如此待相邻间隔两次增量之差不大于 5% 时,可以认为稳定透过,再重复一次,可以终止试验。

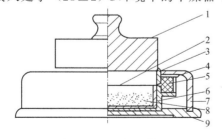

图 7-9　透湿杯组装图
1—压盖(黄铜);2—试样;3—杯环(铝);
4—密封蜡;5—杯子(铝);6—杯皿(玻璃);
7—导正环(黄铜);8—干燥剂;9—杯台(黄铜)

(2) 测试仪器和试剂

① 恒温恒湿箱,能提供稳定的温度和相对湿度,其温度精度为 ±0.6℃,相对湿度精度为 ±2%,风速为 0.5~2.5m/s。

② 透湿杯,见图 7-9。

③ 分析天平,感量为 0.1mg。

④ 干燥器。

⑤ 量具,测量薄膜厚度精度为 0.001mm,测量片材厚度精度为 0.01mm。

⑥ 密封蜡,密封蜡在温度 38℃、相对湿度 90% 条件下暴露不会软化变形;可用 85% 的石蜡(熔点为 50~52℃)加上 15% 蜂蜡,或 80% 石蜡(熔点为 50~52℃)加上 20% 黏稠聚异丁烯(低聚合度)。

⑦ 干燥剂，无水氯化钙，粒度为 0.60～2.36mm，使用前在（200±2）℃干燥 2h。

(3) 试验条件

① 条件 A：温度（38±0.6）℃，相对湿度（90±2）%；

② 条件 B：温度（23±0.6）℃，相对湿度（90±2）%。

4. 影响因素

影响气体和各种蒸气透过性的主要因素有以下几个方面。

(1) 膜暴露面积的大小和厚度，在恒定状态下，气体透过率与膜暴露的面积成正比，与膜的厚度成反比。

(2) 影响扩散常数和溶解度的因素包括压力、温度、薄膜材料的性质及扩散气体的性质等，如气体和蒸气与膜无作用，则透过性与压力无关；如与膜材料发生强烈相互作用，则透过常数与压力有关。多数气体的透过常数 P 是随着温度的升高而迅速增大的。

(3) 成膜材料的性质聚合物的品种不同，结构不同，性质也不同，因而对气体的阻隔性也不同。扩散系数可以认为是聚合物疏松度的量度，结构紧密，分子的对称性好，对气体的扩散常数也比较小；在聚合物材料中加入颜料或填料，会使结构紧密度降低，透气性增加；结晶度增加，会使材料的紧密度增加，因而结晶度高的聚合物比结晶度低的聚合物对气体的阻隔性要好。

(4) 扩散气体和蒸气的性质气体在膜中的溶解度取决于两者之间的相溶性。气体与蒸气的区别与冷凝的难易程度有关，容易冷凝的气体更容易溶解于聚合物中，对膜的渗透性也就越强。如果混合气体中有一种气体与膜材料发生强烈的相互作用，那么两者的透过率将发生变化，这是因为与膜发生相互作用的气体起到了增塑剂的作用，增加了膜的疏松度。

(5) 材料的分子结构影响材料的分子结构对材料的透过性的影响是不可忽略的。一般而言，分子极性小的，或分子中含有极性基团少的材料，其亲水倾向小，吸湿性能也比较低；含有极性基团如—COO—、—CO—NH—和—OH—多的高分子材料吸水性也强。极性强的聚合物通常吸水性也强，材料的水蒸气透过率和透气率也较大。

第十一节　未硫化橡胶的硫化性能

一般认为，橡胶是黏弹体，兼有液体和固体的某些性能。影响橡胶加工性能的流变性质主要是黏度和弹性。橡胶在加工过程中的流动状态属于黏流态，橡胶的黏流态有三个特点：第一是脉动；第二是黏度大，流动困难而且有流变性；第三是流动时发生构象变化，产生高弹变形，当外力除去后会产生回缩现象。

一、门尼黏度试验

门尼黏度计是用于判断未硫化胶加工性能等最早的试验机之一，其结构如图 7-10 所示。

门尼黏度计的转子转速为 2r/min，根据此时施加于转轴的转矩求出门尼黏度。门尼黏度计通常使用 L 形转子，装上试样预热 1min 后转子开始旋转，将 4min 后的值作为门尼黏度 $ML_{(1+4)}$ 值。一般标准规定，转矩在 8.3N·m 时的门尼黏度为 100。黏度即黏性系数的单位是帕斯卡·秒（Pa·s），而门尼黏度值通常为无量纲的数。

门尼黏度随时间延长会降低，其原因是：①在 1min 的预热中试样温度达不到测定温度。②将橡胶试样填充于空腔时的永久变形引起弹性效应。③从转子转动开始到橡胶达到

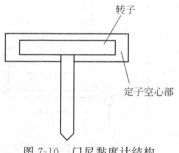

图 7-10　门尼黏度计结构

稳定流动状态需要时间。④测定中橡胶分子链和填充材料等的定向作用等。因此，门尼黏度计的测定是涉及弹性论和流体力学方面各种因素的试验，对其解析时必须注意所包含的各种因素。此外，最近研制开发了一种无转子门尼黏度计，黏度测定方法在各方面得到了改进。

二、门尼焦烧试验

门尼焦烧试验广义上是硫化试验。该试验使用与门尼黏度试验相同的装置，试验温度低于试样的硫化温度，根据门尼黏度的上升程度判断加工稳定性等。测定温度通常为125℃，门尼焦烧时间太长时，需适当提高温度再进行测定。图7-11为用模式图表示的门尼焦烧试验结果。

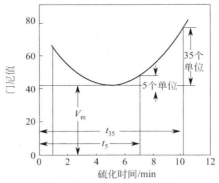

图7-11 门尼焦烧模式图

该试验和硫化试验机试验一样，开始时门尼值降低，而后硫化反应开始，门尼值逐步上升。开始预热后，将门尼值从最低值 V_m 到上升至5个门尼单位所需的时间 t_5 确定为门尼焦烧时间。同样，对门尼值从最低值 V_m 到上升至35个门尼单位的时间 t_{35} 也进行了测定，由下式求出作为硫化速率的大致标准，即

$$\Delta t = t_{35} - t_5 \tag{7-48}$$

三、硫化性能试验

作为研究硫化性能的试验机一般使用振荡式硫化仪。振荡式硫化仪有几种，其测定原理是，首先将添加硫化剂的未硫化胶置于图7-12所示的试验槽内，从一侧施加进行旋转振动的强迫位移，而在另一侧检测转矩。

因为施加的位移是振动形式，所以实际测定值也是波动的。通常取所得转矩的包络线来研究硫化进行的情况等。用振荡式硫化仪测定的硫化曲线如图7-13所示。

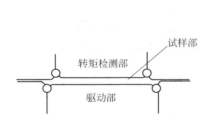

图7-12 振荡式硫化仪工作示意

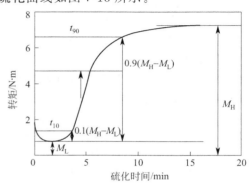

图7-13 用振荡式硫化仪测定的硫化曲线

由图可见，由于试样温度上升引起软化，致使初始转矩下降，而通过转矩最小值 M_L 后转矩又开始上升。一般情况下，转矩最小值用 M_L 表示，转矩最大值用 M_H 表示。M_L 为试样流动容易程度的大致标准，M_H 为硫化程度的大致标准。此外，将 (M_H-M_L) 的 10% 和 90% 从 M_L 起上升至测定开始的时间分别用 t_{10} 和 t_{90} 表示，以此作为与硫化速度相对应的大致标准时间。但是，当转矩值在测定时间内不稳定而继续上升时，将测定终结时的转矩值作为 M_H 进行计算。

转矩上升曲线的图形按所用的硫化体系（硫黄硫化系或过氧化物）的不同而各异。例如，典型的硫黄硫化体系在某时间内，可得到转矩从最小值 M_L 开始上升幅度不太大，而后急剧上升，在短时间内完成硫化的硫化曲线。这种成型前时间充裕，硫化时间缩短的硫化体系比较理想。

习题

1. 塑料和橡胶材料的吸水性可用什么来表示？受哪些因素的影响？
2. 密度的表示方式有哪几种？如何来测定？
3. 浸渍法测量密度的原理是什么？
4. 塑料和橡胶的黏度的概念？
5. 叙述毛细管法和门尼黏度计测量黏度的原理？
6. 说明温度对塑料和橡胶材料黏度的影响？
7. 何谓溶胀与溶解？
8. 塑料薄膜的透气性用什么来表示？叙述其测试原理？

第八章
煤质分析

知识目标

1. 了解煤的组成及各组分的重要性质。
2. 了解煤分析方法类型。
3. 掌握煤中水分、灰分、挥发分的测定原理和固定碳的计算方法。
4. 掌握各种基准含量的换算关系。
5. 了解煤中总硫和发热量的测定原理和相关计算。

能力目标

1. 能按煤样的制备程序进行制备。
2. 能采用通氮干燥法、甲苯蒸馏法、空气干燥法测定空气干燥煤样的水分。
3. 能采用缓慢灰化法和快速灰化法测定煤中灰分。
4. 能掌握挥发分的测定。
5. 能使用碳、氢测定仪测定煤中碳、氢元素含量。
6. 能采用艾氏卡法或库仑法或高温燃烧中和法测定煤中全硫含量。

第一节 概 述

一、煤的组成和分类

煤是由一定地质年代生长的繁茂植物在适宜的地质环境下,经过漫长岁月的天然煤化作用而形成的生物岩,是一种组成、结构非常复杂而且极不均匀的包括许多有机和无机化合物的混合物。根据成煤植物的不同,可将煤分为两大类,即腐殖煤和腐泥煤。由高等植物形成的煤称为腐殖煤,它又可分为陆殖煤和残殖煤,通常讲的煤就是指腐殖煤中的陆殖煤。陆殖煤分为泥炭、褐煤、烟煤和无烟煤四类。煤炭产品主要有原煤、精煤、商品煤等。它们主要作为固体燃料,也可作为冶金、化学工业的重要原料。

煤是由有机质、矿物质和水组成的。有机质和部分矿物质是可燃的,水和大部分矿物质是不可燃的。

煤中的有机质主要由碳、氢、氧、氮、硫等元素组成，其中碳和氢占有机质的95%以上。煤燃烧时，主要是有机质中的碳、氢与氧的化合并放热。硫在燃烧时也放热，但燃烧产生的二氧化硫气体，不但腐蚀设备而且污染环境。

矿物质主要是碱金属、碱土金属、铁、铝等的碳酸盐、硅酸盐、硫酸盐、磷酸盐及硫化物。除硫化物外，矿物质不能燃烧，但随着煤的燃烧过程，变为灰分。正是由于矿物质的存在使煤的可燃部分比例相应减少，影响煤的发热量。

煤中的水分，主要存在于干燥的孔隙结构中。水分的存在会影响燃烧稳定性和热传导，本身不能燃烧放热，还要吸收热量气化为水蒸气。

煤在隔绝空气的条件下，加热干馏，水及部分有机物裂解生成的气态产物挥发逸出，不挥发部分即为焦炭。焦炭的组成和煤相似，只是挥发分的含量较低。

二、煤的分析项目

煤的分析项目很多，一般可分为工业分析、元素分析、物理性质测定、工艺性质测定和煤灰成分分析等。工业上最重要和最常见的分析项目是煤的工业分析和元素分析。

1. 工业分析

煤的工业分析（proximate analysis of coal），又叫煤的技术分析或实用分析。它包括煤的水分（moisture）、灰分（ash）、挥发分（volatile matter）和固定碳（fixed carbon）等指标的测定。煤的水分、灰分、挥发分通常是直接测出的，而固定碳是用差减法计算出来的。有时也将水分、灰分、挥发分和固定碳四个项目的测定称为煤的半工业分析，再加上发热量和全硫的测定称为煤的全工业分析。但现在一般将煤的全硫测定和发热量的测定作为单独的测定项目。

煤的工业分析是了解煤质特性的主要指标，也是评价煤质的基本依据。根据分析结果，可以大致了解煤的经济价值和某些基本性质。根据煤的水分、灰分、挥发分及其焦渣特征等指标，就可以比较可靠地算出煤的高位发热量和低位发热量，从而初步判断煤的种类和工业用途；根据工业分析数据还可计算出焦化产品的产率等。因此煤的工业分析是煤的生产或使用部门最常见的分析项目。

2. 元素分析

煤的元素分析通常是指煤中碳、氢、氧、氮、硫等项目的分析。元素分析结果是对煤进行科学分类的主要依据之一，在工业上是作为计算发热量、干馏产物的产率和热量平衡的依据。元素分析结果表明了煤的固有成分，更符合煤的客观实际。

煤中的稀散元素很多，但一般是指有提取价值的锗、镓、铀、钒、钽等元素。当煤中的锗、镓等稀散元素含量超过一定值时即有提取价值。

除硫外，煤中还含有一些有害元素，如磷、氯、砷、氟、汞等。可以根据特殊的需要进行检测。

3. 煤的工艺性质

煤的工艺性质包括煤的黏结性和结焦性指数、煤的发热量和燃点、煤的反应性、煤灰熔融性和结渣性等。

(1) 煤的黏结性和结焦性指数　煤的黏结性（caking property）是煤粒（d<0.2mm）在隔绝空气受热后能否黏结其本身或惰性物质（即无黏结力的物质）成焦块的性质；煤的结焦性（coking property）是煤粒隔绝空气受热后能否生成优质焦炭的性质。两者都是炼焦煤的重要特性之一。

(2) 煤的发热量和燃点　煤的发热量是指单位质量的煤完全燃烧时所产生的热量，也称为热值，用 Q 表示，单位是 J/g。发热量是供热用煤或焦炭的主要质量指标之一。燃煤或焦炭工艺过程的热平衡、煤或焦炭耗量、热效率等的计算，都以发热量为依据。发热量可以直接测定，也可以由工业分析的结果粗略地计算。现行企业中测定煤的发热量不属于煤常规分析项目。

煤的燃点是将煤加热到开始燃烧时的温度，也称着火点、临界温度或发火温度。测定煤的燃点的方法很多，一般是将氧化剂加入或通入煤中，对煤进行加热，使煤发生爆燃或有明显的升温现象，然后求出煤爆燃或急剧升温的临界温度作为煤的燃点。我国测定燃点时采用亚硝酸钠作氧化剂，在燃点测定仪中进行测定。煤的燃点随煤化度增加而增高，风化煤的燃点明显下降。

(3) 煤的反应性　煤的反应性（reactivity of coal）又叫反应活性，是指在一定温度条件下，煤与不同的气体介质（二氧化碳、氧气和水蒸气）相互作用的反应能力，是煤或焦炭在燃烧、气化和冶金中的重要指标。我国测定煤的反应性的方法是测定高温下煤或焦炭还原二氧化碳的性能，以二氧化碳还原率表示。反应性强的煤，在气化燃烧过程中，反应速率快、效率高。

(4) 煤灰熔融性和结渣性　煤灰熔融性（ash fusibility）又称灰熔点，是动力和气化用煤的重要指标。煤灰是由各种矿物质组成的混合物，没有一个固定的熔点，只有一个熔化温度的范围。煤的矿物质成分不同，煤的灰熔点低于任一单个成分的灰熔点。灰熔点的测定方法常用角锥法，将煤灰与糊精混合塑成三角锥体，放在高温炉中加热，根据灰锥形态变化确定变形温度（deformation temperature，DT）、软化温度（softening temperature，ST）和熔化温度（flow tempera-ture，FT）。一般用 ST 评定煤灰熔融性。

4. 煤的物理性质

煤的物理性质是煤的一定化学组成和分子结构的外部表现。它是由成煤的原始物质及其聚积条件、转化过程、煤化程度、风化和氧化程度等因素所决定的。包括颜色、光泽、密度、硬度、脆度、断口及导电性等。其中，除了密度和导电性需要在实验室测定外，其他项目根据肉眼观察就可以确定。煤的物理性质可以作为初步评价煤质的依据。

5. 煤灰成分分析

煤样在规定的条件下完全燃烧后所得到的残留物，称为灰分。灰分是由二氧化硅、三氧化二铝、三氧化二铁、氧化钙、氧化镁、氧化钠、氧化钾、氧化锰、三氧化硫、五氧化二磷等成分组成的。其中主要成分是二氧化硅（约60%）和三氧化二铝（约12%～20%）。在煤的工业分析中，往往只测定灰分的产率，而不测定灰分的成分。

煤的分析项目很多，这里主要介绍煤的工业分析、煤中全硫的测定及发热量的测定。

第二节　煤的工业分析

一、水分的测定

煤的水分，是煤炭计价中的一个辅助指标。煤的水分直接影响煤的使用、运输和储存。煤的水分增加，煤中有用成分相对减少，且水分在燃烧时变成蒸汽要吸热，因而降低了煤的发热量。煤的水分增加，还增加了无效运输，并给卸车带来了困难。特点是冬季寒冷地区，经常发生冻车，影响卸车，影响生产。因此，水分是煤质评价的基本指标，煤中水分的含量越低越好。

(一) 煤中水分的存在形态

根据煤中水分的结合状态可分为游离水和化合水两大类。

1. 游离水

以物理吸附或附着方式与煤结合的水分称为游离水分,又分为外在水分和内在水分两种。外在水分又称自由水分(free moisture)或表面水分(surface moisture)。它是指附着于煤粒表面的水膜和存在于直径大于 10^{-5} cm 的毛细孔中的水分,用符号 M_f 表示。此类水分是在开采、储存及洗煤时带入的,覆盖在煤粒表面上,其蒸气压与纯水的蒸气压相同,在空气中(一般规定温度为 20℃,相对湿度为 65%)风干 1~2 天后,即蒸发而失去,所以这类水分又称为风干水分,即在一定条件下煤样与周围空气湿度达到平衡时所失去的水分。除去外在水分的煤叫风干煤。

内在水分(moisture in the air dried sample)是指吸附或凝聚在煤粒内部直径小于 10^{-5} cm 的毛细孔中的水分,用符号 M_{inh} 表示。由于毛细孔的吸附作用,这部分水的蒸气压低于纯水的蒸气压,故较难蒸发除去,需要在高于水的正常沸点的温度下才能除尽,这种在一定条件下煤样达到空气干燥状态时所保持的水分被称为空气干燥煤样水分,用符号 M_{ad} 表示。除去内在水分的煤叫干燥煤。

煤的外在水分和内在水分的总和称为全水分(total moisture),用符号 M_t 表示。

2. 化合水

以化合的方式同煤中的矿物质结合的水,即通常所说的结晶水。比如存在于石膏($CaSO_4 \cdot 2H_2O$)中的水。游离水在 105~110℃ 的温度下经过 1~2h 即可蒸发掉,而结晶水要在 200℃ 以上才能解析。

在煤的工业分析中常测定原煤样的全水分和空气干燥煤样水分,一般不测定化合水。

(二) 煤中全水分的测定

国家标准 GB/T 211—2007 中规定了煤中全水分测定的四种方法。其中方法 A 适用于各种煤,方法 B 适用于烟煤和无烟煤,方法 C 适用于烟煤和褐煤,方法 D 适用于外在水分高的烟煤和无烟煤。

1. 方法 A(通氮干燥法)

用预先干燥并称量过的称量瓶迅速称取 10~12g 粒度小于 6mm 的煤样,并平摊在称量瓶中。打开称量瓶盖,放入预先通入干燥氮气并已加热到 105~110℃ 的干燥箱中。烟煤干燥 1.5h,褐煤和无烟煤干燥 2h 后,从干燥箱中取出称量瓶,立即盖上盖。在空气中放置约 5min,然后放入干燥器中,冷却到室温后称量。然后进行检查性干燥,直到连续两次干燥煤样质量的减少量不超过 0.01g 为止。根据煤样的质量损失计算出水分的含量。

$$M_t = \frac{m_1}{m} \times 100\% \tag{8-1}$$

式中　M_t——煤样的全水分;
　　　m——煤样的质量,g;
　　　m_1——煤样干燥后减轻的质量,g。

2. 方法 B(空气干燥法)

用预先干燥并称量过的称量瓶迅速称取粒度小于 6mm 的煤样 10~12g,平摊在称量瓶中。打开称量瓶盖,放入预先鼓风并已加热到 105~110℃ 的干燥箱中。在鼓风条件下,烟煤干燥 2h,无烟煤干燥 3h 后,从干燥箱中取出称量瓶,立即盖上盖。在空气中冷却约 5min,然后放入干燥器中,冷却至室温后称量。计算公式同式(8-1)。

3. 方法 C(微波干燥法)

微波干燥法是将煤样置于微波炉内,使煤样中水分在微波发生器产生的交变电场作用下,引起摩擦发热,使水分迅速蒸发。

测定时,称取粒度小于6mm的煤样10～12g,置于预先干燥并称量过的称量瓶中,摊平。打开称量瓶盖,放入测定仪旋转盘的规定区内。关上门,接通电源,仪器按预先设定的程序工作,直到工作程序结束。打开门,取出称量瓶,盖上盖,立即放入干燥器中,冷却到室温后称量。计算公式同式(8-1)。

该方法具有如下的特点:

① 能量转换过程是在被加热物体内部和表面同时进行的。因此,受热均匀,水分蒸发速率快。

② 微波发生器的交变电场越强,被加热介质的极性分子摆动的幅度就越大;频率越高,分子间摩擦和碰撞的次数就越频繁。这两种作用都会加剧受热物质受热。

③ 在同一电场作用下,不同介质的分子极化程度不尽相同,水分子比其他分子易极化,因此,容易受热变成蒸汽放出。

④ 微波干燥法不适合无烟煤和焦炭等导电性较强的试样。

4. 方法 D

(1) 一步法 用已知质量的干燥、清洁的浅盘称取粒度小于13mm的煤样500g,并均匀地摊平,然后将煤样放入预先鼓风并加热到105～110℃的干燥箱中,在不断鼓风的条件下,烟煤干燥2h,无烟煤干燥3h。将浅盘取出,趁热称量。然后进行检查性干燥,直到连续两次干燥煤样质量的减少量不超过0.5g为止。计算公式同式(8-1)。

(2) 两步法 准确称量全部粒度小于13mm的煤样,平摊在浅盘中,在温度不高于50℃的环境下干燥到质量恒定(连续干燥1h,质量变化不大于1%),称量。然后将煤样破碎到粒度小于6mm,在105～110℃下测定内在水分,然后按式(8-2)计算出全水分百分含量。

$$M_t = M_f + \frac{100\% - M_f}{100\%} \times M_{inh} \tag{8-2}$$

式中 M_t——煤样的全水分;

M_f——煤中外在水分;

M_{inh}——煤样的内在水分。

(三) 空气干燥煤样水分的测定

空气干燥煤样水分又叫空气干燥基水分,测定方法有三种,其中方法 A 和方法 B 适用于所有煤种;方法 C 仅适用于烟煤和无烟煤。

在仲裁分析中遇到有空气干燥煤样水分进行基的换算时,应用方法 A 测定空气干燥煤样的水分。

1. 方法 A (通氮干燥法)

用预先干燥和称量过的称量瓶称取粒度为0.2mm以下的空气干燥煤样(1.0±0.1)g,精确至0.0002g,平摊在称量瓶中。打开称量瓶盖,放入预先通入干燥氮气(在称量瓶放入干燥箱前10min开始通气,氮气流量以每小时换气15次计算)并已加热到105～110℃的干燥箱中。烟煤干燥1.5h,褐煤和无烟煤干燥2h。从干燥箱中取出称量瓶,立即加盖,放入干燥器中冷却至室温(约20min)后称量,然后进行检查性干燥,每次30min,直到连续两次干燥煤样质量的减少量不超过0.001g为止。水分在2%以下时,不必进行检查性干燥。

空气干燥煤样的水分按式(8-3)计算:

$$M_{ad} = \frac{m_1}{m} \times 100\% \tag{8-3}$$

式中 M_{ad}——空气干燥煤样的水分含量;

m_1——煤样干燥后失去的质量，g；
m——煤样的质量，g。

2. 方法 B（甲苯蒸馏法）

称取 25g 粒度为 0.2mm 以下的空气干燥煤样（精确至 0.001g），移入干燥的圆底烧瓶中，加入约 80mL 甲苯。为防止沸溅，可放适量碎玻璃片或小玻璃球。安置好蒸馏装置（如图 8-1 所示）。

与蒸馏烧瓶和冷凝管相连的叫水分测定管，量程 0~10mL，分度值 0.1mL。水分测定管须经过校正（每毫升校正一点），并绘出校正曲线方能使用。

在冷凝管中通入冷却水，加热蒸馏瓶至内容物达到沸腾状态。控制加热温度使在冷凝管口滴下的液滴数约为每秒 2~4 滴。连续加热直到馏出液清澈并在 5min 内不再有细小水泡出现为止。

取下水分测定管，冷却至室温，读数并记下水的体积（mL），并按校正后的体积由回收曲线上查出煤样中水的实际体积（mL）。

用微量滴定管准确量取 0mL、1mL、2mL、3mL、4mL、5mL、6mL、7mL、8mL、9mL、10mL 蒸馏水，分别放入蒸馏烧瓶中。每瓶各加 80mL 甲苯，然后按上述方法进行蒸馏。根据水的加入量和实际蒸出的体积（mL）绘制回收曲线。更换试剂时，需重作回收曲线。

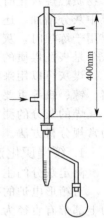

图 8-1 蒸馏装置

空气干燥煤样的水分按式(8-4)计算。

$$M_{ad} = \frac{V\rho}{m} \times 100\% \tag{8-4}$$

式中 M_{ad}——空气干燥煤样的水分含量；
V——由回收曲线图上查出的水的体积，mL；
ρ——水的密度，20℃时取 1.00g/mL；
m——煤样的质量，g。

3. 方法 C（空气干燥法）

用预先干燥并称量过的称量瓶称取粒度为 0.2mm 以下的空气干燥煤样（1.0±0.1）g，精确至 0.0002g，平摊在称量瓶中。打开称量瓶盖，放入预先鼓风并已加热到 105~110℃ 的干燥箱中。在一直鼓风的条件下，烟煤干燥 1h，无烟煤干燥 1~1.5h。从干燥箱中取出称量瓶，立即加盖，放入干燥器中冷却至室温（约 20min）后称量。

空气干燥煤样的水分按下式计算。

$$M_{ad} = \frac{m_1}{m} \times 100\% \tag{8-5}$$

式中 M_{ad}——空气干燥煤样的水分含量；
m_1——煤样干燥后失去的质量，g；
m——煤样的质量，g。

二、灰分的测定

煤的灰分是指煤完全燃烧后剩下的残渣，是煤中矿物质在煤完全燃烧过程中经过一系列分解、化合反应后的产物。煤灰的成分十分复杂，主要有二氧化硅、三氧化二铝、三氧化二铁、氧化钙、氧化镁等。由于灰分的组成和含量不同于煤中原有的矿物质，因此煤的灰分应称为灰分产率。

灰分是煤中的无用物质，灰分越低煤质越好。在工业利用上，灰分低于 10% 的为特低灰煤，灰分在10%～15%之间的为低灰煤，灰分在15%～25%之间的为中灰煤，灰分在25%～40%之间的为高灰煤，灰分＞40%的为富灰煤。

煤的灰分增加，不仅增加了无效运输，更重要的是影响煤作为工业原料和能源的使用。当煤用作动力燃料时，灰分增加，煤中可燃物质含量相对减少，煤的发热量低。同时，煤中矿物质燃烧灰化时要吸收热量，大量排渣还要带走热量，因而也降低了煤的发热量。另外，煤中灰分增加，还会影响锅炉操作（如易结渣、熄火），加剧设备磨损，增加排渣量等。当煤用于炼焦时，灰分增加，焦炭灰分也随之增加，从而降低了高炉的利用系数。因此，煤的灰分是表征煤质的主要指标，也是煤炭计价的辅助指标之一。

煤灰可以用来制造硅酸盐水泥、制砖等，还可以用来改良土壤。此外，从煤灰中可提炼锗、镓、钒等重要元素，使它变"废"为宝。

煤的灰分的测定分为缓慢灰化法和快速灰化法。缓慢灰化法为仲裁法，快速灰化法可作为常规分析方法。

1. 缓慢灰化法

测定灰分的主要仪器和设备是箱形电炉和灰皿。

对箱形电炉的基本要求是能保持温度为(815±10)℃，炉膛具有足够的恒温区，炉后壁的上部带有直径为25～30mm的烟囱，下部离炉膛底20～30mm处，有一个插热电偶的小孔，炉门上有一个直径为20mm的通气孔。

灰皿一般是长方形的瓷灰皿，底面为长45mm、宽22mm、高14mm，如图8-2所示。

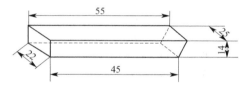

图8-2 灰皿（单位：mm）

测定时，用预先灼烧至质量恒定的灰皿，称取粒度为0.2mm以下的空气干燥煤样$(1.0±0.1)$g（精确至0.0002g），均匀地平摊在灰皿中，使其每平方厘米的质量不超过0.15g。将灰皿送入温度不超过100℃的箱形电炉中，关上炉门并使炉门留有15mm左右的缝隙。在不少于30min的时间内将炉温缓慢上升至500℃，并在此温度下保持30min。继续升到(815±10)℃，并在此温度下灼烧1h。灰化结束后从炉中取出灰皿，放在耐热瓷板或石棉板上，盖上灰皿盖，在空气中冷却5min左右，移入干燥器中冷却至室温（约20min）后称量。

最后进行检查性灼烧，每次20min，直到连续两次灼烧的质量变化不超过0.001g为止。用最后一次灼烧后的质量为计算依据。空气干燥煤样的灰分按式(8-6)计算。

$$A_{ad}=\frac{m_1}{m}\times 100\% \tag{8-6}$$

式中 A_{ad}——空气干燥煤样的灰分产率；

m_1——残留物的质量，g；

m——煤样的质量，g。

测定时应注意以下事项。

① 煤中矿物质在测定灰分的温度下燃烧时许多组分都发生了变化，如黏土、石膏等失去结晶水；碳酸盐受热分解放出CO_2；FeO氧化成Fe_2O_3；硫化铁等矿物氧化成SO_2和Fe_2O_3；在燃烧中生成的SO_2与碳酸钙分解生成的CaO和氧作用生成$CaSO_4$。

② 为了减少 SO_2 被 CaO 固定在灰中，应采取以下措施。

a. 炉后装有 25～30mm 的烟囱，以保证炉内通分良好，使生成的 SO_2 及时排出。

b. 测定时炉门留有 15mm 左右的缝隙，以保证有足够的空气通入。

c. 煤样在 100℃ 以下送入高温炉中，并在半小时内缓慢升至 500℃，并保温 30min，使煤样燃烧时产生的二氧化硫在碳酸盐（主要是碳酸钙）分解前（碳酸钙在 500℃ 以上才开始分解）能全部逸出。

d. 煤样在灰皿中厚度小于 $0.15g/cm^2$。

③ 从 100℃ 升到 500℃ 的时间控制为半小时，以使煤样在炉内缓慢灰化，防止爆燃，否则部分挥发性物质急速逸出将矿物质带走会使灰分测定结果偏低。

④ 最终灼烧温度之所以定为 (815±10)℃，是因为在此温度下，煤中碳酸盐分解结束而硫酸盐尚未分解。一般纯硫酸盐在 1150℃ 以上才开始分解，但如与硅、铁共存，实际到 850℃ 即开始分解。

⑤ 当灰分低于 15% 时，不必进行检查性灼烧。

2. 快速灰化法

快速灰化法分为方法 A 和方法 B，可作为日常分析用。一般情况下，应将快速灰化法的测定结果与缓慢法进行比较，在允许误差之内的方可使用。

(1) 方法 A 快速灰分测定仪如图 8-3 所示，它由马蹄形管式电炉、传送带和控制仪三部分组成。

测定时，将灰分快速测定仪预先加热至 (815±10)℃。开动传送带并将其传送速度调节到 17mm/min 左右。用预先灼烧至质量恒定的灰皿，称取粒度为 0.2mm 以下的空气干燥煤样 (1.0±0.1)g，精确至 0.0002g，均匀地平摊在灰皿中。将盛有煤样的灰皿放在灰分快速测定仪的传送带上，灰皿即自动送入炉中。当灰皿从炉中送出时，取下，放在耐热瓷板或石棉板上，在空气中冷却 5min 左右，移入干燥器中冷却至室温（约 20min），称量。空气干燥煤样的灰分按式 (8-7) 计算。

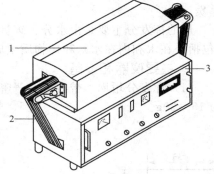

图 8-3 快速灰分测定仪
1—马蹄形管式电炉；2—传送带；3—控制仪

$$A_{ad} = \frac{m_1}{m} \times 100\% \tag{8-7}$$

式中 A_{ad}——空气干燥煤样的灰分产率；
m_1——残留物的质量，g；
m——煤样的质量，g。

(2) 方法 B 用预先灼烧至质量恒定的灰皿，称取粒度为 0.2mm 以下的空气干燥煤样 (1.0±0.1)g，精确至 0.0002g，均匀地平摊在灰皿中，使其每平方厘米的质量不超过 0.15g。将盛有煤样的灰皿预先分排放在耐热瓷板或石棉板上。将马弗炉加热到 850℃，打开炉门，将放有灰皿的耐热瓷板或石棉板缓慢地推入马弗炉中，先使第一排灰皿中的煤样灰化。待 5～10min 后，煤样不再冒烟时，以每分钟不大于 2mm 的速度把二排、三排、四排的灰皿顺序推入炉内炽热部分（若煤样着火发生爆燃，试验应作废）。关上炉门，在 (815±10)℃ 的温度下灼烧 40min。从炉中取出灰皿，放在空气中冷却 5min 左右，移入干燥器中冷却至室温（约 20min），称量。

最后进行每次 20min 的检查性灼烧，直到连续两次灼烧的质量变化量不超过 0.001g 为止。以最后一次灼烧后的质量为计算依据。如遇检查灼烧时结果不稳定，应改用缓慢灰化法重新测定。灰分低于15%时，不必进行检查性灼烧。空气干燥煤样的灰分按式(8-8)计算。

$$A_{ad} = \frac{m_1}{m} \times 100\% \tag{8-8}$$

式中　A_{ad}——空气干燥煤样的灰分产率；
　　　m_1——残留物的质量，g；
　　　m——煤样的质量，g。

三、挥发分的测定

煤在规定条件下隔绝空气加热进行水分校正后的质量损失即为挥发分。去掉挥发分后的残渣叫焦渣。挥发分不是煤中原来固有的挥发性物质，而是煤在严格规定条件下，加热时的热分解产物，因此煤中挥发分应称为挥发分产率。

煤在隔绝空气下加热，当温度低于100℃时煤中吸附的气体相部分水逸出，低于110℃游离水逸尽；当温度达到200℃时化合水逸出；当温度升至250℃时，第一次热解开始，有气体逸出；当温度超过350℃时，有焦油产生，550～600℃焦油逸尽；当温度超过600℃时，第二次热解开始，气体再度逸出，气体冷凝后得高温焦油900～1000℃分解停止，残留物为焦炭。

煤的挥发分主要是由水分、碳氢氧化物和碳氢化合物（CH_4为主）组成，但物理吸附水（包括外在水和内在水）和矿物质生成的二氧化碳不属于挥发分范围。

1. 主要仪器和设备

（1）挥发分坩埚　带有配合严密的盖的瓷坩埚，形状和尺寸如图8-4所示。坩埚总质量为15～20g。

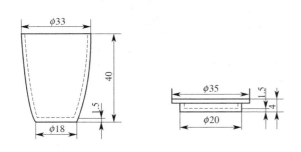

图8-4　挥发分坩埚（单位：mm）

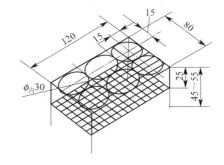

图8-5　坩埚架（单位：mm）

（2）马弗炉　带有高温计和调温装置，能保持温度在（900±10）℃，并有足够的恒温区。炉子的热容量为当起始温度为920℃时，放入室温下的坩埚架和若干坩埚，关闭炉门后，在3min内恢复到（900±10）℃。炉后壁有一排气孔和一个插热电偶的小孔。小孔位置应使热电偶插入炉内后其热接点在坩埚底和炉底之间，距炉底20～30mm处。

（3）坩埚架　用镍铬丝或其他耐热金属丝制成。其规格尺寸以能使所有的坩埚都在马弗炉恒温区内，并且坩埚底部位于热电偶热接点上方并距炉底20～30mm为宜，如图8-5所示。

（4）压饼机　螺旋式或杠杆式压饼机，能压制直径约10mm的煤饼。

2. 测定步骤

用预先在900℃下灼烧至质量恒定的带盖瓷坩埚，称取粒度为0.2mm以下的空气干燥

煤样 (1.0±0.01)g，精确至 0.0002g，然后轻轻振动坩埚，使煤样摊平，盖上盖，放在坩埚架上。

注意：褐煤和长焰煤应预先压饼，并切成约 3mm 的小块。

将马弗炉预先加热至 920℃左右。打开炉门，迅速将放有坩埚的架子送入恒温区内并关上炉门，准确加热 7min。

注意：坩埚及架子刚放入后，炉温会有所下降，但必须在 3min 内使炉温恢复至（900±10）℃，否则此试验作废。加热时间包括温度恢复时间在内。

从炉中取出坩埚，放在空气中冷却 5min 左右，移入干燥器中冷却至室温（约 20min）后称量。

3. 结果计算

空气干燥煤样的挥发分按式(8-9)计算。

$$V_{ad} = \frac{m_1}{m} \times 100\% - M_{ad} \tag{8-9}$$

当空气干燥煤样中碳酸盐二氧化碳含量为 2%～12%时，按式(8-10)计算。

$$V_{ad} = \frac{m_1}{m} \times 100\% - M_{ad} - (CO_2)_{ad} \tag{8-10}$$

当空气干燥煤样中碳酸盐二氧化碳含量大于 12%时，应用式(8-11)计算。

$$V_{ad} = \frac{m_1}{m} \times 100\% - M_{ad} - [(CO_2)_{ad} - (CO_2)_{ad}(焦渣)] \tag{8-11}$$

式中　　V_{ad}——空气干燥煤样的挥发分产率；
　　　　m_1——煤样加热后减少的质量，g；
　　　　m——煤样的质量，g；
　　　　M_{ad}——空气干燥煤样的水分含量；
　　　　$(CO_2)_{ad}$——空气干燥煤样中碳酸盐二氧化碳的含量（按 GB 212—2008 测定）；
$(CO_2)_{ad}$（焦渣）——焦渣中二氧化碳对煤样量的百分数。

4. 注意事项

① 因为挥发分测定是一个规范性很强的试验项目，所以必须严格控制试验条件，尤其是加热温度和加热时间。测定温度应严格控制在（900±10）℃，总加热时间（包括温度恢复时间）要严格控制在 7min，用秒表计时。

② 坩埚从马弗炉取出后，在空气中冷却时间不宜过长，以防焦渣吸水。坩埚在称量前不能开盖。

③ 褐煤、长焰煤水分和挥发分很高，如以松散状态放入 900℃炉中加热，则挥发分会骤然大量释放，把坩埚盖顶开并带走碳粒，使结果偏高，而且重复性差。因此应将煤样压成饼，切成 3mm 小块后，使试样紧密可减缓挥发分的释放速率，因而可有效地防止煤样爆燃、喷溅，使测定结果可靠。

四、煤中固定碳含量的计算及各种基准的换算

1. 固定碳含量的计算

煤中固定碳含量不是实测的，而是从测定煤样挥发分后的残渣中减去灰分后的残留物。固定碳含量按下式计算。

$$FC_{ad} = 100\% - (M_{ad} + A_{ad} + V_{ad}) \tag{8-12}$$

式中　FC_{ad}——空气干燥煤样的固定碳含量；

M_{ad}——空气干燥煤样的水分含量；

A_{ad}——空气干燥煤样的灰分含量；

V_{ad}——空气干燥煤样的挥发分含量。

2. 各种基准的换算

(1) 煤质分析结果的表示方法　煤质分析结果的有关术语和符号见表 8-1。

表 8-1　煤质分析结果的有关术语和符号

术语名称	英文术语	定义	符号	曾称
收到基	as received basis	以收到状态的煤为基准	ar	应用基
空气干燥基	air dried basis	以与空气湿度达到平衡状态的煤为基准	ad	分析基
干燥基	dry basis	以假想无水状态的煤为基准	d	干基
干燥无灰基	dry ash-free basis	以假想无水、无灰状态的煤为基准	daf	可燃基
干燥无矿物质基	dry mineral-free	以假想无水、无矿物质状态的煤为基准	dmmf	有机基
恒湿无灰基	mois ash-free basis	以假想含最高内在水分、无灰状态的煤为基准	maf	
恒湿无矿物质基	mois mineral matter free basis	以假想含最高内在水分、无矿物质状态的煤为基准	m,mmf	

(2) 空气干燥基与其他基的换算　收到基煤样的灰分和挥发分按式(8-13)换算。

$$X_{ar} = X_{ad} \times \frac{100\% - M_{ar}}{100\% - M_{ad}} \tag{8-13}$$

干燥基煤样的灰分和挥发分按式(8-14)换算。

$$X_d = X_{ad} \times \frac{100\%}{100\% - M_{ad}} \tag{8-14}$$

干燥无灰基煤样的挥发分按式(8-15)换算。

$$V_{daf} = V_{ad} \times \frac{100\%}{100\% - M_{ad} - A_{ad}} \tag{8-15}$$

当空气干燥煤样中碳酸盐二氧化碳含量大于 2% 时，按式(8-16)换算。

$$V_{daf} = V_{ad} \times \frac{100\%}{100\% - M_{ad} - A_{ad} - (CO_2)_{ad}} \tag{8-16}$$

式中　X_{ar}——收到基煤样的灰分产率或挥发分产率；

X_{ad}——空气干燥基煤样的灰分产率或挥发分产率；

M_{ar}——收到基煤样的水分含量；

X_d——干燥基煤样的灰分产率或挥发分产率；

V_{daf}——干燥无灰基煤样的灰分产率或挥发分产率，其他同式(8-12)。

第三节　煤中全硫的测定

煤中的硫通常以无机硫和有机硫两种状态存在。无机硫以硫化物和硫酸盐形式存在。硫化物主要存在于黄铁矿中，在某些特殊矿床中也含有其他金属硫化物（例如 ZnS、PbS、CuS 等）。硫酸盐中主要以硫酸钙存在，有时也含有其他硫酸盐。有机硫通常含量较低，但组成却很复杂，主要是以硫醚、硫醇、二硫化物、噻吩类杂环硫化物及硫醌等形式存在。焦炭中的硫则主要以 FeS 状态存在。煤中的硫对燃烧、炼焦、气化都是有害的，因此，硫含量的高低是评价煤或焦炭质量的重要指标之一。

煤中总硫是无机硫和有机硫的总和。在一般分析中不要求分别测定无机硫或有机硫，而只测定全硫。全硫的测定方法有很多，主要有艾氏卡法、高温燃烧中和法、高温燃烧碘量法、库仑法等多种方法。

一、艾氏卡法

1. 方法原理

将煤样与艾氏卡试剂（2份质量的氧化镁＋1份质量的无水碳酸钠）混合于850℃下燃烧，煤中硫生成硫酸盐，然后使硫酸根离子生成硫酸钡沉淀，根据硫酸钡的质量计算煤中全硫的含量。

$$2Na_2CO_3 + 2SO_2 + O_2 \Longrightarrow 2Na_2SO_4 + 2CO_2 \uparrow$$
$$Na_2CO_3 + SO_3 \Longrightarrow Na_2SO_4 + CO_2 \uparrow$$
$$2MgO + 2SO_2 + O_2 \Longrightarrow 2MgSO_4$$
$$Na_2CO_3 + CaSO_4 \Longrightarrow Na_2SO_4 + CaCO_3$$
$$MgSO_4 + Na_2SO_4 + 2BaCl_2 \Longrightarrow 2BaSO_4 + 2NaCl + MgCl_2$$

2. 测定步骤

在30mL坩埚内称取粒度小于0.2mm的空气干燥煤样1g（精确至0.0002g），与2g艾氏卡试剂混合均匀，再用1g艾氏卡试剂覆盖。将装有煤样的坩埚移入通风良好的马弗炉中，在1～2h内从室温逐渐加热到800～850℃，并在该温度下保持1～2h。将坩埚从炉中取出，冷却至室温。用玻璃棒将坩埚中的灼烧物仔细搅松捣碎（如发现有未烧尽的煤粒，应在800～850℃下继续灼烧30min），然后转移到400mL烧杯中。用热水冲洗坩埚内壁，将洗液收入烧杯，再加入100～150mL刚煮沸的水，充分搅拌。如果此时尚有黑色煤粒漂浮在液面上，则本次测定作废。

用中速定性滤纸以倾泻法过滤，用热水冲洗3次，然后将残渣移入滤纸中，用热水仔细清洗至少10次，洗液总体积约为250～300mL。向滤液中滴入2～3滴甲基橙指示剂（20g/L），加盐酸（1:1）中和后再过量2mL，使溶液呈微酸性。将溶液加热到沸腾，在不断搅拌下滴加10mL氯化钡溶液（100g/L），在近沸状况下保持约2h，使溶液体积为200mL左右。

将溶液冷却或静置过夜后，用无灰定量滤纸过滤，并用热水洗至无氯离子为止（用浓度为10g/L硝酸银溶液检验）。将带沉淀的滤纸移入已恒重并称量过的瓷坩埚中，灰化后，在温度为800～850℃的马弗炉内灼烧1h，取出坩埚，在空气中稍加冷却后放入干燥器中冷却到室温，称量。

煤中全硫含量按式(8-17)计算。

$$S_{t,ad} = \frac{(m_1 - m_2) \times \frac{M_s}{M_{BaSO_4}}}{m} \times 100\% \tag{8-17}$$

式中 $S_{t,ad}$——空气干燥煤样中全硫含量；
　　m_1——硫酸钡质量，g；
　　m_2——空白试验的硫酸钡质量，g；
　　M_s——硫的摩尔质量，g/mol；
　　M_{BaSO_4}——硫酸钡的摩尔质量，g/mol；
　　m——煤样质量，g。

3. 注意事项

(1) 每配制一批艾氏卡试剂或更换其他任一试剂时，应进行2个以上的空白试验，硫酸钡质量的极差不得大于0.0010g，取算术平均值作为空白值。

(2) 必须在通风条件下进行半熔反应，否则煤粒燃烧不完全而且部分硫不能转化为SO_2。

(3) 调节酸度到微酸性，同时加热，使 CO_3^{2-} 生成 CO_2，从而消除 CO_3^{2-} 的影响。

二、高温燃烧-酸碱滴定法

1. 方法原理

煤样在催化剂作用下在氧气流中燃烧，煤中硫生成硫的氧化物，用过氧化氢吸收形成硫酸，用氢氧化钠溶液滴定，根据消耗氢氧化钠溶液的体积，计算出煤中全硫含量。

2. 主要仪器和试剂

(1) 管式高温炉 能加热到1250℃，并有80~100mm（1200±5）℃的高温恒温带，附有铂铑-铂热电偶测温和控温装置，如图8-6所示。

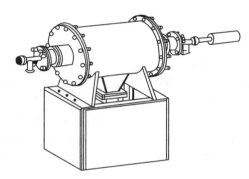

图8-6 管式高温炉

(2) 异径燃烧管 耐温1300℃以上，管总长约750mm，一端外径约22mm，内径约19mm，长约690mm；另一端外径约10mm，内径约7mm，长约60mm。如图8-7所示。

图8-7 异径燃烧管（单位：mm）

(3) 干燥塔 容积250mL，下部2/3装碱石棉，上部1/3装无水氯化钙。

(4) 过氧化氢溶液的配制 取30mL 30%过氧化氢加入970mL水，加2滴甲基红-亚甲基蓝混合指示剂，用稀硫酸或稀氢氧化钠溶液中和至溶液呈钢灰色。此溶液于使用当天中和配制。

(5) 甲基红-亚甲基蓝混合指示剂 将0.125g甲基红溶于100mL乙醇中，另将0.083g亚甲基蓝溶于100mL乙醇中，分别储存于棕色瓶中，使用前按等体积混合。

(6) 氢氧化钠标准溶液对硫的滴定度的标定 称取0.2g左右标准煤样（称准至0.0002g），置于燃烧舟中，再盖上一薄层三氧化钨。按测定步骤进行试验并记下滴定时氢氧化钠溶液的用量，按式(8-18)计算滴定度。

$$T_{S/NaOH} = \frac{m S_{t,ad}^s}{V} \tag{8-18}$$

式中 $T_{S/NaOH}$——氢氧化钠标准溶液对硫的滴定度，g/mL；

m——标准煤样的质量，g；

$S_{t,ad}^s$——标准煤样的硫含量；

V——氢氧化钠溶液的用量，mL。

(7) 羟基氰化汞溶液 称取约6.5g羟基氰化汞，溶于500mL水中，充分搅拌后，放置片刻，过滤。滤液中加入 2～3 滴甲基红-亚甲基蓝混合指示剂，用稀硫酸溶液中和至中性，储存于棕色瓶中。此溶液应在一星期内使用。

3. 测定步骤

测定装置按图 8-8 所示连接好，将高温炉加热并稳定在（1200±5）℃，测定燃烧管内高温带、恒温带及 500℃ 温度带部位和长度。

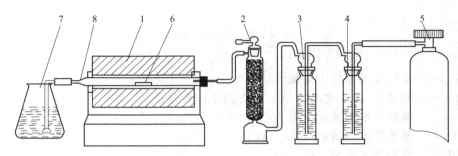

图 8-8 测硫装置
1—管式炉；2—干燥塔；3，4—洗气瓶（内装硫酸）；5—氧气瓶；6—燃烧舟；7—气体吸收瓶；8—异径管

将高温炉加热并控制在（1200±5）℃。用量筒分别量取 100mL 已中和的过氧化氢溶液（每升含 30mL 30% H_2O_2），加入吸收瓶中。

称取 0.2g（精确至 0.0002g）煤样于燃烧舟中，盖上一薄层三氧化钨。将盛有煤样的燃烧舟放在燃烧管入口端，用镍铬丝推棒将燃烧舟推到 500℃ 温度区，以 350mL/min 的流量通入氧气，5min 后再将燃烧舟推到高温区，使煤样在该区燃烧 10min。停止通入氧气，取下吸收瓶，用水清洗气体过滤器 2～3 次。向吸收瓶内加入 3～4 滴甲基红-亚甲基蓝混合指示剂，用 0.02mol/L NaOH 标准溶液滴定至溶液由桃红色变为灰色，记下氢氧化钠溶液的用量。同时进行空白试验。

4. 结果计算

(1) 用氢氧化钠标准溶液的浓度计算

$$S_{t,ad} = \frac{\frac{1}{2}(V-V_0)c \times 32.07 \times f \times 10^{-3}}{m} \times 100\% \tag{8-19}$$

式中 $S_{t,ad}$——空气干燥煤样中全硫含量；
V——煤样测定时，氢氧化钠标准溶液的用量，mL；
V_0——空白测定时，氢氧化钠标准溶液的用量，mL；
c——氢氧化钠标准溶液的浓度，mol/L；
32.07——硫的摩尔质量，g/mol；
f——校正系数，当 $S_{t,ad} < 1\%$ 时，$f = 0.95$；当 $S_{t,ad}$ 为 1～4 时，$f = 1.00$；当 $S_{t,ad} > 4\%$ 时，$f = 1.05$；
m——煤样质量，g。

(2) 用氢氧化钠标准溶液对硫的滴定度计算

$$S_{t,ad} = \frac{(V_1 - V_0)T_{S/NaOH}}{m} \times 100\% \tag{8-20}$$

式中 $S_{t,ad}$——空气干燥煤样中全硫含量；
V_1——煤样测定时，氢氧化钠标准溶液的用量，mL；
V_0——空白测定时，氢氧化钠标准溶液的用量，mL；

$T_{S/NaOH}$——氢氧化钠标准溶液对硫的滴定度，g/mL；

m——煤样质量，g。

(3) 氯的校正 当试样中氯含量高于0.02%时，或使用氯化锌减灰的精煤应进行氯的校正。

在氢氧化钠标准溶液滴定到终点的试液中加入10mL羟基氰化汞溶液，用硫酸标准溶液（0.01mol/L）滴定到溶液由绿色变为灰色，记下硫酸标准溶液的用量，按式(8-21)计算全硫含量。

$$S_{t,ad}=S_{t,ad}^n-\frac{\frac{1}{2}cV_2\times32.07\times10^{-3}}{m}\times100\% \qquad (8-21)$$

式中 $S_{t,ad}$——空气干燥煤样中全硫含量；

$S_{t,ad}^n$——按式(8-19)或式(8-20)计算的全硫含量；

c——硫酸标准溶液的浓度，mol/L；

V_2——硫酸标准溶液的用量，mL；

32.07——硫的摩尔质量，g/mol；

m——煤样质量，g。

三、库仑滴定法

1. 方法原理

煤样在催化剂作用下，于空气流中燃烧分解，煤中硫生成二氧化硫并被净化过的空气流带到电解池内，并立即被电解池内的I_2氧化为H_2SO_4。由此导致溶液中的I_2浓度降低，而I^-浓度则增加，指示电极间的电位改变，仪器自动启动电解，又产生出I_2。这样电解产生的I_2使SO_2全部氧化，并使电解液回到平衡状态。根据电解产生I_2所耗电量的积分，再根据法拉第电解定律计算出试样中全硫的含量。反应式如下。

$$2I^- -2e \Longrightarrow I_2$$
$$I_2+SO_2+2H_2O \Longrightarrow H_2SO_4+2HI$$

2. 仪器设备

测定所使用的仪器是库仑测硫仪，由以下几部分构成。

(1) 管式高温炉能加热到1200℃以上，(1150±5)℃的高温区长度超过90mm，附有铂铑-铂热电偶测温及控温装置，炉内装有耐温1300℃以上的异径燃烧管。

(2) 电解池和电磁搅拌器 电解池高120～180mm，容量不少于400mL。内有面积约150mm²的铂电极和面积约15mm²的指示电极。指示电极响应时间应小于1s，电磁搅拌器转速约500r/min，且连续可调。

(3) 库仑积分器 电解电流0～350mA范围内积分线性误差应小于±0.1%。配有4～6位数字显示器和打印机。

(4) 送样程序控制器可按指定的程序前进、后退。

(5) 空气供应及净化装置由电磁泵和净化管组成。供气量约1500mL/min，抽气量约1000mL/min，净化管内装氢氧化钠及变色硅胶。

3. 测定步骤

将管式高温炉升温至1150℃，用另一组铂铑-铂热电偶高温计测定燃烧管中高温带的位置、长度及500℃的位置。调节送样程序控制器，使煤样预分解及高温分解的位置分别处于500℃和1150℃的部位。在燃烧管出口处填充洗净、干燥的玻璃纤维棉，在距出口端约80～100mm处，充填厚度约3mm的硅酸铝棉。将程序控制器、管式高温炉、库仑积分器、电解池、电磁搅拌器和空气供应及净化装置组装在一起。开动抽气泵和供气泵，将抽气流量调节到 1000mL/min，然后关闭电解池与燃烧管间的活塞，如抽气量降到 500mL/min 以下，证明仪器各部件及各接口气密性良好，否则需检查各部件及其接口。

将管式高温炉升温并控制在（1150±5）℃。开动供气泵和抽气泵并将抽气流量调节到 1000mL/min。在抽气状态下，将 250～300mL 电解液加入电解池内，开动电磁搅拌器。在燃烧舟中放入少量非测定用的煤样，按下述方法进行测定（终点电位调整试验）。如试验结束后库仑积分器的显示值为 0，应再次测定直至显示值不为 0。于燃烧舟中称取粒度小于 0.2mm 的空气干燥煤样 0.05g，称准至 0.0002g，在煤样上盖一薄层三氧化钨。将燃烧舟置于送样的石英托盘上，开启送样程序控制器，煤样即自动送进炉内，库仑滴定随即开始。试验结束后，库仑积分器显示出硫的量（mg）或百分含量，并由打印机打印出结果。

当库仑积分器最终显示为硫的质量时，全硫含量按式(8-22)计算。

$$S_{t,ad} = \frac{m_1}{m} \times 100\% \tag{8-22}$$

式中 $S_{t,ad}$——空气干燥煤样中全硫含量；
m_1——库仑积分器显示值，mg；
m——煤样质量，mg。

4. 注意事项

① 使用的催化剂是三氧化钨。
② 电解液的配制方法是将碘化钾和溴化钾各 5g，冰醋酸 10mL，溶于 250～300mL 水中。
③ 要求燃烧舟长 70～77mm，素瓷或刚玉制品，耐热 1200℃ 以上。

第四节　煤发热量的测定

一、发热量的表示方法

煤的发热量是指单位质量的煤完全燃烧时所产生的热量，以符号 Q 表示，也称为热值，单位用"J/g"表示。发热量是供热用煤或焦炭的主要质量指标之一。燃煤或焦炭工艺过程的热平衡、煤或焦炭耗量、热效率等的计算，都以发热量为依据。

发热量可以直接测定，也可以由工业分析的结果粗略地计算。现行企业中测定煤的发热量不属于常规分析项目。

发热量的表示方法有弹筒发热量、恒容高位发热量和恒容低位发热量三种。

（1）弹筒发热量　单位质量的试样在充有过量氧气的氧弹内燃烧，其燃烧产物组成为氧气、氮气、二氧化碳、硝酸和硫酸、液态水以及固态灰时放出的热量称为弹筒发热量。

（2）恒容高位发热量　单位质量的试样在充有过量氧气的氧弹内燃烧，其燃烧产物组成为氧气、氮气、二氧化碳、二氧化硫、液态水以及固态灰时放出的热量称为恒容高位发热量。

高位发热量即由弹筒发热量减去硝酸和硫酸校正热后得到的发热量。

（3）恒容低位发热量　单位质量的试样在充有过量氧气的氧弹内燃烧，其燃烧产物组成为氧气、氮气、二氧化碳、二氧化硫、气态水以及固态灰时放出的热量称恒容低位发热量。

低位发热量即由高位发热量减去水（煤中原有的水和煤中氢燃烧生成的水）的汽化热后得到的发热量。

国家标准（GB/T 213—2003）中规定了煤的高位发热量的测定方法和发热量的计算方法，适用于泥炭、褐煤、烟煤、无烟煤和碳质页岩以及焦炭的发热量测定。测定方法以经典的氧弹式热量计法为主，在此简要介绍氧弹式热量计法和发热量的计算法。

二、发热量的测定方法——氧弹式量热计法

1. 方法原理

将一定量的分析试样置于密封的氧弹热量计中,在充有过量氧气的氧弹内完全燃烧。燃烧所放出的热量被氧弹周围一定量的水和量热系统所吸收,水温的上升与试样燃烧放出的热量成正比。氧弹热量计的热容量可以通过在相似条件下燃烧一定量的基准量热物苯甲酸来确定,根据试样点燃前后量热系统产生的温升,并对点火热等附加热进行校正即可求得试样的弹筒发热量。

从弹筒发热量中扣除硝酸形成热和硫酸校正热(硫酸与二氧化硫形成热之差)后即得高位发热量。对煤中的水分(煤中原有的水和氢燃烧生成的水)的汽化热进行校正后求得煤的低位发热量。由于弹筒发热量是在恒定体积下测定的,所以它是恒容发热量。

2. 仪器

我国氧弹量热法采用的量热计有恒温式和绝热式两种,两者的基本结构相似,其区别在于热交换的控制方式不同,前者在外筒内装入大量的水,使外筒水温基本保持不变,以减少热交换;后者是让外筒水温随内筒水温而变化,故在测定过程中内、外筒之间可以认为没有热交换。恒温式量热计如图 8-9 所示,主要由氧弹、内筒、外筒、量热温度计、点火装置等组成。

(1) 氧弹 由耐热、耐腐蚀的镍铬钼合金制成,如图 8-10 所示。氧弹应不受燃烧过程中出现的高温和腐蚀性产物的影响而产生热效应;能承受充氧压力和燃烧过程而产生的瞬时高压;在试验过程中能保持完全气密等性能。弹筒的容积为 250~350mL,弹盖上应装有供充氧气和排气的阀门以及点火电源的接线电极。

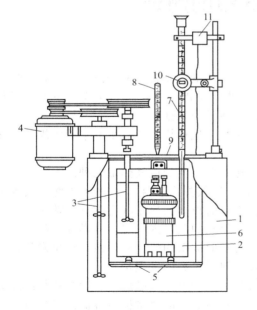
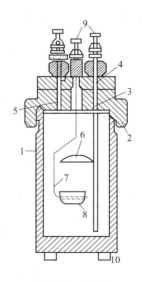

图 8-9 恒温式量热计
1—外筒;2—内筒;3—搅拌器;4—马达;5—绝缘支柱;
6—氧弹;7—量热温度计;8—外筒温度计;9—电极;
10—放大镜;11—振荡器

图 8-10 氧弹
1—弹体;2—弹盖;3—进气管;4—进气阀;
5—排气管;6—遮火罩;7—电极柱;
8—燃烧皿;9—接线柱;10—弹脚

(2) 内筒 由紫铜、黄铜或不锈钢制成,断面可为圆形、菱形或其他适当形状。氧弹装

入内筒中，加水 2000～3000mL，将氧弹浸没。为使内筒中水温均匀，装有搅拌器进行搅拌。内筒外表面应电镀抛光，以减少与外筒的热辐射。

(3) 外筒 用金属制成的双层容器，一般外壁是圆形，内壁的形状则以内筒的形状而定，内外筒之间保持 10cm 的距离。外筒要光亮，尽量减少辐射作用。

(4) 量热温度计 内筒温度测量误差又是发热量测量误差的主要来源，因此要使用具有 0.001℃ 精度的贝克曼温度计或者数字显示的精密温度计等。在使用贝克曼温度计时，为了能够准确读取数值，常安装有大约 5 倍的放大镜和照明灯等附属设备。为了克服水银温度计中水银柱和毛细管间的附着力，常装有电动振荡器（若无电动振荡器，也可用套有橡皮套的细玻璃棒轻轻敲击温度计）。

(5) 点火装置 将一根已知热值的细金属丝接在氧弹内的两电极之间，通电后金属丝发热，最后熔断，将煤试样引燃。根据金属丝的量计算出其燃烧时产生的热量，在测定的总热量值中扣除。

3. 测定步骤

称取粒度为 0.2mm 以下的空气干燥煤样 1～1.1g（精确至 0.0002g），置于燃烧皿中。取一段已知质量的点火丝，两端接在氧弹内的两个电极柱上，注意使点火丝与试样保持接触或保持有一小段距离。将 10mL 蒸馏水加入氧弹中，用以吸收煤燃烧时产生的氮氧化物和硫氧化物，然后拧紧氧弹盖。接好氧气导管，缓慢将氧气充入氧弹中，直至压力达到 2.6～2.8MPa，充氧气时间不得少于 30s。

准确称取一定质量的水加入到内筒里（以将氧弹完全浸没的水量为准），所加入的水量与标定仪器的热容量时所用的水量质量一致。先调节好外筒水温使之与室温相差在 1℃ 以内。而内筒温度的调节以终点时内筒温度比外筒温度高 1℃ 左右为宜。

将装好一定质量水的内筒小心放入外筒的绝缘支架上，再将氧弹小心放入内筒，同时检漏。接上点火电极插头，装好搅拌器和量热温度计，并盖上外筒的盖子。温度计的水银球应与氧弹主体的中部在同一水平上。在靠近量热温度计的露出水银柱的部位，应另选一支普通温度计，用以测定露出柱的温度。

开动搅拌器，5min 后开始计时和读取内筒温度（t_0），并立即通电点火。随后记下外筒温度（t_j）和露出柱温度（t_e）。外筒温度至少读至精度 0.05℃，内筒温度借助放大镜读至精度 0.001℃。每次读数前，应开动振动器振动 3～5s。

注意观察内筒温度，如在 30s 内温度急剧上升，则表明点火成功。点火后 100s 时读一次内筒温度（t_{100s}）。在接近终点时，以每间隔一分钟读取一次内筒温度，以第一个下降温度作为终点温度（t_n）。

实验完成后停止搅拌，取出内筒和氧弹，开启放气阀，放出燃烧废气，打开氧弹，仔细观察弹筒和燃烧皿内部。如果有试样燃烧不完全或有炭黑存在，试验作废。

找出未烧完的点火丝，量出长度，用于计算实际消耗量。用蒸馏水充分冲洗氧弹内各部位、放气阀、燃烧皿内外和燃烧残渣。把全部洗液收集在烧杯中，可供测硫使用。

4. 结果计算

(1) 弹筒发热量 $Q_{b,ad}$ 按式(8-23) 计算

$$Q_{b,ad} = \frac{EH[(t_n + h_n) - (t_0 + h_0) + C] - (q_1 - q_2)}{m} \tag{8-23}$$

式中 $Q_{b,ad}$——分析煤样的弹筒发热量，J/g；

　　　E——热量计的热容量，J/℃；

　　　H——贝克曼温度计的平均分度值；

t_0——点火时的温度，℃；
t_n——终点温度，℃；
h_0——点火时温度校正值，由贝克曼温度计检定证书中查得；
h_n——终点温度校正值，由贝克曼温度计检定证书中查得；
C——辐射校正系数或冷却校正系数，℃；
q_1——点火丝扣除剩余部分的发热量，J；
q_2——添加物如包纸等产生的总热量，J；
m——空气干燥煤样的质量，g。

注意：若使用绝热式量热计，则式(8-23)中的$C=0$。

(2) 恒容高位发热量$Q_{gr,v,ad}$按式(8-24)计算

$$Q_{gr,v,ad} = Q_{b,ad} - (95S_{b,ad} + \alpha Q_{b,ad}) \tag{8-24}$$

式中 $Q_{gr,v,ad}$——分析煤样的恒容高位发热量，J/g；
$Q_{b,ad}$——分析煤样的弹筒发热量，J/g；
$S_{b,ad}$——由弹筒洗液测得的硫含量（通常用煤的全硫量代替）；
95——硫酸生成热校正系数（为0.01g硫生成硫酸的化学生成热和溶解热之和），J；
α——硝酸生成热校正系数，当$Q_{b,ad} \leq 16.70$kJ/g时，$\alpha=0.001$；当16.70kJ/g$<Q_{b,ad} \leq 25.10$kJ/g时，$\alpha=0.0012$；当$Q_{b,ad}>25.10$kJ/g时，$\alpha=0.0016$。

(3) 恒容低位发热量$Q_{net,v,ad}$按式(8-25)计算

$$Q_{net,V,ad} = Q_{gr,v,ad} - 25(M_{ad} + 9H_{ad}) \tag{8-25}$$

式中 $Q_{net,V,ad}$——分析煤样的恒容低位发热量，J/g；
M_{ad}——煤的空气干燥基水分；
H_{ad}——分析煤样中氢的含量；
25——常数，相当于0.01g水的蒸发热，J。

5. 注意事项

① 对于燃烧时易跳溅的煤，可用已知质量的擦镜纸包紧，或先用压饼机将煤样压成饼状，再将其切成2～4mm的小块。而对于不易燃烧完全的煤样，可先在燃烧皿底铺上一层石棉垫，但注意不能使煤样漏入石棉垫底部，否则燃烧不完全。若加了石棉垫仍燃烧不完全，则可提高充氧压力促进燃烧。若采用石英燃烧皿时，不必加石棉垫。

② 对易跳溅的煤样要特别注意点火丝不能接触燃烧皿，两电极之间或燃烧皿与另一电极之间也不能接触，以免发生短路，造成点火失败其至烧毁燃烧皿。

③ 在拧紧氧弹盖时应注意避免由于振动而使调好的燃烧皿与点火丝的位置发生改变，造成点火失败。

习题

1. 填空
(1) 煤的工业分析包括_____、_____、_____和_____四个项目的测定。
(2) 艾氏卡试剂是指2份质量的_____和1份质量的_____的混合物。
(3) 燃烧库仑滴定法中使用的催化剂是_____。
(4) 从弹筒发热量中扣除硝酸形成热和硫酸校正热为_____，对煤中的水分的汽化热进行校正后的热量为_____。由于弹筒发热量是在恒定体积下测定的，所以它是_____。

2. 称取空气干燥煤样1.000g，测定其空气干燥煤样水分时失去质量为0.0600g，求煤样的分析水分。

3. 称取分析基煤样1.2000g，测定挥发分时失去质量为0.1420g，测定灰分时残渣的质量为0.1125g，

如已知煤样的分析水分为4%，求该煤样中的挥发分、灰分和固定碳的质量分数。

4. 称取分析基煤样1.2000g，灼烧后残余物的质量是0.1000g，已知外在水分是2.45%，分析煤样水分为1.5%，求应用基和干燥基的灰分质量分数。

5. 称取空气干燥基煤样1.000g，测定挥发分时，失去质量为0.2842g，已知空气干燥基煤中水分为2.50%，灰分为9.00%，收到基水分为5.40%，分别求以空气干燥基、干燥基、干燥无灰基、收到基表示的挥发分和固定碳的质量分数。

第九章 钢铁分析

知识目标

1. 了解钢铁的分类。
2. 掌握钢铁样品的采取和钢铁样品的分解方法。
3. 理解并掌握钢铁碳的分析方法类型和测定原理。
4. 理解并掌握钢铁硫的分析方法类型和测定原理。
5. 理解并掌握钢铁磷的分析方法类型和测定原理。
6. 理解并掌握钢铁锰的分析方法类型和测定原理。
7. 理解并掌握钢铁硅的分析方法类型和测定原理。

能力目标

1. 能选择合适设备正确采取和制备钢铁样品。
2. 能根据不同的分析方法正确选择分解试剂并分解不同类型的钢铁样品。
3. 能熟练使用管式高温炉，采用燃烧-体积法或燃烧-非水滴定法准确测定钢铁中碳含量。
4. 能熟练使用管式高温炉，采用燃烧-碘量法或燃烧-酸碱滴定法准确测定钢铁中硫含量。
5. 能采用还原磷钼蓝光度法准确测定钢铁中磷含量。
6. 能采用硝酸铵氧化还原滴定法或高碘酸钠（钾）氧化光度法准确测定钢铁中锰含量。
7. 能采用硅钼杂多蓝光度法准确测定钢铁中硅含量。

第一节 概 述

纯金属及合金经熔炼加工制成的材料称为金属材料。金属材料通常分为黑色金属和有色金属两大类。黑色金属材料是指铁、铬、锰及它们的合金，通常称为钢铁材料。常用钢铁材料有钢、生铁、铁合金、铸铁及各种合金（高温合金、精密合金等）。各类钢铁是由铁矿石及其他辅助原料在高炉、转炉、电炉等各种冶金炉中冶炼而成的产品。

钢铁材料的分类

1. 钢的分类

钢是指含碳量低于2%的铁碳合金，其成分除铁、碳外，还有少量硅、锰、硫、磷等杂质元素，合金钢还含有其他合金元素。一般工业用钢含碳量不超过 1.4%。钢的分类方法很多，常用分类方法有以下几种。

(1) 按化学成分分类　钢铁材料可分为碳素钢和合金钢两种。

碳素钢工业纯铁（含碳量≤0.04%）；

低碳钢（含碳量≤0.25%）；

中碳钢（含碳量在 0.25%～0.60%）；

高碳钢（含碳量＞0.60%）。

合金钢　低合金钢（合金元素总量≤5%）；

　　　　中合金钢（合金元素总量在 5%～10%）；

　　　　高合金钢（合金元素总量＞10%）。

(2) 按品质分类　普通钢（磷含量≤0.045%，硫含量≤0.055%）；优质钢（磷含量、硫含量≤0.040%）；高级优质钢（磷含量≤0.035%，硫含量≤0.030%）。

(3) 按冶炼方法分类　按炉别分类有：平炉钢（碱性、酸性）；转炉钢（底吹、侧吹、顶吹）；电炉钢（电弧、电渣感应、真空感应）。

按脱氧程度分类有：沸腾钢；镇静钢；半镇静钢。

(4) 按用途分类　结构钢：建筑及工程用钢；机械制造用钢。

工具钢：刃具、量具、模具等。

特殊性能钢：耐酸、低温、耐热、电工、超高强钢等。

此外，还可以按制造加工形式（铸钢、锻钢、热轧、冷轧、冷拔等）或按金相组织（珠光体、铁素体、马氏体、奥氏体、双相钢等）分类。

2. 生铁的分类

生铁是含碳量高于 2% 的铁碳合金，通常按用途分为炼钢生铁和铸造生铁两类。

炼钢生铁是指用于炼钢的生铁，一般含硅量较低（＜1.75%），含硫量较高（＜0.07%）。高炉中生产出来的生铁主要用作炼钢生铁，约占生铁产量的 80%～90%。炼钢生铁质硬而脆，断口成白色，所以也叫白口铁。

铸造生铁是指用于铸造各种生铁、铸铁件的生铁，俗称翻砂铁。一般含硅量较高（可达 3.75%），含硫量稍低（＜0.06%）。因其断口呈灰色，所以也叫灰口铁。

3. 铁合金的分类

铁合金是含有炼钢时所需的各种合金元素的特种生铁，用作炼钢时的脱氧剂或合金元素添加剂。铁合金主要是以所含的合金元素来分，如硅铁、锰铁、铬铁、钼铁、钨铁、铌铁、钛铁、硅锰合金、稀土合金等。用量最大的是硅铁、锰铁和铬铁。

4. 铸铁的分类

铸铁也是一种含碳量高于 2% 的铁碳合金，是用铸造生铁原料经重熔调配成分再浇注而成的机件，一般称为铸铁件。

铸铁分类方法较多，按断口颜色可分为灰口铸铁、白口铸铁和麻口铸铁三类；按化学成分不同，可分为普通铸铁和合金铸铁两类；按组织、性能不同，可分为普通灰口铁、孕育铸铁、可锻铸铁、球墨铸铁、蠕墨铸铁和特殊性能铸铁（耐热、耐蚀、耐磨铸铁等）。

第二节　钢铁试样的采取、制备和分解

钢铁是熔炼产品，但是其组成并不均匀，这主要是在铸锭冷却时，由于其中各组分的凝固点不同而产生偏析现象，使硫、磷、碳等在锭中部分的分布不匀。故钢或生铁

的铸锭、铁水、钢水在取样时，均需按一定的手续采取，才能得到平均试样。GB 222—2006 规定了钢的化学成分熔炼分析和成品分析用试样的取样。该标准还规定了成品化学成分允许偏差。

一、钢铁样品的采取

GB 222—2006 钢铁试样的采取和制备。

（一）术语

1. 熔炼分析

熔炼分析是指在钢液浇注过程中采样取锭，然后进一步测试试样并对其进行的化学分析。分析结果表示同一炉或同一罐钢液的平均化学成分。

2. 成品分析

成品分析是指在经过加工的成品钢材（包括钢坯）上采取试样，然后对其进行的化学分析。成品分析主要用于验证化学成分，又称验证分析。由于钢液在结晶过程中产生元素的不均匀分布（偏析），成品分析的值有时与熔炼分析的值不同。

3. 成品化学成分允许偏差

成品化学成分允许偏差是指熔炼分析的值虽在标准规定的范围内，但由于钢中元素偏析，成品分析的值可能超出标准规定的成分范围。对超出的范围规定一个允许的数值，就是成品化学成分允许偏差。

（二）取样规则

① 用于钢的化学成分熔炼分析和成品分析的试样，必须在钢液或钢材具有代表性的部位采取。试样应均匀一致，能充分代表每一熔炼号（或每一罐）或每批钢材的化学成分，并应具有足够的数量，以满足全部分析要求。

② 化学分析用试样样屑，可以钻取、刨取，或用某些工具机制取。样屑应粉碎并混合均匀。制取样屑时，不能用水、油或其他润滑剂，并应去除表面氧化铁皮和脏物。成品钢材还应除去脱碳层、渗透层、涂层、渡层金属或其他外来物质。

③ 当用钻头采取试样样屑时，对熔炼分析或小断面钢材分析，钻头直径应尽可能大，至少不应小于 6mm；对大断面钢材成品分析，钻头直径不应小于 12mm。

④ 供仪器分析用的试样样块，使用前应根据分析仪器的要求，适当地予以磨平或抛光。

（三）熔炼分析取样

① 测定钢的熔炼化学成分时，从每罐钢液采取两个制取试样的样锭，第二个样锭供复验用。样锭是在钢液浇注中期采取。

② 当整个熔炼号的钢，用下注法浇铸，且仅浇铸一般钢锭时，样锭采取方法为：如浇铸镇静钢，则应在浇铸钢液达到保温帽部位并高出钢锭本体约 50～100mm 时采取；如浇铸沸腾钢，则应在浇铸到距规定高度尚差 100～150mm 时采取。

③ 样锭浇铸在样模内。模内应洁净、干燥。样模尺寸可为：下部内径 30～50mm，上部内径 40～60mm，高度为 70～120mm，或由工厂自选确定。

④ 往样模内浇铸钢液时，钢流应均匀，不应使钢液流出或溢溅，样模不得注满。应使样模内钢液镇静地冷凝。沸腾钢可加入适量高纯度金属铝使其平静。样锭不应有气孔和裂缝。

⑤ 每个样锭应经检查员检查合格。样锭上应标明熔炼和样锭号。

⑥ 必要时样锭应进行缓慢冷却，或在制取样屑前对样锭进行热处理，以保证容易加工

制样。

⑦ 未能按①或②的规定取得样锭时，或在仅浇铸一盘钢锭情况下需采用与②的规定不同的取样方法时，由工厂制订补充办法，并报上级公司或主管部门批准。

⑧ 上述规定的熔炼分析取样，适用于平炉、转炉和电弧炉炼钢的熔炼分析。电渣炉、真空感应和真空自耗炼钢的熔炼分析，由工厂自行制订取样方法，或按有关技术条件的规定。

（四）成品分析取样

成品分析用的试样样屑，应按下列方法之一采取。不能按下列方法采取时，由供需双方协议。

1. 大断面钢材

① 大断面的初轧坯、方坯、扁坯、圆钢、方钢、锻钢件等，样屑应从钢材的整个横断面或半个横断面上刨取；或从钢材横断面中心至边缘的中间部位（或对角线 1/4 处）平行于轴线钻取；或从钢材侧面垂直于轴中心线钻取，此时钻孔深度应达钢材或钢坯轴心处。

② 大断面的中空锻件或管件，应从壁厚内外表面的中间部位钻取，或在端头整个断面上刨取。

2. 小断面钢材

① 从钢材的整个断面上刨取（焊接钢管应避开焊缝）；或从断面上沿轧制方向钻取，钻孔应对称均匀分布；或从钢材外侧面的中间部位垂直于轧制方向用钻通的方法钻取。

② 当按上述①的规定不可能时，如钢带、钢丝，应从弯折叠合或捆扎成束的样块横断面上刨取，或从不同根钢带、钢丝上截取。

③ 钢管可围绕其外表面在几个位置钻通管壁钻取，薄壁钢管可压扁叠合后在横断面上刨取。

3. 钢板

① 纵轧钢板。钢板宽度小于 1m 时，沿钢板宽度剪切一条宽 50mm 的试料；钢板宽度大于或等于 1m 时，沿钢板宽度自边缘至中心剪切一条宽 50mm 的试料。将试料两端对齐，折叠 1~2 次或多次，并压紧弯折处，然后在其长度的中间，沿剪切的内边刨取，或自表面用钻通的方法钻取。

② 横轧钢板。自钢板端部与中央之间，沿板边剪切一条宽 50mm、长 500mm 的试料，将两端对齐，折叠 1~2 次或多次，并压紧弯折处，然后在其长度的中间，沿剪切的内边刨取，或自表面用钻通的方法钻取。

③ 厚钢板不能折叠时，则按上述的①或②所述相应折叠的位置钻取或刨取，然后将等量样屑混合均匀。

沸腾钢除在技术条件中，或双方协议中、有特殊规定外，不做成品分析。

二、钢铁样品的分解

钢铁试样主要采用酸分解法，常用的有盐酸、硫酸和硝酸。三种酸可单独或混合使用，分解钢铁样品时，若单独使用一种酸时，往往分解不够彻底，混合使用时，可以取长补短，且能产生新的溶解能力。此外可用来分解钢铁样品的还有磷酸和高氯酸。

（1）盐酸 大部分金属与盐酸作用后生成的氯化物都易溶于水。盐酸中的氯离子可与某些金属离子生成稳定的配合物，有助于溶解；同时盐酸具有一定的还原性，有时也因还原作用而对钢铁能加速溶解。

（2）硝酸 几乎所有的硝酸盐都易溶于水。一些不易为盐酸或稀硫酸溶解的金属能被硝酸溶解，铝、铬在硝酸中易生成氧化膜而钝化，锑、锡、钨在硝酸中生成不溶性的酸。在溶解钢铁时，硝酸可以迅速分解碳化物而促使溶解，但石墨碳不易为硝酸所分解。

（3）硫酸　稀硫酸无氧化性，但热浓硫酸具有氧化性。硫酸盐一般可溶解于水（钡、锶、钙、铅等除外）。硫酸沸点高并有强的吸水性，在钢铁分析中，还用于溶解样品外，还用以逐出易挥发酸和起脱水作用。

（4）磷酸　由于磷酸的酸性相对较弱，在溶解钢铁试样时，磷酸一般不单独使用，加入的目的，是利用其对部分金属离子的配合作用，使其在分析过程中起辅助作用。

（5）高氯酸　高氯酸盐一般都溶于水（钾、铷、铯和铵盐溶解度较小）。60%～72%的热高氯酸是强氧化剂和脱水剂，如能氧化三价铬成为六价，使硅酸脱水。使用高氯酸必须注意安全，勿使热浓高氯酸接触有机物质，以免引起爆炸。另外，高氯酸与浓硫酸混合也会发生爆炸，是因后者使前者脱水而生成无水高氯酸所致。使用高氯酸后的通风橱，应充分通风驱尽高氯酸蒸气，并经常用水冲洗通风橱内部，定期检查通风橱木料部分有否变质，以免引起燃烧或爆炸。

综上所述，可知溶解生铁及碳素钢一般可采用盐酸和稀硫酸，有时需加入硝酸分解碳化物。但溶解用酸的选择不仅决定于物质的可溶性和溶解的快慢，还应考虑所测定的元素，采用的分析方法及引进的离子是否有干扰等方面。

第三节　钢铁中碳的测定

一、概述

碳是钢铁的重要元素，它对钢铁的性能影响很大。碳是区别铁与钢，决定钢号、品质的主要标志。正是由于碳的存在，才能用热处理的方法来调节和改善其机械性能。一般来说，随着碳含量的增加，钢铁的硬度和强度也相应提高，而韧性和塑性却变差。在冶炼过程中了解和掌握碳含量的变化，对冶炼的控制有着重要的指导意义。

通常，钢中含碳量在0.05%～1.7%，铁中含碳量都大于1.7%。碳含量小于0.03%的钢称作超低碳钢。

碳在钢铁中主要以两种形式存在。一种是游离碳，如铁碳固溶体、无定形碳、退火碳、石墨碳等，可直接用"C"表示。另一种就是化合碳，即铁或合金元素的碳化物，如Fe_3C、Mn_3C、Cr_3C_2、VC、MoC、TiC……可用"MC"表示。前者一般不与酸作用，即使是高氯酸发烟也无济于事。后者一般能溶解于酸而被破坏，这正是将两者分离与测定的依据。在钢中一般是以化合碳为主，游离碳只存于铁及经退火处理的高碳钢中。

一般在工厂化验室中，各种形态的化合碳的测定属于相分析的任务，在成分分析中，通常是测定碳的总量。化合碳的含量是总碳量和游离碳量之差求得的。对有些特殊试样，如生铁试样，有时就需要测定游离碳或化合碳含量。

二、钢铁中总碳的测定

（一）燃烧-气体容量法（GB 223.1—81）

1. 方法原理

试样置于高温炉中加热并通氧燃烧，使碳氧化成二氧化碳，混合气体经除硫后收集于量气管中，然后以氢氧化钾溶液吸收其中的二氧化碳，吸收前后体积之差即为二氧化碳体积，由此计算碳含量。

本方法适用于生铁、铁粉、碳钢、高温合金及精密合金中碳量的测定。测定范围为 0.10%～2.0%。

2. 试剂及仪器

(1) 试剂

① 高锰酸钾溶液：4%。

② 氢氧化钾溶液：40%。

③ 甲基红指示剂：0.2%。

④ 除硫剂：活性二氧化锰（粒状）或钒酸银。

钒酸银的制备方法：称取钒酸铵（或偏钒酸铵）12g 溶解于 400mL 水中，然后将两者混合，用玻璃坩埚过滤，用水稍加洗净。然后在烘箱中（110℃）烘干。取其 20～40 目，保存在干燥器中备用。

活性氧化锰制备方法：硫酸锰 20g 溶解于 500mL 水中，加入浓氨水 10mL，摇匀，加 90mL 过硫酸铵溶液（25%），边加边搅拌，煮沸 10min，再加 1～2 滴氨水，静止至澄清（如果不澄清则再加过硫酸铵适量）。抽滤，用氨水洗 10 次，热水洗 2～3 次，再用硫酸（5∶95）洗 12 次，最后用热水洗至无硫酸反应。于 110℃ 烘箱中烘干 3～4h，取其 20～40 目，在干燥器中保存。

⑤ 酸性水溶液：稀硫酸溶液（5∶95），加几滴甲基橙或甲基红，使之呈稳定的浅红色（或按各仪器说明书配制）。

⑥ 助熔剂：锡粒（或锡片）、铜、氧化铜、五氧化二钒或纯铁粉。

(2) 仪器气体容量法定碳装置如图 9-1 所示。

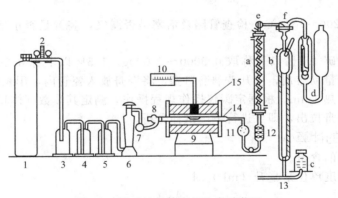

图 9-1 卧式炉气体容量法定碳装置

1—氧气瓶；2—氧气表；3—缓冲瓶；4，5—洗气瓶；6—干燥塔；7—供氧活塞；8—玻璃磨口塞；9—管式炉；10—温度自动控制器（或调压器）；11—球形干燥管；12—除硫管；13—容量定碳仪；14—燃烧管；15—高温炉（包括：蛇形管 a、量气管 b、水准瓶 c、吸收器 d、小活塞 e、三通活塞 f）

① 气压计一台。

② 氧气表：附有流量计及缓冲阀。

③ 洗气瓶 4：内盛氢氧化钾-高锰酸钾溶液（1.5g 氢氧化钾溶解于 35mL 4% 的高锰酸钾溶液中），其高度约为瓶高度的 1/3。

④ 洗气瓶 5：内盛浓硫酸，其高度约为瓶高度的 1/3。

⑤ 干燥塔：上层装碱石灰（或碱石棉），下装无水氯化钙，中间隔以玻璃棉，底部与顶部也铺以玻璃棉。

⑥ 管式炉：使用温度最高可达1350℃；常温1300℃。附有热电偶或选用其他类似的高温燃烧装置。

⑦ 球形干燥管：内装干燥脱脂棉。

⑧ 除硫管：直径10～15mm，长100mm玻璃管，内装4g颗粒状活性二氧化锰（或粒状钒酸银），两端塞有脱脂棉，除硫剂失效应重新更换。

⑨ 容量定碳仪：连接顺序见图9-1。

蛇形管a：套内装冷却水，用以冷却混合气体。

量气管b：用以测量气体体积。

水准瓶c：内盛酸性氯化钠溶液。

吸收器d：内盛40％氢氧化钾溶液。

小活塞e：它可以通过f使a和b接通，也可分别使a或b通大气。

三通活塞f：它可以使a与b接通，也可使b与d接通。

⑩ 瓷管：长600mm，内径23mm（亦可采用相近规格的瓷管），使用时先检查是否漏气，然后分段灼烧。瓷管两端露出炉外部分长度不小于175mm，以便燃烧时管端仍是冷却的。粗口端连接玻璃磨口塞，锥形口端用橡皮管连接于球形干燥管上。

⑪ 瓷舟：长88mm或97mm，使用前需在1200℃管氏炉中通氧灼烧2～4min，也可于1000℃高温炉中灼烧1h以上，冷却后储于盛有碱石棉或碱石灰及氯化钙的未涂油脂的干燥器中备用。

⑫ 长钩：用低磷镍铬丝、耐热合金丝制成，用以推、拉瓷舟。自动送样装置的高温炉不使用长钩。

3．测定步骤

将炉温升至1200～1300℃，检查管路及活塞是否漏气，装置是否正常，燃烧标准样品，检查仪器及操作。

称取试样（含碳1.5％以下称取0.5000～2.000g，1.5％以上称0.2000～0.5000g）置于瓷舟中，覆盖适量助熔剂，启开玻璃磨口塞，将瓷舟放入瓷管内，用长钩推至高温处，立即塞紧磨口塞。预热1min，根据定碳仪操作规程操作，测定其读数（体积或含量）。启开磨口塞，用长钩将瓷舟拉出，即可进行下一试样分析。

4．分析结果的计算

按公式计算碳的含量。

(1) 当标尺刻度单位是毫升（mL）时

$$w(C)=\frac{AVf}{m}\times 100\% \tag{9-1}$$

式中 A——温度16℃，气压101.3kPa，每毫升二氧化碳中含碳质量，g；用酸性水溶液作封闭液时 A 值为0.0005000g，用氯化钠酸性溶液作封闭液时 A 值为0.0005022g；

V——吸收前与吸收后气体的体积差，即二氧化碳体积，mL；

f——温度、气压补正系数，采用不同封闭液时其值不同；

m——试样质量，g。

(2) 当标尺的刻度是碳含量（例如，上海产的定碳仪把25mL体积刻成含碳量为1.250；沈阳产的定碳仪把30mL体积刻成含碳量为1.500％）时

$$w(C)=\frac{Ax\times 20f}{m}\times 100\% \tag{9-2}$$

式中 A、f、m 的意义与上式相同；

x —— 标尺读数（含碳量）；

20 —— 标尺读数（含碳量）换算成二氧化碳气体体积（mL）的系数（即25/1.250 或 30/1.500）。

5. 注意事项

① 助熔剂中含碳量一般不超过0.005%，使用前应空白试验，并从分析结果中扣除。

② 定碳仪应安置在室温较正常的地方（距离高温炉约300~500mm），避免阳光直接照射。

③ 更换水准瓶所盛溶液、玻璃棉、除硫剂、氢氧化钾溶液后，应作几次高碳试样，使二氧化碳饱和后，方能进行操作。

④ 如分析含硫量高的试样（0.2%以上），应增加除硫剂量，或多增加一个除硫管。

⑤ 量气管必须保持清洁，有水滴附着量气管内壁时，需用重铬酸钾洗液洗涤。

⑥ 碳钢、低合金钢1000℃，难熔合金1350℃。

⑦ 吸收器、水准瓶内溶液以及混合气体的温度应基本相同，否则将产生正负空白值。因此在测定前应通氧气重复做空白数次直至空白值稳定，方可进行试样分析。由于室温变化及工作过程引起冷凝管中水温变动，因此工作中需经常做空白试验，从结果中减去。

⑧ 观察试样是否完全燃烧，如燃烧不完全，需重新分析。判断燃烧是否完全的一般方法是：试样燃烧后的表面应光滑平整，如表面有坑状等不光滑之处则表明燃烧不完全。

⑨ 如分析完高碳试样后，应空通一次，才能接着分析低碳试样。

⑩ 新的燃烧管要进行通氧灼烧，以除去燃烧管中有机物。瓷舟要进行高温灼烧后再使用。

（二）钢铁中总碳的测定—燃烧-库仑法

1. 方法原理

在氧气炉中将试样燃烧（高频炉或电阻炉），将生成的二氧化碳混合气体导入已调好固定pH的（A态）高氯酸钡吸收液中，由于二氧化碳的反应，使溶液pH改变（A态）。然后用电解的办法电解生成的H^+，使溶液pH回复到A态。根据法拉第电解定律，通过电路设计，使每个电解脉冲具有恒定电量，相当于0.5×10^{-6}g碳，从而实现了数显浓度直读、自动定碳的目的。

主要反应为：

吸收　　　　　$Ba(ClO_4)_2 + CO_2 + H_2O \longrightarrow BaCO_3 \downarrow + 2HClO_4$

电解　　　　　$2H^+ + 2e \longrightarrow H_2 \uparrow$（阴极反应:吸收杯）

　　　　　　　$H_2O - 2e \longrightarrow 2H^+ + 1/2 O_2 \uparrow$（阳极反应:副杯）

　　　　　　　$2H^+ + BaCO_3 \longrightarrow Ba^{2+} + H_2O + CO_2 \uparrow$

本法适用于钢铁及各种物料中低碳（含碳量≤0.2%）的测定。

2. 主要试剂及仪器

① 离子交换水或二次蒸馏水，电阻率大于1MΩ·cm。

② 除硫剂。

③ 高氯酸钡溶液：20%。

④ 吸收溶液：$Ba(ClO_4)_2$（5%）-异丙醇（2%）溶液。

⑤ 助熔剂：锡粒、氧化铜等。

⑥ 参比电极杯溶液：100mL高氯酸钡溶液（5%）中加入2~4g氯化钠，溶解。

⑦ 坩埚。

⑧ 库仑定碳仪。

⑨ 计算分析结果。由一个磁力计数器构成，电路设计每一个脉冲的电量相当于 0.5×10^{-6}g 碳，这样当分流比是 1∶1、称样 0.5g 时，则显示的结果即为 μg/g 或碳的质量分数，例如，显示 1245 即 $\omega(C)=0.1245$ 即 1245μg/g。

3. 分析步骤

按库仑滴定仪的操作说明书进行操作。

（三）燃烧-非水滴定法

1. 方法原理

经燃烧生成的二氧化碳，导入乙醇-乙醇胺介质中，二氧化碳的酸性得到增强，然后以百里酚酞-甲基红为指示剂，用乙醇钾标准溶液进行滴定。加入乙醇胺的目的，是为了增强体系对二氧化碳的吸收能力。体系中加入丙三醇，可防止乙醇钾和碳酸钾乙酯的沉淀析出，增强体系的稳定性。

本法采用气罩式吸收杯，兼有隔板式二次吸收和砂芯式加流速度快、颜色不分层的优点。由于溶液黏度大，砂芯式吸收杯对此体系不适用。

2. 仪器和试剂

（1）仪器测定仪器如图 9-2 所示。

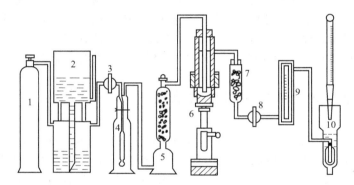

图 9-2 电弧炉非水滴定法定碳装置
1—氧气瓶；2—储气筒；3—第一道活塞；4—洗气瓶；5—干燥塔；6—电弧炉；
7—除尘除硫管；8—第二道活塞；9—流量计；10—吸收杯

（2）试剂

① 吸收液兼滴定液：称取氢氧化钾 5.6g，溶于 1000mL 无水乙醇中，加入乙醇胺 30mL、丙三醇 20mL、百里酚酞 0.2g、甲基红 0.015g，摇匀备用。

② 铝硅热剂：用 200 目左右的铝粉和化学纯二氧化硅（粉状）仔细混匀。混合比为

$$m(Al)：m(SiO_2)=1：2（适用于铁）$$
$$m(Al)：m(SiO_2)=2：3（适用于钢）$$

3. 测定步骤

称取 0.3g 左右的铝硅热剂加于铜锅底部，并稍加分散。准确称取试样约 1g（高碳试样 0.5g）倒入铜锅中，加 0.5g 左右的锡粒，将铜锅移至电弧炉的托盘上，上升手柄，密封炉体。

全部打开进入电弧炉的通氧活塞，然后部分打开吸收杯前的控制活塞，调整进入吸收杯的氧气流量为 1L/min 左右。

通电后按引弧按钮，经电弧点火后，试样随即剧烈燃烧。当二氧化碳开始进入吸收杯时，吸收液变黄，立即用滴定液滴定，至溶液由黄变色至初始时的蓝色为终点。

4. 计算

$$w(C) = \frac{TV}{m} \times 100\% \tag{9-3}$$

式中　T——标准滴定溶液的滴定度，每毫升标准滴定溶液相当于碳的质量，g/mL；可用相近类型、相近含量的标准钢样进行标定；
　　　V——滴定消耗标准滴定溶液的体积，mL；
　　　m——样品的质量。

5. 注意事项

① 对于体积较大的蓬松卷样，要在小钢钵中砸扁，否则燃烧不完全，而使分析结果偏低 0.02%～0.05%。

② 分析含铬 2% 以上的试样，应把锡粒与铝硅热剂加于试样的底部，否则因锡粒有延缓铬氧化的趋势而使燃烧速度降低，测定结果显著偏低。

③ 间隔测定时，如间隔时间较长，吸收液有返黄现象，测定之前需重新调至蓝紫色。若将滴定系统的管路密封后导出，既利于安全防火，又可避免终点返黄现象，还可减少乙醇的挥发，使乙醇钾浓度稳定。

④ 甲基红加入量对终点的敏锐性影响较大，配制时应以分析天平称量。

⑤ 配制滴定溶液用的氢氧化钾，不得有过多的碳酸钾。当氢氧化钾试剂瓶密封不严时，会吸收空气中的二氧化碳生成碳酸钾，对测定有一定的影响。

⑥ 吸收杯长期不用时，杯内有白色沉淀产生，将溶液放掉后，用水清洗，即可全部溶解。吸收杯后装一支 8W 的日光灯，有利于终点的观察。

⑦ 也可使用卧式高温炉进行样品的燃烧。

第四节　钢铁中硫的测定

一、概述

硫在钢铁中是有害元素。当硫含量超过规定范围时，要降低硫的含量，生产中称为"脱硫"。硫在钢中固溶量极小，但能形成多种硫化物，如 FeS、MnS、VS、ZrS、TiS、NbS、CrS 以及复杂硫化物 $Zr_4(CN)_2S_2$、$Ti(CN)_2S_2$ 等。但钢中有大量锰存在时，主要以硫化锰存在，当锰含量不足时，则以硫化铁存在。

硫对钢铁性能的影响是产生"热脆"，即在热变形时工件产生裂纹，因而其危害甚大。硫还能降低钢的力学性能，特别是使疲劳极限、塑性和耐磨性显著下降，影响钢件的使用寿命。硫含量高时，还会造成焊接困难和耐腐蚀性下降等不良影响。但对于易切削钢来说，却有便于加工的优点。

二、钢铁中硫的测定

1. 氧化铝色层分离——硫酸钡重量法测定硫量（GB 223.72—1991）

(1) 方法原理

试样溶于王水中，并加溴水氧化，使硫转变为可溶性的硫酸盐。然后加入高氯酸冒烟，使硅酸、钨酸、铌酸等脱水，过滤除去。将滤液通过氧化铝色谱柱，硫酸根被吸附在色谱柱上，而与其他绝大多数金属离子分离。色谱柱上的硫酸根，以氨水淋洗。淋洗液经调节酸度后，加氯化钡沉淀硫酸根，过滤洗涤后灼烧称量。

经色谱分离后，有少量铬酸根离子被淋洗，将与硫酸钡产生共沉淀，对测定有干扰。六价铬的共沉淀远较三价铬严重，加入过氧化氢将铬还原为三价，再与乙酸生成配离子，从而免除了铬的影响。钢铁中其他共存元素均不干扰测定。本法适用于0.02%以上硫的测定。

（2）试剂

① 王水。

② 硝酸铵溶液：0.5%。

③ 盐酸：1:1、1:20。

④ 甲基红溶液：0.1%乙醇溶液。

⑤ 氨水：1mol/L、0.1mol/L。

⑥ 氯化钡溶液：10%。

⑦ 活性氧化铝：粒度小于80目，先用1mol/L盐酸浸泡数小时，再用清水漂洗数次，每次将摇动10s后未沉下来的细粒弃去，沉下的备用。

（3）测定步骤

称取试样1~3g（视含硫量高低）于500mL烧杯中，加饱和溴水20~30mL及1mL溴，静置10min。加王水20~30mL，缓慢溶解试样，如反应剧烈，用冷水或冰水冷却。

加高氯酸20~30mL，加热至冒烟，使铬全部氧化后继续冒烟20~30min。稍冷后加100mL热水加热溶解盐类，保温20min，冷却，用中速滤纸过滤，并用高氯酸（1:100）洗涤7~8次。

将滤液通过色谱柱，流速控制在10~15mL/min，待试液完全通过后，依次用50mL盐酸（1:20）分两次洗涤烧杯，并通过色谱柱，用30mL水分两次洗涤色谱柱，弃去滤液和洗液。依次用10mL 1mol/L氨水和35mL 0.1mol/L氨水洗脱色谱柱上的硫酸根（流速同上）。

将洗脱液收集在100mL烧杯中，加1滴甲基红，滴加盐酸（1:1）中和至出现红色不褪并过量0.5mL。如有氧化铝沉淀需过滤、洗涤，滤液浓缩至约45mL。加入1mL冰醋酸和5滴过氧化氢，使红色完全褪去。加10mL乙醇，加热至近沸腾，滴加5mL氯化钡溶液搅拌至出现沉淀，保温2h或静置过夜。

用慢速滤纸及少量纸浆过滤，用热水将沉淀全部转移入滤纸，用硝酸铵溶液洗涤滤纸及沉淀至无氯离子（用硝酸银检查），灰化，于800~850℃灼烧30min以上，取出于干燥器内放冷1h后称重，反复灼烧至恒重。

（4）结果计算

$$w(\text{C}) = \frac{m_1 \times 0.1374}{m} \times 100\% \tag{9-4}$$

式中　m_1——硫酸钡质量，g；

　　　m——试样质量，g。

（5）注意事项

① 含钨大于5%的试样，在加高氯酸前必须将溶液蒸发至小体积。加水溶解盐类后应在电热板上保温2h以上，并静置过夜，使钨酸完全水解，便于过滤。高硅试样冒烟时间应适当增加，使硅酸脱水完全。

② 含有钨、钛、铌的试样，高氯酸冒烟后用慢速滤纸过滤。

③ 沉淀的转移及洗涤至为重要，因硫酸钡溶解度较大，洗涤次数及洗涤液用量均不能过多。用热水转移沉淀时，一般冲洗6~7次即可，每次约用2mL水。用硝酸铵溶液洗涤沉淀时，一般冲洗12~13次，每次约2mL即可将氯离子洗净。洗涤时，宜将漏斗中的水柱断开，以防氯离子因扩散而不易洗净。

④ 氧化铝色谱柱的制备。

a. 先在管柱底部放入少量玻璃棉，然后将处理过的活性氧化铝装入柱内，使其高度为

80~100mm，上端再放入少量玻璃棉。

b. 用 10mL 1mol/L 氨水和 35mL 0.1mol/L 氨水，按前述方法淋洗色谱柱，以除去可能残留的硫酸根，洗脱液收集后用氯化钡进行沉淀，如杯底未见硫酸钡沉淀即可，否则继续重复洗涤。

c. 用 20mL 水和 10~15mL 盐酸（1∶20）通过色谱柱，使色谱柱再生，再生后的色谱柱即可使用。每分析一次样品后，均需按此方法再生，这样色谱柱可多次使用。

2. 燃烧-碘量法

(1) 方法原理

试样在高温下通氧燃烧，硫被氧化为二氧化硫。燃烧后的混合气体经除尘管除去各类粉尘后，进入含有淀粉的水溶液吸收，生成亚硫酸，然后用碘或碘酸钾标准滴定溶液。

本法采用"前大后控"的供氧方式，燃烧温度通常为 1250℃，难熔试样需升至 1300~1350℃。氧气的干燥也是很重要。进入吸收杯的氧气流量以 3L/min 为宜，过大过小对测定均有影响。

本法适用于钢铁及合金中 0.005% 以上硫的测定。由于硫的回收率因钢铁种类而异，所以最好以同品种标样予以换算。

(2) 仪器和试剂

Ⅰ 仪器装置如图 9-3 所示或用改良的测定装置。

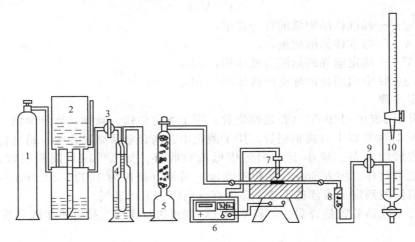

图 9-3　卧式炉燃烧法测硫装置
1—氧气瓶；2—储气筒；3—第一道活塞；4—洗气瓶；5—干燥塔；6—温控仪；
7—卧式高温炉；8—除尘管；9—第二道活塞；10—吸收杯

① 洗气瓶：内装浓硫酸，装入量约为洗气瓶体积的三分之一。

② 干燥塔：上层装碱石棉，下层装无水氯化钙，中间隔玻璃棉，底部及顶端也铺以玻璃棉。

③ 管式炉：附有热电偶高温计或其他类似的燃烧装置。

④ 球形干燥管：内装干燥脱脂棉。

⑤ 吸收杯：低硫吸收杯或高硫吸收杯。

⑥ 自动滴定管：25mL。

⑦ 燃烧管：普通瓷管或高铝瓷管。

⑧ 瓷舟：根据样品量选用大、中、小等型号。

⑨ 长钩：紫铜质或低碳合金质，采用自动进样高温炉则不需要长钩。

Ⅱ 试剂

① 浓硫酸。

② 无水氯化钙（固体）。

③ 碱石棉。

④ 淀粉吸收液：称可溶性淀粉 10g，用少量水调成糊状，然后加入 500mL 沸水，搅拌，煮沸 1min，冷却后加 3g 碘化钾，500mL 水及 2 滴浓盐酸，搅拌均匀后静置澄清。使用时取 25mL 上层澄清液，加 15mL 浓盐酸，用水稀释至 1L。

⑤ 助熔剂：二氧化锡和还原铁粉以 3∶4 混匀；五氧化二钒和还原铁粉以 3∶1 混匀；五氧化二钒。

⑥ 碘标准滴定溶液：称取碘 2.8g，溶于含有 25g 碘化钾的少量溶液中，以水稀释至 5L，放置数日后使用。

⑦ 碘酸钾标准滴定溶液：称碘酸钾 0.178g，用水溶解后，加 1g 碘化钾，以水稀释至 1L。

标定方法：称取与待测样品类型相同、硫含量相近的标准样品 3 份，按分析方法操作，每毫升标准溶液相当于硫的含量（T）按下式计算。

$$T=\frac{w(S)_{标}\, m}{(V-V_0)\times 100} \tag{9-5}$$

式中　$w(S)_{标}$——标准样品中硫的百分含量；
　　　m——标准样品的质量，g；
　　　V——滴定消耗的标准溶液体积，mL；
　　　V_0——空白消耗的标准溶液体积，mL。

(3) 测定步骤

将炉温升至 1250～1300℃（普通燃烧管）用于测定生铁、碳钢及低合金钢。

炉温升至 1300℃以上（高铝瓷管）用于测定中、高合金及高温合金、精密合金。

淀粉吸收液的准备：硫小于 0.01% 用低硫吸收杯，加入 20mL 淀粉吸收液；硫大于 0.01% 用高硫吸收杯，加入 60mL 淀粉吸收液。通氧（流速为 1500～2000mL/min），用碘酸钾标准滴定溶液滴定至浅蓝色不褪，作为终点色泽，关闭氧气。

检查瓷管及仪器装置是否漏气，若不漏气，则可进行实验。按分析步骤分析两个非标准试样。

称取试样 1g（高、低硫适当增减）于瓷舟底部，加入适量助熔剂，启开燃烧管进口的橡皮塞，将瓷舟放入燃烧管内，用长钩推至高温处，立即塞紧橡皮塞，预热 0.5～1.5min，随即通氧（流速为 1500～2000mL/min），燃烧后的混合气体导入吸收杯中，使淀粉吸收液蓝色消退，立即用碘酸钾（或碘）标准滴定溶液滴定并使液面保持蓝色，当吸收液褪色缓慢时，滴定速度也相应减慢，直至吸收液的色泽与原来的终点色泽相同，间歇通氧后，色泽不变即为终点，关闭氧气，打开橡皮塞，用长钩拉出瓷舟。读取滴定管所消耗碘酸钾标准滴定溶液的体积。

(4) 结果计算

$$w(S)=\frac{T(V-V_0)}{W}\times 100\% \tag{9-6}$$

式中　T——每毫升标准溶液相当于硫的百分含量，由已知硫含量的标准钢样在同样条件下对标准溶液进行标定而得；
　　　V——试样消耗的标准溶液体积，mL；

V_0——空白消耗的标准溶液体积，mL；
W——试样重量，g。

(5) 注意事项

① 试样务必细薄。试样过厚，燃烧不完全，试样也不能过于蓬松，否则燃烧时热量不集中，都将使结果偏低。

② 试样不得沾有油污，否则将使测定结果偏高不稳定，需用乙醚或其他溶剂洗涤烘干。

③ 炉管与吸收杯之间的管路不宜过长，除尘管内的粉尘应经常清扫，以减少吸附对测定的影响。

④ 为便于终点的观察，可在吸收杯后安放 8W 日光灯，中间隔一透明的白纸。

⑤ 硫的燃烧反应一般很难进行完全，即存在一定的系统误差，所以应选择和样品同类型的标准钢铁样品标定标准溶液，消除该方法的系统误差。

⑥ 滴定速度要控制适当，当燃烧后有大量二氧化硫进入吸收液，当观察到吸收杯上方有较大的二氧化硫白烟时，表示燃烧生成的气体已到了吸收杯中，应准备滴定，防止二氧化硫逸出，造成误差。对于已知道硫的大概含量时，为防止二氧化硫的逸出，在调整好终点色泽后，可先加约 90% 的标准滴定溶液。

⑦ 第一、二道活塞一般不使用，在组装仪器时可以省略。

⑧ 干燥塔中的干燥剂不宜装得太紧，否则通气不畅，干燥塔前的气体压力过大，会使洗气瓶塞被冲开而发生意外。

⑨ 测定硫含量时，一般要进行二次通氧。即在通氧燃烧后并滴定至终点后，应停止通氧，数分钟，并再次按规定方法通氧，观察吸收杯中的蓝色是否消退，若褪色则要继续滴定至浅蓝色。

3. 新仪器新设备简介

目前所使用的燃烧法测硫装置在性能等方面更趋自动化，主要特点是：管式炉采用程控升温，除外观美观外，升温速度较快，机体简单。样品采用自动送样装置，不需要用金属长钩取放瓷舟。若采用库仑滴定法测定硫，并可进行数据处理计算机化。

第五节　钢铁中磷的测定

一、概述

磷为钢铁中普通元素之一，通常由冶炼原料带入，也有为达到某些特殊性能而由人工加入的。

磷在钢铁中主要以固溶体、磷化铁（FeP）、磷化亚铁（Fe_2P）、磷化三铁（Fe_3P）及其他合金元素的磷化物和少量磷酸盐夹杂物的形式存在，常呈析离状态。

磷通常为钢铁中的有害元素，Fe_3P 质硬，影响塑性和韧性，易发生冷脆。在凝结过程中易产生偏析，降低力学性能。在铸造工艺上，可加大铸件缩孔、缩松的不利影响。在某些情况下，磷的加入亦有利的方面，磷能固溶强化铁素体，提高钢铁的拉伸强度。磷能强化 α 铁和 γ 铁，改善钢材的切削性能。故易切钢都要求有较高的磷含量。

磷能提高钢材的抗腐蚀性。含铜时，效果更加显著。利用磷的脆性，可冶炼炮弹钢，提高爆炸威力。铜合金中加入适量磷，能提高合金的韧性、硬度、耐磨性和流动性。在含铋的铜中加入少量磷，可消除因铋而引起的脆性。

二、钢铁中磷的测定

1. 二氯化锡还原-磷钼蓝光度法

在适当的酸度和钼酸铵浓度下,于高温下形成磷钼酸并用氟化钠-二氯化锡混合溶液还原为磷钼蓝,以此进行光度测定。

(1) 试剂

① 混合酸:每升中含硫酸 50mL,硝酸 8mL,其余为水。
② 过硫酸铵溶液:30%。
③ 硫酸溶液:(1:1)。
④ 亚硫酸钠溶液:10%。
⑤ 氟化钠溶液:2.4%。
⑥ 钼酸铵-酒石酸钾钠溶液:每升中含钼酸铵、酒石酸钾钠各 90g。
⑦ 二氯化锡溶液:20%(甘油溶液可用半年)。
⑧ 氟化钠-二氯化锡混合溶液:取氟化钠溶液 100mL,加二氯化锡溶液 1mL,用前配制。

(2) 操作步骤

称取生铁或铸铁试样 0.5g,加混合酸 85mL,过硫酸铵溶液 4mL,加热溶解,再加过硫酸铵 4mL,煮沸约 2min(此时应有二氧化锰析出),加亚硫酸钠溶液 2mL,煮沸还原二氧化锰并分解过量的过硫酸铵,冷却,移入 100mL 容量瓶中,用水稀释至刻度,摇匀(此液可供测定其他元素)。

吸取试液 10mL,用刻度吸管加 1mL 硫酸溶液(1:1),亚硫酸钠溶液 1mL,煮沸,取下立即加钼酸铵-酒石酸钾钠溶液 5mL,氟化钠-二氯化锡溶液 20mL,放置 3~6min,然后于水浴中冷却至室温,在 100mL 容量瓶中,用水稀释至刻度,摇匀。用 1cm 比色皿,水作参比,于 660nm 处测定吸光度。

(3) 注意事项

由于采用硫酸为主要溶样,即使有过硫酸铵存在,仍有微量的磷化合物不被氧化。因此,不能用标准溶液绘制校正曲线。

2. 乙酸丁酯萃取光度法 (GB 223.62—88)

本标准适用于生铁、铁粉、碳钢、合金钢、高温合金、精密合金中磷含量的测定。测定范围 0.001%~0.05%。

本标准遵守 GB 1467—2008《冶金产品化学分析方法标准的总则及一般规定》。

本标准遵守 GB 7729—87《冶金产品化学分析分光光度法通则》。

(1) 方法原理

在 0.65~1.63mol/L 硝酸介质中,磷与钼酸铵生成的磷钼杂多酸可被乙酸丁酯萃取,用氯化亚锡将磷钼杂多酸还原并反萃取至水相中,于波长 680nm 处,测定其吸光度。

在萃取溶液中含 2.5μg 锆,20μg 砷,25μg 铌、钽,50μg 钛,500μg 铈,1.5mg 钨,2mg 铜,3mg 钴,5mg 铬、铝,50mg 镍不干扰测定。

超出上述限量,砷用盐酸、氢溴酸驱除;钒用亚铁还原;锆以氢氟酸掩蔽;铬氧化成高价后加盐酸挥发除去;钨在 EDTA 氨性溶液中以铍作载体将磷沉淀分离;铌、钛、锆、钽用铜铁试剂——三氯甲烷萃取除去。

(2) 试剂

① 草酸。
② 铜铁试剂。

③ 硼酸。
④ 乙酸丁酯。
⑤ 三氯甲烷。
⑥ 氢溴酸（浓）。
⑦ 高氯酸（浓）。
⑧ 盐酸（浓）。
⑨ 盐酸：(1∶5)。
⑩ 硝酸：(1∶2)。
⑪ 硝酸：(1∶2)，用浓硝酸煮沸除去二氧化氮冷却后配制。
⑫ 硫酸：(1∶2)。
⑬ 氢氟酸：(1∶10)。
⑭ 氨水（浓）。
⑮ 氨水：(1∶50)。
⑯ 硫酸铁溶液：5%，每 100mL 中含 1mL 硫酸 (1∶1)。
⑰ 亚硝酸钠溶液：10%。
⑱ 硼酸溶液：2%。
⑲ 钼酸铵溶液：10%。
⑳ 氯化亚锡溶液：1%，称取 1g 氯化亚锡溶于 8mL 盐酸中，用水稀释至 100mL，用时现配。
㉑ 硫酸铍溶液：2%，用硫酸 (1∶100) 溶液配制。
㉒ EDTA 二钠盐溶液：10%。
㉓ 铜铁试剂溶液：6%。
㉔ 磷标准溶液：称取 0.4393g 基准磷酸二氢钾（于 105℃ 烘干至恒重），用适量水溶解，加入 10mL 浓硝酸，移入 1000mL 容量瓶中，用水稀释至刻度，摇匀。此溶液 1mL 含 100μg 磷。

使用时将上述溶液稀释至 1mL 含 2μg 磷，备用。

(3) 测定步骤

Ⅰ 试样量按表 9-1 称取试样。

表 9-1 称样量

含量范围	0.001~0.01	0.01~0.03	0.03~0.05
试样量/g	1.000	0.3000	0.2000
加硝酸体积/mL	40	25	20
加高氯酸体积/mL	15	10	8

Ⅱ 空白试验　随同试样做空白试验。

Ⅲ 测定

① 试样分解。

a. 一般试样。将试样置于锥形瓶中，按表 9-1 加入硝酸，加热溶解（不能溶解的试样可加 10~15mL 盐酸助溶），按表 9-1 加入高氯酸，加热蒸发冒烟至锥形瓶内部透明并回流 5~6min（试样中含锰超过 2% 时多加 7~8mL 高氯酸，蒸发冒烟至锥形瓶内部透明并回流 20~25min），蒸发至近干，冷却。

b. 含铬量超过 50mg 的试样。按一般试样方法溶样，蒸发至冒烟，铬氧化为六价后，滴加 2~3mL 盐酸挥发除铬，重复操作 2~3 次，继续蒸发至锥形瓶内部透明并回流 3~

4min，再蒸发至近干，冷却。

c. 含砷量超过限量的试样。按一般试样方法溶样，蒸发至冒烟，稍冷，加 10mL 盐酸、5mL 氢溴酸除砷，继续蒸发至锥形瓶内部透明并回流 3~4min，再蒸发至近干，冷却。

② 盐类的溶解及干扰元素的处理。

a. 一般试样。加入 30mL 硝酸加热溶解盐类，滴加亚硝酸钠溶液至铬还原成低价并过量数滴，煮沸去除氮氧化物，冷却至室温。将溶液移入 100mL 容量瓶中，用水稀释至刻度，摇匀。即为待测液。

b. 含钨试样。将①所得的盐类用 20mL 水溶解，加入 10mL 硫酸铍溶液（2%）、10mLEDTA 二钠盐溶液（10%）、2g 草酸，用浓氨水中和至 pH=3~4，用水稀释至约 90mL 煮沸 2~3min，再加 10mL 浓氨水，煮沸 1min，冷却至室温，过滤，用氨水（1：50）洗净，沉淀用水洗入原锥形瓶中，加 30mL 硝酸溶解残留在滤纸上的沉淀，滤纸洗净后弃去，滴加亚硝酸钠溶液至铬还原成低价并过量数滴，煮沸去除氮氧化物，冷却至室温。将溶液移入 100mL 容量瓶中，用水稀释至刻度，摇匀，即为待测液。

c. 含锆试样。按 a 项进行到冷却至室温后，加入 5mL 氢氟酸（1：10）并摇匀，加 20mL 硼酸溶液（2%）后将溶液移入 100mL 容量瓶中，用水稀释至刻度，摇匀，即为待测液。

d. 含钛、铌、锆、钽试样。将①所得的盐类，加 10mL 水、15mL 硫酸（1：2）溶解，滴加亚硝酸钠溶液还原六价铬后，煮沸去除氮氧化物，取下，趁热加 5mL 氢氟酸（1：10）摇匀，冷却至室温。将溶液移入 100mL 容量瓶中，用水稀释至刻度，摇匀，即为待测液。

移取 10.00mL 上述待测试液置于 60mL 分液漏斗中，加 0.4~0.8g 铜铁试剂、20mL 三氯甲烷，振荡 1min。静置分层后，弃去有机相，于水溶液中加铜铁试剂溶液（6%）、10mL 三氯甲烷，振荡 40s，静置分层后，弃去有机相，于水溶液中再加 10mL 三氯甲烷，振荡 30s，静置分层后，弃去有机相（如铜铁试剂尚未洗净，则再用三氯甲烷洗涤一次），加 0.04~0.1g 硼酸、1mL 硝酸（1：2），振荡 10~15s。加 15mL 乙酸丁酯、5mL 钼酸铵溶液（10%），剧烈振荡 40~60s，静置分层后，弃去下层水相，加 10mL 盐酸溶液（1：5），振荡 15s，静置分层后，弃去下层水相，加 15mL 氯化亚锡溶液（1%），20~30s，静置分层。

注：含钨、钛、钽、锆试样，先按含钨试样处理后，再按含钨、钛、钽、锆试样处理。

③ 显色。

a. 从上述待测液②a、b、c 中移取 10.00mL 试液置于 60mL 分液漏斗中。

b. 向分液漏斗中加入 2~3 滴硫酸亚铁铵溶液（5%）（含钨试样处理后不加）、15mL 乙酸丁酯、5mL 钼酸铵溶液（10%），剧烈振荡 40~60s，静置分层后，弃去下层水相，加 10mL 盐酸溶液（1：5），振荡 15s，静置分层后，弃去下层水相，加 15mL 氯化亚锡溶液（1%），20~30s，静置分层。

④ 测量。将水相溶液移入 3cm 比色皿，以水作参比，在分光光度计上于波长 680nm 处测量其吸光度，减去随同试样空白的吸光度，从工作曲线上查出相应的磷量。

Ⅳ 工作曲线的绘制　移取 0、1.00mL、2.00mL、3.00mL、4.00mL、5.00mL 磷标准溶液（$2\mu g/mL$），分别置于 6 个 60mL 分液漏斗中，加 3mL 硝酸溶液（1：2），用水稀释至 10mL，加 15mL 乙酸丁酯、5mL 钼酸铵溶液（10%），剧烈振荡 40~60s，静置分层后，弃去下层水相，加 10mL 盐酸溶液（1：5），振荡 15s，静置分层后，弃去下层水相，加 15mL 氯化亚锡溶液（1%），20~30s，静置分层。按测量操作测定吸光度，减去试剂空白的吸光度，以磷量为横坐标，吸光度为纵坐标，绘制工作曲线。

(4) 分析结果的计算

按下式计算磷的含量

$$w(\mathrm{P}) = \frac{m_1 V}{m_0 V_1} \times 100\% \tag{9-7}$$

式中　V_1——分取试液的体积，mL；
　　　V——试液总体积，mL；
　　　m_1——从工作曲线上查得磷量，g；
　　　m_0——试样量，g。

第六节　钢铁中锰的测定

一、概述

锰几乎存在于一切钢铁中，是常见的"五大元素"之一，亦是重要的合金元素。锰在钢铁中主要以固溶体及 MnS 形态存在，亦可形成 Mn_3C、$MnSi$、$FeMnSi$ 等。锰对钢的性能具有多方面的影响。

锰和氧、硫有较强化合能力，故为良好的脱氧剂和脱硫剂，能降低钢的热脆性，提高热加工性能。

锰固溶于铁中，可提高铁素体和奥氏体的硬度和强度，并降低临界转变温度以细化珠光体，间接起到提高珠光体钢强度的作用。

锰能提高钢的淬透性，因而加锰生产的弹簧钢、轴承钢、工具钢等，具有良好的热处理性能。锰具有扩大 γ 相区，稳定奥氏体的作用，可用于生产各种高锰奥氏体钢，如高碳高锰耐磨钢、中碳高锰无磁钢、低碳高锰不锈钢及高锰耐热钢等。

作为一种合金元素，锰的加入亦有不利的一面，锰含量过高时，有使钢晶粒粗化的倾向，并增加钢的回火脆敏感性。冶炼浇铸和锻轧后冷却不当时，易产生白点。在铸铁生产中，锰过高时，缩孔倾向加大，在强度、硬度、耐磨性提高的同时，塑性、韧性有所降低。

锰能提高有色金属的压力加工能力和耐磨蚀性、耐磨性，是各类铜合金、铝合金、镍锰合金的重要成分之一。由铜、锰、镍组成的"锰镍铜齐"，电阻受温度影响很小，是制造精密电学仪器的重要材料。

二、钢铁中锰含量的测定

1. 硝酸铵氧化还原滴定法测定锰含量（GB 223.4—2008）

本标准适用于碳钢、合金钢、高温合金及精密合金中锰量的测定。测定范围 $2.00\% \sim 30.00\%$。

本标准遵守 GB 1467-2008《冶金产品化学分析方法标准的总则及一般规定》。

（1）方法原理（方法提要）

试样经酸溶解后，在磷酸微冒烟的状态下，用硝酸铵将锰定量氧化至三价，以 N-苯代邻氨基苯甲酸为指示剂，用硫酸亚铁铵标准滴定溶液滴水滴定。钒、铈有干扰必须予以校正。

（2）试剂

① 硝酸铵（固体）。

② 尿素。

③ 磷酸。

④ 硝酸。
⑤ 盐酸。
⑥ 硫酸:(1:3)。
⑦ 硫酸:(5:95)。
⑧ 尿素溶液:5%。
⑨ 亚硝酸钠溶液:1%。
⑩ 亚砷酸钠溶液:2%。
⑪ 高锰酸钾溶液:0.16%。
⑫ N-苯代邻氨基苯甲酸溶液:0.2%。
⑬ 重铬酸钾标准滴定溶液:$c(1/6K_2Cr_2O_7)=0.01500$mol/L,称取0.7355g基准重铬酸钾(预先在140~150℃烘干1h,置于干燥器中冷却至室温),溶于水后移入1 000mL容量瓶中,用水稀释至刻度,混匀。
⑭ 硫酸亚铁铵标准滴定溶液:$c[(NH_4)_2Fe(SO_4)_2\cdot 6H_2O]\approx 0.015$mol/L。

配制:称取5.88g硫酸亚铁铵,用硫酸溶解并稀释至1000mL,混匀。

标定:移取25.00mL重铬酸钾标准滴定溶液⑬四份,分别置于250mL锥形瓶中,加入20mL硫酸(1:3)、5mL磷酸、用硫酸亚铁铵标准滴定溶液⑭滴定,接近终点时加2滴N-苯代邻氨基苯甲酸溶液(0.2%),继续滴定至溶液至紫红色消失为终点,四份溶液所消耗硫酸亚铁铵标准滴定溶液毫升数的极差值不超过0.05mL,取其平均值。

N-苯代邻氨基苯甲酸指示剂校正:移取5.00mL重铬酸钾标准滴定溶液⑬三份,分别置于250mL锥形瓶中,加入20mL硫酸⑥、5mL磷酸③、用硫酸亚铁铵标准滴定溶液⑭滴定,接近终点时,加2滴N-苯代邻氨基苯甲酸溶液⑫,继续滴定至终点,记下所耗体积。在此溶液中,用5.00mL重铬酸钾标准滴定溶液⑬,再用硫酸亚铁铵标准滴定溶液⑭滴定至终点,记下所耗体积。两者之差的三份溶液的平均值为2滴N-苯代邻氨基苯甲酸溶液的校正值。

计算:将滴定重铬酸钾标准滴定溶液所消耗硫酸亚铁铵标准滴定溶液的体积进行校正后再计算。硫酸亚铁铵标准滴定溶液的浓度按下式计算。

$$c=\frac{0.01500\times 25.00}{V_1} \tag{9-8}$$

式中 c——硫酸亚铁铵标准滴定溶液物质的量浓度,mol/L;

V_1——滴定所消耗硫酸亚铁铵标准滴定溶液经校正后的平均体积,mL。

(3) 测定步骤

Ⅰ试样量称取0.1000~0.5000g试样(锰量不小于10mg)。

Ⅱ测定步骤。

① 不含钒、铈试样。将试样置于锥形瓶中,加入15mL磷酸(高合金钢、精密合金等可先用15mL适宜比例的盐酸-硝酸混合酸溶解),加热至完全溶解后,滴加硝酸破坏碳化物。继续加热,蒸发至液面平静刚出现微烟[温度控制在200~240℃,以液面平静出现微烟(约220℃)时最佳]取下,立即加2g硝酸铵,摇动锥形瓶并排除氮氧化物(氮氧化物必须除尽,可以吹去或加0.5~1.0g尿素,摇匀),放置1~2min。

待温度降至80~100℃时,加60mL硫酸,摇匀,冷却至室温,用硫酸亚铁铵标准滴定溶液进行滴定,接近终点时,加2滴N-苯代邻氨基苯甲酸溶液,继续滴定至溶液至紫红色消失为终点。

注:滴定试液所消耗硫酸亚铁铵标准滴定溶液的体积进行指示剂校正后,按公式计算锰的含量。

② 含钒、铈试样。按上述方法进行,记下滴定所消耗硫酸亚铁铵标准滴定溶液的体积。

此体积为锰、钒、铈合量。

将滴定锰、钒、铈合量之溶液加热蒸发冒硫酸烟 2min，取下冷却，加 60mL 硫酸，流水冷却至室温，滴加高锰酸钾溶液到出现稳定的淡红色并保持 2～3min，加 10mL 尿素溶液，在不断摇动下，滴定亚硝酸钠溶液至红色消失并过量 1～2 滴，加 10mL 亚砷酸钠溶液，再加 1～2 滴亚硝酸钠溶液，放置 5min，加 2 滴 N-苯代邻氨基苯甲酸溶液，用硫酸亚铁铵标准滴定溶液滴定至终点。滴定消耗的硫酸亚铁铵标准滴定溶液的体积从上述锰、钒、铈合量的体积中减去，然后按公式计算锰的含量。

注：钒、铈也可按理论值予以校正，1％钒相当于 1.08％锰，0.1％铈相当于 0.04％锰。

(4) 分析结果的计算

锰的含量按下式计算。

$$w(MnO_2) = \frac{cV_1 \times 0.05494}{m_0} \times 100\% \tag{9-9}$$

式中　c——硫酸亚铁铵标准滴定溶液物质的量浓度，mol/L；

　　　V_1——滴定所消耗硫酸亚铁铵标准滴定溶液经校正后的平均体积，mL；

　　　m_0——称样量，g；

0.05494——1.00mL 1.000mol/L 硫酸亚铁铵标准滴定溶液相当于锰的摩尔质量，g/mol。

2. 高碘酸钠（钾）氧化光度法测定锰含量 (GB 223.63—88)

(1) 方法原理

试样经酸溶解后，在硫酸、磷酸介质中，用高碘酸钠（钾）将锰氧化至七价，测其吸光度。

本法适用于生铁、铁粉、碳钢、合金钢和精密合金中锰含量的测定。测定范围 0.01％～2％。

(2) 主要试剂

① 磷酸-高氯酸混合液：磷酸+高氯酸（3∶1）。

② 高碘酸钠（钾）溶液：称取 5g 高碘酸钠（钾），置于 250mL 烧杯中，加 60mL 水，20mL 硝酸，温热溶解后，冷却，用水稀释至 100mL。

③ 锰标准溶液（Ⅰ）：见亚砷酸钠-亚硝酸钠滴定法锰标准溶液的配制。

④ 锰标准溶液（Ⅱ）：移取 20mL 锰标准溶液（Ⅰ），置于 100mL 容量瓶中，用水稀释至刻度，摇匀。此溶液含锰 100μg/mL。

⑤ 不含还原物质的水：将去离子水（或蒸馏水）加热煮沸，每升用 10mL 硫酸（1∶3）酸化，加几粒高碘酸钠（钾），继续加热煮沸几分钟，冷却后使用。

(3) 测定步骤

称取试样置于 150mL 锥形瓶中，加 15mL 硝酸，低温加热溶解，加 10mL 磷酸-高氯酸混合酸，加热蒸发至冒高氯酸烟（含铬试样需将铬氧化），稍冷，加 10mL 硫酸（1∶1），用水稀释至约 40mL，加 10mL 5％的高碘酸钠（钾）溶液，加热至沸腾并保持 2～3min（防止试液溅出），冷却至室温，移入 100mL 容量瓶中，用不含还原性物质的水稀释至刻度，摇匀。

将上述显色液移入比色皿中，向剩余的显色液中，边摇动边滴加 1％亚硝酸钠溶液至紫红色刚好褪去，将此溶液移入另一比色皿中为参比，在分光光度计波长 530nm 处，测其吸光度，从工作曲线上查出相应的锰含量。

(4) 工作曲线的绘制

移取不同量的锰标准溶液 5 份，分别置于 5 个 150mL 锥形瓶中，加 10mL 磷酸-高氯酸混合酸，以下按分析步骤进行，测其吸光度，绘制工作曲线。

(5) 分析结果计算

按下式计算锰的质量分数。

$$w(\mathrm{Mn}) = \frac{m_1 \times 10^6}{m} \times 100\% \tag{9-10}$$

式中 m_1——从工作曲线上查得的锰量，μg；

m——称样量，g。

(6) 注意事项

① 称样量、锰标准溶液加入量及选用的比色皿参照表9-2。

表9-2 称样量、锰标准溶液加入量

含量范围/%	0.01~0.1	0.1~0.5	0.5~1.0	1.0~2.0
称样量/g	0.5000	0.2000	0.2000	0.1000
锰标准溶液浓度/(μg/mL)	100	100	500	500
移取锰标准溶液浓度体积/mL	0.50	2.00	2.00	2.00
	2.00	4.00	2.50	2.50
	3.00	6.00	3.00	3.00
	4.00	8.00	3.50	3.50
	5.00	10.00	4.00	4.00
比色皿/cm	3	2	1	1

② 高硅试样滴加3~4滴氢氟酸。

③ 生铁试样用硝酸（1:4）溶解时滴加3~4滴氢氟酸，试样溶解后，取下冷却，用快速滤纸过滤于另一150mL锥形瓶中，用热硝酸（2:98）洗涤原锥形瓶和滤纸4次，于滤液中加10mL磷酸-高氟酸混合酸，以下按分析步骤进行。

④ 高钨（5%以上）试样或难溶试样，可加15mL磷酸-高氯酸混合酸，低温加热溶解，并加热蒸发至冒高氯酸烟，以下按分析步骤进行。

⑤ 含钴试样用亚硝酸钠溶液褪色时，钴的微红色不褪，可按下述方法处理：不断摇动容量瓶，慢慢滴加1%的亚硝酸钠溶液，若试样微红色无变化时，将试液置于比色皿中，测其吸光度，向剩余试液中再加1滴1%的亚硝酸钠溶液，再次测其吸光度，直至两次吸光度无变化即可以此溶液为参比。

(7) 允许量（见表9-3）

表9-3 锰量的允许差

含锰量×100	允许误差×100	含锰量×100	允许误差×100
0.0100~0.0250	0.0025	0.201~0.500	0.020
0.025~0.050	0.025	0.501~1.000	0.025
0.051~0.100	0.010	1.01~2.00	0.030
0.101~0.200	0.015		

3. 火焰原子吸收光谱法测定锰量（GB 223.64—2008）

本标准适用于生铁、碳素钢及低合金钢中锰量的测定。测定范围为0.002%~2.0%。

本标准遵守GB 1467—2008《冶金产品化学分析法标准的总则及一般规定》。

本标准遵守GB 7728—2008《冶金产品化学分析火焰原子吸收光谱法通则》。

(1) 方法原理

试样以盐酸和过氧化氢分解后，用水稀释至一定体积，喷入空气-乙炔火焰中，用锰空心阴极灯作光源，于原子吸收光谱仪波长279.5nm处，测量其吸光度。

为消除基体影响，绘制校准曲线时，应加入与试样溶液相近的铁量。

(2) 试剂和仪器

Ⅰ 试剂

① 纯铁锰含量应小于 0.004%。

② 盐酸：1.19g/mL。

③ 盐酸：(1∶2)。

④ 盐酸：(2∶100)。

⑤ 过氧化氢：30%。

⑥ 硝酸：(1∶1)。

⑦ 高氯酸：1.67g/mL。

⑧ 王水：硝酸 (1.42g/mL) 与盐酸按 1∶3 混合。

⑨ 锰标准溶液：称取 1.0000g 金属锰（99.9%以上），置于 400mL 烧杯中，加入 30mL 盐酸，加热分解，冷却后移入 1000mL 容量瓶中，用水稀释至刻度，混匀。此溶液 1mL 含 1.00mg 锰。

Ⅱ 仪器 原子吸收光谱仪，备有空气-乙炔燃烧器，锰空心阴极灯。空气-乙炔气体要足够纯净（不含油、水及锰），提供稳定清澈的贫燃火焰。

所用原子吸收光谱仪应达到下列指标。

① 精密度的最低要求。用最高浓度的标准溶液，测量 10 次吸光度，并计算其吸光度平均值和标准偏差。该标准偏差不超过该吸光度平均值的 1.0%。用最低浓度的标准溶液（不是零校准溶液），测量 10 次吸光度，计算其标准偏差，该标准偏差不应超过最高校准溶液平均吸光度的 0.5%。

② 特征浓度。本标准锰的特征浓度应小于 0.10μg/mL。

③ 检出极限。本标准锰的检出限应小于 0.05μg/mL。

④ 校准曲线的线性。校准曲线按浓度等分成五段，最高段的吸光度差值与最低段的吸光度差值之比不应小于 0.7。

(3) 测定步骤

Ⅰ 试样量 称取 1.000g 试样。

Ⅱ 空白实验 称取 1.000g 纯铁，随同试样做空白实验。

Ⅲ 测定。

① 试样的处理。

a. 用盐酸易分解的试样。将试样置于 300mL 烧杯中，加入 20mL 盐酸置于电热板上加热完全溶解后，加入 2～3mL 过氧化氢使铁氧化（在试样未完全溶解时，不要加过氧化氢，否则会停止试样的分解）。加热煮沸片刻，分解过剩的过氧化氢，取下冷却，过滤，用温盐酸洗涤，滤液和洗液（如试液中碳化物、硅酸等沉淀物很少，不妨碍喷雾器的正常工作时，可免去过滤）移入 100mL 容量瓶中，用水稀释至刻度，混匀。

b. 用盐酸分解有困难的试样。将试样置于 300mL 烧杯中，盖上表面皿，加入 30mL 王水，加热分解蒸发至干。冷却，加入 20mL 盐酸溶解可溶性盐类，过滤，用温盐酸洗涤滤纸。将滤液和洗液移入 100mL 容量瓶中，用水稀释至刻度，混匀。

c. 生铁等试样。将试样置于 300mL 烧杯中，盖上表面皿，加入 10mL 硝酸加热分解，然后加入 7mL 高氯酸，加热至冒白烟，冷却后加少量水溶解盐类，移入 100mL 容量瓶中，用水稀释至刻度，混匀，干过滤。

② 吸光度的测定。将试样溶液在原子吸收光谱仪上，于波长 279.5nm 处，以空气-乙炔火焰，用水调零，测量其吸光度。将试样溶液的吸光度和随同试样空白实验的吸光度，从校准曲线上查出锰的浓度 (μg/mL)。

注：当锰浓度超出直线范围时，酌情稀释后测定。校准曲线的溶液与试样溶液同样稀释。另外，还可以通过旋转燃烧器、选用次灵敏线等方法降低灵敏度。

③ 工作曲线的绘制。称取纯铁数份，每份 1.000g（精确至 0.1mg），分别置于 300mL 烧杯中，加入 0~10.00mL 锰标准溶液，以下按上述步骤进行。在原子吸收光谱仪上，于波长 279.5nm 处，以空气-乙炔火焰，用水调零，测量其吸光度。校准曲线系列每一溶液的吸光度减去零浓度的吸光度，为锰校准曲线系列溶液的净吸光度，以锰浓度为横坐标，净吸光度为纵坐标，绘制校准曲线。

(4) 分析结果的计算

按下式计算锰的含量。

$$w(\text{Mn}) = \frac{(C_2 - C_1) \times f \times V}{m_0 \times 10^6} \times 100\% \tag{9-11}$$

式中 C_1——自校准曲线上查得的随同试样空白溶液中锰的浓度，$\mu g/mL$；
　　C_2——自校准曲线上查得的试样溶液中锰的浓度，$\mu g/mL$；
　　f——稀释倍数；
　　V——最终测量试样溶液的体积，mL；
　　m_0——试样量，g。

第七节　钢铁中硅的测定

一、概述

硅是钢铁中常见元素之一，主要以固溶体、FeSi、Fe_2Si、FeMnSi 的形式存在，有时亦可发现少量的硅酸盐夹杂物。除高碳硅钢外，一般不存在碳化硅。硅与氧的亲和力仅次于铝和钛，而强于锰、铬、钒，是炼钢过程中常用的脱氧剂。

硅固溶于铁素体和奥氏体中，能提高钢的强度和硬度，在常见元素中，硅的这种作用仅次于磷，而较锰、镍、铬、钨、钼、钒等强。硅能显著提高钢的弹性极限、屈服强度、屈服比、疲劳强度和疲劳比，对于冶炼弹簧钢十分有利。

硅能提高钢的抗氧性、耐蚀性。不锈耐酸钢、耐热不起皮钢种便是以硅作为主要的合金元素之一。耐磨石墨钢是制造轴承、模具等的重要材料。但是，硅含量过高，将使钢的塑性、韧性降低，并影响焊接性能。在铸铁中，硅是重要的石墨化元素，承担着维持碳当量的重要任务。并能减少缩孔及白口倾向，增加铁素体数量，细化石墨，提高球状石墨的圆整性。

硅是铸造铝合金和锻铝合金的重要元素，这类材料广泛用于机械制造工业中。此外，某些含硅的黄铜和青铜具有高的力学性能、良好的铸造性能和满意的耐磨蚀性，得到了更多的应用。

二、钢铁中硅的测定

1. 高氯酸脱水重量法测定钢铁中硅的含量

(1) 方法原理

试样用酸分解，或用碱溶后酸化，在高氯酸介质中蒸发冒烟使硅酸脱水，经过滤洗涤后，将沉淀灼烧成二氧化硅，在硫酸存在下加氢氟酸使硅成四氟化硅挥发除去，由氢氟酸处理前后的重量差计算硅含量。

(2) 试剂

① 盐酸-硝酸混酸：(1∶1)。
② 盐酸：(5∶95)。
③ 硫酸：(1∶2)。
④ 硫氰酸铵溶液：5%。

(3) 测定步骤

称取试样（硅含量大于 1% 称 1g，小于 1% 称 3g）置于 300mL 烧杯中，加盐酸-硝酸混酸 30～40mL，盖上表面皿，加热溶解，稍冷，加高氯酸 30～40mL，继续加热蒸发至冒高氯酸烟，移至较低温度处，保持高氯酸烟在杯壁回流 15～20min，稍冷，加热水约 100mL，搅拌溶解盐类。立即用中速滤纸过滤，用带橡皮头的玻璃棒将附着在杯壁上的沉淀擦净并移至滤纸上，以热盐酸 (5∶95) 洗涤沉淀与滤纸至滤液不含铁离子，最后以热水洗涤 3 次。

将滤液加热浓缩至冒高氯酸烟并回流约 15min，如前操作，以回收滤液中的硅。

合并两次沉淀及滤纸于铂坩埚中，烘干炭化，再于 1000～1050℃ 灼烧约 30min，取出，置于干燥器中冷却，称重。如此反复直至恒重。沿坩埚壁加水 3～5 滴，(1∶2) 硫酸 2～3 滴，氢氟酸 5mL，加热蒸发至冒尽硫酸烟，如前灼烧直至恒重。

(4) 结果计算

$$w(\text{Si}) = \frac{(m_1 - m_2) \times 0.4672}{m} \times 100\% \tag{9-12}$$

式中 m_1——氢氟酸处理前坩埚与沉淀的质量，g；
　　　m_2——氢氟酸处理后坩埚与残渣的质量，g；
　　　m——试样的质量，g。

(5) 注意事项

① 氢氟酸处理之前，必须有适量硫酸存在，以防止四氟化硅水解而形成不挥发的化合物，使结果偏低。并防止铁、钛、铝等呈挥发性氟化物而损失，使结果偏高。

② 硼存在时被带入沉淀，即使在硫酸存在下用氢氟酸处理，硼仍能呈氟化硼挥发损失，使结果偏高。为消除硼的干扰，可用盐酸 40mL 溶解试样，以硝酸氧化并浓缩至约 10mL，加甲醇 40mL，将表面皿稍微移动使有适当缝隙，低温蒸发，使硼呈硼酸甲酯 B(OCH$_3$) 挥发除去，挥发后体积应在 10mL 以下，然后加硝酸 6mL，再加高氯酸，按原方法进行脱水处理。

③ 钨存在时，以钨酸与二氧化硅一同析出，钨酸经灼烧后转化为三氧化钨。由于三氧化钨在 850℃ 以上有部分挥发，因此含钨试样，沉淀应先于 1000～1050℃ 灼烧约 1h，以挥发除去大部分三氧化钨，然后于 800℃ 恒重。氢氟酸处理后的残渣，亦应于 800℃ 恒重，以防止在此阶段三氧化钨的挥发损失。

2. 还原型硅钼酸盐分光光度法测定酸溶硅含量（GB/T 223.5—2008）

(1) 范围　本部分规定了用还原型硅钼酸盐分光光度法测定钢铁中酸溶硅和全硅含量。本部分适用于钢铁中质量分数为 0.010%～1.00% 的硅含量测定。

(2) 规范性引用文件　下列文件中的条款通过 GB/T 223 的本部分的引用而成为本部分的条款。凡是注日期的引用文件，其随后所有的修改单（不包括勘误的内容）或修订版均不适用于本部分，然而，鼓励根据本部分达成协议的各方研究是否可使用这些文件的最新版本。凡是不注日期的引用文件，其最新版本适用于本部分。

GB/T 6379.1　测量方法与结果的准确度（正确度与精密度）第 1 部分：总则与定义（GB/T 6379.1—2004，ISO 5720-1：1994，IDT）

GB/T 6379.2 测量方法与结果的准确度（正确度与精密度）第 2 部分：确定标准测量方法重复性与再现性的基本方法（GB/T 6379.2—2004，ISO 5725-2：1994，IDT）

GB/T 20066 钢和铁化学成分测定用试样的取样和制样方法（GB/T 20066—2006，ISO 14284：1996，IDT）

（3）原理　将试料以适宜比例的硫酸-硝酸或盐酸-硝酸溶解，用碳酸钠和硼酸混合熔剂熔融酸不溶残渣。在弱酸性溶液中，硅酸与钼酸盐生成氧化型硅钼酸盐（硅钼黄）。增加硫酸浓度，加入草酸消除磷、砷、钒的干扰，以抗坏血酸选择性还原，将硅钼酸盐还原成蓝色的还原型硅钼酸盐（硅钼蓝）。

在波长 810 nm 处，对蓝色的还原型硅钼酸盐进行分光光度测定。

（4）试剂和材料　除非另有说明，分析中仅使用认可的分析纯试剂和二级水或三级水。所有溶液应是现制备的，并储存于聚丙烯或聚四氟乙烯容器中。

① 纯铁，硅含量小于 0.004% 并已知其准确含量。

② 混合熔剂，二份碳酸钠和一份硼酸研磨至粒度小于 0.2 mm，混匀。

③ 硫酸，1∶3。于 600 mL 水中，边搅拌边小心加入 250 mL 硫酸（ρ 约 1.84 g/mL），冷却后，用水稀释至 1000 mL，混匀。

④ 硫酸，1∶9。于 800 mL 水中，边搅拌边小心加入 100 mL 硫酸（ρ 约 1.84 g/mL），冷却后，用水稀释至 1000 mL，混匀。

⑤ 硫酸-硝酸混合酸。于 500 mL 水中，边搅拌边小心加入 35 mL 硫酸（ρ 约 1.84 g/mL）和 45 mL 硝酸（ρ 约 1.42 g/mL），冷却后，用水稀释至 1 000 mL，混匀。

⑥ 盐酸-硝酸混合酸。于 500 mL 水中，加入 180 mL 盐酸（ρ 约 1.19 g/mL）和 65 mL 硝酸（ρ 约 1.42 g/mL），冷却后，用水稀释至 1000 mL，混匀。

⑦ 高锰酸钾溶液，22.5 g/L。将 2.25 g 高锰酸钾溶于 50 mL 水中，用水稀释至 100 mL，混匀，用前过滤。

⑧ 过氧化氢溶液，1∶4。

⑨ 钼酸钠溶液：将 2.5 g 二水合钼酸钠（$Na_2MoO_4 \cdot 2H_2O$）溶于 50 mL 水中，以中密度滤纸过滤。使用前加入 15 mL 硫酸（1∶9），用水稀释至 100 mL，混匀。

⑩ 草酸溶液，50 g/L。将 5 g 二水合草酸（$H_2C_2O_4 \cdot 2H_2O$）溶于水中，用水稀释至 100 mL，混匀。

⑪ 抗坏血酸溶液，20 g/L。将 2 g 抗坏血酸溶于 50 mL 水中，用水稀释至 100 mL，混匀。用前配制。

⑫ 硅标准溶液

a. 硅储备液，0.50 mg/mL。称取 1.0697 g 经 1100℃ 灼烧 1h 并冷却至室温的高纯二氧化硅（质量分数＞99.9%），置于铂坩埚中，加 10g 无水碳酸钠充分混匀、于 1050℃ 熔融 30 min。在聚丙烯或聚四氟乙烯烧杯中，以 100mL 水浸取熔融物（熔融物浸取要慢慢加热）。将全部溶清的浸取液转移至 1000mL 单标线容量瓶中，用水稀释至刻度，此储备液 1mL 含 0.5000mg 硅。

b. 硅标准溶液，10.0 μg/mL。移取硅储备液 20.00mL 于 1000mL 容量瓶中，用水稀释到刻度，摇匀。

c. 硅标准溶液，4.0 μg/mL。移取硅标准液（10.0 μg/mL）100.00mL 于 250mL 容量瓶中，用水稀释到刻度，摇匀。

（5）仪器与设备　通常的实验室仪器设备。

① 聚丙烯或聚四氟乙烯烧杯 250mL。

② 铂坩埚 30mL。

③ 分光光度计。

（6）取制样　按 GB/T 20066 或适当的国家标准取样。

(7) 分析步骤

① 试料

硅含量 0.010%～0.050%时称取 0.40±0.01 g 试料（粉末或屑样），精确至 0.0001 g。

硅含量 0.050%～0.25%时称取 0.20±0.01 g 试料（粉末或屑样），精确至 0.0001 g。

硅含量 0.25%～1.00%时称取 0.10±0.01 g 试料（粉末或屑样），精确至 0.0001 g。

② 铁基空白试验

称取与试料相同量的纯铁代替试料，用同样的试剂、按分析步骤与试料平行操作，此铁基空白试验溶液作底液绘制校准曲线。

③ 试料分解和试液制备

酸溶性硅测定的试料分解和试液制备：

将试料置于 250 mL 聚丙烯或聚四氟乙烯烧杯中，称量为 0.20 g 和 0.10 g 时加入 25 mL 硫酸-硝酸混合酸；称量为 0.40 g 时加入 30 mL 硫酸-硝酸混合酸，盖上盖子，微热溶解试料，溶解过程中不断补加水，保持溶液体积无明显减少。

或将试料置于 250 mL 聚丙烯或聚四氟乙烯烧杯中，称量为 0.20 g 和 0.10 g 时加入 15 mL 盐酸-硝酸混合酸；称量为 0.40 g 时加入 20 mL 盐酸-硝酸混合酸，盖上盖子，微热溶解试料，溶解过程中不断补加水，保持溶液体积无明显减少。

用水稀释至约 60 mL，小心将试液加热至沸，滴加高锰酸钾液至析出水合二氧化锰沉淀，保持微沸 2 min。滴加过氧化氢至二氧化锰沉淀恰好溶解，并加热微沸 5 min 使过氧化氢分解。冷却，将试液转移至 100 mL 容量瓶，用水稀释至刻度，混匀。

④ 显色

分取 10.00 mL 试样两份于两个 50mL 容量瓶中，加 10 mL 水。一份制显色液，另一份溶液制备参比液。

在 15～25℃温度条件下，按下述方法处理每一种试液和参比液，用移液管加入所有试剂溶液。

显色液按下列顺序加入试剂溶液，每次加入一种溶液后都要摇动。

——10.0 mL 钼酸钠溶溶液，静置 20min；

——5.0 mL 硫酸（1∶3）；

——5.0 mL 草酸溶液；

——立即加入 5.0 mL 抗坏血酸溶液。

参比液按下列顺序加入试剂溶液，每次加入一种溶液后都要摇动：

——5.0mL 硫酸（1∶3）；

——5.0 mL 草酸溶液；

——10.0 mL 钼酸钠溶液；

——立即加入 5.0 mL 抗坏血酸。

用水稀释至刻度，混匀。每一种试液（试料溶液和空白液）及各自的参比液静置 30 min。

注：在稀释时，含有铌、钽试样溶液中会有细小的分散的沉淀。待沉淀下沉后，用密滤纸干过滤上层清液于干燥容器中，弃去开始的几毫升滤液。

⑤ 分光光度测定

用适合的吸收皿（见表 9-4），于分光光度计波长 810 nm 处，测量每份显色溶液对各自参比溶液的吸光度。

注：除在 810nm 测量外，亦可在 680 nm 或 760 nm 波长处测量吸光度（并选择适当的吸收皿）。

⑥ 校准曲线的建立

a. 分取 10.00 mL 铁基空白试验溶液 7 份于 7 个 50 mL 容量瓶中。按表 9-4 分别加入硅标准溶液，补加水至 20mL。

其中一份不加硅标准溶液的空白试验溶液参比溶液。另 6 份试液制备显色溶液。

表 9-4 溶液及容器

硅含量(质量分数)/%	硅标准溶液加入量/mL	硅标准溶液	吸收皿厚度/cm
0.010~0.050	0.0、1.00、2.00、3.00、4.00、5.00	4.0 μg/mL	2
0.050~0.25	0.0、1.00、2.00、3.00、4.00、5.00	10.0 μg/mL	1
0.25~1.00	0.0、2.00、4.00、6.00、8.00、10.00	10.0 μg/mL	0.5

b. 分光光度测定

用适合的吸收皿（表 9-4），于分光光度计波长 810 nm 处，测量各校准曲线显色溶液对参比溶液的吸光度。

c. 校准曲线的绘制

以校准曲线溶液的吸光度为纵坐标，校准曲线溶液中加入的硅量与分取纯铁溶液中的硅量之和为横坐标，绘制校准曲线。

(8) 结果表示

结果计算如下：

硅的含量以质量分数 w_{Si} 计，数值以百分数表示，按式（9-13）计算：

$$w_{Si} = \frac{m_1 \times V}{m \times V_1 \times 10^6} \times 100\% \tag{9-13}$$

式中 m_1——从校准曲线上查得显色溶液中的硅量，μg；

V——试料溶液总体积，mL；

V_1——分取试液的体积，mL；

m——试料量，g。

3. 硅钼蓝-丁基罗丹明 B 光度法测定合金钢中硅的含量

(1) 方法原理

硅酸与钼酸反应生成硅钼杂多酸，用抗坏血酸的强酸性溶液还原生成硅钼蓝，在约 1.9mol/L 硫酸介质中，硅钼杂多蓝与丁基罗丹明 B 形成水溶性三元离子缔合物，其组成为硅：钼：丁基罗丹明 B＝1：12：5，每 100mL 显色液中含硅 0~8μg，体系服从朗伯-比尔定律，颜色可稳定 1h。30mg 钙、镁、锰（Ⅱ）、铝、铜（Ⅱ）、镍，15mg 铁（Ⅲ）、氟，0.5mg 钴、钒、钨（Ⅵ）、铬（Ⅵ），0.1mg 铅，0.05mg 磷（Ⅴ）、砷（Ⅴ）不干扰，是测定微量、痕量硅的简便快速而又足够准确的方法之一。

(2) 试剂

① 硫酸：1mol/L。

② 0.1%抗坏血酸-(1:1) 硫酸溶液。

③ 钼酸铵溶液：10%。

④ 丁基罗丹明 B 溶液：0.2%。

⑤ 硅标准溶液：2μg/mL。

(3) 测定步骤

称取试样 0.1g，加盐酸 2.5mL，过氧化氢 5mL，轻微加热溶解，煮沸分解过量的过氧化氢，冷却，移入 100mL 容量瓶中，用水稀释至刻度，摇匀。吸取试液 5.00mL，置于塑料杯中，加水 25mL，加 1mol/L 硫酸 4mL、钼酸铵溶液 2.5mL，于沸水浴中加热 30s，流水冷却，加抗坏血-硫酸溶液 20mL，加水 30mL，放置 30min 后，移入 100mL 容量瓶中，加丁基罗丹明 B 溶液 5mL，用水稀释至刻度，摇匀，10min 后，于 578nm 处用 2cm 比色皿，以试剂空白作参比测定吸光度。

习题

1. 钢铁有哪些分类方法及类型？
2. 钢铁成品化学分析用的钢铁试样一般可采用哪些方法采取？应注意哪些问题？
3. 大断面钢材和小断面钢材在采样时有何不同？
4. 钢铁样品的分解试剂一般有哪几种？各有什么特点？
5. 钢铁中的碳一般以什么形式存在？对钢铁的性能产生何种影响？
6. 钢铁中存在的碳形态能不能直接采用现有分析方法测定其含量？应该如何处理？为什么？
7. 试述气体容量法测定钢铁中碳含量的测定原理？应注意哪些方面的问题？
8. 为什么可以采用燃烧-非水酸碱滴定法测定钢铁中的碳？在水溶液中为何不能测定？
9. 在钢铁中碳的测定方法中，为什么要在燃烧后进行除硫操作？
10. 硫在钢铁中的存在形式是什么？硫对钢铁的性能有何影响？
11. 可进行硫含量的分析测定形态有哪些？并简要说明其测定原理？
12. 试述燃烧-碘量法和燃烧-酸碱滴定法的测定原理？各有哪些注意问题？
13. 燃烧-碘量法测定钢铁中的硫时为什么要采用边吸收边滴定的方法？为什么要控制滴定速度？
14. 钢铁中的磷的存在形式是什么？磷的存在对钢铁的性能有什么影响？
15. 磷的分析化学形态是什么？并简要说明其测定原理？
16. 锰在钢铁中的存在形式是什么？锰对钢铁的性能有何影响？
17. 试述硝酸铵氧化还原滴定法测定锰的原理？
18. 简述高碘酸钠氧化光度法测定锰的原理？
19. 硅在钢铁中的存在形式是什么？对钢铁的性能有何影响？
20. 试述硅钼蓝法测定硅的原理？

第十章
肥料分析

知识目标

1. 了解肥料的作用和分类。
2. 了解磷肥中磷的存在形式及作用，掌握磷肥分析项目的原理及计算。
3. 了解氮肥中氮的存在形式，掌握氮肥中各种氮的测定原理。
4. 掌握钾肥中钾含量的测定方法及原理。

能力目标

1. 能采用适当溶剂和方法提取磷肥中水溶性磷和柠檬酸溶性磷。
2. 能采用磷钼酸喹啉重量法、磷钼酸铵容量法或钒钼酸铵分光光度法测定磷肥中有效磷含量。
3. 能采用酸量法测定农业用碳酸氢铵中氨态氮的含量。
4. 能采用氮试剂重量法测定肥料中硝态氮的含量。
5. 能采用蒸馏后滴定法测定尿素中总氮的含量。
6. 能采用四苯硼酸钠称量法或四苯硼酸钠容量法或火焰光度法测定钾肥中钾含量。

肥料按其来源、存在状态、营养元素的性质等有多种分类方法。按照来源可分为自然肥料与化学肥料；根据存在状态可分为固体肥料与液体肥料；从组成上可分为无机肥料与有机肥料；从性质上可分为酸性肥料、碱性肥料与中性肥料；根据所含有效元素可分为氮肥、磷肥、钾肥；从所含营养元素的数量上可分为单元肥料与复合肥料；从发挥肥效速度方面可分为速效肥与缓效肥。另外，近年还迅速开发出部分新型肥料，如含氨基酸叶面肥（fliar fertilizer with amino acid）、微量元素叶面肥（foliar microelement fertilizer）。微生物肥料又分为根瘤菌肥料、固氮菌肥料、磷细菌肥料、硅酸盐细菌肥料、复合微生物肥料等。本章根据肥料所含有效元素分类法，介绍氮肥、磷肥和复混肥的分析项目和分析方法。

第一节 氮肥分析

化学氮肥主要是指工业生产的含氮肥料，主要有铵盐（如硫酸铵、硝酸铵、氯化铵、碳酸氢铵等)、硝酸盐(如硝酸钠、硝酸钙等)、尿素、氨水等。其中尿素是目前使用最广泛的一种化学氮肥。

肥料中的氮通常以氨态（NH_4^+ 或 NH_3）、硝酸态（NO_3^-）、有机态（-$CONH_2$）形式存在，因为三种状态的性质不同，所以分析方法也不同。

一、氮含量的测定

（一）氨态氮的测定

1. 甲醛法

化学氮肥中的 NH_4^+ 在水中显酸性，由于其酸性太弱（$K_a=5.6\times10^{-10}$），因此不能直接用氢氧化钠溶液滴定。实验室中广泛采用甲醛法，反应式如下：

$$4NH_4^+ + 6HCHO \longrightarrow (CH_2)_6N_4H^+ + 3H^+ + 6H_2O$$

反应生成的 H^+ 和 $(CH_2)_6N_4H^+$（$K_a=7.1\times10^{-6}$）可以用氢氧化钠溶液直接滴定。化学计量点时产物 $(CH_2)_6N_4$ 的水溶液显碱性，可以选择酚酞为指示剂，根据氢氧化钠标准溶液消耗的量，求出氨态氮的含量。

此方法适用于硫酸铵、氯化铵等氮肥中氮含量的测定。

2. 蒸馏后滴定法

从碱性溶液中蒸馏出氨，用过量硫酸标准溶液吸收，以甲基红或甲基红-亚甲基蓝乙醇溶液为指示剂，用氢氧化钠标准溶液滴定剩余的硫酸。根据氢氧化钠标准溶液和硫酸标准溶液的用量，求出氨态氮的含量。

$$NH_4^+ + OH^- = NH_3\uparrow + H_2O$$
$$2NH_3 + H_2SO_4 = (NH_4)_2SO_4$$
$$2NaOH + H_2SO_4(剩余) = Na_2SO_4 + 2H_2O$$

此方法适用于硫酸铵、氯化铵等氮肥中氮含量的测定。

3. 酸量法

试液与过量的硫酸标准溶液作用，以甲基红或甲基红-亚甲基蓝乙醇溶液为指示剂，用氢氧化钠标准溶液滴定剩余的硫酸，根据氢氧化钠标准溶液和硫酸标准溶液的用量，求出氨态氮的含量，反应如下：

$$2NH_4HCO_3 + H_2SO_4 = (NH_4)_2SO_4 + 2CO_2\uparrow + 2H_2O$$
$$2NH_3 + H_2SO_4 = (NH_4)_2SO_4$$
$$2NaOH + H_2SO_4(剩余) = Na_2SO_4 + 2H_2O$$

此方法适用于碳酸氢铵、氨水中氮的测定。

（二）硝态氮的测定

1. 铁粉还原法

在酸性溶液中铁粉置换出的新生态氢使硝态氮还原为氨态氮，然后加入适量的水和过量的氢氧化钠，用蒸馏法测定。同时对试剂（特别是铁粉）做空白试验。

$$Fe + H_2SO_4 = FeSO_4 + 2[H]$$
$$NO_3^- + 8[H] + 2H^+ = NH_4^+ + 3H_2O$$

此方法适用于含硝酸盐的肥料，但是对含有受热分解出游离氨的尿素不适用。当有铵盐、亚硝酸盐存在时，必须扣除它们的含量（铵盐可按氨态氮测定方法求出含量；亚硝酸盐可用磺胺-萘乙二胺光度法测定其含量）。

2. 德瓦达合金还原法

在碱性溶液中德瓦达合金（铜∶锌∶铝=50∶5∶45）释出新生态的氢，使硝态氮还原为氨态氮。然后用蒸馏法测定，求出硝态氮的含量。反应如下：

$$Cu + 2NaOH + 2H_2O = Na_2[Cu(OH)_4] + 2[H]$$
$$Al + NaOH + 3H_2O = Na[Al(OH)_4] + 3[H]$$
$$Zn + 2NaOH + 2H_2O = Na_2[Zn(OH)_4] + 2[H]$$
$$NO_3^- + 8[H] = NH_3 + OH^- + 2H_2O$$

此方法适用于含硝酸盐的肥料，但对含有受热易分解出游离氨的尿素不适用。肥料中有铵盐、亚硝酸盐时，必须扣除它们的含量。

(三) 有机氮的测定

1. 尿素酶法

在一定酸度溶液中，用尿素酶（urease）将尿素态氮转化为氨态氮，再用酸量法测定。反应如下。

$$CO(NH_2)_2 + 2H_2O \xrightarrow{\text{尿素酶}} (NH_4)_2CO_3$$
$$(NH_4)_2CO_3 + H_2SO_4 = (NH_4)_2SO_4 + CO_2\uparrow + H_2O$$
$$2NaOH + H_2SO_4(\text{剩余}) = Na_2SO_4 + 2H_2O$$

此方法适用于尿素中氮的测定。

2. 蒸馏后滴定法

在硫酸铜存在下，在浓硫酸中加热使试样中酰胺态氮转化为氨态氮，蒸馏并吸收在过量的硫酸标准溶液中，以甲基红或甲基红-亚甲基蓝为指示剂，用氢氧化钠标准溶液滴定。

$$(NH_2)_2CO + H_2SO_4(\text{浓}) + H_2O = (NH_4)_2SO_4 + CO_2\uparrow$$
$$(NH_4)_2SO_4 + 2NaOH = Na_2SO_4 + 2NH_3\uparrow + 2H_2O$$
$$2NH_3 + H_2SO_4 = (NH_4)_2SO_4$$
$$2NaOH + H_2SO_4(\text{剩余}) = Na_2SO_4 + 2H_2O$$

该法适用于尿素中总氮含量的测定。

3. 硫代硫酸钠还原-蒸馏后滴定法

该法先将硝态氮以水杨酸固定，再用硫代硫酸钠还原成氨基化合物。然后，在硝酸铜等催化剂存在下，用浓硫酸进行消化，使有机物分解，其中氮转化为硫酸铵。消化得到含有硫酸铵的酸性溶液，稀释后加过量碱蒸馏出氨，用硼酸溶液吸收，以硫酸标准溶液滴定，或用过量硫酸标准溶液吸收，以氢氧化钠标准溶液进行返滴定。

该法适用于含硝态氮和氨态氮中总氮含量的测定。

二、尿素的质量分析

尿素（urea）外观为白色圆状颗粒，易溶于水，水溶液呈中性。尿素是碳酸的酰二胺，由于氮原子为酰胺状态，因此不能被植物直接吸收，必须经过土壤中微生物分解，使它转化为氨态氮或硝态氮后，才能被植物吸收。国家标准（GB 2440—2001）中规定了工业用尿素和农用尿素的质量要求（见表10-1）。从表10-1可知，农用尿素通常要测定的项目主要有总氮含量、缩二脲、水分、亚甲基二脲和粒度。

表10-1 农用尿素的质量要求

项目		优等品	一等品	合格品
总氮(N)(以干基计)/%	≥	46.4	46.2	46.0
缩二脲/%	≤	0.9	1.0	1.5
水(H$_2$O)分/%	≤	0.4	0.5	1.0
铁(以 Fe 计)/%	≤	—	—	—

续表

项目		优等品	一等品	合格品
碱度(以 NH_3 计)/%	≤	—	—	—
硫酸盐(以 SO_4^{2-} 计)/%	≤	—	—	—
水不溶物/%	≤	—	—	—
亚甲基二脲(以 HCHO 计)/%	≤	0.6	0.6	0.6
粒度	d 0.85～2.80 mm d 1.18～3.35 mm d 2.00～4.75 mm d 4.00～8.00 mm	93	90	90

注：若尿素生产工艺中不加甲醛，可不做亚甲基二脲的测定。

（一）尿素中总氮含量的测定——蒸馏后滴定法

1. 方法原理

在催化剂硫酸铜存在下，尿素与过量的浓硫酸共同加热，使尿素中的酰胺态氮、缩二脲、游离氨等转化为硫酸铵，然后用蒸馏法或甲醛法测定总氮含量，反应式如下。

$$(NH_2)_2CO + H_2SO_4(浓) + H_2O =\!=\!= (NH_4)_2SO_4 + CO_2 \uparrow$$
$$2(NH_2CO)_2NH + 3H_2SO_4 + 4H_2O =\!=\!= 3(NH_4)_2SO_4 + 4CO_2 \uparrow$$
$$2NH_3 \cdot H_2O + H_2SO_4 =\!=\!= (NH_4)_2SO_4 + H_2O$$

2. 氨蒸馏装置

氨蒸馏装置如图10-1所示。圆底烧瓶容积为1L；单球防溅球管容积约50mL；接收器是容积为500mL的锥形瓶，瓶侧连接双连球；直形冷凝管的有效长度约400mm。

3. 测定步骤

（1）溶液制备　称量约5g试样，精确到0.001g，移入500mL锥形瓶中。加入25mL水、50mL硫酸、0.5g硫酸铜，插上梨形玻璃漏斗，在通风橱内缓慢加热，使二氧化碳逸尽，然后逐步提高加热温度，直至冒白烟，再继续加热20 min，取下，待冷却后，小心加入300mL水，冷却。把锥形瓶中的溶液，定量地移入500mL容量瓶中，稀释至刻度，摇匀。

（2）蒸馏　从容量瓶中移取50.0mL溶液于蒸馏烧瓶中，加入约300mL水，加几滴混合指示液和少许沸石。移取40.0mL硫酸标准溶液于接收器中，加水，使接收器的双连球瓶颈浸没在溶液中，加4～5滴甲基红-亚甲基蓝混合指示液。

连接好蒸馏装置，并保证仪器所有连接部分密封。通过滴液漏斗往蒸馏烧瓶中加入足够量的氢氧化钠溶液（450g/L），以中和溶液并过量25mL（注意：滴液漏斗上至少存留几毫升溶液）。

加热蒸馏，直到接收器中的收集量达到250～300mL时停止加热，拆下防溅球管，用水洗涤冷凝管，洗涤液收集在接收器中。

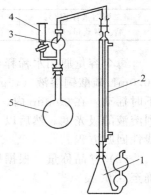

图10-1　氨蒸馏装置
1—带双连球锥形瓶；2—冷凝管；3—防溅球管；4—滴液漏斗；5—蒸馏瓶

（3）滴定　将接收器中的溶液混匀，加4～5滴甲基红-亚甲基蓝混合指示液，用氢氧化钠标准溶液反滴定过量的酸，直至指示液呈灰绿色为终点。同时进行空白试验，试样中总氮含量以氮的质量分数表示，按式（10-1）计算。

$$w(N) = \frac{c(V_2 - V_1)M \times 10^{-3}}{m \times \dfrac{50}{500} \times [1 - w(H_2O)]} \tag{10-1}$$

式中　V_1——测定时,消耗氢氧化钠标准溶液的体积,mL;
　　　V_2——空白试验时,消耗氢氧化钠标准溶液的体积,mL;
　　　c——氢氧化钠标准溶液的浓度,mol/L;
　$w(H_2O)$——尿素试样中水分的质量分数;
　　　M——氮的摩尔质量,14.01g/mol;
　　　m——试样的质量,g。

(二) 尿素中缩二脲的测定——分光光度法

缩二脲(biuret)是尿素受热至150~160℃时分解的产物,两个尿素分子脱去一个氨分子后生成缩二脲。反应式如下。

$$H_2N-COP-NH_2 + H_2N-CO-NH_2 \longrightarrow H_2NCONHCONH_2 + NH_3$$

在尿素的生产过程中,加热浓缩尿素溶液时,不可避免会生成少量缩二脲。由于缩二脲会抑制幼小作物的正常发育,特别对柑橘的生长不利。因此,缩二脲是尿素化肥中的有害杂质,在生产中应控制缩二脲的含量。

1. 方法原理

在酒石酸钾钠存在的碱性溶液中,缩二脲与硫酸铜作用生成紫红色的配合物,反应式如下。

$$2(NH_2CO)_2NH + CuSO_4 \Longrightarrow Cu[(NH_2CO)_2NH]_2SO_4$$

溶液颜色的深浅与缩二脲的浓度成正比,在550nm波长处测定吸光度,从而求出缩二脲的含量。

2. 测定步骤

(1) 标准曲线的绘制　配制浓度为2.00 g/L的缩二脲标准溶液,然后在8个100mL容量瓶中按表10-2所列分别配制缩二脲标准系列溶液。

表10-2　缩二脲标准系列溶液的配制

缩二脲溶液体积/%	0.00	2.50	5.00	10.0	15.0	20.0	25.0	30.0
缩二脲质量/mg	0.00	5.00	10.0	20.0	30.0	40.0	50.0	60.0

每个容量瓶用水稀释至50mL,然后依次加入20.0mL酒石酸钾钠碱性溶液(50 g/L)、20.0mL硫酸铜溶液(15g/L),稀释至刻度,摇匀。把容量瓶浸入30℃的水浴中约20 min,不时摇动。在30 min内,以缩二脲为零的溶液作参比液,在550 nm波长处分别测定标准系列溶液的吸光度。然后以A为纵坐标,以缩二脲的质量为横坐标,绘制工作曲线,或求出线性回归方程。

(2) 样品称量　根据尿素中缩二脲的不同含量,按表10-3所列确定称样量后称样,准确至0.002g。

表10-3　不同缩二脲含量应称取试样的质量

缩二脲(w)/%	$w \leqslant 0.3$	$0.3 < w \leqslant 0.4$	$0.4 < w \leqslant 1.0$	$w > 1.0$
称取试料量/g	10	7	5	3

(3) 光度测定　将称取的试样溶解,转移至100mL容量瓶中,放置至室温,依次加入20.0mL酒石酸钾钠碱性溶液(50g/L)、20.0mL硫酸铜溶液(5g/L),稀释至刻度,摇匀,把容量瓶浸入(30±5)℃的水浴中约20 min,不时摇动。按照绘制标准曲线的操作测定溶液的吸光度。同时做空白试验。

用式(10-2)计算样品中缩二脲的含量。

$$w = \frac{(m_1 - m_2) \times 10^{-3}}{m}$$ (10-2)

式中 w——样品中缩二脲的质量分数；
m_1——试样中测得缩二脲的质量，mg；
m_2——空白试验测得缩二脲的质量，mg；
m——尿素的质量，g。

3. 讨论

① 酒石酸钾钠的作用，是与过量的铜离子以及试样中的铁离子等生成配合物，以防止它们水解生成氢氧化物沉淀。如果试样中有较多的游离氨或铵盐存在，在测定条件下会生成深蓝色的铜氨配合物，使测定结果偏高。

② 如果试液有色或浑浊有色，另于两个100mL容量瓶中，各加入20.0mL酒石酸钾钠碱性溶液，其中一个加入与显色时相同体积的试液，将溶液用水稀释至刻度，摇匀。以不含试液的溶液作为参比溶液，用测定时的同样条件测定另一份溶液的吸光度，在计算时进行扣除。如果试液只是浑浊，则加入3mL盐酸溶液（1mol/L）剧烈摇动，用中速滤纸过滤，用少量水洗涤，将滤液和洗涤液定量收集于容量瓶中，然后按试液的制备进行操作。

（三）水分的测定——卡尔·费休法

1. 方法原理

卡尔·费休法测定水分的原理是基于水存在时碘与二氧化硫能发生氧化还原反应。

$$SO_2 + I_2 + 2H_2O \longrightarrow H_2SO_4 + 2HI$$

此反应具有可逆性，当硫酸浓度达到0.05%以上时，即发生逆反应。要使反应顺利进行，需要加入适量的碱性物质，一般加入吡啶作溶剂可以满足要求。

$$C_5H_5N \cdot I_2 + C_5H_5N \cdot SO_2 + C_5H_5N + H_2O \longrightarrow 2C_5H_5N \cdot HI + C_5H_5N \cdot SO_3$$
　　碘吡啶　　　亚硫酸吡啶　　　　　　　　　　　氢碘酸吡啶　　硫酸吡啶

由于生成的硫酸吡啶很不稳定，与水发生副反应而干扰测定。

$$C_5H_5N \cdot SO_3 + H_2O \longrightarrow C_5H_5N \cdot HHSO_4$$

若有甲醇存在，硫酸吡啶可以生成稳定的甲基硫酸氢吡啶。

$$C_5H_5N \cdot SO_3 + CH_3OH \longrightarrow C_5H_5N \cdot HSO_3 \cdot CH_3$$

由此可见，滴定操作的标准溶液是含有I_2、SO_2、C_5H_5N及CH_3OH的混合溶液，此溶液称为卡尔·费休试剂（Karl-Fisher reagent）。

总反应：$I_2 + SO_2 + 3C_5H_5N + CH_3OH + H_2O \longrightarrow 2C_5H_5N \cdot HI + C_5H_5N \cdot HSO_4CH_3$

用卡尔·费休试剂滴定试样中的水时，以"永停"电位法确定终点。

2. 试剂与仪器

(1) 卡尔·费休试剂　称取85g碘于干燥的1L具塞的棕色玻璃试剂瓶中，加入670mL无水甲醇，盖上瓶塞，摇动至碘全部溶解后，加入270mL吡啶混匀，然后置于冰水浴中冷却，通入干燥的二氧化硫气体60～70 min，通气完毕后塞上瓶塞，放置暗处至少24h后使用。

(2) 测定装置　卡尔·费休法测定水分装置示意图如图10-2所示。

3. 测定步骤

(1) 仪器准备　玻璃仪器洗净、烘干，按图10-2所示将各部件连接好。向反应瓶中加入约50mL无水甲醇，并放搅拌子一颗，接通电源，打开搅拌器，调节好转速。关闭排废液的进气阀，打开储液瓶的进气阀，然后充气，使滴定管中充满卡尔·费休试剂。

将校正开关扳到"校正"的位置，调节校正旋钮，使检流计指针在稍有过量的卡尔·费休试剂存在时，就会向右偏转一个相当大的角度。

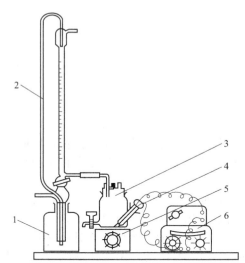

图 10-2 卡尔·费休测定水分装置
1—卡尔·费休试剂瓶;2—自动滴定管;
3—反应瓶;4—电极;5—电磁搅拌器;
6—检流计

(2) 卡尔·费休试剂的标定 准确称取约 20~25mg 的蒸馏水,加入已经滴定到终点的含有 50mL 无水甲醇的反应瓶中,记录滴定管中卡尔·费休试剂的初始读数。打开搅拌器进行滴定,当指针达到与校正时同样大的偏转,且稳定 1min 为滴定终点。按式 (10-3) 计算卡尔·费休试剂对水的滴定度。

$$T = m_1/V_1 \quad (10\text{-}3)$$

式中 T ——卡尔·费休试剂对水的滴定度,mg/mL;
m_1 ——所用水-甲醇标准溶液中水的质量,mg;
V_1 ——标定消耗卡尔·费休试剂体积,mL。

(3) 样品测定 用称量管称取 1~5g 试样(使试样消耗的卡尔·费休试剂不超过 20mL),精确至 0.001g。加 50mL 甲醇于反应容器中,甲醇用量须没过电极,打开电磁搅拌器,用卡尔·费休试剂滴定至电流计指针达到与标定时同样的偏转,并保持稳定 1min。

打开加料口橡皮塞,迅速将称量管中的试样加入滴定器中,立即盖好橡皮塞,搅拌使试样溶解,用卡尔·费休试剂滴定至终点。试样中水分的质量分数用式 (10-4) 计算。

$$w(H_2O) = \frac{TV \times 10^{-3}}{m} \quad (10\text{-}4)$$

式中 T ——卡尔·费休试剂对水的滴定度,mg/mL;
V ——滴定消耗卡尔·费休试剂的体积,mL;
m ——试样质量,g。

4. 注意事项

① 卡尔·费休试剂配制起来比较麻烦,有市售的卡尔·费休试剂可以买来直接使用。

② 卡尔·费休法中所用的玻璃器皿都必须充分干燥,外界空气也不允许进入到反应室中。

③ 反应瓶中测定完的混合液可以继续使用,排出的废液收集后进行处理,不能排到下水道。

④ 吡啶有臭味,也有毒,不要接触到皮肤上。

(四) 粒度的测定——筛分法

根据被测物料选取一套相应范围的筛子 (0.85mm 和 2.80mm;1.18mm 和 3.350mm;2.00mm 和 4.75mm;4.00mm 和 8.00mm),将筛子按孔径大小依次叠好(孔径大的放在上面,小的放在下面,如图 10-3 所示),将筛子放在振荡器上。称量约 100g 试样,精确到 0.5g,置于较大孔径的筛子上,振荡 3min,将通过大孔径筛子及未通过小孔径筛子的物料进行称量,以质量百

图 10-3 筛子

分数表示试样中某孔径范围的粒度。夹在筛孔中的颗粒按不通过计。

$$d = \frac{m_1}{m} \times 100\% \tag{10-5}$$

式中　d——尿素在某孔径范围粒度，%；
　　　m_1——通过一套大孔径筛子而未通过小孔径筛子的试样质量，g；
　　　m——试样质量，g。

第二节　磷肥分析

化学磷肥主要是以天然矿石为原料，经过化学加工处理的含磷肥料。化学加工生产磷肥，一般有两种途经。一种是用无机酸处理磷矿石制造磷肥，称酸法磷肥，如过磷酸钙（普钙）、重过磷酸钙（重钙）等；另一种是将磷矿石和其他配料（如蛇纹石、滑石、橄榄石、白云石）或不加配料，经过高温煅烧分解磷矿石制造的磷肥，称为热法磷肥，如钙镁磷肥。

根据溶解性的不同，可将磷肥分为水溶性磷肥、酸溶性磷肥和难溶性磷肥。

水溶性磷肥是指可以溶解于水的含磷化合物，如磷酸二氢钙（磷酸一钙）、过磷酸钙、重过磷酸钙等。水溶性磷肥易被植物吸收利用，故称为速效磷肥。

酸溶性磷肥是指能被植物根部分泌出的酸性物质溶解后吸收利用的含磷化合物，如结晶磷酸氢钙（磷酸二钙）、磷酸四钙（$4CaO \cdot P_2O_5$）、钙镁磷肥和钢渣磷肥中主要含有的柠檬酸溶性磷化合物，故称为柠檬酸溶性磷肥。过磷酸钙、重过磷酸钙中也常含有少量结晶磷酸二钙。

难溶性磷肥是指难溶于水也难溶于有机弱酸的磷化合物，如磷酸三钙、磷酸铁、磷酸铝等。磷矿石几乎全部是难溶性磷化合物，化学磷肥中也常含有未转化的难溶性磷化合物。

在磷肥的分析中，水溶性磷化合物和柠檬酸溶性磷化合物中的磷称为"有效磷"（available phosphorus）。磷肥中所有含磷化合物中含磷量的总和称为"全磷"。生产实际中，常分别测定有效磷及全磷含量，测定的结果以 P_2O_5 计。

一、有效磷含量的测定

磷肥分析中磷含量的测定方法有磷钼酸喹啉重量法、磷钼酸铵容量法和钒钼酸铵分光光度法。磷钼酸喹啉重量法准确度高，是国家标准规定的仲裁分析法。磷钼酸铵容量法和钒钼酸铵分光光度法速度快，准确度也能满足要求，主要用于日常生产的控制分析。

（一）磷钼酸喹啉重量法

1. 方法原理

用水、碱性柠檬酸铵溶液提取过磷酸钙中的有效磷，提取液中正磷酸根离子在硝酸介质中与钼酸盐、喹啉作用生成黄色的磷钼酸喹啉沉淀，反应式为：

$$H_3PO_4 + 12MoO_4^{2-} + 3C_9H_7N + 24H^+ = (C_9H_7N)_3H_3(PO_4 \cdot 12MoO_3) \cdot H_2O\downarrow + 11H_2O$$

2. 测定步骤

称取 2～2.5g 试样，精确至 0.001g，置于 75mL 蒸发皿中，用玻璃棒将试样研碎，加 25mL 水重新研磨，将上层清液倾注过滤于预先加入 5mL 硝酸溶液（1:1）的 250mL 容量瓶中，继续用水研磨三次（每次用 25mL 水），然后将水不溶物转移到滤纸上，并用水洗涤水不溶物至容量瓶中溶液体积约为 200mL 左右为止，用水稀释至刻度，混匀后得到的溶液为 A。

将含水不溶物的滤纸转移到另一个 250mL 容量瓶中，加入 100mL 碱性柠檬酸铵溶液，盖上瓶塞，振荡到滤纸碎成纤维状态为止。将容量瓶置于 (60±1)℃ 恒温水浴中保持 1h。

开始时每隔 5min 振荡一次，振荡三次后再每隔 15min 振荡一次，取出量瓶，冷却至室温，用水稀释至刻度，混匀。用干燥的器皿和滤纸过滤，弃去最初几毫升滤液，所得滤液为溶液 B。

分别吸取 10～20mL 溶液 A 和溶液 B（含 $P_2O_5 \leqslant 20$ mg）放于 300mL 烧杯中，加入 10mL 硝酸溶液，用水稀释至 100mL，盖上表面皿，预热近沸腾，加入 35mL 喹钼柠酮试剂，微沸 1min 或置于 80℃ 左右水浴中保温至沉淀分层，冷却至室温，冷却过程中转动烧杯 3～4 次。

用预先在 (180 ± 2)℃ 恒温干燥箱内干燥至恒重的 4 号玻璃砂芯漏斗抽滤，先将上层清液滤完，用倾泻法洗涤沉淀 1～2 次（每次约用水 25mL），然后将沉淀移入滤器中，再用水继续洗涤，所用水共约 125～150mL。将带有沉淀的滤器置于 (180 ± 2)℃ 恒温干燥箱内，待温度达到 180℃ 后干燥 45min，移入干燥器中冷却至室温，称重。

按照上述相同的测定步骤，进行空白试验。

试样中的有效磷含量以五氧化二磷的质量分数表示，按式（10-6）计算。

$$w(P_2O_5) = \frac{(m_1 - m_2) \times 0.03207}{m \times \dfrac{V}{500}} \tag{10-6}$$

式中 m_1——磷钼酸喹啉沉淀质量，g；
   m_2——空白试验所得磷钼酸喹啉沉淀质量，g；
   m——试样质量，g；
   V——吸取试液（溶液 A＋溶液 B）的总体积，mL；
 0.03207——磷钼酸喹啉质量换算为五氧化二磷质量的系数。

3. 方法讨论

① 有效磷提取时必须先用水提取水溶性磷化合物，再用碱性柠檬酸铵溶液提取柠檬酸溶性磷化合物。

② 喹钼柠酮试剂由柠檬酸、钼酸钠、喹啉和丙酮组成，其中柠檬酸有三方面的作用。首先，柠檬酸能与钼酸盐生成电离度较小的配合物，以使电离生成的钼酸根离子浓度较小，仅能满足磷钼酸喹啉沉淀形成的需要，不至于使硅形成硅钼酸喹啉沉淀，以排除硅的干扰。但柠檬酸的用量也不宜过多，以免酸根离子浓度过低而造成磷钼酸喹啉沉淀不完全；其次，在柠檬酸溶液中，磷钼酸铵的溶解度比磷钼酸喹啉的溶解度大，进而排除铵盐的干扰；第三，柠檬酸还可阻止钼酸盐在加热至沸腾时水解而析出三氧化钼沉淀。丙酮的作用，一是为了进一步消除铵盐的干扰，再是改善沉淀的物理性能，使沉淀颗粒粗大、疏松，便于过滤和洗涤。

（二）磷钼酸喹啉容量法

1. 方法原理

用水、碱性柠檬酸铵溶液提取过磷酸钙中的有效磷，提取液中正磷酸根离子在酸性介质中与喹钼柠酮试剂生成黄色磷钼酸喹啉沉淀，过滤、洗涤所吸附的酸液后将沉淀溶于过量的碱标准溶液中，再用酸标准溶液返滴定。根据所用酸、碱溶液的体积计算出五氧化二磷含量。反应式如下：

$$H_3PO_4 + 12MoO_4^{2-} + 3C_9H_7N + 24H^+ =\!=\!= (C_9H_7N)_3H_3(PO_4 \cdot 12MoO_3) \cdot H_2O \downarrow + 11H_2O$$

$$(C_9H_7N)_3H_3(PO_4 \cdot 12MoO_3) \cdot H_2O + 26NaOH =\!=\!= Na_2HPO_4 + 12Na_2MoO_4 + 3C_9H_7N + 15H_2O$$

$$NaOH(剩余) + HCl =\!=\!= NaCl + H_2O$$

2. 测定步骤

称取 2～2.5g 试样，精确至 0.001g，置于 75mL 蒸发皿中，用玻璃棒将试样研碎，加

25mL水重新研磨，将上层清液倾注过滤于预先加入5mL硝酸溶液（1∶1）的250mL容量瓶中，继续用水研磨三次（每次用25mL水），然后将水不溶物转移到滤纸上，并用水洗涤水不溶物至容量瓶中溶液体积约为200mL左右为止，用水稀释至刻度，混匀后得到的溶液为A。

将含水不溶物的滤纸转移到另一个250mL容量瓶中，加入100mL碱性柠檬酸铵溶液，盖上瓶塞，振荡到滤纸碎成纤维状态为止。将容量瓶置于（60±1）℃恒温水浴中保持1h。开始时每隔5min振荡一次，振荡三次后再每隔15min振荡一次，取出量瓶，冷却至室温，用水稀释至刻度，混匀。用干燥的器皿和滤纸过滤，弃去最初几毫升滤液，所得滤液为溶液B。

分别吸取10～20mL溶液A和溶液B（含P_2O_5≤20 mg）放于300mL烧杯中，加入10mL硝酸溶液，用水稀释至100mL，盖上表面皿，预热近沸腾，加入35mL喹钼柠酮试剂，微沸1min或置于80℃左右水浴中保温至沉淀分层，冷却至室温，冷却过程中转动烧杯3～4次。

用滤器过滤（滤器内可衬滤纸、脱脂棉等），先将上层清液滤完，然后用倾泻法洗涤沉淀3～4次，每次用水约25mL。将沉淀移入滤器中，再用水洗净（检验方法：取滤液约20mL，加一滴混合指示液和2～3滴浓度为4g/L的氢氧化钠溶液至滤液呈紫色为止）。将沉淀连同滤纸或脱脂棉移入原烧杯中，加入0.5mol/L氢氧化钠标准溶液，充分搅拌溶解，然后再过量8～10mL，加入100mL无二氧化碳的水，搅匀溶液，加入1mL百里香酚蓝-酚酞混合指示液，用0.2500mol/L盐酸标准溶液滴定至溶液从紫色经灰蓝色转变为黄色即为终点。同时做空白试验。

3. 结果计算

以五氧化二磷质量分数表示的有效磷含量按式（10-7）计算。

$$w(P_2O_5) = \frac{\frac{1}{52}[c_1(V_1-V_3)-c_2(V_2-V_4)]M(P_2O_5)\times 10^{-3}}{m\frac{V}{V_0}} \tag{10-7}$$

式中　　V_0——试液溶液（溶液A＋溶液B）的总体积，mL；
　　　　V——吸取试液（溶液A＋溶液B）的总体积，mL；
　　　　V_1——消耗氢氧化钠标准溶液的体积，mL；
　　　　V_2——消耗盐酸标准溶液的体积，mL；
　　　　V_3——空白试验消耗氢氧化钠标准溶液的体积，mL；
　　　　V_4——空白试验消耗盐酸标准滴定溶液的体积，mL；
　　　　c_1——氢氧化钠标准溶液浓度，mol/L；
　　　　c_2——盐酸标准滴定溶液浓度，mol/L；
$M(P_2O_5)$——五氧化二磷的摩尔质量，g/mol；
　　　　m——试样质量，g。

（三）钒钼酸铵分光光度法

1. 方法原理

用水、碱性柠檬酸铵溶液提取过磷酸钙中的有效磷，提取液中正磷酸根离子在酸性介质中与钼酸盐及偏钒酸盐反应，生成稳定的黄色配合物，于波长420nm处，用示差光度法测定其吸光度，计算五氧化二磷的含量。反应式如下：

$$2H_3PO_4 + 22(NH_4)_2MoO_4 + 2NH_4VO_3 + 46HNO_3 \Longrightarrow P_2O_5 \cdot V_2O_5 \cdot 22MoO_3$$
$$+ 46NH_4NO_3 + 26H_2O$$

2. 测定步骤

(1) 有效磷的提取　称取 2～2.5g 试样，精确至 0.001g，置于 75mL 蒸发皿中，用玻璃棒将试样研碎，加 25mL 水重新研磨，将清液倾注过滤于预先加入 10mL 硝酸溶液（1∶1）的 500mL 容量瓶中，继续用水研磨三次，每次用 25mL 水，然后将水不溶物转移到滤纸上，并用水洗涤水不溶物至容量瓶中，溶液体积约为 200mL 左右为止，用水稀释至刻度，混匀。此为溶液 A。

将含水不溶物的滤纸转移到另一个 500mL 容量瓶中，加入 100mL 碱性柠檬酸铵溶液，盖上瓶塞，振荡到滤纸碎成纤维状态为止。将量瓶置于 (60±1)℃恒温水浴中保温 1h。开始时每隔 5min 振荡一次，振荡三次后再每隔 15min 振荡一次，取出量瓶，冷却至室温，用水稀释至刻度，混匀。用干燥的器皿和滤纸过滤，弃去最初几毫升滤液，所得滤液为溶液 B。

(2) 五氧化二磷标准溶液　称取在 105℃干燥 2h 的磷酸二氢钾 19.175g，用少量水溶解，并定量移入 1000mL 容量瓶中，加入 2～3mL 硝酸，用水稀释至刻度，混匀（此溶液 1mL 含有五氧化二磷 10mg）。再分别取 5.0mL、10.0mL、15.0mL、20.0mL、25.0mL、30.0mL、35.0mL 此溶液于 500mL 容量瓶中，用水稀释至刻度，混匀。配制成 10mL 溶液中分别含 1.0mg、2.0mg、3.0mg、4.0mg、5.0mg、6.0mg、7.0mg 五氧化二磷的标准溶液。

(3) 有效磷的测定　吸取溶液 A 和溶液 B 各 5mL（含 P_2O_5 1.0～6.0mg）于 100mL 烧杯中，加入 1mL 碱性柠檬酸铵溶液、4mL 硝酸溶液（1∶1）和适量水，加热煮沸 5min，冷却，转移到 100mL 容量瓶中，用水稀释至 70mL 左右，准确加入 20.0mL 显色试剂，用水稀释至刻度，混匀，放置 30min 后，在波长 420nm 处，用下述方法测定。

准确吸取五氧化二磷标准溶液两份，其中一份 P_2O_5 含量低于试样溶液，另一份则高于试液溶液（两者浓度相差为 1mg P_2O_5），分别置于 100mL 容量瓶中，加 2mL 碱性柠檬酸铵溶液、4mL 硝酸溶液（1∶1），与试样溶液同样操作显色，配得标准溶液 1 和标准溶液 2。以标准溶液 1 为对照溶液（以该溶液的吸光度为零），测定标准溶液 2 和试样溶液的吸光度。用比例关系算出试样溶液中五氧化二磷的含量。

3. 结果计算

以五氧化二磷的质量分数表示的有效磷含量按式 (10-8) 计算。

$$w(P_2O_5) = \frac{S_1 + (S_2 - S_1) \times \dfrac{A}{A_2}}{m \times \dfrac{10}{1000} \times 1000} \tag{10-8}$$

式中　S_1——标准溶液 1 中五氧化二磷含量，mg；
　　　S_2——标准溶液 2 中五氧化二磷含量，mg；
　　　A——试样溶液的吸光度；
　　　A_2——标准溶液 2 的吸光度；
　　　m——试样质量，g。

4. 讨论

① 此法适用于含有磷酸盐的肥料，特别适合于含磷在 10% 以下（以 P_2O_5 计，在 25% 以下）的试样。但含铁较多的试样或因有机物等使溶液带有颜色时，不宜采用此法。

② 试液中硅（SiO_2）的含量大于磷（P_2O_5）的含量时，会产生干扰。

③ 显色试剂溶解 1.12g 偏钒酸铵于 150mL 约 50℃热水中，加入 150mL 硝酸（1∶1），得到溶液 a；溶解 50.0g 钼酸铵于 300mL 约 50℃热水中，得溶液 b。然后边搅拌溶液 a，边

缓慢加入溶液 b，边加水稀释至 1000mL，储存在棕色瓶中。保存过程中如有沉淀生成则该溶液不能使用。

二、游离酸含量的测定

1. 方法原理

过磷酸钙肥料中的游离酸主要有 H_2SO_4 和 H_3PO_4，用氢氧化钠溶液滴定游离酸，根据消耗的氢氧化钠标准溶液的量，求得游离酸含量。反应式如下。

$$H_2SO_4 + 2NaOH = Na_2SO_4 + 2H_2O$$
$$H_3PO_4 + NaOH = NaH_2PO_4 + H_2O$$

滴定终点可用酸度计法或溴甲酚绿为指示剂指示滴定终点。

2. 酸度计法（仲裁法）

称取 5g 试样，精确至 0.01g，移入 250mL 容量瓶中，加入 100mL 水，用振荡器振荡 15min 后，稀释至刻度，混匀，用干燥的器皿和滤纸过滤，弃去最初滤液。

吸取 50mL 滤液于 250mL 烧杯中，用水稀释至 150mL，置烧杯于磁力搅拌器上，将电极浸入被测溶液中，在已定位的酸度计上一边搅拌，一边用氢氧化钠标准溶液滴定至 pH 值为 4.5。

3. 指示剂法

吸取上述所得滤液 50mL（如滤液浑浊时，适当减少吸取量）于 250mL 三角烧瓶中，用水稀释至 150mL，加入 0.5mL 溴甲酚绿指示液（2g/L），用 0.1mol/L 氢氧化钠标准滴定溶液滴定至溶液呈纯绿色为终点。

以五氧化二磷质量分数表示的游离酸含量按式（10-9）计算。

$$w(P_2O_5) = \frac{\frac{1}{2}cVM(P_2O_5) \times 10^{-3}}{m \times \frac{V_1}{250}} \quad (10\text{-}9)$$

式中　　c——氢氧化钠标准溶液浓度，mol/L；
　　　　V——滴定消耗氢氧化钠标准溶液体积，mL；
　　　　V_1——吸取试液的体积，mL；
$M(P_2O_5)$——五氧化二磷的摩尔质量，g/mol；
　　　　m——试样的质量，g。

4. 讨论

① 由于滴定终点时生成 NaH_2PO_4，使终点不易判断。另外，该肥料中因为常含有铁盐、铝盐等杂质，在滴定近终点时，由于铁、铝的水解会使试液浑浊，也给终点的判断带来困难。因此，酸度计法较为准确。

② 在生产控制分析中，如果要求分别测定磷酸和硫酸，则可根据双指示剂滴定法理论，先以甲基红为指示剂滴定，中和全部硫酸，而磷酸则被中和为 NaH_2PO_4，然后，再以酚酞为指示剂滴定至终点时，则 NaH_2PO_4 转变为 Na_2HPO_4。由两次滴定消耗的碱量，可以分别计算硫酸及磷酸的含量。

第三节　复混肥分析

复合肥料和混合肥料统称为复混肥料（compound fertilizers）。复合肥料是在肥料制造过程中发生明显的化学变化而形成的含有两种或两种以上营养元素的化合物，如磷酸一铵、磷酸二铵、磷酸三铵及磷酸二氢钾等。而复合肥则是一种单体肥料或复合肥料与另一种或几种单体肥料的混合物，如尿素-过磷酸钙、尿素-粉状磷酸一铵等。复混肥料的分析项目较多，主要分析项目及分析方法见表10-4。

表 10-4　复混肥料常见的分析项目和分析方法

分析项目	分析方法
总氮含量	蒸馏后滴定法
有效磷含量	磷钼酸喹啉重量法
钾含量	四苯基合硼酸钾重量法
游离水含量	真空烘箱法
游离水含量	卡尔·费休法
铜、铁、锰、锌、硼、钼含量	湿灰化-原子吸收光谱法
砷含量	二乙基二硫代氨基甲酸银光度法
镉含量	原子吸收光度法、双硫腙光度法
铅含量	原子吸收光度法、双硫腙光度法

一、复混肥中钾含量的测定——四苯硼酸钠重量法

1. 方法原理

试样用稀酸溶解，加入甲醛溶液，使存在的铵离子转变成六亚甲基四胺；加入 EDTA 消除其他金属离子的干扰。在弱碱性介质中，用四苯硼酸钠沉淀钾，然后过滤，干燥，称量。反应式如下。

$$KCl + Na[B(C_6H_5)_4] \Longrightarrow K[B(C_6H_5)_4]\downarrow（白色）+ NaCl$$

该法适用于氯化钾、硫酸钾和复混肥等肥料中钾含量的测定。

2. 测定步骤

称取试样 2~5g 试样（含 K_2O 约 400mg），精确至 0.0002g，置于 400mL 烧杯中，加入 150mL 水，煮沸 30min。冷却，转移至 250mL 容量瓶中，用水稀释至刻度，混匀后过滤。

准确吸取上述试液 25mL 于 200mL 烧杯中，加入 20mL EDTA 溶液（100g/L），2 滴酚酞指示剂（5g/L），搅匀，逐滴加入氢氧化钠溶液（200g/L）直至溶液的颜色变红为止，然后再过量 1mL。加入 5mL 甲醛溶液（37%），搅匀（此时溶液的体积以约 40mL 为宜），加热煮沸 15min。在剧烈搅拌下，逐滴加入比理论需要量（10mg K_2O 需 3mL 四苯硼酸钠溶液）多 4mL 的四苯硼酸钠溶液（20g/L），静置 30min。用预先在 120℃烘至恒重的 4 号玻璃坩埚抽滤沉淀，将沉淀全部转入坩埚内，再用四苯硼酸钠饱和溶液洗涤五次，每次用 5mL，最后用水洗涤两次，每次用 2mL。将坩埚连同沉淀置于 120℃烘箱内，干燥 1h 后，取出，放入干燥器中冷却至室温，称重，直至恒重。

以质量分数表示的氧化钾（K_2O）含量按式（10-10）计算。

$$w(K_2O) = \frac{(m_2 - m_1) \times 0.1314}{m \times \dfrac{25}{150}} \tag{10-10}$$

式中　m_1——空坩埚质量，g；
　　　m_2——坩埚和四苯硼酸钾沉淀的质量，g；
　　　m——样品的质量，g；
　　0.1314——四苯硼酸钾的质量换算为氧化钾质量的系数。

3. 讨论

① 四苯硼酸钠称量法和滴定法简便、准确、快速，适用于含量较高的钾肥含钾量测定。

② 在微酸性溶液中，铵离子与四苯硼酸钠反应也能生成沉淀，故测定过程中应注意避免铵盐及氨的影响。如试样中有铵离子，可以在沉淀前加碱，并加热去除氨，然后重新调节酸度进行测定。

③ 由于四苯硼酸钾易形成过饱和溶液，在四苯硼酸钠沉淀剂加入时速度应慢，同时要剧烈搅拌以促使其凝聚析出。洗涤沉淀时，应采用预先配制的四苯硼酸钠饱和溶液。

二、复混肥中游离水分的测定——真空烘箱法

1. 方法原理

在一定温度下，试样在电热恒温真空干燥箱中减压干燥，减少的质量表示为游离水分。本法不适用于在干燥过程中能产生非水分的挥发性物质的复混肥料。

2. 测定步骤

用预先干燥并恒重的称量瓶中，称取实验室样品 2g，称准至 0.0001g，置于（50±2）℃，通干燥空气调节真空度为 64.0～70.6kPa 的电热恒温真空干燥箱中干燥 2h，取出，在干燥器中冷却至室温，称量。

3. 结果计算

游离水的质量分数用式 (10-11) 计算。

$$w(H_2O) = \frac{m - m_1}{m} \tag{10-11}$$

式中　m——干燥前试样的质量，g；
　　　m_1——干燥后试样的质量，g。

习题

1. 填空题

(1) 卡尔·费休试剂是由 _____、_____、_____ 和 _____ 组成的。

(2) 喹钼柠酮试剂是由 _____、_____、_____ 和 _____ 组成的。

(3) 磷肥中有效磷的测定方法有 _____、_____ 和 _____，其中 _____ 是仲裁法。

(4) 磷肥中所有含磷化合物中的含磷量称为 _____，水溶性磷化合物和柠檬酸溶性磷化合物中的磷称为 _____。

2. 选择题

(1) 可以用甲醛法测定氮含量的氮肥是（　　）。
A. NH_4HCO_3　　B. NH_4NO_3　　C. $(NH_4)_2SO_4$　　D. $(NH_2)_2CO$

(2) 氮含量最高的氮肥是（　　）。
A. NH_4HCO_3　　B. NH_4NO_3　　C. $(NH_4)_2SO_4$　　D. $(NH_2)_2CO$

(3) 下面关于磷钼酸喹啉重量法测定磷肥中有效磷的叙述，正确的是（　　）。
A. 用溶液 A 测定的为有效磷
B. 用溶液 B 测定的为有效磷
C. 用等体积的溶液 A 和等体积的溶液 B 测定的为有效磷
D. 用等体积的溶液 A 和等体积的溶液 B 测定的为总磷

(4) 用磷钼酸喹啉重量法测定磷肥中有效磷时，下列关于柠檬酸所用的叙述，不正确的是（　　）。
A. 防止硅形成硅钼酸喹啉沉淀，以消除硅的干扰
B. 可以防止铵盐的干扰
C. 防止钼酸盐在加热至沸时水解而析出三氧化钼沉淀
D. 使沉淀颗粒粗大、疏松，便于过滤和洗涤

3. 称取过磷酸钙试样 2.200g，用磷钼酸喹啉重量法测定其有效磷含量。若分别从两个 250mL 的容量

瓶中用移液管吸取有效磷提取液 A 和 B 各 10.00mL，得到的沉淀于 180℃ 干燥后质量 0.3842g，求该肥中有效磷的含量。

4. 取氨水（2∶3）10.00mL，置于 250mL 容量瓶中，用水稀释至刻度。从中吸取 25mL，用 0.5000mol/L H_2SO_4 溶液滴定，消耗的体积是 V_2 mL。称取 2.000g 柠檬酸配制成 250mL 溶液，吸取 25.00mL，用 0.1000mol/L NaOH 标准溶液滴定，耗去的体积是 V_2 mL。问如果要制备测定有效磷用的碱性柠檬酸铵溶液 VmL，需用氨水（2∶3）和柠檬酸的量应如何计算？写出计算式。

5. 分析一批氨水试样时，吸取 2.00mL 试样注入已盛有 25.00mL 0.5000mol/L 硫酸标准溶液的锥形瓶中，加入指示剂后，用同浓度的氢氧化钠标准溶液滴定，至终点时耗去 10.86mL。已知该氨水的密度为 0.932g/mL，试求该氨水中的氮含量和氨含量。

6. 测定一批钙镁磷肥的有效磷含量时，以 100mL 20 g/L 柠檬酸溶液处理 1.6372g 试样后，移取其干滤液 10mL 进行沉淀反应，最后得到 0.8030g 无水磷钼酸喹啉。求该产品的有效磷含量。

7. 称取氯化钾化肥试样 24.132g，溶解于水，过滤后制成 500mL 溶液。移取 25mL，再稀释至 500mL。吸取其中 15mL 与过量的四苯硼酸钠溶液反应，得到 0.1451g 无水四苯硼酸钾。求该批产品中氧化钾的含量。

附 录

附录一　实验室常用的酸碱的相对密度、质量分数和物质的量浓度

试剂名称	相对密度	质量分数/%	物质的量浓度/(mol/L)
盐酸	1.18~1.19	36~38	11.1~12.4
硝酸	1.39~1.40	65.0~68.0	14.4~15.2
硫酸	1.83~1.84	95~98	17.8~18.4
磷酸	1.69	85	14.6
高氯酸	1.68	70.0~72.0	11.7~12.0
冰醋酸	1.05	99.8(优级纯) 99.0(分析纯、化学纯)	17.4
氢氟酸	1.13	40	22.5
氢溴酸	1.49	47.0	8.6
氨水	0.88~0.90	25.0~28.0	13.3~14.8

附录二　实验室常用的基准物质的干燥温度和干燥时间

基准物质		干燥后组成	干燥温度和干燥时间
名称	分子式		
无水碳酸钠	Na_2CO_3	Na_2CO_3	270~300℃灼烧 1h
硼砂	$Na_4B_4O_7 \cdot 10H_2O$	$Na_4B_4O_7 \cdot 10H_2O$	室温(保存在装有氯化钠和蔗糖饱和溶液的干燥器内)
草酸	$H_2C_2O_4 \cdot 2H_2O$	$H_2C_2O_4 \cdot 2H_2O$	室温(空气干燥)
邻苯二甲酸氢钾	$KHC_8H_4O_4$	$KHC_8H_4O_4$	110~120℃烘至恒重
锌	Zn	Zn	室温(干燥器中保存)
氧化锌	ZnO	ZnO	900~1000℃灼烧 1h
氯化钠	NaCl	NaCl	400~450℃灼烧至无爆裂声
硝酸银	$AgNO_3$	$AgNO_3$	220~250℃灼烧 1h
碳酸钙	$CaCO_3$	$CaCO_3$	110℃烘至恒重
草酸钠	$Na_2C_2O_4$	$Na_2C_2O_4$	105~110℃烘至恒重
重铬酸钾	$K_2Cr_2O_7$	$K_2Cr_2O_7$	140~150℃烘至恒重

续表

基准物质		干燥后组成	干燥温度和干燥时间
名称	分子式		
溴酸钾	$KBrO_3$	$KBrO_3$	130℃烘至恒重
碘酸钾	KIO_3	KIO_3	130℃烘至恒重
三氧化二砷	As_2O_3	As_2O_3	室温（干燥器中保存）

附录三　实验室常用物质的分子式及摩尔质量

分子式	摩尔质量/(g/mol)	分子式	摩尔质量/(g/mol)
Ag_3AsO_4	462.52	$CdCl_2$	183.32
$AgBr$	187.77	CdS	144.47
$AgCl$	143.32	$Ce(SO_4)_2$	332.24
$AgCN$	133.89	$Ce(SO_4)_2 \cdot 4H_2O$	404.30
$AgSCN$	165.95	$CoCl_2$	129.84
Ag_2CrO_4	331.73	$CoCl_2 \cdot 6H_2O$	237.93
AgI	234.77	$Co(NO_3)_2$	182.94
$AgNO_3$	169.87	$Co(NO_3)_2 \cdot 6H_2O$	291.03
$AlCl_3$	133.34	CoS	90.99
$AlCl_3 \cdot 6H_2O$	241.43	$CoSO_4$	154.99
$Al(NO_3)_3$	213.00	$CoSO_4 \cdot 7H_2O$	281.10
$Al(NO_3)_3 \cdot 9H_2O$	375.13	$CO(NH_2)_2$	60.06
Al_2O_3	101.96	CuI	190.45
$Al(OH)_3$	78.00	$Cu(NO_3)_2$	187.56
$Al_2(SO_4)_3$	342.14	$Cu(NO_3)_2 \cdot 3H_2O$	241.60
$Al_2(SO_4)_3 \cdot 18H_2O$	666.41	CuO	79.55
As_2O_3	197.84	Cu_2O	143.09
As_2O_5	229.84	CuS	95.61
As_2S_3	246.02	$CuSO_4$	159.60
$BaCO_3$	197.34	$CuSO_4 \cdot 5H_2O$	249.68
BaC_2O_4	225.35	$FeCl_2$	126.75
$BaCl_2$	208.24	$FeCl_2 \cdot 4H_2O$	198.81
$BaCl_2 \cdot 2H_2O$	244.27	$FeCl_3$	162.21
$BaCrO_4$	253.32	$FeCl_3 \cdot 6H_2O$	270.30
BaO	153.33	$FeNH_4(SO_4)_2 \cdot 12H_2O$	482.18
$Ba(OH)_2$	171.34	$Fe(NO_3)_3$	241.86
$BaSO_4$	233.39	$Fe(NO_3)_3 \cdot 9H_2O$	404.00
$BiCl_3$	315.34	FeO	71.85
$BiOCl$	260.43	Fe_2O_3	159.69
CO_2	44.01	Fe_3O_4	231.54
CaO	56.08	$Fe(OH)_3$	106.87
$CaCO_3$	100.09	FeS	87.91
CaC_2O_4	128.10	Fe_2S_3	207.87
$CaCl_2$	110.99	$FeSO_4$	151.91
$CaCl_2 \cdot 6H_2O$	219.08	$FeSO_4 \cdot 7H_2O$	278.01
$Ca(NO_3)_2 \cdot 4H_2O$	236.15	$FeSO_4 \cdot (NH_4)_2SO_4 \cdot 6H_2O$	392.13
$Ca(OH)_2$	74.10	H_3AsO_3	125.94
$Ca_3(PO_4)_2$	310.18	H_3AsO_4	141.94
$CaSO_4$	136.14	H_3BO_3	61.83
$CdCO_3$	172.42	HBr	80.91

续表

分子式	摩尔质量/(g/mol)	分子式	摩尔质量/(g/mol)
HCN	27.03	$K_4[Fe(CN)_6]$	368.35
HCOOH	46.03	$KFe(SO_4)_2 \cdot 12H_2O$	503.24
CH_3COOH	60.05	$KHC_2O_4 \cdot H_2O$	146.24
H_2CO_3	62.03	$KHC_2O_4 \cdot H_2C_2O_4 \cdot 2H_2O$	254.19
$H_2C_2O_4$	90.04	$KHC_4H_4O_6$	188.18
$H_2C_2O_4 \cdot 2H_2O$	126.07	$KHSO_4$	136.16
HCl	36.46	HI	166.00
HF	20.01	KIO_3	214.00
HI	127.91	$KIO_3 \cdot HIO_3$	389.91
HIO_3	175.91	$KMnO_4$	158.03
HNO_3	63.01	$KNaC_4H_4O_6 \cdot 4H_2O$	282.22
HNO_2	47.01	KNO_3	101.10
H_2O	18.015	KNO_2	85.10
H_2O_2	34.02	K_2O	94.20
$CrCl_3$	158.36	KOH	56.11
$CrCl_3 \cdot 6H_2O$	266.45	K_2SO_4	174.25
$Cr(NO_3)_3$	238.10	$MgCO_3$	84.31
Cr_2O_3	151.99	$MgCl_2$	95.21
CuCl	99.00	$MgCl_2 \cdot 6H_2O$	203.30
$CuCl_2$	134.45	MgC_2O_4	112.33
$CuCl_2 \cdot 2H_2O$	170.48	$Mg(NO_3)_2 \cdot 6H_2O$	256.41
CuCNS	121.62	$MgNH_4PO_4$	137.32
H_3PO_4	98.00	MgO	40.30
H_2S	34.08	$Mg(OH)_2$	58.32
H_2SO_3	82.07	$Mg_2P_2O_7$	222.55
H_2SO_4	98.07	$MgSO_4 \cdot 7H_2O$	246.67
$Hg(CN)_2$	252.63	$MnCO_3$	114.95
$HgCl_2$	271.50	$MnCl_2 \cdot 4H_2O$	197.91
Hg_2Cl_2	472.09	$Mn(NO_3)_2 \cdot 6H_2O$	287.04
HgI_2	454.40	MnO	70.94
$Hg_2(NO_3)_2$	525.19	MnO_2	86.94
$Hg_2(NO_3)_2 \cdot 2H_2O$	561.22	MnS	87.00
$Hg(NO_3)_2$	324.60	$MnSO_4$	151.00
HgO	216.59	$MnSO_4 \cdot 4H_2O$	223.06
HgS	232.65	NO	30.01
$HgSO_4$	296.65	NO_2	46.01
Hg_2SO_4	497.24	NH_3	17.03
$KAl(SO_4)_2 \cdot 12H_2O$	474.38	CH_3COONH_4	77.08
KBr	119.00	NH_4Cl	53.49
$KBrO_3$	167.00	$(NH_4)_2CO_3$	96.06
KCl	74.55	$(NH_4)_2C_2O_4$	124.10
$KClO_3$	122.55	$(NH_4)_2C_2O_4 \cdot H_2O$	142.11
$KClO_4$	138.55	NH_4CNS	76.12
KCN	65.12	NH_4HCO_3	79.06
KCNS	97.18	$(NH_4)_2MoO_4$	196.01
K_2CO_3	138.21	NH_4NO_3	80.04
K_2CrO_4	194.19	$(NH_4)_2HPO_4$	132.06
$K_2Cr_2O_7$	294.18	$(NH_4)_2S$	68.14
$K_3[Fe(CN)_6]$	329.25		

续表

分子式	摩尔质量/(g/mol)	分子式	摩尔质量/(g/mol)
$(NH_4)_2SO_4$	132.013	$Pb(CH_3COO)_2 \cdot 3H_2O$	379.34
NH_4VO_3	116.98	PbI_2	461.01
Na_3AsO_3	191.89	$Pb(NO_3)_2$	331.21
$Na_2B_4O_7$	201.22	PbO	223.20
$Na_2B_4O_7 \cdot 10H_2O$	381.37	PbO_2	239.20
$NaBiO_3$	279.97	$Pb_3(PO_4)_2$	811.54
$NaCN$	49.01	PbS	239.26
$NaCNS$	81.07	$PbSO_4$	303.26
Na_2CO_3	105.99	SO_3	80.06
$Na_2CO_3 \cdot 10H_2O$	286.14	SO_2	64.06
$Na_2C_2O_4$	134.00	$SbCl_3$	228.11
CH_3COONa	82.03	$SbCl_5$	299.02
$CH_3COONa \cdot 3H_2O$	136.08	Sb_2O_3	291.50
$NaCl$	58.44	Sb_2S_3	339.68
$NaClO$	74.44	SiF_4	104.08
$NaHCO_3$	84.01	SiO_2	60.08
$Na_2HPO_4 \cdot 12H_2O$	358.14	$SnCl_2$	189.60
$Na_2H_2Y_2 \cdot 2H_2O$	372.24	$SnCl_2 \cdot 2H_2O$	225.63
$NaNO_2$	69.00	$SnCl_4$	260.50
$NaNO_3$	85.00	$SnCl_4 \cdot 5H_2O$	350.58
Na_2O	61.98	SnO_2	150.69
Na_2O_2	77.98	SnS_2	150.75
$NaOH$	40.00	$SrCO_3$	147.63
Na_3PO_4	163.94	SrC_2O_4	175.61
Na_2S	78.04	$SrCrO_4$	203.61
$Na_2S \cdot 9H_2O$	240.18	$Sr(NO_3)_2$	211.63
Na_2SO_3	126.04	$Sr(NO_3)_2 \cdot 4H_2O$	283.69
Na_2SO_4	142.04	$SrSO_4$	183.68
$Na_2S_2O_3$	158.10	$UO_2(CH_2COO)_2 \cdot 2H_2O$	424.15
$Na_2S_2O_3 \cdot 5H_2O$	248.17	$ZnCO_3$	125.39
$NiCl_2 \cdot 6H_2O$	237.70	ZnC_2O_4	153.40
NiO	74.70	$ZnCl_2$	136.29
$Ni(NO_3)_2 \cdot 6H_2O$	290.80	$Zn(CH_3COO)_2$	183.47
NiS	90.76	$Zn(CH_3COO)_2 \cdot 2H_2O$	219.50
$NiSO_4 \cdot 7H_2O$	280.86	$Zn(NO_3)_2$	189.39
$NiC_8H_{14}N_4O_4$	288.92	$Zn(NO_3)_2 \cdot 6H_2O$	297.48
P_2O_5	141.95	ZnO	81.38
$PbCO_3$	267.21	ZnS	97.44
PbC_2O_4	295.22	$ZnSO_4$	161.44
$PbCl_2$	278.11	$ZnSO_4 \cdot 7H_2O$	287.55
$PbCrO_4$	323.19		
$Pb(CH_3COO)_2$	325.29		

附录四 生活饮用水卫生标准（GB 5749—2006）

项目	标准	项目	标准
感官性状和一般化学指标		砷	0.01mg/L
		硒	0.01mg/L
色度	色度≤15°，并不得呈其他色	汞	0.001mg/L
		镉	0.005mg/L
浑浊度	≤3°	铬(Ⅵ)	0.05mg/L
臭和味	不得有异臭、异味	铅	0.01mg/L
肉眼可见	不得含有	银	0.05mg/L
pH	6.5～8.5	硝酸银(以氮计)	20mg/L
总碱度(以碳酸钙计)	450mg/L	氯仿(试行标准)	60μg/L
铁	0.3mg/L	四氯化碳(试行标准)	2μg/L
锰	0.1mg/L	苯并[a]芘(试行标准)	0.01μg/L
铜	1.0mg/L	滴滴涕	1μg/L
锌	1.0mg/L	六六六	5μg/L
挥发酚(以苯酚计)	0.002mg/L	细菌学指标	
阴离子合成洗涤剂	0.3mg/L	细菌总数	100 个/mL
硫酸盐	250mg/L	总大肠菌群	不得输出
氯化物	250mg/L	游离氯	①
溶解性总固体	1000mg/L	放射性指标	
毒理性指标			
氟化物	1.0mg/L	总α放射性	0.5Bq/L
氰化物	0.05mg/L	总β放射性	1Bq/L

① 在与水接触 30min 后应不低于 0.3mg/L。集中式给水除出厂水应符合上述要求外，管网末梢水不应低于 0.05mg/L。

附录五 污水综合排放标准（GB 8978—1996）

[第一类污染物最高允许排放浓度/(mg/L)]

污染物	最高允许排放浓度	污染物	最高允许排放浓度	污染物	最高允许排放浓度
1. 总汞	0.05①	6. 总砷	0.5	11. 总银	0.5
2. 烷基汞	不得检出	7. 总铅	1.0	12. 总α放射性	1Bq/L
3. 总镉	0.1	8. 总镍	1.0	13. 总β放射性	10Bq/L
4. 总铬	1.5	9. 苯并[a]芘②	0.00003		
5. 六价铬	0.5	10. 总铍	0.005		

① 烧碱行业（新建、扩建、改建企业）采用 0.005mg/L。
② 试行标准，二级、三级标准区暂不考核。

参 考 文 献

[1] 张小康，张正兢主编. 工业分析. 北京：化学工业出版社，2004.
[2] 吴国琳主编. 水污染的检测与控制. 北京：科学出版社，2004.
[3] 廖克俭等主编. 石油化工分析. 北京：化学工业出版社，2005.
[4] 刘德生主编. 油品分析. 北京：化学工业出版社，2005.
[5] 王九等主编. 石油产品添加剂基础知识. 北京：中国石化出版社，2009.
[6] 李广超编. 工业分析. 北京：化学工业出版社，2007.
[7] 张锦柱主编. 工业分析. 重庆：重庆大学出版社，1997.
[8] 高炜斌主编. 高分子材料分析与检测. 北京：化学工业出版社，2009.
[9] 许新兵，任小娜主编. 工业分析. 天津：天津大学出版社，2010.